高等学校“十三五”规划教材

高等数学(I)

Gaodeng Shuxue

主　编◎杨　波　王安平

副主编◎张月梅　冉庆鹏　陈　帆　都俊杰

参　编◎梁　向　李琼琳　秦　川　范臣君　赵　伟

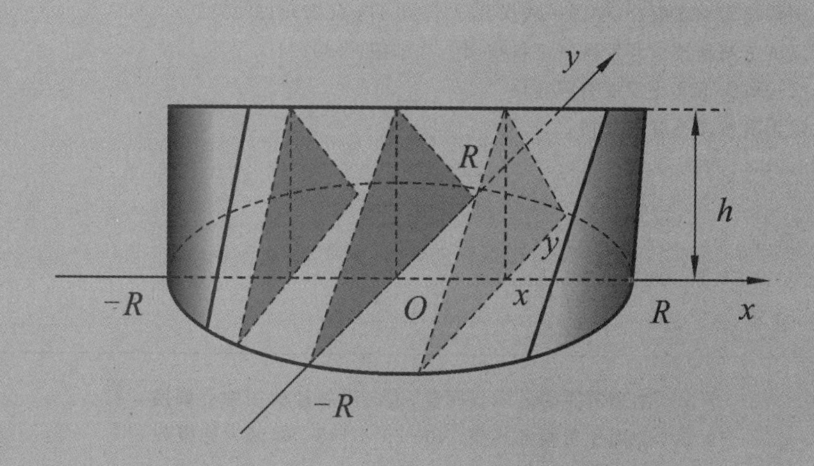

华中科技大学出版社

http://www.hustp.com

中国·武汉

图书在版编目(CIP)数据

高等数学. Ⅰ/杨波，王安平主编. —武汉：华中科技大学出版社，2017.8(2023.8 重印)
ISBN 978-7-5680-2816-5

Ⅰ. ①高… Ⅱ. ①杨… ②王… Ⅲ. ①高等数学-高等学校-教材 Ⅳ. ①O13

中国版本图书馆 CIP 数据核字(2017)第 105822 号

高等数学(Ⅰ)
Gaodeng Shuxue

杨　波　王安平　主编

策划编辑：袁　冲
责任编辑：段亚萍
封面设计：孢　子
责任监印：朱　玢
出版发行：华中科技大学出版社(中国·武汉)　　电话：(027)81321913
　　　　　武汉市东湖新技术开发区华工科技园　　邮编：430223
录　　排：武汉正风天下文化发展有限公司
印　　刷：武汉市洪林印务有限公司
开　　本：787mm×1092mm　1/16
印　　张：17
字　　数：434 千字
版　　次：2023 年 8 月第 1 版第 8 次印刷
定　　价：38.00 元

前　言

随着我国高等教育的不断发展，高等教育呈现了多层次的发展需要．不同层次的高等院校需要有不同层次的教材．本套教材是根据教育部最新制定的高等工科院校《高等数学课程教学基本要求》，并参考全国硕士研究生入学统考数学考试大纲，并结合我院教学的实际需要编写而成的．

本套教材分Ⅰ、Ⅱ两册，其中Ⅰ册共七章，依次为第一章函数，第二章极限与连续，第三章导数与微分，第四章微分中值定理与导数的应用，第五章不定积分，第六章定积分及其应用，第七章常微分方程．为了满足读者阶段复习的需要，每章末安排有自测题．本套教材遵循高等教育的规律，坚持“淡化抽象理论的推导，注重思想渗透和应用”思路．

本教材是在使用了多年的讲义基础上修改而成的，在选材和叙述上尽量联系实际背景，注重数学思想的介绍，力图将概念写得通俗易懂，便于理解．在体系安排上，力求从易到难，以便读者学习、理解、掌握和应用．在例题和习题的配置上，注重贴近实际，尽量做到具有启发性和应用性．

Ⅰ册由杨波、王安平老师全面负责筹划、统稿和整理．其中第一章由梁向老师编写，第二章由杨波老师编写，第三章由陈帆老师编写，第四章由张月梅老师编写，第五章由都俊杰老师编写，第六章由王安平老师编写，第七章由冉庆鹏老师编写．

本教材在编写过程中，参考了教材后所列参考文献，我们对这些参考书的作者表示感谢．编写完成后，荆州理工职业学院的梁树生副教授审阅了全书，并提出了许多宝贵的修改意见，在此表示衷心的感谢！

本教材在编写和出版过程中，得到了长江大学工程技术学院基础教学部数学教研室全体数学教师的大力支持与帮助，并得到了院领导的关心和支持，在此一并表示由衷的感谢！

由于时间仓促，加之作者水平有限，教材中不妥之处难免，恳请广大专家、教师和读者提出宝贵意见，以便修订和完善．

编　者

2017 年 6 月

前 言

目　　录

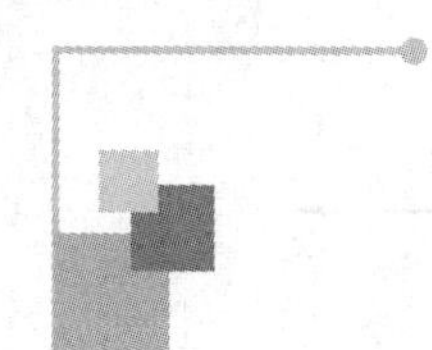

第一章　函　　数

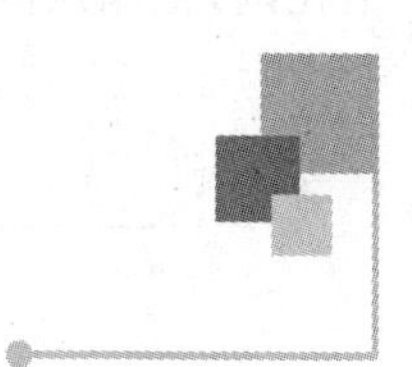

函数是数学中最重要的基本概念之一，也是高等数学的主要研究对象.本章我们将在中学数学的基础上，对集合、函数的概念以及函数的简单性质作归纳总结和加深，为后面学习高等数学知识打基础。

1.1　函　　数

1.1.1　集合与区间

1. 集合的概念

我们在初等数学中学过集合的概念.我们把具有某种特定性质的事物的全体称为**集合**(简称**集**)；组成这个集合的事物称为**元素**.我们常用大写字母 $A,B,C,\cdots$ 表示集合，用小写字母 $a,b,c,\cdots$ 表示集合中的元素.如果 a 是集 A 的元素，则称 a 属于 A，记作 $a\in A$；反之就称 a 不属于 A，记作 $a\notin A$.集合中的元素具有**确定性**，**互异性**，**无序性**.如果集 A 的元素只有有限个，则称 A 为有限集；不含任何元素的集称为空集，记作 $\varnothing$；一个非空集，如果不是有限集，就称为无限集.

可以用列举集合中元素的办法来表示集合，例如由元素 a,b,c 构成的集合可表示为 $\{a,b,c\}$.也可以用描述集合中元素的特征性质来表示集合.例如集合 $\{0,1,2,3\}$ 可以表示为 $\{n|n$ 是整数，$0\leqslant n\leqslant 3\}$.数学中常见的一些集合及其记号如下：

全体自然数组成的集合 $\{0,1,2,3,\cdots\}$ 称为自然数集，记作 $\mathbf{N}$；

全体整数组成的集合 $\{0,\pm 1,\pm 2,\pm 3,\cdots\}$ 称为整数集，记作 $\mathbf{Z}$；

全体有理数组成的集合 $\{p/q|p\in\mathbf{Z},q\in\mathbf{N}$，且 $q\neq 0\}$ 称为有理数集，记作 $\mathbf{Q}$；

全体实数组成的集合称为实数集，记作 $\mathbf{R}$.本书研究的范围为实数.

如果集 A 中的元素都是集 B 中的元素，则称 A 是 B 的子集，记作 $B\supset A$ 或 $A\subset B$，读作 B 包含 A 或 A 包含于 B.如果集 A 与集 B 中的元素相同，即 $A\supset B$ 且 $B\supset A$，则称 A 与 B 相等，记作 $A=B$.

2. 区间与邻域

设 $a,b\in\mathbf{R}$，且 $a<b$，我们把集合 $\{x|a<x<b\}$ 称为以 a,b 为端点的开区间，记作 (a,b)，即

$$(a,b)=\{x|a<x<b\},$$

把集合 $\{x|a\leqslant x\leqslant b\}$ 称为以 a,b 为端点的闭区间，记作 $[a,b]$，即

$$[a,b]=\{x|a\leqslant x\leqslant b\}.$$

在图 1-1-1 中，开区间 (a,b) 的端点不包括在内，把端点画成空点；闭区间 $[a,b]$ 的端点包

括在内,把端点画成实点.

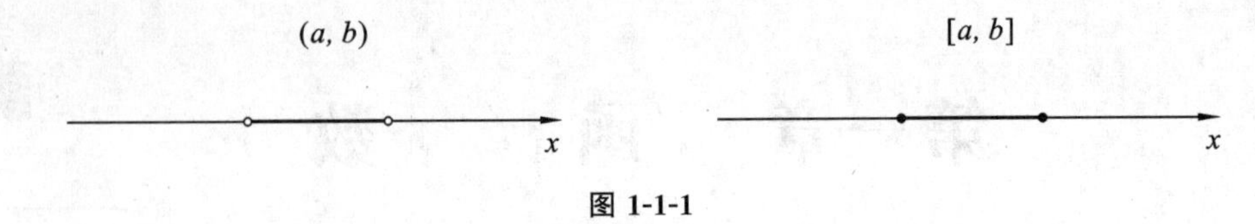

图 1-1-1

类似地有左开右闭区间

$$(a,b]=\{x|a<x\leqslant b\},$$

和左闭右开区间

$$[a,b)=\{x|a\leqslant x<b\},$$

上述四种区间统称为有限区间,此外还有五种无限区间:

$$(-\infty,a)=\{x|-\infty<x<a\},$$
$$(-\infty,a]=\{x|-\infty<x\leqslant a\},$$
$$(a,+\infty)=\{x|a<x<+\infty\},$$
$$[a,+\infty)=\{x|a\leqslant x<+\infty\},$$
$$(-\infty,+\infty)=\{x|-\infty<x<+\infty\}=\mathbf{R}.$$

这里“$-\infty$”和“$+\infty$”只是一个记号,分别读作负无穷大和正无穷大.

通常我们用字母 I 来表示某个给定的区间.

设 $a,\delta\in\mathbf{R}$,且 $\delta>0$,我们把开区间 $(a-\delta,a+\delta)$ 称为以 a 为中心、以 δ 为半径的邻域,记作 $U(a,\delta)$. 即

$$U(a,\delta)=(a-\delta,a+\delta)=\{x||x-a|<\delta\}.$$

称集合 $(a-\delta,a)\cup(a,a+\delta)$ 为以 a 为中心、以 δ 为半径的去心邻域,记作 $\mathring{U}(a,\delta)$,即

$$\mathring{U}(a,\delta)=(a-\delta,a)\cup(a,a+\delta)=\{x|0<|x-a|<\delta\}.$$

这里邻域的半径 δ 虽然没有规定其大小,但在使用中一般总是取为很小的正数. 有些情况下不一定要指明 δ 的大小,这时我们往往把 a 的邻域和 a 的去心邻域分别简化为 $U(a)$ 和 $\mathring{U}(a)$.

1.1.2 平面直角坐标系

过平面上点 O 作两条互相垂直的数轴,分别置于水平位置与竖直位置,取向右和向上的方向为两条数轴的正方向,水平方向的数轴叫做 x 轴或横轴,竖直方向的数轴叫做 y 轴或纵轴,这样构成平面直角坐标系,简称为直角坐标系,x 轴和 y 轴称为坐标轴,点 O 称为直角坐标系的原点.

建立了直角坐标系的平面叫做坐标平面,两坐标轴把坐标平面分成四个部分,x 轴和 y 轴正向所夹部分叫做第一象限,其他三个部分按逆时针方向依次叫做第二象限、第三象限和第四象限. 象限以数轴为界,坐标轴上的点不属于任何象限. 一般情况下,x 轴和 y 轴的长度单位相同.

建立了平面直角坐标系后,对坐标平面内任一点 C,过点 C 分别作 x 轴、y 轴的垂线,垂足

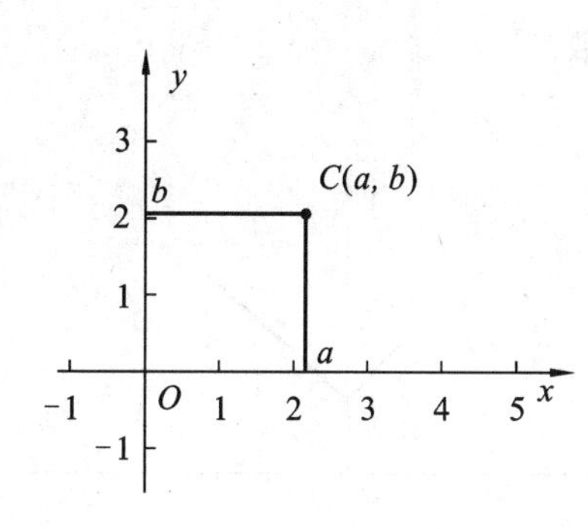

图 1-1-2

在 x 轴、y 轴上的坐标分别为 a,b,这样由点 C 确定了一个有序数对 (a,b);反过来,对于任何有序数对 (a,b),同样我们可以确定坐标平面内一个点 C,于是点 C 和有序数对 (a,b) 之间建立了一一对应关系,所以我们把有序数对 (a,b) 叫做点 C 的坐标,记作 $C(a,b)$,其中 a,b 分别叫做点 C 的横坐标、纵坐标(如图 1-1-2 所示).

1.1.3　函数的概念

定义 1　设 x、y 是两个变量,D 是一个给定的数集,若对于 D 中每一个 x,按照一定的对应法则 f,总有唯一确定的 y 与之对应,则称 y 是 x 的函数,记作 $y = f(x)$. 数集 D 称为这个函数的**定义域**,数集 $M = \{y \mid y = f(x), x \in D\}$ 称为函数的**值域**. x 称为**自变量**,y 称为**因变量**.

注意:

(1) 确定了定义域和对应法则,一个函数也就随之确定,所以函数的定义域和对应法则是确定函数的**两个要素**;

(2) 在高等数学的范围内,我们研究的函数是单值函数.

称平面点集 $\{(x,y) \mid y = f(x), x \in D\}$ 为函数 $y = f(x)$ 的图像.

函数的表示法:解析法,图像法,列表法. 用得最多的是解析法.

例 1　求下列函数的定义域:

(1) $f(x) = \sqrt{4 - x^2} + \dfrac{1}{x-1}$;　　　　(2) $f(x) = \lg(1-x) + \sqrt{x+2}$.

解　(1) 要使函数有意义,必须

$$4 - x^2 \geqslant 0 \text{ 且 } x - 1 \neq 0,$$

解得定义域为 $D = [-2,1) \cup (1,2]$;

(2) 要使函数有意义,必须

$$1 - x > 0 \text{ 且 } x + 2 \geqslant 0,$$

解得定义域为 $D = [-2,1)$.

注:函数的定义域是集合,故应写成集合或区间的形式.

例 2　函数 $f(x) = x$ 与函数 $g(x) = \sqrt{x^2}$ 是否相同,为什么?

解　$g(x) = \sqrt{x^2} = |x|$ 与 $f(x) = x$ 的定义域相同,但对应法则不同,故不是同一个函数.

例 3　设 $f(x+3) = \dfrac{x+1}{x+2}$,求 $f(x)$.

解　由

$$f(x+3) = \frac{x+1}{x+2} = \frac{(x+3)-2}{(x+3)-1}$$

可得

$$f(x) = \frac{x-2}{x-1}.$$

注:也可用换元法解,令 $x + 3 = t$,得 $x = t - 3$,代入原式即可.

几种特殊的函数

(1) **分段函数**　在实际应用上有些函数要用几个式子表示,这种在自变量的不同变化范

围内,对应法则用不同式子来表示的函数,通常称为分段函数.

例如:

$$y=f(x)=\begin{cases}1-x, & -1\leqslant x<0\\ 1+x, & x\geqslant 0\end{cases}$$

是一个分段函数.它的定义域为

$$D=[-1,0)\cup[0,+\infty)=[-1,+\infty),$$

当 $x\in[-1,0)$ 时,对应的函数值 $f(x)=1-x$;

当 $x\in[0,+\infty)$ 时,对应的函数值 $f(x)=1+x$.函数的图像如图 1-1-3 所示.

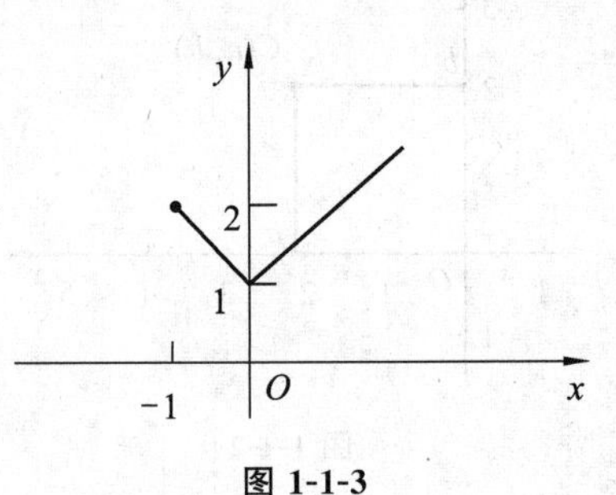

图 1-1-3

例 4　设函数 $f(x)=\begin{cases}\frac{1}{2}x, & 0\leqslant x<1\\ x, & 1\leqslant x<2,\\ x^2-6x+\frac{19}{2}, & 2\leqslant x<4\end{cases}$

求 $f\left(\frac{1}{2}\right)$,$f(1)$ 及 $f(3)$。

解　$$f\left(\frac{1}{2}\right)=\frac{1}{2}\times\frac{1}{2}=\frac{1}{4};\quad f(1)=1;$$

$$f(3)=3^2-6\times 3+\frac{19}{2}=\frac{1}{2}.$$

(2) **符号函数**

$$y=\operatorname{sgn}x=\begin{cases}1, & x>0\\ 0, & x=0\\ -1, & x<0\end{cases}$$

它的定义域 $D=(-\infty,+\infty)$,值域 $W=\{-1,0,1\}$.如图 1-1-4 所示.

对于任何实数 x,有

$$x=\operatorname{sgn}x\cdot|x|.$$

(3) **取整函数**　$y=[x]$,$[x]$ 表示不超过 x 的最大整数.定义域 $D=(-\infty,+\infty)$,值域 $W=\mathbf{Z}$.例如 $[2.9]=2$,$[0]=0$,$[2]=2$,$[-2.9]=-3$,$[-1.3]=-2$.如图 1-1-5 所示.

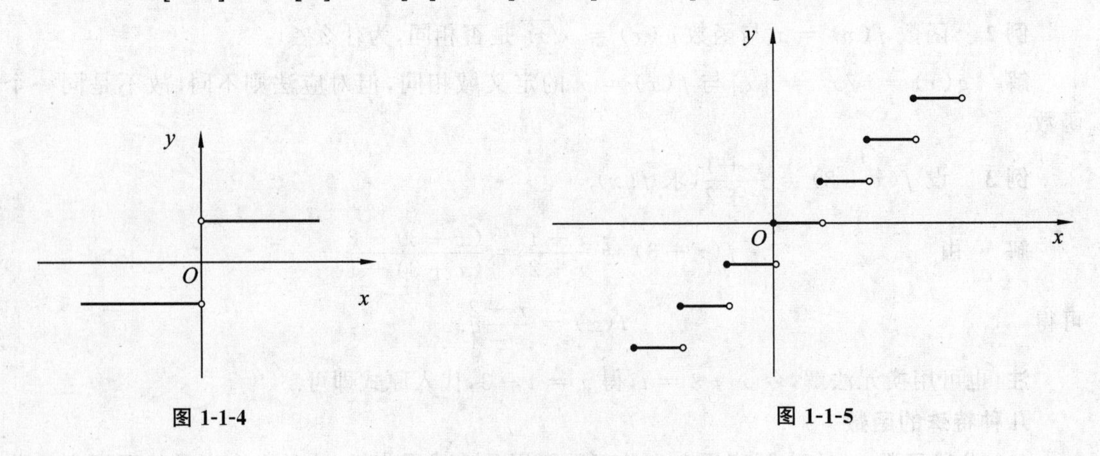

图 1-1-4　　　　图 1-1-5

(4) **绝对值函数**

$$y = |x| = \begin{cases} x, & x \geqslant 0 \\ -x, & x < 0 \end{cases}$$

的定义域 $D = (-\infty, +\infty)$，值域 $W = [0, +\infty)$. 如图 1-1-6 所示.

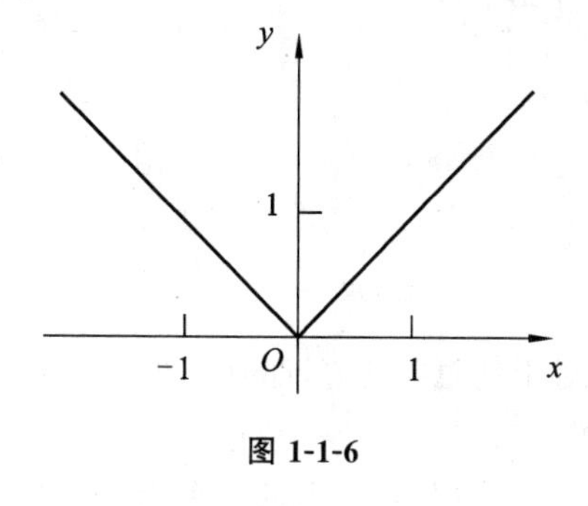

图 1-1-6

1.1.4　函数的简单性态

1. 单调性

设函数 $f(x)$ 在区间 (a,b) 内有定义，如果对于区间 (a,b) 内的任意两点 x_1 及 x_2，当 $x_1 < x_2$ 时，总有 $f(x_1) < f(x_2)$，则称函数 $f(x)$ 在区间 (a,b) 内**单调增加**；当 $x_1 < x_2$ 时，总有 $f(x_1) > f(x_2)$，则称函数 $f(x)$ 在区间 (a,b) 内**单调减少**. 区间 (a,b) 称为函数 $f(x)$ 的**单调区间**.

例 5　证明：函数 $y = x + \ln x$ 在区间 $(0, +\infty)$ 内单调增加.

证明　任取 $x_1, x_2 \in (0, +\infty)$，不妨设 $x_1 < x_2$，由于 $0 < x_1 < x_2$，故

$$\frac{x_2}{x_1} > 1, \quad \ln \frac{x_2}{x_1} > 0,$$

所以

$$\begin{aligned} f(x_2) - f(x_1) &= (x_2 + \ln x_2) - (x_1 + \ln x_1) \\ &= (x_2 - x_1) + \ln \frac{x_2}{x_1} > 0, \end{aligned}$$

即 $f(x_1) < f(x_2)$，因此函数 $y = x + \ln x$ 在区间 $(0, +\infty)$ 内单调增加.

2. 奇偶性

设函数 $y = f(x)$ 的定义域 D 关于原点对称，如果对于任意 $x \in D$，有 $f(-x) = f(x)$，则称函数 $f(x)$ 是 D 上的**偶函数**，如图 1-1-7(a) 所示；如果对于任意 $x \in D$，有 $f(-x) = -f(x)$，则称函数 $f(x)$ 是 D 上的**奇函数**，如图 1-1-7(b) 所示.

偶函数的图形关于 y 轴对称；奇函数的图形关于原点对称.

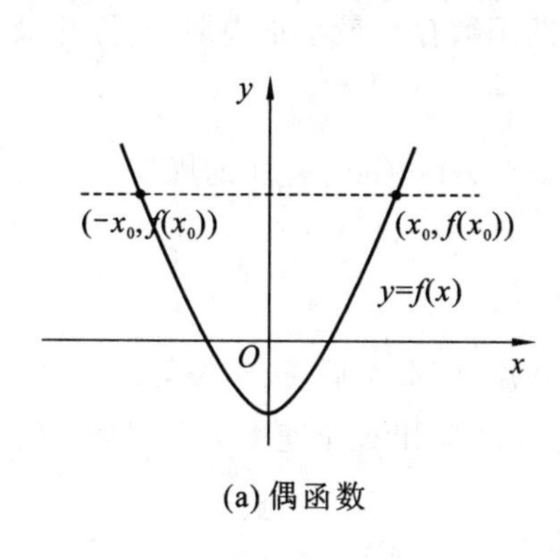

(a) 偶函数

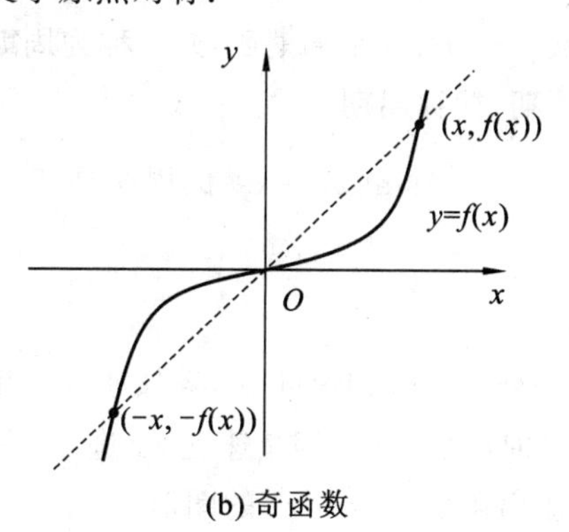

(b) 奇函数

图 1-1-7

例 6 判断函数 $f(x)=\ln\dfrac{1-x}{1+x}$ 奇偶性.

解 显然,函数的定义域为 $(-1,1)$,对于任意的 $x\in(-1,1)$,因为

$$f(-x)=\ln\frac{1-(-x)}{1+(-x)}=\ln\frac{1+x}{1-x}$$

$$=-\ln\frac{1-x}{1+x}=-f(x),$$

所以 $f(x)=\ln\dfrac{1-x}{1+x}$ 为奇函数.

3. 有界性

设函数 $f(x)$ 在区间 I 上有定义,若存在常数 M,使得对于任意 $x\in I$,都有

$$f(x)\leqslant M(f(x)\geqslant M)$$

成立,则称 $f(x)$ 在区间 I 上有**上(下)界**,其中常数 M 称为 $f(x)$ 在区间 I 上的一个**上(下)界**;若存在常数 $M(>0)$,使得对于任意 $x\in I$,都有

$$|f(x)|\leqslant M$$

成立,则称 $f(x)$ 在区间 I 上**有界**,其中常数 M 称为 $f(x)$ 在区间 I 上的一个**界**;否则称 $f(x)$ 在区间 I 上**无界**.

例如,函数 $y=\sin x$ 是有界函数.因为在其定义域 $(-\infty,+\infty)$ 内,都有 $|\sin x|\leqslant 1$,同时也是有上界和下界的;而函数 $y=x^2+1$ 在其定义域 $(-\infty,+\infty)$ 内有下界 1,但无上界,所以是无界函数.

又如,函数 $y=\dfrac{1}{x}$ 在区间 $(\delta,1)(0<\delta<1)$ 上有界,而在区间 $(0,1)$ 上无界.

定理 $f(x)$ 在区间 I 上有界当且仅当 $f(x)$ 在区间 I 上既有上界也有下界.

4. 周期性

设函数 $y=f(x)$ 在数集 D 上有定义,若存在一正数 T,使得对于任何 $x\in D,x+T\in D$,都有

$$f(x+T)=f(x),$$

则称函数 $y=f(x)$ 是**周期函数**,T 称为**周期**.若周期函数存在最小正周期,则称此最小正周期为**基本周期**,简称**周期**.

例如,$y=A\sin(\omega x+\varphi)$ 的周期是 $T=\dfrac{2\pi}{|\omega|}$,$y=A\tan(\omega x+\varphi)$ 的周期 $T=\dfrac{\pi}{|\omega|}$.

习 题 1.1

1. 一列火车以初速度 v_0,等加速度 a 出站,当速度达到 v_1 后,火车按等速运动前进;从出站经过 T 时间后,又以等减速度 $2a$ 进站,直至停止.(1) 写出火车速度 v 与时间 t 的函数关系式;(2) 作出函数 $v=v(t)$ 的图形.

2. 求下列函数的定义域.

(1) $y=\dfrac{x}{\sqrt{x^2-3x+2}}$; (2) $y=\dfrac{1}{x}+\sqrt{1-x^2}$;

(3) $y=-2\sqrt{\arccos x}$；　　(4) $y=\sqrt{\dfrac{1+x}{1-x}}$.

3. 判断下列各组函数是否相同，并说明理由.

(1) $y=\dfrac{x^2-1}{x-1}, y=x+1$；　　(2) $y=\ln\dfrac{x+1}{x-1}, y=\ln(x+1)-\ln(x-1)$；

(3) $y=\sqrt[3]{x^4-x^3}, y=x\sqrt[3]{x-1}$；　　(4) $y=\sqrt{1-\sin^2 x}, y=\cos x$.

4. 判断下列函数在指定区间内的单调性.

(1) $y=\dfrac{x}{1-x}, x\in(-\infty,1)$；　　(2) $y=2x+\ln x, x\in(0,+\infty)$.

5. 判断下列函数的奇偶性.

(1) $y=\tan x-\sin x-1$；　　(2) $y=\dfrac{e^x+e^{-x}}{2}$；

(3) $y=5x^6-2x^2+3$；　　(4) $f(x)=x^2\sin\dfrac{1}{x}$；

(5) $f(x)=\dfrac{2^x-1}{2^x+1}$；　　(6) $f(x)=\ln(x+\sqrt{x^2+1})$.

6. 证明函数 $y=\dfrac{x}{x^2+1}$ 在 $(-\infty,+\infty)$ 内是有界的.

1.2　初等函数

1.2.1　基本初等函数与函数的运算

1. 基本初等函数

(1) **幂函数** $y=x^\mu$（μ 为实数）. 定义域与值域随 μ 的不同而不同，但不论 μ 取什么值，函数在 $(0,+\infty)$ 内总有定义（如图 1-2-1 所示）.

(2) **指数函数** $y=a^x(a>0, a\neq 1)$. 定义域为 $(-\infty,+\infty)$，值域为 $(0,+\infty)$. 若 $a>1$，则 $y=a^x$ 单调增加；若 $0<a<1$，则 $y=a^x$ 单调减少（如图 1-2-2 所示）.

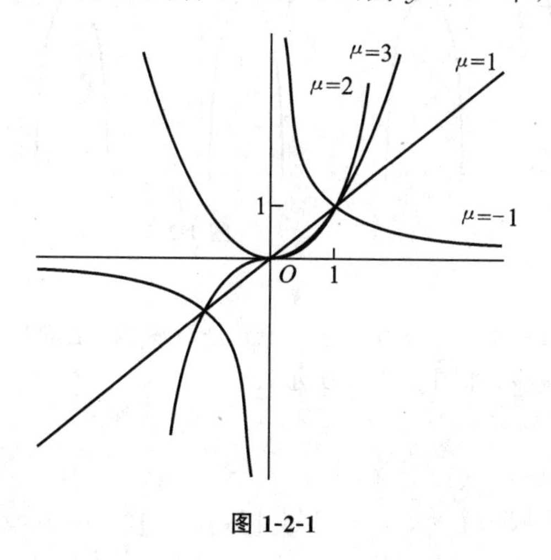

图 1-2-1

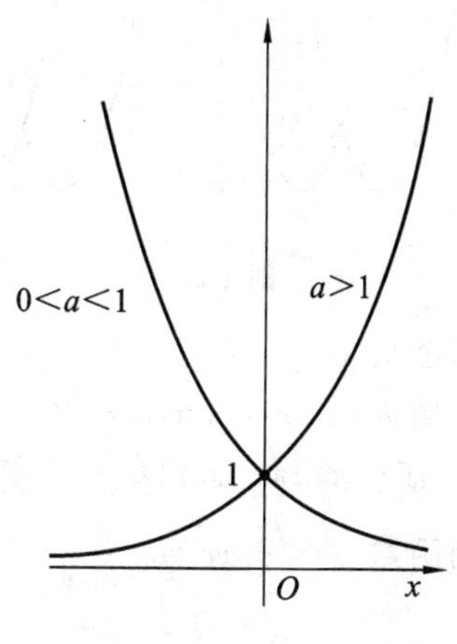

图 1-2-2

(3) **对数函数** $y = \log_a x (a > 0, a \neq 1)$. 定义域为 $(0, +\infty)$, 值域为 $(-\infty, +\infty)$. 若 $a > 1$, 则 $y = \log_a x$ 单调增加; 若 $0 < a < 1$, 则 $y = \log_a x$ 单调减少(如图 1-2-3 所示).

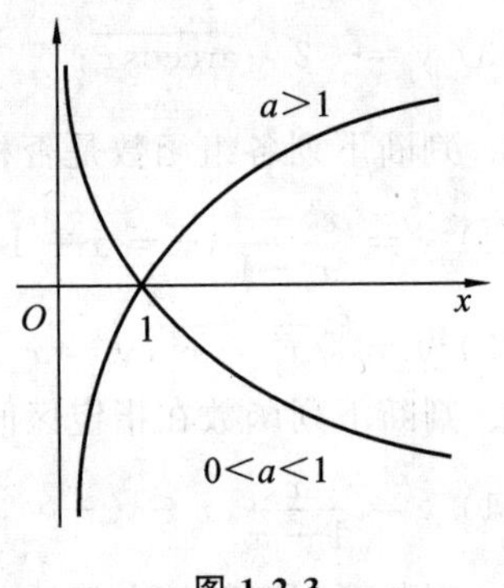

图 1-2-3

(4) **三角函数**

正弦函数 $y = \sin x$

定义域为 $(-\infty, +\infty)$, 值域为 $[-1, 1]$. $y = \sin x$ 是奇函数; 是周期函数, 且周期为 2π; 是有界函数; 在 $\left(2k\pi - \frac{\pi}{2}, 2k\pi + \frac{\pi}{2}\right) (k \in \mathbf{Z})$ 内单调增加, 在 $\left(2k\pi + \frac{\pi}{2}, 2k\pi + \frac{3\pi}{2}\right) (k \in \mathbf{Z})$ 内单调减少(如图 1-2-4 所示).

余弦函数 $y = \cos x$

定义域为 $(-\infty, +\infty)$, 值域为 $[-1, 1]$. $y = \cos x$ 是偶函数; 是周期函数, 且周期为 2π; 是有界函数, 对于任意的 $x \in (-\infty, +\infty)$, 都有 $|\cos x| \leqslant 1$; 在 $(2k\pi, 2k\pi + \pi) (k \in \mathbf{Z})$ 内单调减少, 在 $(2k\pi + \pi, 2k\pi + 2\pi) (k \in \mathbf{Z})$ 内单调增加(如图 1-2-4 所示).

正切函数 $y = \tan x$

定义域为 $\left\{x \mid x \neq k\pi + \frac{\pi}{2}, k \in \mathbf{Z}\right\}$, 值域为 $(-\infty, +\infty)$. $y = \tan x$ 是奇函数; 是周期函数, 且周期为 π; 在 $\left(k\pi - \frac{\pi}{2}, k\pi + \frac{\pi}{2}\right) (k \in \mathbf{Z})$ 内单调增加(如图 1-2-5 所示).

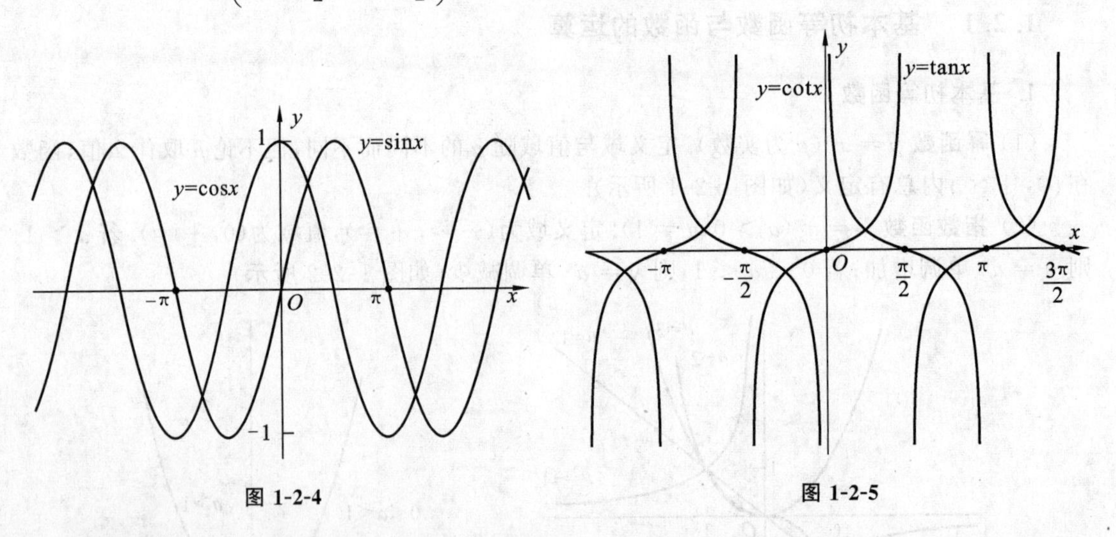

图 1-2-4　　图 1-2-5

余切函数 $y = \cot x$

定义域为 $\{x \mid x \neq k\pi, k \in \mathbf{Z}\}$, 值域为 $(-\infty, +\infty)$. $y = \cot x$ 是奇函数; 是周期函数, 且周期为 π; 在 $(k\pi, k\pi + \pi) (k \in \mathbf{Z})$ 内单调减少(如图 1-2-5 所示).

正割函数 $y = \sec x = \frac{1}{\cos x}$

定义域为 $\left\{x \mid x \neq k\pi + \frac{\pi}{2}, k \in \mathbf{Z}\right\}$, 值域为 $(-\infty, -1] \cup [1, +\infty)$. $y = \sec x$ 是偶函

数;是周期函数,且周期为 2π(如图 1-2-6 所示).

余割函数 $y=\csc x=\dfrac{1}{\sin x}$

定义域为$\{x\,|\,x\neq k\pi,k\in\mathbf{Z}\}$,值域为$(-\infty,-1]\cup[1,+\infty)$. $y=\csc x$ 是奇函数;是周期函数,且周期为 2π(如图 1-2-7 所示).

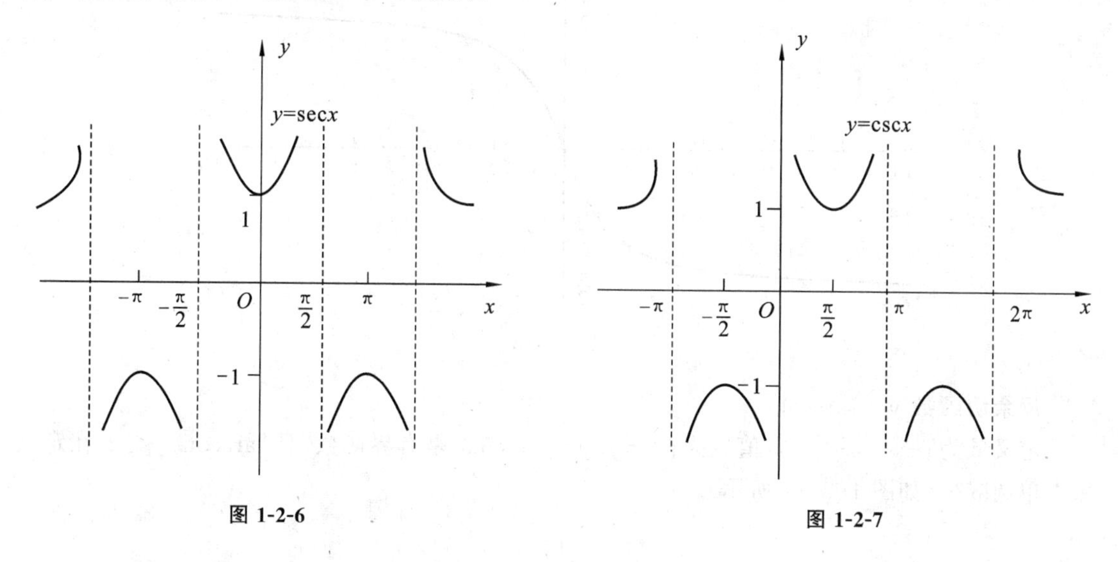

图 1-2-6　　　　图 1-2-7

(5) **反三角函数**

反正弦函数 $y=\arcsin x$

定义域为$[-1,1]$,值域为$\left[-\dfrac{\pi}{2},\dfrac{\pi}{2}\right]$. $y=\arcsin x$ 是奇函数;是有界函数,且$|\arcsin x|\leqslant\dfrac{\pi}{2}$;在定义域内单调增加(如图 1-2-8 所示).

反余弦函数 $y=\arccos x$

定义域为$[-1,1]$,值域为$[0,\pi]$. $y=\arccos x$ 是有界函数,且$|\arccos x|\leqslant\pi$;在定义域内单调减少(如图 1-2-9 所示).

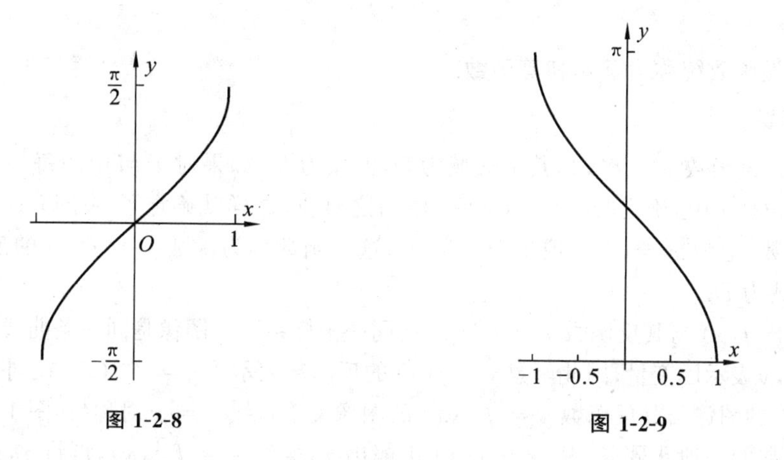

图 1-2-8　　　　图 1-2-9

反正切函数 $y=\arctan x$

定义域为 $(-\infty,+\infty)$，值域为 $\left(-\dfrac{\pi}{2},\dfrac{\pi}{2}\right)$. $y=\arctan x$ 是奇函数；是有界函数，且 $|\arctan x|<\dfrac{\pi}{2}$；在定义域内单调增加(如图 1-2-10 所示).

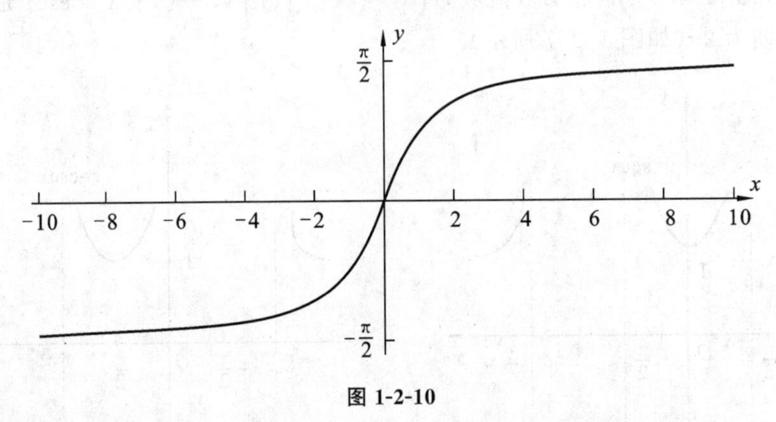

图 1-2-10

反余切函数 $y=\operatorname{arccot}x$

定义域为 $(-\infty,+\infty)$，值域为 $(0,\pi)$. $y=\operatorname{arccot}x$ 是有界函数，且 $|\operatorname{arccot}x|<\pi$；在定义域内单调减少(如图 1-2-11 所示).

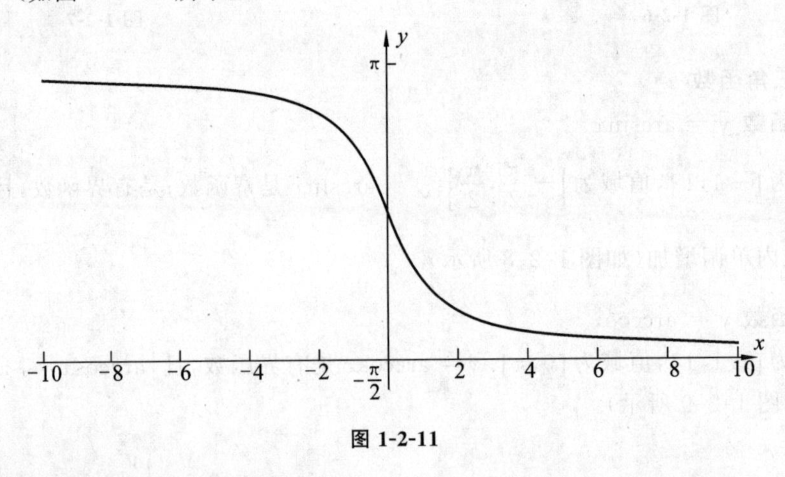

图 1-2-11

以上五类函数统称为**基本初等函数**.

2. 反函数

定义 1 设函数 $y=f(x)$，其定义域为 D，值域为 M. 如果对于 M 中的每一个 y，都可以从关系式 $y=f(x)$ 中，确定唯一的 $x(x\in D)$ 与之对应，这样就确定了一个以 y 为自变量，x 为因变量的函数，记为 $x=\varphi(y)$ 或 $x=f^{-1}(y)$，这个函数称为函数 $y=f(x)$ 的**反函数**，其定义域为 M，值域为 D.

函数 $y=f(x)$ 与其反函数 $x=f^{-1}(y)$ 在同一坐标系下的图像是同一条曲线. 我们习惯用 x 表示自变量，y 表示因变量，因此函数 $y=f(x)$ 的反函数表示为 $y=f^{-1}(x)$. 在同一坐标系下，函数 $y=f(x)$ 的图像与其反函数 $f^{-1}(x)$ 的图像关于直线 $y=x$ 对称(如图 1-2-12 所示).

求反函数的一般步骤是：从 $y=f(x)$ 中解出 x，得到 $x=f^{-1}(y)$，再将 x,y 互换，则 $y=f^{-1}(x)$ 就是 $y=f(x)$ 的反函数.

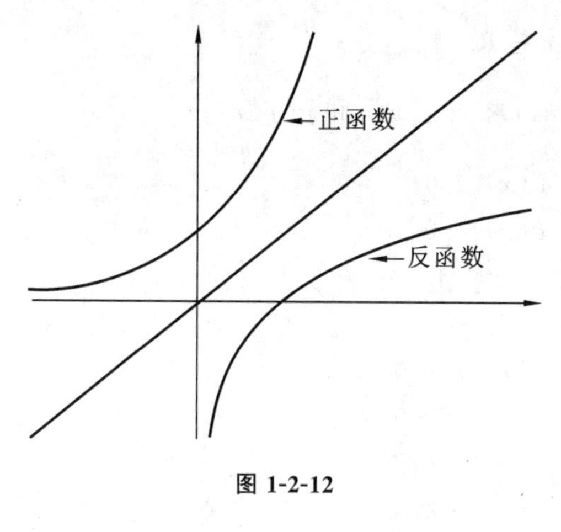

图 1-2-12

例 1　求 $y=\sqrt{1-x^2}, x\in[-1,0]$ 的反函数.

解　由 $y=\sqrt{1-x^2}$ 解得

$$x=\pm\sqrt{1-y^2},$$

但当 $x\in[-1,0]$ 时，$y\in[0,1]$，所以 $x=-\sqrt{1-y^2}$，故其反函数为 $y=-\sqrt{1-x^2}$.

例 2　反正弦函数 $y=\arcsin x$. 由前面的讨论知正弦函数 $y=\sin x$ 在区间 $\left[-\frac{\pi}{2},\frac{\pi}{2}\right]$ 上单调增加，取这一段作反函数. 由于对任意的 $y\in[-1,1]$，由 $y=\sin x$，存在唯一的 $x\in\left[-\frac{\pi}{2},\frac{\pi}{2}\right]$ 与之对应，这样确定的函数记为 $x=\arcsin y$，交换 x,y 的位置后，得**反正弦函数** $y=\arcsin x$，其定义域为 $[-1,1]$，值域为 $\left[-\frac{\pi}{2},\frac{\pi}{2}\right]$，其图像与 $y=\sin x$ 在 $\left[-\frac{\pi}{2},\frac{\pi}{2}\right]$ 上的图像关于 $y=x$ 对称.

类似地讨论，可得**反余弦函数** $y=\arccos x$，其定义域为 $[-1,1]$，值域是 $[0,\pi]$；**反正切函数** $y=\arctan x$，其定义域是 $(-\infty,+\infty)$，值域是 $\left(-\frac{\pi}{2},\frac{\pi}{2}\right)$；**反余切函数** $y=\operatorname{arccot} x$，其定义域是 $(-\infty,+\infty)$，值域是 $(0,\pi)$.

对反三角函数，要特别注意其定义域与值域.

例 3　求下列函数的值.

(1) $\arcsin(-1)$；　　(2) $\arccos\left(\frac{1}{2}\right)$；

(3) $\arctan\left(-\frac{\sqrt{3}}{3}\right)$；　　(4) $\arcsin\left(-\frac{1}{2}\right)+\arccos\left(-\frac{1}{2}\right)$.

解　(1) $\arcsin(-1)=-\frac{\pi}{2}$；　　(2) $\arccos\left(\frac{1}{2}\right)=\frac{\pi}{3}$；

(3) $\arctan\left(-\frac{\sqrt{3}}{3}\right)=-\frac{\pi}{6}$；　　(4) $\arcsin\left(-\frac{1}{2}\right)+\arccos\left(-\frac{1}{2}\right)=-\frac{\pi}{6}+\frac{2\pi}{3}=\frac{\pi}{2}$.

3. 复合函数

定义 2　设函数 $y=f(u)$ 的定义域为 D_1，函数 $u=\varphi(x)$ 的定义域为 D，值域为 M，且 $M\subset D_1$. 若对于 D 内任意一点 x，有确定的值 $u=\varphi(x)$ 与之对应，由于 $u=\varphi(x)\in M\subset D_1$，又有确定的值 y 与之对应，这样就确定了一个新函数，此函数称为由 $y=f(u)$ 与 $u=\varphi(x)$ 构成的**复合函数**，记为 $y=f[\varphi(x)]$ 或 $y=(f\circ\varphi)(x)$.

并不是任意两个函数都可以复合的，如 $y=\sqrt{u}, u=\sin x-2$ 就不能构成复合函数. 函数的复合可以推广到两个以上函数的情形，如由函数

$$y=\mathrm{e}^u, u=\sin v, v=\sqrt{\omega}, \omega=1+x^2$$

构成的复合函数为

$$y = e^{\sin\sqrt{1+x^2}}, x \in \mathbf{R}.$$

例 4 设 $f(x)=\begin{cases} x^2+1 & x \leqslant 0 \\ e^x & x>0 \end{cases}$，$g(x)=\ln x$，求 $f[g(x)]$ 和 $g[f(x)]$.

解

$$f[g(x)]=\begin{cases}(g(x))^2+1 & g(x)\leqslant 0 \\ e^{g(x)} & g(x)>0\end{cases}$$

$$=\begin{cases}(\ln x)^2+1 & 0<x\leqslant 1 \\ x & x>1\end{cases};$$

$$g[f(x)]=\begin{cases}g(x^2+1) & x\leqslant 0 \\ g(e^x) & x>0\end{cases}$$

$$=\begin{cases}\ln(x^2+1) & x\leqslant 0 \\ x & x>0\end{cases}.$$

为了研究和学习的方便，往往要把一个复合函数进行分解. 一般来说，复合函数的分解顺序是由外到内，直至分解为基本初等函数或者基本初等函数的和、差、积、商形式为止.

例 5 指出下列函数是由哪些简单函数复合而成.

(1) $y=2\sin^2 x-1$； (2) $y=e^{\tan\frac{1}{x}}$.

解 (1) 设 $f(u)=2u^2-1$，它是通过幂函数的四则运算而得到的多项式函数，又设三角函数 $u=g(x)=\sin x$. 则 $y=2\sin^2 x-1=f(g(x))$.

(2) 设指数函数 $f(u)=e^u$，三角函数 $u=g(v)=\tan v$ 及幂函数 $v=h(x)=\dfrac{1}{x}$，则 $y=e^{\tan\frac{1}{x}}=f(g(h(x)))$.

在后面的学习中我们会看到，很多地方都需要将复合函数进行分解来处理，因此复合函数的分解是一个很重要的内容，需要熟练掌握.

1.2.2 初等函数

定义 3 由基本初等函数和常数经过有限次的四则运算和有限次的复合而构成的并且只用一个解析式表示的函数称为**初等函数**.

例如：函数 $y=\sin^2(3x+1)$，$y=\sqrt{x^3}$，$y=\dfrac{\lg x+2\tan x}{10^x-1}$ 都是初等函数. 一般来说，分段函数由几个不同解析式构成，故不是初等函数，但也有例外. 如函数

$$y=\begin{cases}-x & x<0 \\ x & x\geqslant 0\end{cases},$$

初看起来虽由两个式子表示，但是它也可用一个解析式 $y=|x|=\sqrt{x^2}$ 表示，是一个复合函数，所以它也是初等函数.

下面介绍几个工程技术中常用的初等函数.

双曲正弦：$\operatorname{sh}x=\dfrac{e^x-e^{-x}}{2}(-\infty,+\infty)$，奇函数，单调增加函数，如图 1-2-13(a) 所示；

双曲余弦：$\operatorname{ch}x=\dfrac{e^x+e^{-x}}{2}(-\infty,+\infty)$，偶函数，$x<0$ 时，单调减少，$x>0$ 时，单调增加，如图 1-2-13(a) 所示；

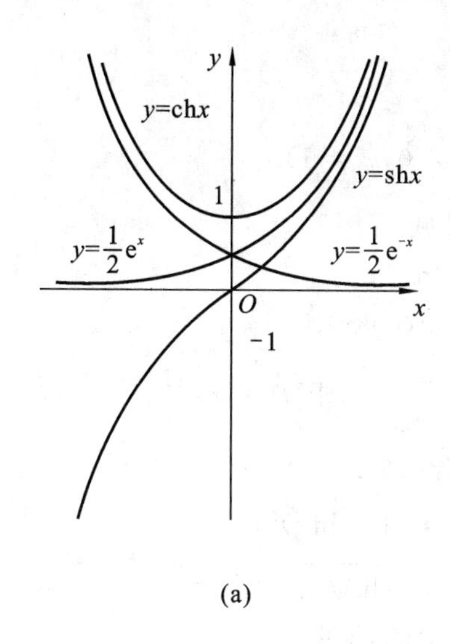

(a)

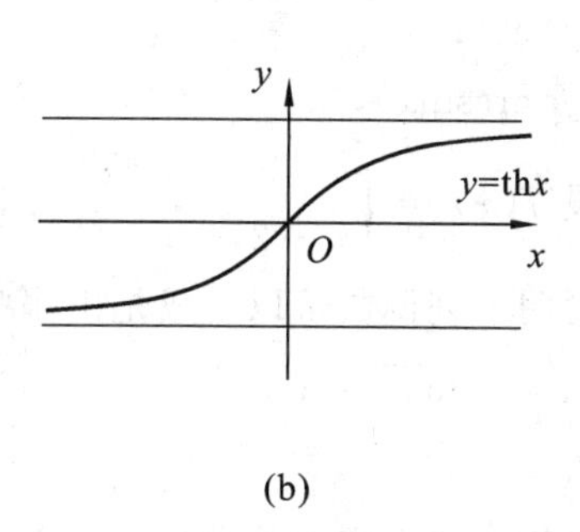

(b)

图 1-2-13

双曲正切：$\mathrm{th}x=\dfrac{\mathrm{sh}x}{\mathrm{ch}x}(-\infty,+\infty)$，奇函数，单调增加函数，如图 1-2-13(b) 所示.

双曲函数具有下列公式：

$$\mathrm{sh}(x\pm y)=\mathrm{sh}x\cdot\mathrm{ch}y\pm\mathrm{ch}x\cdot\mathrm{sh}y;$$
$$\mathrm{ch}(x\pm y)=\mathrm{ch}x\cdot\mathrm{ch}y\pm\mathrm{sh}x\cdot\mathrm{sh}y;$$
$$\mathrm{ch}^2x-\mathrm{sh}^2x=1;$$
$$\mathrm{sh}2x=2\mathrm{sh}x\cdot\mathrm{ch}x;$$
$$\mathrm{ch}2x=\mathrm{ch}^2x+\mathrm{sh}^2x.$$

双曲函数 $y=\mathrm{sh}x,y=\mathrm{ch}x,y=\mathrm{th}x$ 的反函数分别为：

反双曲正弦　$\mathrm{arsh}x=\ln(x+\sqrt{x^2+1}),x\in(-\infty,+\infty)$；

反双曲余弦　$\mathrm{arch}x=\ln(x+\sqrt{x^2-1}),x\in[1,+\infty)$；

反双曲正切　$\mathrm{arth}x=\dfrac{1}{2}\ln\dfrac{1+x}{1-x},x\in(-1,1)$.

习　题　1.2

1. 求下列函数的反函数.

(1) $y=\dfrac{1-x}{1+x}$；　　(2) $y=\dfrac{2^x}{2^x+1}$；

(3) $y=\begin{cases}x-1 & x<0\\ x+1 & x\geqslant 0\end{cases}$.

2. 求下列函数的值.

(1) $\arcsin 1$；　　(2) $\arccos 0$；

(3) $\arctan(-1)$；　　(4) $3\arcsin\dfrac{\sqrt{3}}{2}+\arccos 1-3\arctan\sqrt{3}$.

3. 求解下列各题.

(1) 设 $f(x)=x^2\ln(1+x)$,求 $f(e^{-x})$;

(2) 设 $f(x+1)=x^2-3x+2$,求 $f(x)$;

(3) 设 $f(x)=\dfrac{1}{1-x}$,求 $f[f(x)]$,$f\left[\dfrac{1}{f(x)}\right]$ $(x\neq 0,x\neq 1)$.

4. 设 $f(x)$ 的定义域是$[0,1]$,求下列函数的定义域.

(1) $f(e^x)$;　　(2) $f(\ln x)$;

(3) $f(\arcsin x)$;　　(4) $f(\arccos x)$.

5. 设 $f(x)=\begin{cases}2-x, & x\leqslant 0\\ x+2, & x>0\end{cases}$,$g(x)=\begin{cases}x^2, & x\leqslant 0\\ -x, & x>0\end{cases}$,求 $f[g(x)]$.

6. 说明下列函数可以看成是由哪些简单函数复合而成.

(1) $y=\sqrt{5x-1}$;　　(2) $y=(1+\ln x)^5$;

(3) $y=e^{-x^2}$;　　(4) $y=\sqrt{\ln\sqrt{x}}$.

7. 设下面所考虑的函数都是定义在区间$(-l,l)$上的,证明:

(1) 两个偶函数的和是偶函数,两个奇函数的和是奇函数.

(2) 两个偶函数的乘积是偶函数,两个奇函数的乘积是偶函数,偶函数与奇函数的乘积是奇函数.

8. 某牌子的电吹风每台售价为 90 元,成本为 60 元.厂方为鼓励销售商大量采购,决定凡是订购量超过 100 台以上的,每多订购 1 台,售价就降低一分钱,但最低价为每台 75 元.

(1) 将每台的实际售价 p 表示为订购量 x 的函数;

(2) 将厂方所获的利润 L 表示成订购量 x 的函数;

(3) 某一商行订购 1000 台,厂方可获利润多少?

1.3 极坐标系简介

和直角坐标系一样,极坐标系是一种重要的平面坐标系,有些平面曲线的解析式在极坐标系下很简单,而用直角坐标系表示却较复杂,故极坐标系在数学中经常出现.

1.3.1 极坐标系

定义1 在平面内取一个定点O,叫做**极点**,引一条射线Ox,叫做**极轴**,再选一个长度单位和角度的正方向(通常取逆时针方向),这样建立的坐标系叫做**极坐标系**(如图 1-3-1 所示).对于平面内的任意一点 M,用 r 表示线段OM 的长度,θ 表示从Ox 到OM 的夹角,r 叫做点M 的极径,θ 叫做点 M 的极角,有序数对(r,θ) 就叫做点 M 的**极坐标**,记作 $M(r,\theta)$.

极坐标有四个要素:① 极点;② 极轴;③ 长度单位;④ 角度的方向.在极坐标系下,一对有序实数(r,θ)对应唯一点M,但平面内任一个点M的极坐标不唯一.若点M的极坐标为(r,θ),则$(r,\theta+2k\pi)$ $(k\in\mathbf{Z})$也是点 M 的极坐标.所以极坐标系下,点与极坐标不是一一对应的关系,为了使点与极坐标一一对应,通常极角的取值范围限制为 $0\leqslant\theta<2\pi$ 或 $-\pi\leqslant\theta<\pi$.

1.3.2 极坐标与直角坐标互化

将极坐标系的极点O作为直角坐标系的原点,将极坐标的极轴作为直角坐标系 x 轴的正半轴，建立直角坐标系，如图 1-3-2 所示. 如果点 P 在直角坐标系下的坐标为 (x,y)，在极坐标系下的坐标为 (r,θ)，则直角坐标用极坐标表示为：

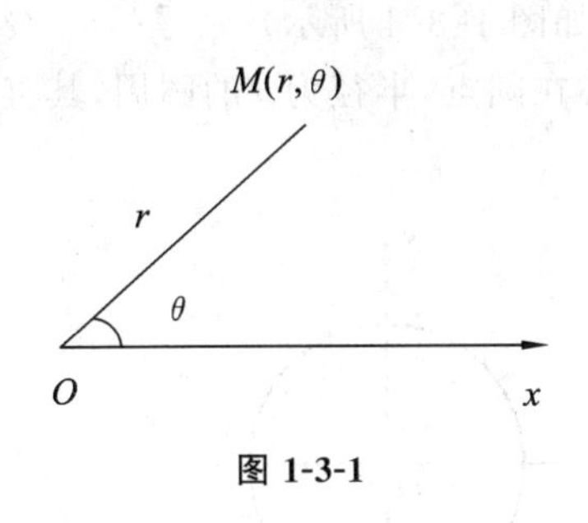

图 1-3-1

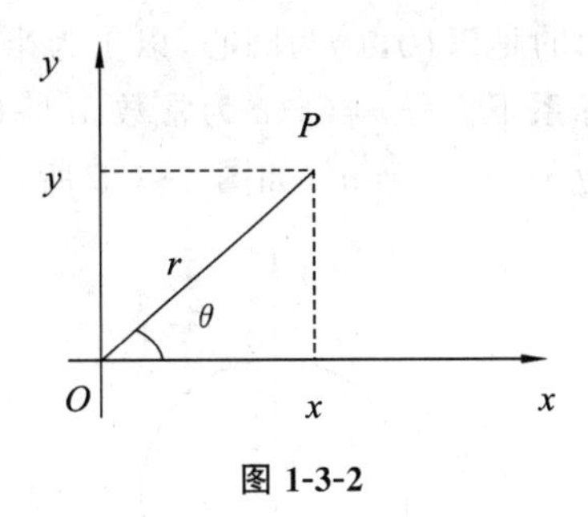

图 1-3-2

$$x = r\cos\theta, y = r\sin\theta.$$

而极坐标用直角坐标表示为：

$$r = \sqrt{x^2 + y^2}, \cos\theta = \frac{x}{\sqrt{x^2 + y^2}}, \sin\theta = \frac{y}{\sqrt{x^2 + y^2}}.$$

例 1　给出极坐标系中点 $P\left(2,\frac{\pi}{3}\right)$ 的直角坐标.

解　由上面的讨论知：

$$x = r\cos\theta = 2\cos\frac{\pi}{3} = 1,$$

$$y = r\sin\theta = 2\sin\frac{\pi}{3} = \sqrt{3},$$

故点 P 的直角坐标为 $(1,\sqrt{3})$.

例 2　将直线 $x + y = 1$ 化为极坐标系下的方程.

解　将 $x = r\cos\theta, y = r\sin\theta$ 代入方程 $x + y = 1$ 中，得

$$r\cos\theta + r\sin\theta = 1,$$

所以直线 $x + y = 1$ 的极坐标方程为

$$r = \frac{1}{\cos\theta + \sin\theta}.$$

从此例可以看出，将直角坐标系下的方程化为极坐标系下的方程是很容易的，只需将 $x = r\cos\theta, y = r\sin\theta$ 代入即可. 反过来，将极坐标系下的方程化为直角坐标系下的方程有时就要复杂得多了.

例 3　试给出极坐标系下方程 $r = 2\cos\theta$ 在直角坐标系下的方程.

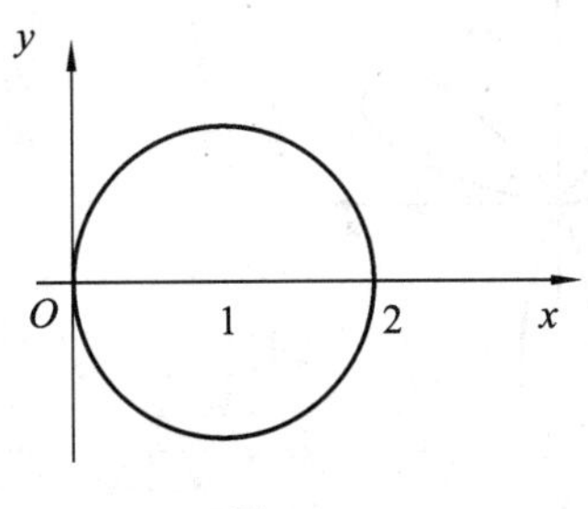

图 1-3-3

解　因为

$$r = \sqrt{x^2 + y^2}, \cos\theta = \frac{x}{\sqrt{x^2 + y^2}},$$

代入方程 $r = 2\cos\theta$ 得

$$x^2 + y^2 = 2x,$$

即

$$(x - 1)^2 + y^2 = 1,$$

该方程表示的是以 $(1,0)$ 为圆心，以 1 为半径的圆周（如图 1-3-3 所示）.

类似地，极坐标系下方程 $r = 2\sin\theta$ 在直角坐标系下的方

程为

$$x^2+(y-1)^2=1,$$

该方程表示的是以(0,1)为圆心,以1为半径的圆周(如图1-3-4所示).

极坐标系下方程 $r=a$(a 为常数,$a>0$)表示圆心在圆点,半径为 a 的圆周,其直角坐标系下的方程为 $x^2+y^2=a^2$(如图1-3-5所示).

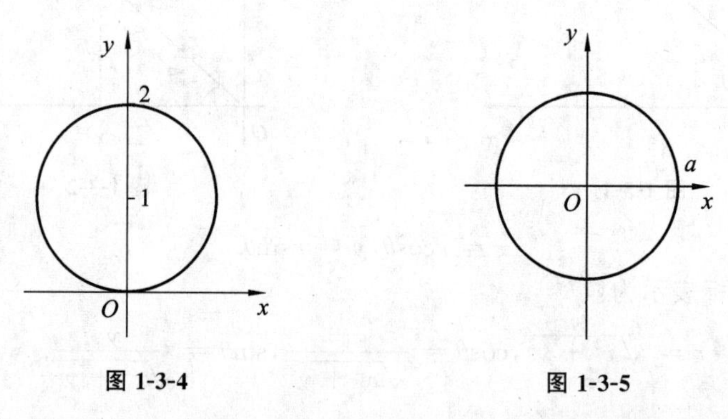

图 1-3-4　　图 1-3-5

极坐标系下方程 $\theta=\alpha$(α 为常数)是从极点出发,与极轴夹角为 α 的射线(如图1-3-6所示).

下面给出几种常见的极坐标方程及其图形:

(1) 心形线 $r=a(1+\cos\theta)$,如图1-3-7所示.

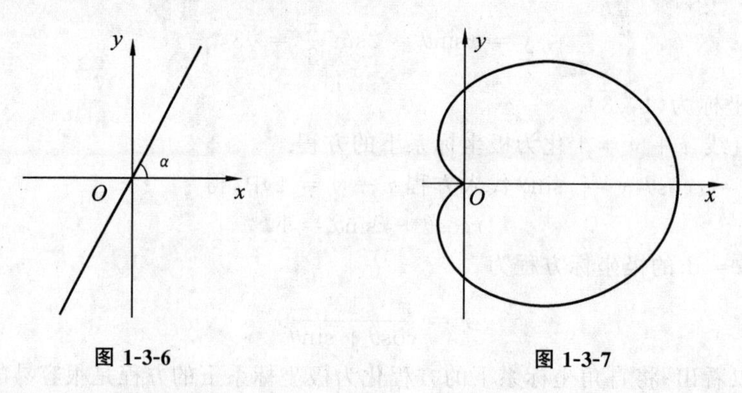

图 1-3-6　　图 1-3-7

(2) 双纽线 $r^2=a^2\cos2\theta$,如图1-3-8所示.

(3) 三叶玫瑰线 $r=a\sin3\theta$,如图1-3-9所示.

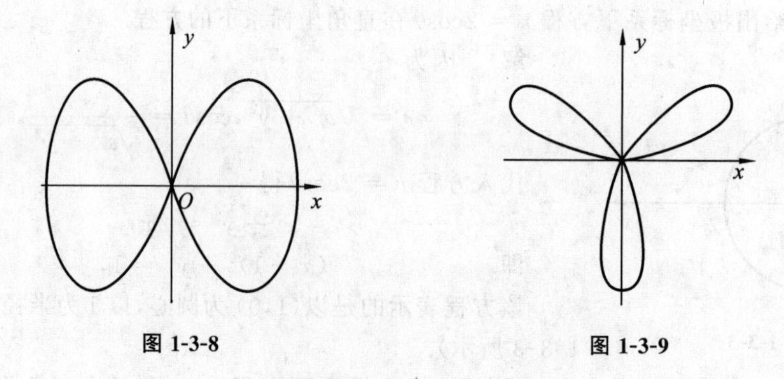

图 1-3-8　　图 1-3-9

习　题　1.3

1. 把点 $A\left(5,\frac{\pi}{6}\right)$，$B\left(3,-\frac{\pi}{4}\right)$ 的极坐标化为直角坐标.

2. 把点 $M(-\sqrt{3},-1)$，$N(0,-3)$，$P(\sqrt{2},0)$ 的直角坐标化为极坐标.

3. 已知正三角形 ABC 中，顶点 A，B 的极坐标分别为 $A(1,0)$，$B\left(\sqrt{3},\frac{\pi}{2}\right)$，试求顶点 C 的极坐标.

4. 化直角坐标方程 $x^2+y^2-2ay=0$ 为极坐标方程($a>0$).

5. 化极坐标方程 $r=\dfrac{2}{2-\cos\theta}$ 为直角坐标方程.

6. 当 a,b,c 满足什么条件时，直线 $r=\dfrac{1}{a\cos\theta+b\sin\theta}$ 与圆 $r=2c\cos\theta$ 相切？

小　　结

一、基本要求

(1) 复习函数的基本概念和特性；

(2) 熟练掌握五类基本初等函数；

(3) 掌握函数的复合运算，会求函数的反函数；

(4) 了解初等函数的概念.

二、基本内容

本章复习和深化了初等数学中有关函数的内容，其中包括函数的定义及其基本特性(如有界性、单调性、奇偶性)以及基本初等函数的图形和特征等.

函数是学习微积分的重要基础.有关函数的知识点包括如下两个重要方面：(1) 函数、反函数和复合函数的概念和用分段形式描述的函数(分段函数)的概念；(2) 函数的几种基本特征：有界性、单调性、奇偶性.特别是基本初等函数(幂函数、指数函数、对数函数、三角函数、反三角函数)的定义域、值域、基本特征和图形.根据初等函数的定义知，上面两方面内容是研究一般初等函数的基础.

自　测　题

一、选择题

1. 设 $f(x)=\dfrac{\sin(1+x)}{1+x^2}$，$-\infty<x<+\infty$，则此函数是(　　).

A. 有界函数　　B. 单调函数　　C. 偶函数　　D. 周期函数

2. $f(x)=|x\sin x|e^{\cos x}(-\infty<x<+\infty)$ 是(　　)

A. 有界函数　　B. 单调函数　　C. 偶函数　　D. 周期函数

3. 设 $f(x)=\begin{cases}1 & |x|\leqslant 1\\ 0 & |x|>1\end{cases}$，则 $f\circ f\circ f(x)$ 等于(　　).

A. 0　　B. 1　　C. $\begin{cases}1 & |x|\leqslant 1\\0 & |x|>1\end{cases}$　　D. $\begin{cases}0 & |x|\leqslant 1\\1 & |x|>1\end{cases}$

4. 函数 $y=x^2(x-1)^2$ 在区间 $(0,1)$ 内(　　).

A. 单调增加　　B. 单调减少　　C. 不增不减　　D. 有增有减

5. 已知函数 $f(x)=\begin{cases}ax+b & x<0\\x^2+1 & x\geqslant 0\end{cases}$,则 $f(0)$ 的值为(　　).

A. $a+b$　　B. $b-a$　　C. 1　　D. 2

6. 极坐标方程分别是 $r=\cos\theta$ 和 $r=\sin\theta$ 的两个圆的圆心距是(　　).

A. 2　　B. $\sqrt{2}$　　C. 1　　D. $\dfrac{\sqrt{2}}{2}$

二、填空题

1. 函数 $f(x)=\sqrt{\dfrac{3-x}{x+2}}$ 的定义域是________.

2. 设 $f(x)$ 的定义域是$[1,2]$,则 $f\left(\dfrac{1}{x+1}\right)$的定义域是________.

3. 已知 $f(x)=\mathrm{e}^x$,$f[\varphi(x)]=1-x$,则 $\varphi(x)=$ ________.

4. $\arcsin\left(\sin\left(-\dfrac{\pi}{3}\right)\right)=$ ________;$\arccos\left(\sin\left(-\dfrac{\pi}{3}\right)\right)=$ ________.

5. 点 $A\left(4,\dfrac{2}{3}\pi\right)$与 B 关于直线 $\theta=\dfrac{\pi}{3}$ 对称,则 B 的极坐标是________.

三、设 $f(x)=\begin{cases}1 & |x|\leqslant 1\\0 & |x|>1\end{cases}$,$g(x)=\begin{cases}2-x^2 & |x|\leqslant 1\\2 & |x|>1\end{cases}$,求 $f\circ g(x)$,$g\circ f(x)$.

四、设 $z=\sqrt{y}+f(\sqrt[3]{x}-1)$,且已知当 $y=1$ 时,$z=x$,求 $f(x)$.

五、当 $x\neq 0$ 时,$f(x)$ 满足 $af(x)+bf\left(\dfrac{1}{x}\right)=2x+\dfrac{3}{x}$,且 $f(0)=0$,$|a|\neq|b|$.证明 $f(x)$ 为奇函数.

六、设 $f(x)=\begin{cases}\sin x & -\dfrac{\pi}{2}<x<0\\-(x^2+1) & 0\leqslant x<1\\\mathrm{e}^{x-1} & 1\leqslant x<2\end{cases}$,求反函数 $\varphi(x)$.

七、试把极坐标方程 $mr\cos^2\theta+3r\sin^2\theta-6\cos\theta=0$ 化为直角坐标方程,并就 m 值的变化讨论曲线的形状.

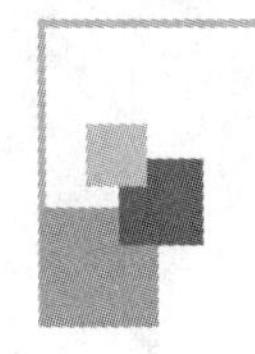

第二章　极限与连续

极限概念是微积分的理论基础.微积分中许多概念(如连续、导数、定积分、级数的收敛与发散等概念)都是用极限定义的.因此,掌握并运用好极限方法是学好微积分的关键.连续性是函数的一个重要性态.本章将介绍极限与连续的基本知识和有关的基本方法,为今后的学习打下必要的基础.

2.1　数列极限

极限概念是由于求某些问题的精确解答而产生的,极限是变量的一种变化趋势,也是由近似过渡到精确的桥梁,更是我们高等数学的基础.

2.1.1　数列极限的概念

一个实际问题:

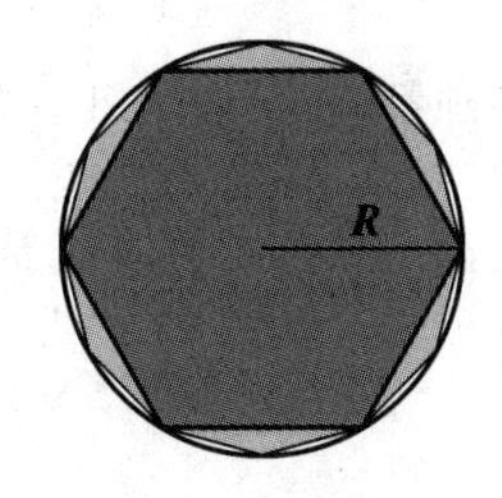

图 2-1-1

“割之弥细,所失弥少,割之又割,以至于不可割,则与圆周合体而无所失矣.”—— 刘徽.

设有半径为 R 的圆,首先作内接正六边形,它的面积记为 A_1;再作内接正十二边形,它的面积记为 A_2;再作内接正二十四边形,它的面积记为 A_3;如此下去,每次边数加倍,一般把内接正 $6\times 2^{n-1}$ 边形的面积记为 A_n.这样就得到一系列内接正多边形的面积:

$A_1,A_2,A_3,\cdots,A_n,\cdots$

设想 n 无限增大(记为 $n\to\infty$,读作 n 趋于无穷大),即内接正多边形的边数无限增加,在这个过程中,内接正多边形无限接近于圆,同时 A_n 也无限接近于某一确定的数值,这个确定的数值就理解为圆的面积.这个确定的数值在数学上称为上面有次序的一列数(数列)$A_1,A_2,A_3,\cdots,A_n,\cdots$ 当 $n\to\infty$ 时的极限.

定义 1　按照某一法则,对于每一个 $n\in\mathbf{N}^+$,对应一个确定的实数 x_n,将这些实数按下标 n 从小到大排列,得到一个序列

$$x_1,x_2,\cdots,x_n,\cdots$$

称为**数列**,简记为数列$\{x_n\}$,x_n 称为数列的**一般项**.例如:

$$\frac{1}{2},\frac{2}{3},\frac{3}{4},\cdots,\frac{n}{n+1},\cdots$$

$$2,4,8,\cdots,2^n,\cdots$$

$$\frac{1}{2},\frac{1}{4},\frac{1}{8},\cdots,\frac{1}{2^n},\cdots$$

$$1,-1,1,\cdots,(-1)^{n+1},\cdots$$

$$2,\frac{1}{2},\frac{4}{3},\frac{3}{4},\frac{6}{5},\cdots,\frac{n+(-1)^{n-1}}{n},\cdots$$

一般项分别为$\frac{n}{n+1},2^n,\frac{1}{2^n},(-1)^{n+1},\frac{n+(-1)^{n-1}}{n}$.

数列$\{x_n\}$可看成自变量取正整数n的函数，即$x_n=f(n),n\in \mathbf{N}^+$.

下面要研究的是数列极限的概念，即当$n\to\infty$时，x_n是否无限接近某个常数？

定义2　对于数列$\{x_n\}$，如果一般项x_n随着n的无限增大而无限接近某个常数a，就称常数a为数列$\{x_n\}$的**极限**.

上述定义从直观上描述了数列极限的定义，但不严谨.如何从数学的角度严谨地描述数列极限（无限接近）呢？我们知道$|a-b|$的大小可以用来衡量实数a与b的接近程度.

以数列$\left\{\frac{n+(-1)^{n-1}}{n}\right\}$为例，来说明其极限为1.

设$x_n=\frac{n+(-1)^{n-1}}{n}$，$|x_n-1|=\left|\frac{n+(-1)^{n-1}}{n}-1\right|=\frac{1}{n}$反映了$x_n$与1的接近程度，对于一个很小的数$\frac{1}{100}$，只需要$n>100$，即从101项起，以后各项都满足$|x_n-1|<\frac{1}{100}$；

对于更小的数$\frac{1}{100\,000}$，只需要$n>100\,000$，即从100 001项起，以后各项都满足$|x_n-1|<\frac{1}{100\,000}$；

更一般的，对于任意小的正数ε，只需要$n>\frac{1}{\varepsilon}$，即当$n>\frac{1}{\varepsilon}$以后，各项都满足$|x_n-1|<\varepsilon$.令$N=\left[\frac{1}{\varepsilon}\right]$，当$n>N$时，$n>\frac{1}{\varepsilon}$，因此有$|x_n-1|<\varepsilon$，即任意给定小正数$\varepsilon$，总存在正整数$N=\left[\frac{1}{\varepsilon}\right]$，当$n>N$时的一切$x_n$都满足$|x_n-1|<\varepsilon$.

从以上过程中可以看出，当ε越小，只要$n>\frac{1}{\varepsilon}$（一般地，ε越小，n越大），就有$|x_n-1|<\varepsilon$成立，反过来便是n越大，$|x_n-1|$越小，知x_n与1越接近.从而有以下严格的定义：

定义3　设$\{x_n\}$为一数列，如果存在常数a，对于任意给定的正数ε（不论它多么小），总存在正整数N，使得当$n>N$时的一切x_n都满足不等式$|x_n-a|<\varepsilon$，则称常数a是数列$\{x_n\}$的极限，或者称数列$\{x_n\}$**收敛于**a，记为

$$\lim_{n\to\infty}x_n=a,\quad 或\quad x_n\to a(n\to\infty).$$

如果不存在这样的常数a，则说数列$\{x_n\}$没有极限，或者说数列$\{x_n\}$**发散**.

注：从几何意义上看　如果数列$\{x_n\}$以a为极限，则对于任意给定的正数ε，总存在正整数N，当$n>N$时，有$|x_n-a|<\varepsilon$，
即

$$a-\varepsilon<x_n<a+\varepsilon\quad 或\quad x_n\in(a-\varepsilon,a+\varepsilon),$$

也就是对所有$n>N$的x_n，都落在邻域$U(a,\varepsilon)$内，而落在$U(a,\varepsilon)$外的项至多为有限多项.（见图2-1-2）

例1　证明$\lim\limits_{n\to\infty}C=C$（$C$是常数.）

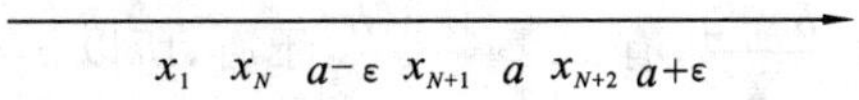

图 2-1-2

证明　设 $x_n = C$，$\forall \varepsilon > 0$，取 N 为任意自然数，当 $n > N$ 时有

$$|x_n - C| = |C - C| = 0 < \varepsilon，即 \lim_{n\to\infty} C = C.$$

例 2　证明数列 $\frac{1}{2},\frac{2}{3},\frac{3}{4},\cdots,\frac{n}{n+1},\cdots$ 的极限为 1.

分析：为使 $|x_n - a| = \left|\frac{n}{n+1} - 1\right| < \varepsilon$，只需要 $\left|\frac{1}{n+1}\right| < \varepsilon$，或 $n+1 > \frac{1}{\varepsilon}$，即 $n > \frac{1}{\varepsilon} - 1$

证明　$\forall \varepsilon > 0, \varepsilon < 1$，取 $N = \left[\frac{1}{\varepsilon} - 1\right]$，当 $n > N$ 时的一切 x_n 满足

$$|x_n - 1| = \left|\frac{n}{n+1} - 1\right| = \frac{1}{n+1} < \varepsilon.$$

因此，$\lim\limits_{n\to\infty} \frac{n}{n+1} = 1$.

例 3　设 $|q| < 1$，证明等比数列 $1, q, q^2, \cdots, q^{n-1}, \cdots$ 的极限是 0.

证明　当 $q = 0$ 时，由例 1 知 $\lim\limits_{n\to\infty} q^{n-1} = 0$.

当 $q \neq 0$ 时，任给 $\varepsilon > 0$（不妨设 a），由于 $|x_n - 0| = |q^{n-1} - 0| = |q|^{n-1}$，为使 $|x_n - 0| < \varepsilon$，只需 $|q^{n-1} - 0| = |q|^{n-1} < \varepsilon$，解得 $(n-1)\ln|q| < \ln\varepsilon$，或 $n > 1 + \frac{\ln\varepsilon}{\ln|q|}$。故取 $N = \left[1 + \frac{\ln\varepsilon}{\ln|q|}\right]$，当 $n > N$ 时，有

$$|x_n - 0| = |q^{n-1} - 0| = |q|^{n-1} < \varepsilon$$

因此，$\lim\limits_{n\to\infty} q^{n-1} = 0$.

例 4　证明数列 $x_n = (-1)^{n-1} (n = 1, 2, \cdots)$ 是发散的.

证明　（反证法）假设 $\lim\limits_{n\to\infty} x_n = a$，取 $\varepsilon = \frac{1}{2}$，则存在自然数 N，当 $n > N$ 时有 $|x_n - a| < \varepsilon = \frac{1}{2}$，即当 $n > N$ 时，有 $x_n \in U\left(a, \frac{1}{2}\right)$，而 x_n 的取值不是 1 就是 -1，这两个数不可能同时落入长度为 1 的区间 $U\left(a, \frac{1}{2}\right)$ 内，矛盾，所以该数列是发散的.

2.1.2　收敛数列的性质

定理 1（极限的唯一性）　如果数列 $\{x_n\}$ 收敛，则其极限唯一.

证明　反证法. 设数列 $\{x_n\}$ 分别收敛于 a 和 b，即有 $\lim\limits_{n\to\infty} x_n = a$，$\lim\limits_{n\to\infty} x_n = b$，不妨设 $a < b$，取 $\varepsilon = \frac{b-a}{2}$，因为 $\lim\limits_{n\to\infty} x_n = a$，则存在 N_1，当 $n > N_1$ 时，有 $|x_n - a| < \frac{b-a}{2}$；

又由于 $\lim\limits_{n\to\infty} x_n = b$，则存在 N_2，当 $n > N_2$ 时，$|x_n - b| < \frac{b-a}{2}$. 取 $N = \max\{N_1, N_2\}$，则当 $n > N$ 时，有 $|x_n - a| < \frac{b-a}{2}$ 和 $|x_n - b| < \frac{b-a}{2}$ 同时成立. 但由 $|x_n - a| < \frac{b-a}{2}$，有

$x_n < \frac{a+b}{2}$；又由 $|x_n - b| < \frac{b-a}{2}$，有 $x_n > \frac{a+b}{2}$，矛盾，所以 $a = b$，即数列 $\{x_n\}$ 收敛，则其极限唯一.

定义 4 对于数列 $\{x_n\}$，如果存在正数 M，使得 $\forall n \in \mathbf{N}$，有 $|x_n| \leqslant M$，则称数列 $\{x_n\}$ 是**有界**的；否则，称数列 $\{x_n\}$ 是**无界**的；如果存在常数 M，使得 $\forall n \in \mathbf{N}$，有 $x_n \leqslant M(x_n \geqslant M)$，就称数列 $\{x_n\}$ 有上界(下界)，M 称为 $\{x_n\}$ 的一个上界(下界).

由定义 4 易知，数列 $\{x_n\}$ 是有界的当且仅当 $\{x_n\}$ 既有上界又有下界.

定理 2(收敛数列的有界性) 如果数列 $\{x_n\}$ 收敛，则数列 $\{x_n\}$ 有界.

证明 设 $\lim\limits_{n\to\infty} x_n = a$，不妨取 $\varepsilon = 1$，则存在正整数 N，当 $n > N$ 时，有 $|x_n - a| < \varepsilon = 1$，即当 $n > N$ 时，有 $|x_n| < \varepsilon + |a| = 1 + |a|$，取 $M = \max\{|x_1|, |x_2|, \cdots, |x_N|, 1 + |a|\}$，则对任意的 n，都有 $|x_n| \leqslant M$，即 $\{x_n\}$ 有界.

定理 3(收敛数列的保号性) 如果 $\lim\limits_{n\to\infty} x_n = a$，且 $a > 0$(或 $a < 0$)，则存在正整数 N，当 $n > N$ 时，有 $x_n > 0$(或 $x_n < 0$).

证明 当 $a > 0$ 时，取 $\varepsilon = \frac{a}{2}$(当 $a < 0$ 时，取 $\varepsilon = -\frac{a}{2}$) 即可证明定理 3.

推论 如果数列 $\{x_n\}$ 从某项起有 $x_n \geqslant 0$(或 $x_n \leqslant 0$)，且 $\lim\limits_{n\to\infty} x_n = a$，则 $a \geqslant 0$(或 $a \leqslant 0$).

定义 5 在数列 $\{x_n\}$ 中任取无穷多项，不改变它们在原来数列中的先后次序，这样得到的一个数列称为原来数列 $\{x_n\}$ 的一个子数列.

例如数列 $\{x_{2n}\}$、$\{x_{3n+1}\}$ 等都是数列 $\{x_n\}$ 的子数列. 关于数列与其子数列有如下定理：

定理 4 数列 $\{x_n\}$ 收敛于 a，当且仅当 $\{x_n\}$ 的任何子数列都收敛，且都收敛于 a.

由此可知，如果数列 $\{x_n\}$ 有两个子数列收敛于不同的数，则数列 $\{x_n\}$ 发散.

利用定理 4 也可证明例 4.

习 题 2.1

1. 观察下列数列当 $n \to \infty$ 时的变化趋势，指出是收敛还是发散，若收敛，写出其极限.

(1) $x_n = 1 + \frac{(-1)^n}{n}$； (2) $x_n = \frac{n-1}{n+1}$； (3) $x_n = (-1)^n n$；

(4) $x_n = \frac{1+(-1)^n}{2}$； (5) $x_n = \frac{2^n + 3^n}{3^n}$.

2. 用极限的定义证明：(1) $\lim\limits_{n\to\infty} \frac{2}{\sqrt{n}} = 0$；(2) $\lim\limits_{n\to\infty} \frac{\sqrt{n^2+1}}{n} = 1$.

3. (1) 若 $\lim\limits_{n\to\infty} u_n = a$，证明：$\lim\limits_{n\to\infty} |u_n| = |a|$，并举例说明反过来未必成立；

(2) 证明 $\lim\limits_{n\to\infty} u_n = 0$ 充分必要 $\lim\limits_{n\to\infty} |u_n| = 0$.

4. 证明对于数列 $\{x_n\}$ 有 $\lim\limits_{n\to\infty} x_n = a$ 充分必要 $\lim\limits_{n\to\infty} x_{2n} = \lim\limits_{n\to\infty} x_{2n-1} = a$.

2.2 函数的极限

本节将讨论当自变量 x 以某种趋势变化时，函数 $y = f(x)$ 的变化情况，它比数列极限要复杂一些.

2.2.1　$x\to\infty$ 时函数 $f(x)$ 的极限

定义 1　设函数 $f(x)$ 在 x 大于某一正数时有定义，如果存在常数 A，$\forall\varepsilon>0$，$\exists M>0$，当 $x>M$ 时，有 $|f(x)-A|<\varepsilon$，则称 A 为函数 $f(x)$ 在 x 趋于正无穷大时的极限，记作 $\lim\limits_{x\to+\infty}f(x)=A$ 或 $f(+\infty)=A$ 或 $f(x)\to A(x\to+\infty)$.

例如 $\lim\limits_{x\to+\infty}\dfrac{1}{x}=0$（如图 2-2-1 所示），而 $\lim\limits_{x\to+\infty}\arctan x=\dfrac{\pi}{2}$（如图 2-2-2 所示）.

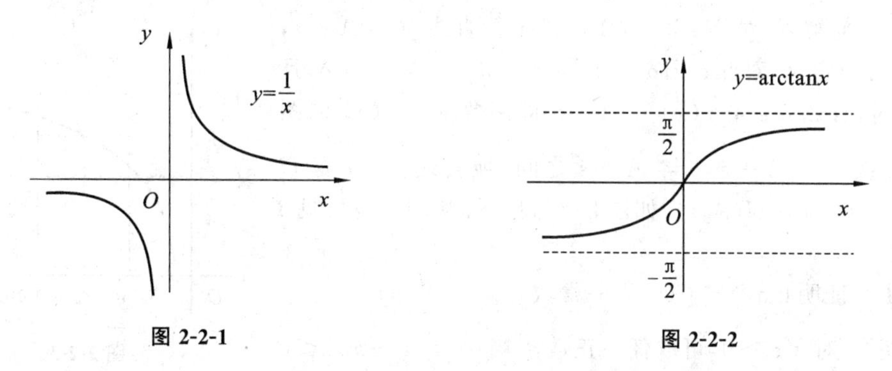

图 2-2-1　　图 2-2-2

定义 2　设函数 $f(x)$ 在 x 小于某一负数时有定义，如果存在常数 A，$\forall\varepsilon>0$，$\exists M>0$，当 $-x>M$ 时，有 $|f(x)-A|<\varepsilon$，则称 A 为函数 $f(x)$ 在 x 趋于负无穷大时的极限，记作 $\lim\limits_{x\to-\infty}f(x)=A$ 或 $f(-\infty)=A$ 或 $f(x)\to A(x\to-\infty)$.

例如 $\lim\limits_{x\to+\infty}\dfrac{1}{x}=0$（如图 2-2-1 所示），而 $\lim\limits_{x\to+\infty}\arctan x=\dfrac{\pi}{2}$（如图 2-2-2 所示）.

定义 3　设函数 $f(x)$ 在 $|x|$ 充分大时有定义，如果存在常数 A，$\forall\varepsilon>0$，$\exists M>0$，当 $|x|>M$ 时，有 $|f(x)-A|<\varepsilon$，则称 A 为函数 $f(x)$ 在 x 趋于无穷大时的极限，记作 $\lim\limits_{x\to\infty}f(x)=A$ 或 $f(\infty)=A$ 或 $f(x)\to A(x\to\infty)$.

由此可得：$\lim\limits_{x\to\infty}f(x)=A\Leftrightarrow\forall\varepsilon>0$，$\exists M>0$，当 $|x|>M$ 时，有 $|f(x)-A|<\varepsilon$.

例如 $\lim\limits_{x\to\infty}\dfrac{1}{x}=0$（如图 2-2-1 所示），而 $\lim\limits_{x\to\infty}\arctan x$ 就不存在（如图 2-2-2 所示）.

定理 1　$\lim\limits_{x\to\infty}f(x)=A\Leftrightarrow\lim\limits_{x\to+\infty}f(x)=A$ 且 $\lim\limits_{x\to-\infty}f(x)=A$.

2.2.2　$x\to x_0$ 时函数 $f(x)$ 的极限

与数列极限的意义相仿，自变量趋于有限值 x_0 时函数的极限可理解为：当 $x\to x_0$ 时，$f(x)\to A$（A 为某常数），即当 $x\to x_0$ 时，$f(x)$ 与 A 无限地接近，或者说 $|f(x)-A|$ 可任意小，亦即对于预先任意给定的正整数 ε（不论多么小），当 x 与 x_0 充分接近时，可使得 $|f(x)-A|$ 小于 ε. 用数学的语言说，即

定义 4　设函数 $f(x)$ 在 x_0 的某去心邻域内有定义，存在常数 A，如果 $\forall\varepsilon>0$，$\exists\delta>0$，当 $0<|x-x_0|<\delta$ 时，有 $|f(x)-A|<\varepsilon$，则称常数 A 为函数 $f(x)$ 在 $x\to x_0$ 时的极限，记作

$$\lim_{x\to x_0}f(x)=A，或 f(x)\to A(x\to x_0).$$

注:(1)"x 与 x_0 充分接近"在定义中表现为:$\exists\delta>0$,有 $0<|x-x_0|<\delta$,即 $x\in\mathring{U}(x_0,\delta)$. 显然 δ 越小,x 与 x_0 就越接近,此 δ 与数列极限中的 N 所起的作用是一样的,它也依赖于 ε. 一般地,ε 越小,δ 相应地也小一些.

(2) 定义中 $0<|x-x_0|$ 表示 $x\neq x_0$,这说明当 $\lim\limits_{x\to 0^-}\dfrac{\sin x}{x}\overset{x=-t}{=}\lim\limits_{t\to 0^+}\dfrac{-\sin t}{-t}=1$ 时,**函数 $f(x)$ 的极限存在与否与函数 $f(x)$ 在点 x_0 处是否有定义无关**(可以无定义,即使有定义,与 $f(x_0)$ 值也无关).

(3) 几何解释:对 $\forall\varepsilon>0$,作两条平行直线 $y=A+\varepsilon$,$y=A-\varepsilon$. 由定义,对此 ε,$\exists\delta>0$,当 $x_0-\delta<x<x_0+\delta$,且 $x\neq x_0$ 时,有 $A-\varepsilon<f(x)<A+\varepsilon$. 即函数 $y=f(x)$ 的图像夹在直线 $y=A+\varepsilon$,$y=A-\varepsilon$ 之间. 换言之:当 $x\in\mathring{U}(x_0,\delta)$ 时,$f(x)\in U(A,\varepsilon)$,如图 2-2-3 所示. 从图中也可见 δ 不唯一!

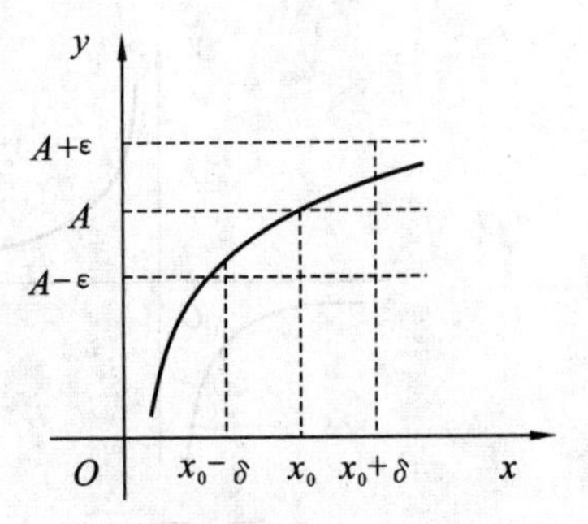

图 2-2-3

例 1 证明 $\lim\limits_{x\to x_0}C=C$($C$ 为一常数).

证明 对 $\forall\varepsilon>0$,可取任一正数 δ,当 $0<|x-x_0|<\delta$ 时,

$$|f(x)-A|=|C-C|=0<\varepsilon,$$

所以 $\lim\limits_{x\to x_0}C=C$.

例 2 证明 $\lim\limits_{x\to x_0}(ax+b)=ax_0+b \quad (a\neq 0)$.

证明 对 $\forall\varepsilon>0$,要使得 $|(ax+b)-(ax_0+b)|=|a(x-x_0)|=|a||x-x_0|<\varepsilon$,只需 $|x-x_0|<\dfrac{\varepsilon}{|a|}$,所以取 $\delta=\dfrac{\varepsilon}{|a|}>0$,显然当 $|x-x_0|<\delta$ 时,有 $|(ax+b)-(ax_0+b)|<\varepsilon$,所以 $\lim\limits_{x\to x_0}(ax+b)=ax_0+b$.

例 3 证明 $\lim\limits_{x\to 1}\dfrac{x^2-1}{2x^2-x-1}=\dfrac{2}{3}$.

证明 对 $\forall\varepsilon>0$,因为 $x\neq 1$,所以 $x-1\neq 0$,

$$\left|\frac{x^2-1}{2x^2-x-1}-\frac{2}{3}\right|=\left|\frac{x+1}{2x+1}-\frac{2}{3}\right|=\left|\frac{1-x}{3(2x+1)}\right|,$$

又由于 $x\to 1$,故不妨限制 x 的范围为 $0<|x-1|<1$,即 $0<x<2$ 且 $x\neq 1$,由此可得

$$2x+1>1,\left|\frac{1-x}{3(2x+1)}\right|<\frac{|x-1|}{3},$$

要使 $\left|\dfrac{x^2-1}{2x^2-x-1}-\dfrac{2}{3}\right|<\varepsilon$,只需 $\dfrac{|x-1|}{3}<\varepsilon$,即 $|x-1|<3\varepsilon$. 取 $\delta=\min\{1,3\varepsilon\}$,当 $0<|x-1|<\delta$ 时,有 $\left|\dfrac{x^2-1}{2x^2-x-1}-\dfrac{2}{3}\right|<\varepsilon$. 所以 $\lim\limits_{x\to 1}\dfrac{x^2-1}{2x^2-x-1}=\dfrac{2}{3}$.

在 $x\to x_0$ 时函数 $f(x)$ 的极限定义中,x 是既从 x_0 的左侧(即从小于 x_0 的方向)趋于 x_0,也从 x_0 的右侧(即从大于 x_0 的方向)趋于 x_0. 但有时只能或只需要考虑 x 仅从 x_0 的某一侧趋

于 x_0 的情形，如分段函数的分段点、区间的端点处等．为方便起见，将 $x<x_0$ 且 $x\to x_0$ 记作 $x\to x_0^-$，$x>x_0$ 且 $x\to x_0$ 记作 $x\to x_0^+$．这样，由定义 4 就有下面的单侧极限．

$x\to x_0^-$ 情形：在 $\lim\limits_{x\to x_0}f(x)=A$ 的定义中，把 $0<|x-x_0|<\delta$ 改为 $x_0-\delta<x<x_0$，那么 A 就称为函数 $f(x)$ 当 $x\to x_0$ 时的左极限，记作

$$\lim_{x\to x_0^-}f(x)=A \quad 或 \quad f(x_0-0)=A.$$

$x\to x_0^+$ 情形：在 $\lim\limits_{x\to x_0}f(x)=A$ 的定义中，把 $0<|x-x_0|<\delta$ 改为 $x_0<x<x_0+\delta$，那么 A 就称为函数 $f(x)$ 当 $x\to x_0$ 时的右极限，记作

$$\lim_{x\to x_0^+}f(x)=A \quad 或 \quad f(x_0+0)=A.$$

左极限、右极限统称为单侧极限．

定理 2　$\lim\limits_{x\to x_0}f(x)=A\Leftrightarrow\lim\limits_{x\to x_0^-}f(x)=\lim\limits_{x\to x_0^+}f(x)=A$．即函数 $f(x)$ 在点 x_0 处极限存在的充分必要条件是函数 $f(x)$ 在点 x_0 处的左、右极限存在且相等．

例 4　设 $f(x)=\begin{cases}1 & x\geqslant 0\\ 2x+1 & x<0\end{cases}$，求 $\lim\limits_{x\to 0}f(x)$．

解　显然 $\lim\limits_{x\to 0^+}f(x)=\lim\limits_{x\to 0^+}1=1$　$\lim\limits_{x\to 0^-}f(x)=\lim\limits_{x\to 0^-}(2x+1)=1$

因为 $\lim\limits_{x\to x_0^+}f(x)=\lim\limits_{x\to x_0^-}f(x)=1$，所以 $\lim\limits_{x\to 0}f(x)=1$．

例 5　$\lim\limits_{x\to 0^-}\operatorname{sgn}(x)=-1$，$\lim\limits_{x\to 0^+}\operatorname{sgn}(x)=1$，因为 $-1\neq 1$，所以 $\lim\limits_{x\to 0}\operatorname{sgn}(x)$ 不存在．

2.2.3　函数极限存在的性质

函数极限存在类似于数列极限存在的性质．下面以 $\lim\limits_{x\to x_0}f(x)$ 为例予以说明．

定理 3（函数极限的唯一性）　如果极限 $\lim\limits_{x\to x_0}f(x)$ 存在，则极限唯一．

定理 4（函数的局部有界性）　如果 $\lim\limits_{x\to x_0}f(x)=A$，那么存在常数 $M>0$ 和 $\delta>0$，使得当 $0<|x-x_0|<\delta$ 时，有 $|f(x)|\leqslant M$．

定理 5（函数的局部保号性）　如果 $\lim\limits_{x\to x_0}f(x)=A$，而且 $A>0$（或 $A<0$），那么存在常数 $\delta>0$，使得当 $0<|x-x_0|<\delta$ 时，有 $f(x)>0$（或 $f(x)<0$）．

推论　如果 $\lim\limits_{x\to x_0}f(x)=A$，且在 x_0 的某去心邻域 $\mathring{U}(x_0)$ 恒有 $f(x)\geqslant 0$（或 $f(x)\leqslant 0$），则 $A\geqslant 0$（或 $A\leqslant 0$）．

注：(1) 以上结论的证明与收敛数列的性质的证明类似，有兴趣的读者可自己完成；

(2) 将 $x\to x_0$ 换为 $x\to x_0^+$，$x\to x_0^-$，$x\to\infty$，$x\to+\infty$，$x\to-\infty$ 时均有与以上类似的结论，只是叙述稍作变化即可，读者也可自己写一写．

习　题　2.2

1. 求 $f(x)=[x]$ 在 $x\to 0$ 时的左右极限，并说明它在 $x\to 0$ 的极限是否存在．

2. 利用极限的定义证明：

(1) $\lim\limits_{x\to\infty}\dfrac{x+1}{2x}=\dfrac{1}{2}$；　　(2) $\lim\limits_{x\to 1}\dfrac{x^2-1}{x-1}=2$.

3. 设 $f(x)=\dfrac{\sqrt{x^2}}{x}$，回答下列问题：

(1) 函数 $f(x)$ 在 $x=0$ 处的右，左极限是否存在？

(2) 函数 $f(x)$ 在 $x=0$ 处是否有极限？为什么？

(3) 函数 $f(x)$ 在 $x=1$ 处是否有极限？为什么？

4. 设 $f(x)=\begin{cases} e^x & x\leqslant 0 \\ \dfrac{1}{x} & x>0 \end{cases}$，求 $\lim\limits_{x\to-\infty}f(x)$ 及 $\lim\limits_{x\to+\infty}f(x)$，并说明 $\lim\limits_{x\to\infty}f(x)$ 是否存在？

5. 设 $f(x)=\begin{cases} x^2 & -1<x<0 \\ 1 & x=0 \\ 2x & 0<x\leqslant 1 \end{cases}$，求 $\lim\limits_{x\to 0}f(x)$，$\lim\limits_{x\to 1^-}f(x)$，$\lim\limits_{x\to 1^+}f(x)$.

6. 证明 $\lim\limits_{x\to x_0}f(x)=0\Leftrightarrow\lim\limits_{x\to x_0}|f(x)|=0$.

2.3　无穷小量与无穷大量　极限的运算

2.3.1　无穷小量

1. 无穷小的定义

定义 1　如果函数 $f(x)$ 当 $x\to x_0$（或 $x\to\infty$）时的极限为零，那么称函数 $f(x)$ 为 $x\to x_0$（或 $x\to\infty$）时的**无穷小量**，简称**无穷小**.

例如，因为 $\lim\limits_{x\to 1}(x-1)=0$，所以函数 $x-1$ 是 $x\to 1$ 时的无穷小.

又如，$\lim\limits_{x\to\infty}\dfrac{1}{x}=0$，所以 $\dfrac{1}{x}$ 是 $x\to\infty$ 时的无穷小.

注：(1) 说一个函数 $f(x)$ 是无穷小时，必须指明自变量 x 的变化趋势，如函数 $x-1$ 是当 $x\to 1$ 时的无穷小，当 x 趋向其他数值时，$x-1$ 就不是无穷小；

(2) 不要把绝对值很小的常数（如 0.000 000 1 或 −0.000 000 1）说成是无穷小，因为这个常数在当 $x\to x_0$（或 $x\to\infty$）时，极限为常数本身，而不是 0；

(3) 常数中只有“0”可看作是无穷小，因为 $\lim\limits_{x\to x_0}0=0$.

2. 无穷小的性质

性质 1　有限个无穷小的代数和是无穷小.

性质 2　有界变量与无穷小的乘积是无穷小.

性质 3　有限个无穷小的乘积还是无穷小.

注：(1) 以上无穷小均是同一极限过程的无穷小. 以上性质均可应用极限的定义证明；

(2) 性质 2 提供了一种求极限的方法.

例 1　求下列极限

(1) $\lim\limits_{x\to 0}x^2\sin\dfrac{1}{x}$　　(2) $\lim\limits_{n\to\infty}\dfrac{(-1)^{n-1}}{n}$

解　(1) 当 $x\to 0$ 时，$x^2\to 0$ 是无穷小，而 $\left|\sin\frac{1}{x}\right|\leqslant 1$ 是有界量，从而 $\lim\limits_{x\to 0}x^2\sin\frac{1}{x}=0$；

(2) 由于 $\lim\limits_{n\to\infty}\frac{1}{n}=0$，而数列 $\{(-1)^{n-1}\}$ 有界，故 $\lim\limits_{n\to\infty}\frac{(-1)^{n-1}}{n}=0$.

3. 函数极限与无穷小的关系

定理 1　$\lim\limits_{x\to x_0}f(x)=A\Leftrightarrow f(x)=A+\alpha$，其中 $\lim\limits_{x\to x_0}\alpha=0$.

证　**必要性**　设 $\lim\limits_{x\to x_0}f(x)=A$，则 $\forall\varepsilon>0$，$\exists\delta>0$，当 $0<|x-x_0|<\delta$ 时，有

$$|f(x)-A|<\varepsilon,$$

令 $\alpha=f(x)-A$，则 $|\alpha|<\varepsilon$，由极限的定义知 $\lim\limits_{x\to x_0}\alpha=0$，故 $f(x)=A+\alpha$；

充分性　设 $f(x)=A+\alpha$，其中 A 为常数，且 $\lim\limits_{x\to x_0}\alpha=\lim\limits_{x\to x_0}(f(x)-A)=0$，

则 $\forall\varepsilon>0$，$\exists\delta>0$，当 $0<|x-x_0|<\delta$ 时，有 $|\alpha|=|f(x)-A|<\varepsilon$，由函数极限的定义知 $\lim\limits_{x\to x_0}f(x)=A$.

注：定理中的 x_0 可换为 x_0^+，x_0^-，$+\infty$，$-\infty$，∞，证明过程稍有不同.

2.3.2　无穷大量

定义 2　如果在 $x\to x_0$（或 $x\to\infty$）时，函数 $f(x)$ 的绝对值无限增大，那么称 $f(x)$ 为 $x\to x_0$（或 $x\to\infty$）时的**无穷大量**（简称**无穷大**），记作

$$\lim_{x\to x_0}f(x)=\infty\quad(\text{或}\lim_{x\to\infty}f(x)=\infty).$$

如果函数 $f(x)$ 是 $x\to x_0$（或 $x\to\infty$）时的无穷大，那么它的**极限是不存在**的. 但为了便于描述函数的这种变化趋势，我们也说“函数的极限是无穷大”.

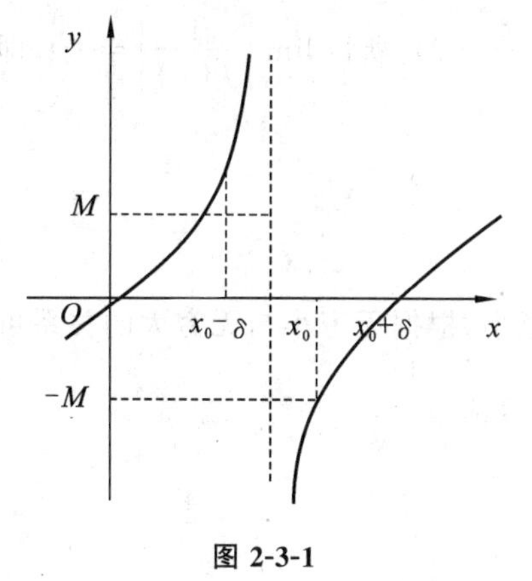

图 2-3-1

严格叙述（以 $x\to x_0$ 为例）：$\lim\limits_{x\to x_0}f(x)=\infty\Leftrightarrow\forall M>0$，$\exists\delta>0$，当 $0<|x-x_0|<\delta$ 时，有 $|f(x)|>M$，如图 2-3-1 所示.

类似可以定义**正无穷大**、**负无穷大**：如果在无穷大的定义中，对于 x_0 左右近旁的 x，对应的函数值都是正的或都是负的，就分别称 $f(x)$ 是 $x\to x_0$ 时的**正或负无穷大量**，分别记为

$$\lim_{x\to x_0}f(x)=+\infty\qquad\lim_{x\to x_0}f(x)=-\infty$$

例如，$x\to 1$ 时，$\left|\frac{1}{x-1}\right|$ 无限增大，所以 $\frac{1}{x-1}$ 是 $x\to 1$ 时的无穷大，可记为 $\lim\limits_{x\to 1}\frac{1}{x-1}=\infty$.

也可类似定义其他极限过程中的无穷大，如 $\lim\limits_{x\to\infty}f(x)=\infty$、$\lim\limits_{x\to x_0^-}f(x)=+\infty$ 等等.

例如，$x\to+\infty$ 时，e^x 总取正值无限增大，所以 e^x 是 $x\to+\infty$ 时的无穷大，可记为 $\lim\limits_{x\to+\infty}e^x=+\infty$.

注:(1) 说一个函数 $f(x)$ 是无穷大,必须指明自变量 x 的变化趋势,如函数$\frac{1}{x}$是$x\to 0$时的无穷大.但当 $x\to\infty$ 时,$\frac{1}{x}$ 是无穷小而不是无穷大;

(2) 不要把绝对值很大的常数(100 000 000 或 $-100\ 000$) 当作无穷大,因为这个常数在 $x\to x_0(x\to\infty)$ 时的极限为常数本身,并不是无穷大;

(3) 如果一个量在变化的过程中是无穷大,则它一定是无界的,但无界的量不一定是无穷大,如 $x\to\infty$ 时,$f(x)=x\cos x$ 是无界的但不是无穷大.

2.3.3 无穷小量与无穷大量的关系

由无穷小和无穷大的定义我们知道,$\frac{1}{x-1}$是 $x\to 1$ 时的无穷大,而将其倒过来又有 $x-1$ 是 $x\to 1$ 时的无穷小.一般来说,无穷小与无穷大之间有以下关系:

定理 2 在自变量 x 的同一变化过程中,若 $f(x)$ 为无穷大,则$\frac{1}{f(x)}$为无穷小;反之,若 $f(x)$ 为无穷小,且 $f(x)\neq 0$,则$\frac{1}{f(x)}$为无穷大.

证明 以 $x\to x_0$ 为例.若 $f(x)$ 为无穷大,$\forall\varepsilon>0$,取 $M=\frac{1}{\varepsilon}$,则 $\exists\delta>0$,当 $0<|x-x_0|<\delta$时,有$|f(x)|>M=\frac{1}{\varepsilon}$,于是$\left|\frac{1}{f(x)}\right|<\varepsilon$,所以$\lim\limits_{x\to x_0}\left|\frac{1}{f(x)}\right|=0$,即$\frac{1}{f(x)}$是$x\to x_0$ 时的无穷小;

反之,若 $f(x)$是 $x\to x_0$ 时的无穷小,且 $f(x)\neq 0$,则 $\forall M>0$,取$\varepsilon=\frac{1}{M}$,存在$\delta>0$,当 $0<|x-x_0|<\delta$时,有 $0<|f(x)|<\varepsilon=\frac{1}{M}$,于是$\left|\frac{1}{f(x)}\right|>M$,所以$\lim\limits_{x\to x_0}\left|\frac{1}{f(x)}\right|=\infty$,即$\frac{1}{f(x)}$是 $x\to x_0$ 时的无穷大.

例 2 求极限$\lim\limits_{x\to 2}\frac{1}{x-2}$.

解 因为$\lim\limits_{x\to 2}(x-2)=0$,即$x-2$是当$x\to 2$时的无穷小,根据无穷小与无穷大的关系可知,它的倒数$\frac{1}{x-2}$是当 $x\to 2$ 时的无穷大,即$\lim\limits_{x\to 2}\frac{1}{x-2}=\infty$.

2.3.4 极限的运算

1. 极限的四则运算

以 $x\to x_0$ 为例,函数极限有如下运算法则:

定理 3 如果$\lim\limits_{x\to x_0}f(x)=A$,$\lim\limits_{x\to x_0}g(x)=B$,那么:

(1) $\lim\limits_{x\to x_0}[f(x)\pm g(x)]$存在,且$\lim\limits_{x\to x_0}[f(x)\pm g(x)]=\lim\limits_{x\to x_0}f(x)\pm\lim\limits_{x\to x_0}g(x)=A\pm B$;

(2) $\lim\limits_{x\to x_0}[f(x)\cdot g(x)]$存在,且$\lim\limits_{x\to x_0}[f(x)\cdot g(x)]=\lim\limits_{x\to x_0}f(x)\cdot\lim\limits_{x\to x_0}g(x)=AB$;

(3) 若 $B \neq 0$,则 $\lim\limits_{x \to x_0} \dfrac{f(x)}{g(x)}$ 存在,且 $\lim\limits_{x \to x_0} \dfrac{f(x)}{g(x)} = \dfrac{\lim\limits_{x \to x_0} f(x)}{\lim\limits_{x \to x_0} g(x)} = \dfrac{A}{B}$.

证明　只证(2),其余类似可证.因为 $\lim\limits_{x \to x_0} f(x) = A, \lim\limits_{x \to x_0} g(x) = B$,由定理1知,

$$f(x) = A + \alpha(x), g(x) = B + \beta(x),$$

其中 $\lim\limits_{x \to x_0} \alpha(x) = 0, \lim\limits_{x \to x_0} \beta(x) = 0$,则

$$\begin{aligned} f(x) \cdot g(x) &= (A + \alpha(x))(B + \beta(x)) \\ &= AB + A \cdot \beta(x) + B \cdot \alpha(x) + \alpha(x) \cdot \beta(x), \end{aligned}$$

由无穷小的性质知 $A \cdot \beta(x)$、$B \cdot \alpha(x)$、$\alpha(x) \cdot \beta(x)$ 都是该极限过程中的无穷小,再由定理1知

$$\lim_{x \to x_0} [f(x) \cdot g(x)] = AB.$$

注:(1) 当自变量以其他方式变化时($x \to -\infty$、$x \to +\infty$、$x \to \infty$、$x \to x_0^-$、$x \to x_0^+$),结论仍然成立.同时,数列作为一种特殊函数,其极限运算依然满足上述法则.

(2) 定理中的(1)(2)对有限多个函数仍成立.

用 $\lim f(x) = A$ 表示 $f(x)$ 在某一极限过程中的极限为 A.

推论 1　如果 $\lim f(x)$ 存在,而 c 为常数,则 $\lim[c \cdot f(x)] = c \cdot \lim f(x)$.

推论 2　(1) 如果 $\lim f(x)$ 存在,而 n 为正整数,则 $\lim [f(x)]^n = [\lim f(x)]^n$;

(2) 如果 $f(x) > 0$,且 $\lim f(x)$ 存在,而 n 为正整数,则 $\lim [f(x)]^{\frac{1}{n}} = [\lim f(x)]^{\frac{1}{n}}$.

由定理1和极限的(局部)保号性,可以得:

定理 4　如果 $f(x) \geqslant g(x)$,而 $\lim f(x) = A, \lim g(x) = B$,那么有 $A \geqslant B$.

例 3　$\lim\limits_{x \to x_0} x^n = [\lim\limits_{x \to x_0} x]^n = x_0{}^n$.

由定理3以及例3可得更一般的结论,设 $P_n(x) = a_0 x^n + a_1 x^{n-1} + \cdots + a_{n-1} x + a_n$ 为一多项式,则 $\lim\limits_{x \to x_0} P_n(x) = a_0 x_0{}^n + a_1 x_0{}^{n-1} + \cdots + a_{n-1} x_0 + a_n = P_n(x_0)$;

设 $P_n(x), Q_m(x)$ 均为多项式,且 $Q_m(x_0) \neq 0$,则 $\lim\limits_{x \to x_0} \dfrac{P_n(x)}{Q_m(x)} = \dfrac{P_n(x_0)}{Q_m(x_0)}$.

例 4　求 $\lim\limits_{x \to 0} \dfrac{x^3 + 7x - 9}{x^5 - x + 3}$.

解　$\lim\limits_{x \to 0} \dfrac{x^3 + 7x - 9}{x^5 - x + 3} = \dfrac{0^3 + 7 \times 0 - 9}{0^5 - 0 + 3} = -3$(因为 $0^5 - 0 + 3 \neq 0$).

例 5　求 $\lim\limits_{x \to 1} \dfrac{x^2 + x - 2}{2x^2 + x - 3}$.

解　当 $x \to 1$ 时,分子、分母均趋于0,因为 $x \neq 1$,约去公因子 $x - 1$,所以

$$\lim_{x \to 1} \frac{x^2 + x - 2}{2x^2 + x - 3} = \lim_{x \to 1} \frac{x + 2}{2x + 3} = \frac{3}{5}.$$

例 6　求 $\lim\limits_{x \to 4} \dfrac{\sqrt{x + 5} - 3}{x - 4}$.

解　$$\begin{aligned} \lim_{x \to 4} \frac{\sqrt{x + 5} - 3}{x - 4} &= \lim_{x \to 4} \frac{(x + 5) - 9}{(x - 4)(\sqrt{x + 5} + 3)} \\ &= \lim_{x \to 4} \frac{1}{\sqrt{x + 5} + 3} = \frac{1}{6}. \end{aligned}$$

例 7 求$\lim\limits_{x\to 1}\dfrac{4x-3}{x^2-3x+2}$.

解 因为$\lim\limits_{x\to 1}(x^2-3x+2)=0$,$\lim\limits_{x\to 1}(4x-3)=1$,因此当$x\to 1$时,$\dfrac{x^2-3x+2}{4x-3}$是无穷小,由无穷小与无穷大关系知,$\dfrac{4x-3}{x^2-3x+2}$是无穷大量,所以

$$\lim_{x\to 1}\frac{4x-3}{x^2-3x+2}=\infty.$$

例 8 求$\lim\limits_{x\to\infty}\dfrac{2x^2-x+3}{x^2+2x+2}$.

解 因为$\lim\limits_{x\to\infty}(2x^2-x+3)=\infty$,$\lim\limits_{x\to\infty}(x^2+2x+2)=\infty$,所以不能直接运用极限的运算法则来计算,可采取分子、分母同时除以x^2的方法来求解.

$$\lim_{x\to\infty}\frac{2x^2-x+3}{x^2+2x+2}=\lim_{x\to\infty}\frac{2-\dfrac{1}{x}+\dfrac{3}{x^2}}{1+\dfrac{2}{x}+\dfrac{2}{x^2}}=2.$$

一般地有:

$$\lim_{x\to\infty}\frac{a_0x^n+a_1x^{n-1}+\cdots+a_n}{b_0x^m+b_1x^{m-1}+\cdots+b_m}=\begin{cases}\infty, & \text{当 } m<n,\\ \dfrac{a_0}{b_0}, & \text{当 } m=n,\\ 0, & \text{当 } m>n.\end{cases}$$

其中$a_0\neq 0$,$b_0\neq 0$,m,n为非负整数.

例 9 求下列极限

(1) $\lim\limits_{x\to\infty}\dfrac{4x^2+5x-3}{2x^3+8}$; (2) $\lim\limits_{x\to\infty}\dfrac{3x^4-2x^2-7}{5x^2+3}$;

(3) $\lim\limits_{x\to\infty}\dfrac{(x-3)(2x^2+1)}{2-7x^3}$.

解 (1) 因为分母的最高次幂大于分子的最高次幂,即$m>n$,所以

$$\lim_{x\to\infty}\frac{4x^2+5x-3}{2x^3+8}=0;$$

(2) 因为分子的最高次幂大于分母的最高次幂,即$n>m$,所以

$$\lim_{x\to\infty}\frac{3x^4-2x^2-7}{5x^2+3}=\infty;$$

(3) 因为分子的最高次幂等于分母的最高次幂,即$m=n$,所以

$$\lim_{x\to\infty}\frac{(x-3)(2x^2+1)}{2-7x^3}=-\frac{2}{7}.$$

例 10 求$\lim\limits_{n\to\infty}(\sqrt{n+1}-\sqrt{n})$.

解
$$\lim_{n\to\infty}(\sqrt{n+1}-\sqrt{n})=\lim_{n\to\infty}\frac{1}{\sqrt{n+1}+\sqrt{n}}=0.$$

思考:例 10 这样做

$$\lim_{n\to\infty}(\sqrt{n+1}-\sqrt{n})=\lim_{n\to\infty}\sqrt{n+1}-\lim_{n\to\infty}\sqrt{n}=\infty-\infty=0,$$

对吗？

例 11　求$\lim\limits_{x\to-1}\left(\dfrac{1}{x+1}-\dfrac{3}{x^3+1}\right)$.

解　当 $x\to-1$，$\dfrac{1}{x+1}$，$\dfrac{3}{x^3+1}$ 极限不存在，故不能直接用定理 3，但当 $x\neq-1$ 时，

$$\frac{1}{x+1}-\frac{3}{x^3+1}=\frac{(x+1)(x-2)}{(x+1)(x^2-x+1)}=\frac{x-2}{x^2-x+1},$$

所以有

$$\lim_{x\to-1}\left(\frac{1}{x+1}-\frac{3}{x^3+1}\right)=\lim_{x\to-1}\frac{x-2}{x^2-x+1}=\frac{-1-2}{(-1)^2-(-1)+1}=-1.$$

例 12　求$\lim\limits_{n\to\infty}\left(\dfrac{1}{n^2}+\dfrac{2}{n^2}+\cdots+\dfrac{n}{n^2}\right)$.

解　当 $n\to\infty$ 时，这是无穷多项相加，故不能用和的极限法则，可以先变形，再求极限：

$$\begin{aligned}\lim_{n\to\infty}\left(\frac{1}{n^2}+\frac{2}{n^2}+\cdots+\frac{n}{n^2}\right)&=\lim_{n\to\infty}\frac{1}{n^2}(1+2+\cdots+n)\\&=\lim_{n\to\infty}\frac{1}{n^2}\cdot\frac{n(n+1)}{2}\\&=\lim_{n\to\infty}\frac{n+1}{2n}=\frac{1}{2}.\end{aligned}$$

2. 复合函数的极限

对于复合函数，我们有下面的结论：

定理 5　设函数 $y=f[\varphi(x)]$ 由函数 $y=f(u)$ 和 $u=\varphi(x)$ 复合而成，

(1) 若$\lim\limits_{x\to x_0}\varphi(x)=a$，且在点 x_0 的某个去心邻域内 $\varphi(x)\neq a$，有$\lim\limits_{u\to a}f(u)=A$，则$\lim\limits_{x\to x_0}f[\varphi(x)]=A$；

(2) 若$\lim\limits_{x\to x_0}\varphi(x)=\infty$，且$\lim\limits_{u\to\infty}f(u)=A$，则$\lim\limits_{x\to x_0}f[\varphi(x)]=A$.

该定理表明：如果函数 $y=f(u)$ 和 $u=\varphi(x)$ 满足定理条件时，求复合函数的极限$\lim\limits_{x\to x_0}f[\varphi(x)]$时，可作代换 $u=\varphi(x)$，转化为$\lim\limits_{u\to a}f(u)$，这里 $a=\lim\limits_{x\to x_0}\varphi(x)$，即

$$\lim_{x\to x_0}f[\varphi(x)]=\lim_{u\to a}f(u)，其中\ a=\lim_{x\to x_0}\varphi(x).$$

定理中的 $x\to x_0$ 也可换为其他极限过程.

例 13　求$\lim\limits_{x\to27}\dfrac{\sqrt[3]{x}-3}{x-27}$.

解　由于

$$\lim_{x\to27}\sqrt[3]{x}=3,$$

令 $u=\sqrt[3]{x}$，则由定理 3 有：

$$\lim_{x\to27}\frac{\sqrt[3]{x}-3}{x-27}=\lim_{u\to3}\frac{u-3}{u^3-27}=\lim_{u\to3}\frac{u-3}{(u-3)(u^2+3u+9)}=\frac{1}{27}.$$

再如例 6，容易求出$\lim\limits_{x\to4}\sqrt{x+5}=3$，可作换元 $u=\sqrt{x+5}$，则 $x=u^2-5$，再由定理 5 有，

$$\lim_{x\to4}\frac{\sqrt{x+5}-3}{x-4}=\lim_{u\to3}\frac{u-3}{u^2-5-4}=\lim_{u\to3}\frac{1}{u+3}=\frac{1}{6}.$$

这种换元的思想是求极限的一种重要方法.

习　题　2.3

1. 举例说明：

(1) 同一极限过程的两个无穷小的商不一定是无穷小；

(2) 同一极限过程的两个无穷大的和、差、商不一定是无穷大；

(3) 同一极限过程的两个无穷大的差不一定是无穷小.

2. 求下列极限.

(1) $\lim\limits_{x\to\infty}\dfrac{\arctan x}{x}$；　(2) $\lim\limits_{n\to\infty}(\sqrt{n+1}-\sqrt{n})\sqrt{n}$；　(3) $\lim\limits_{x\to 1}\dfrac{x-2}{x^2+1}$；

(4) $\lim\limits_{h\to 0}\dfrac{(x+h)^3-x^3}{h}$；　(5) $\lim\limits_{x\to 1}\dfrac{x^n-1}{x^2-1}(n\in\mathbf{N})$；　(6) $\lim\limits_{x\to\infty}\dfrac{x^2+1}{x^4+3x-2}$；

(7) $\lim\limits_{x\to 3}\dfrac{x^2+3x}{(x-3)^2}$；　(8) $\lim\limits_{x\to\infty}\dfrac{(2x-1)^{10}\cdot(3x+2)^{20}}{(5x+1)^{30}}$；　(9) $\lim\limits_{x\to 2}\dfrac{\sqrt{x+2}-2}{x-2}$；

(10) $\lim\limits_{n\to\infty}\left(1+\dfrac{1}{2}+\dfrac{1}{4}+\cdots+\dfrac{1}{2^n}\right)$；　(11) $\lim\limits_{n\to\infty}\left[\dfrac{1}{1\cdot 2}+\dfrac{1}{2\cdot 3}+\cdots+\dfrac{1}{n(n+1)}\right]$；

(12) $\lim\limits_{x\to 1}\left(\dfrac{1}{1-x}-\dfrac{3}{1-x^3}\right)$；(13) $\lim\limits_{n\to\infty}\dfrac{5^n+(-2)^n}{5^{n+1}+(-2)^{n+1}}$；　(14) $\lim\limits_{x\to 1}\dfrac{\sqrt{x}-1}{\sqrt[3]{x}-1}$.

3. 求 a,b 的值,使得下列极限式成立.

(1) 若$\lim\limits_{x\to 2}\dfrac{x^2+ax+b}{x^2-x-2}=2$；(2) 若$\lim\limits_{x\to\infty}\left(\dfrac{4x^2+3}{x-1}+ax+b\right)=2$.

2.4　两个重要极限

2.4.1　夹逼准则与$\lim\limits_{x\to 0}\dfrac{\sin x}{x}=1$

1. 夹逼准则

定理 1　如果数列$\{x_n\}$、$\{y_n\}$及$\{z_n\}$满足下列条件：

(1) 当 n 充分大时有 $y_n\leqslant x_n\leqslant z_n$；

(2) $\lim\limits_{n\to\infty}y_n=a,\lim\limits_{n\to\infty}z_n=a$,

则数列$\{x_n\}$的极限存在,且$\lim\limits_{n\to\infty}x_n=a$.

此定理称为数列极限的夹逼准则.

例 1　求极限$\lim\limits_{n\to\infty}\left(\dfrac{1}{\sqrt{n^2+1}}+\dfrac{1}{\sqrt{n^2+2}}+\cdots+\dfrac{1}{\sqrt{n^2+n}}\right)$.

解　因为

$$\frac{n}{\sqrt{n^2+n}}<\frac{1}{\sqrt{n^2+1}}+\cdots+\frac{1}{\sqrt{n^2+n}}<\frac{n}{\sqrt{n^2+1}};$$

而

$$\lim_{n\to\infty}\frac{n}{\sqrt{n^2+n}}=\lim_{n\to\infty}\frac{n}{\sqrt{n^2+1}}=1,$$

所以由夹逼准则,得

$$\lim_{n\to\infty}\left(\frac{1}{\sqrt{n^2+1}}+\frac{1}{\sqrt{n^2+2}}+\cdots+\frac{1}{\sqrt{n^2+n}}\right)=1.$$

例 2　证明:(1) $\lim\limits_{n\to\infty}\sqrt[n]{n}=1$;　(2) $\lim\limits_{n\to\infty}\sqrt[n]{a}=1(a>0)$.

证明　(1) 记$\sqrt[n]{n}=1+h_n$,这里 $h_n>0(n>1)$,则有

$$\begin{aligned}n&=(1+h_n)^n=\sum_{k=1}^{n}C_n^k h_n{}^k\\&=1+nh_n+\frac{n(n-1)}{2}h_n^2+\cdots>\frac{n(n-1)}{2}h_n^2,\end{aligned}$$

由上式可得,

$$0<h_n<\sqrt{\frac{2}{n-1}}(n>1),$$

而$\lim\limits_{n\to\infty}\sqrt{\frac{2}{n-1}}=0$,由夹逼准则知$\lim\limits_{n\to\infty}h_n=0$,

所以
$$\lim_{n\to\infty}\sqrt[n]{n}=\lim_{n\to\infty}(1+h_n)=1;$$

(2) $a>0$,当 $a=1$ 时,$\sqrt[n]{a}=1$,结论显然成立;

当 $a>1$ 时,必存在自然数 N,使得 $1<a<N$,当 $n>N$ 时,有

$$1<\sqrt[n]{a}<\sqrt[n]{N}<\sqrt[n]{n},$$

而由(1) 知$\lim\limits_{n\to\infty}\sqrt[n]{n}=1$,由夹逼准则可得$\lim\limits_{n\to\infty}\sqrt[n]{a}=1(a>1)$;

当 $0<a<1$ 时,$\sqrt[n]{a}=\dfrac{1}{\sqrt[n]{\frac{1}{a}}}$,而$\dfrac{1}{a}>1$,故$\lim\limits_{n\to\infty}\sqrt[n]{\frac{1}{a}}=1$,所以

$$\lim_{n\to\infty}\sqrt[n]{a}=\frac{1}{\lim\limits_{n\to\infty}\sqrt[n]{\frac{1}{a}}}=1.$$

因此,当 $a>0$ 时,$\lim\limits_{n\to\infty}\sqrt[n]{a}=1$.

例 3　求极限$\lim\limits_{n\to\infty}\sqrt[n]{1^n+2^n+\cdots+100^n}$.

解　由$100^n<1^n+2^n+\cdots+100^n<100\cdot 100^n$,可得

$$100<\sqrt[n]{1^n+2^n+\cdots+100^n}<100\sqrt[n]{100}$$

而$\lim\limits_{n\to\infty}\sqrt[n]{100}=1$,由夹逼准则有$\lim\limits_{n\to\infty}\sqrt[n]{1^n+2^n+\cdots+100^n}=100$.

函数极限也有夹逼准则:

定理 2　如果函数 $f(x),g(x),h(x)$ 满足下列条件:

(1) 在 x_0 的某个去心邻域$\mathring{U}(x_0)$ 内,有 $g(x)\leqslant f(x)\leqslant h(x)$;

(2) $\lim\limits_{x\to x_0}g(x)=\lim\limits_{x\to x_0}h(x)=A$,

则$\lim\limits_{x\to x_0}f(x)$ 存在,且$\lim\limits_{x\to x_0}f(x)=A$.

注:定理 2 中的极限过程 $x\to x_0$ 也可换为其他极限过程,只需将条件(1) 稍作修改即可.

2. 重要极限$\lim\limits_{x\to 0}\dfrac{\sin x}{x}=1$

下面利用夹逼准则证明重要极限:$\lim\limits_{x\to 0}\dfrac{\sin x}{x}=1$.

证明 先证$\lim\limits_{x\to 0^+}\dfrac{\sin x}{x}=1$. 由于$x\to 0^+$,不妨设$0<x<\dfrac{\pi}{2}$. 作单位圆(如图 2-4-1),设圆心角$\angle AOB=x$,则

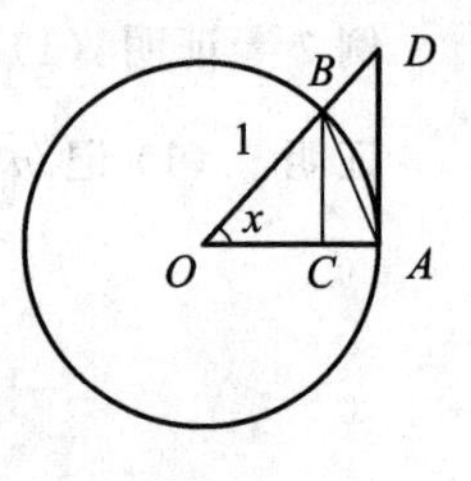

图 2-4-1

$$S_{\triangle AOB}<S_{扇形AOB}<S_{\triangle AOD},$$

而
$$S_{\triangle AOB}=\frac{1}{2}\overline{OA}\cdot\overline{CB}=\frac{1}{2}\sin x,$$

$$S_{扇形AOB}=\frac{1}{2}(\overline{OA})^2\cdot x=\frac{1}{2}x,$$

$$S_{\triangle AOD}=\frac{1}{2}\overline{OA}\cdot\overline{AD}=\frac{1}{2}\tan x,$$

所以
$$\frac{1}{2}\sin x<\frac{1}{2}x<\frac{1}{2}\tan x,$$

即
$$\sin x<x<\tan x,$$

从而有
$$1<\frac{x}{\sin x}<\frac{1}{\cos x},$$

或
$$\cos x<\frac{\sin x}{x}<1.$$

又
$$0\leqslant|\cos x-1|=2\sin^2\frac{x}{2}\leqslant 2\left(\frac{x}{2}\right)^2=\frac{x^2}{2},$$

即
$$0<1-\cos x<\frac{x^2}{2}.$$

当$x\to 0$时,$\dfrac{x^2}{2}\to 0$,由夹逼准则有$\lim\limits_{x\to 0}(1-\cos x)=0$,所以

$$\lim_{x\to 0}\cos x=1.$$

由于$\lim\limits_{x\to 0}\cos x=1$,$\lim\limits_{x\to 0}1=1$,由不等式$\cos x<\dfrac{\sin x}{x}<1$和夹逼准则,即得

$$\lim_{x\to 0^+}\frac{\sin x}{x}=1;$$

又$x\to 0^-$时,令$x=-t$,则有

$$\lim_{x\to 0^-}\frac{\sin x}{x}=\lim_{t\to 0^+}\frac{\sin t}{t}=1,$$

所以
$$\lim_{x\to 0}\frac{\sin x}{x}=1.$$

例 4 求下列极限:

(1) $\lim\limits_{x\to 0}\dfrac{\sin 5x}{x}$; (2) $\lim\limits_{x\to 0}\dfrac{\sin 5x}{\sin 3x}$;

(3) $\lim\limits_{x\to 0}\dfrac{\tan x}{x}$; (4) $\lim\limits_{x\to 0}\dfrac{\arcsin 2x}{x}$;

(5) $\lim\limits_{x\to 0}\dfrac{1-\cos x}{x^2}$; (6) $\lim\limits_{x\to 0}\dfrac{x}{\sin x}$.

解　(1) 令 $u=5x$,则 $x=\dfrac{u}{5}$,于是

$$\lim_{x\to 0}\frac{\sin 5x}{x}=\lim_{u\to 0}\frac{\sin u}{\frac{u}{5}}=5\lim_{u\to 0}\frac{\sin u}{u}=5;$$

(2)
$$\lim_{x\to 0}\frac{\sin 5x}{\sin 3x}=\lim_{x\to 0}\frac{\sin 5x}{5x}\cdot\frac{3x}{\sin 3x}\cdot\frac{5}{3}$$
$$=\lim_{x\to 0}\frac{\sin 5x}{5x}\cdot\lim_{x\to 0}\frac{3x}{\sin 3x}\cdot\lim_{x\to 0}\frac{5}{3}=\frac{5}{3};$$

(3)
$$\lim_{x\to 0}\frac{\tan x}{x}=\lim_{x\to 0}\frac{\sin x}{x}\cdot\frac{1}{\cos x}$$
$$=\lim_{x\to 0}\frac{\sin x}{x}\cdot\lim_{x\to 0}\frac{1}{\cos x}=1;$$

(4) 令 $u=\arcsin 2x$,则 $x=\dfrac{1}{2}\sin u$,于是

$$\lim_{x\to 0}\frac{\arcsin 2x}{x}=\lim_{u\to 0}\frac{u}{\frac{1}{2}\sin u}=2\lim_{u\to 0}\frac{u}{\sin u}=2;$$

(5)
$$\lim_{x\to 0}\frac{1-\cos x}{x^2}=\lim_{x\to 0}\frac{2\sin^2\frac{x}{2}}{x^2}$$
$$=\frac{1}{2}\lim_{x\to 0}\left(\frac{\sin\frac{x}{2}}{\frac{x}{2}}\right)^2=\frac{1}{2}\cdot 1^2=\frac{1}{2};$$

(6)
$$\lim_{x\to 0}\frac{x}{\sin x}=\lim_{x\to 0}\frac{1}{\frac{\sin x}{x}}=1.$$

例 5　求下列极限:

(1) $\lim\limits_{x\to\infty}\dfrac{\sin x}{x}$;　　(2) $\lim\limits_{x\to\infty}x\sin\dfrac{1}{x}$;　　(3) $\lim\limits_{x\to 0}x\sin\dfrac{1}{x}$.

解　(1) $\lim\limits_{x\to\infty}\dfrac{1}{x}=0$,而 $\sin x$ 有界,由无穷小的性质有 $\lim\limits_{x\to\infty}\dfrac{\sin x}{x}=0$;

(2) $\lim\limits_{x\to\infty}x\sin\dfrac{1}{x}=\lim\limits_{x\to\infty}\dfrac{\sin\frac{1}{x}}{\frac{1}{x}}=1$;

(3) $\lim\limits_{x\to 0}x=0$,而 $\sin\dfrac{1}{x}$ 有界,由无穷小的性质知 $\lim\limits_{x\to 0}x\sin\dfrac{1}{x}=0$.

2.4.2　单调有界准则与 $\lim\limits_{x\to\infty}\left(1+\dfrac{1}{x}\right)^x=\mathrm{e}$

1. 单调有界准则

如果数列 $\{x_n\}$ 满足条件 $x_1\leqslant x_2\leqslant x_3\leqslant\cdots\leqslant x_n\leqslant x_{n+1}\leqslant\cdots$,就称数列 $\{x_n\}$ 是**单调增加**的;如果数列 $\{x_n\}$ 满足条件 $x_1\geqslant x_2\geqslant x_3\geqslant\cdots\geqslant x_n\geqslant x_{n+1}\geqslant\cdots$,就称数列 $\{x_n\}$ 是**单调减少**

的.单调增加和单调减少的数列统称为**单调数列**.

定理 3 **单调有界数列必有极限.**

本定理可分为两句话:**单调增加有上界的数列必有极限;单调减少有下界的数列必有极限.**

例 6 设 $c>0, x_1=\sqrt{c}, x_{n+1}=\sqrt{c+x_n}\ (n=1,2,\cdots)$,求 $\lim\limits_{n\to\infty}x_n$.

解 先用数学归纳法证明数列 $\{x_n\}$ 单调增加.事实上,因 $x_2-x_1>0$,假设 $x_{k+1}>x_k$,由

$$\begin{aligned}x_{k+2}-x_{k+1}&=\sqrt{c+x_{k+1}}-\sqrt{c+x_k}\\&=\frac{x_{k+1}-x_k}{\sqrt{c+x_{k+1}}+\sqrt{c+x_k}},\end{aligned}$$

可知 $x_{k+2}-x_{k+1}>0$,故该数列单调增加.

再用数学归纳法证明数列 $\{x_n\}$ 有上界 $\sqrt{c}+1$.事实上,因为 $x_1<\sqrt{c}+1$,假设 $x_k<\sqrt{c}+1$,由

$$x_{k+1}=\sqrt{c+x_k}<\sqrt{c+\sqrt{c}+1}<\sqrt{(\sqrt{c}+1)^2}=\sqrt{c}+1,$$

所以该数列有上界.由定理 3 知 $\lim\limits_{n\to\infty}x_n$ 存在,设为 a,即 $\lim\limits_{n\to\infty}x_n=a$.在递推公式两端取极限得

$$a=\sqrt{c+a},$$

解该方程得 $a=\dfrac{1+\sqrt{4c+1}}{2}$,所以

$$\lim_{n\to\infty}x_n=\frac{1+\sqrt{4c+1}}{2}.$$

注:应用定理 3 时,经常用到数学归纳法证明数列的单调性和有界性.但利用定理 3 只能证明极限的存在性,并不能求出极限.

例 7 证明极限 $\lim\limits_{n\to\infty}\left(1+\dfrac{1}{n}\right)^n$ 存在.

证明 设 $x_n=\left(1+\dfrac{1}{n}\right)^n$,先证明数列 $\{x_n\}$ 是单调有界的.按牛顿二项公式,有

$$\begin{aligned}x_n&=\left(1+\frac{1}{n}\right)^n\\&=1+\frac{n}{1!}\cdot\frac{1}{n}+\frac{n(n-1)}{2!}\cdot\frac{1}{n^2}+\frac{n(n-1)(n-2)}{3!}\cdot\frac{1}{n^3}+\cdots\\&\quad+\frac{n(n-1)\cdots(n-n+1)}{n!}\cdot\frac{1}{n^n}\\&=1+1+\frac{1}{2!}\left(1-\frac{1}{n}\right)+\frac{1}{3!}\left(1-\frac{1}{n}\right)\left(1-\frac{2}{n}\right)+\cdots\\&\quad+\frac{1}{n!}\left(1-\frac{1}{n}\right)\left(1-\frac{2}{n}\right)\cdots\left(1-\frac{n-1}{n}\right),\end{aligned}$$

类似地,

$$\begin{aligned}x_{n+1}&=1+1+\frac{1}{2!}\left(1-\frac{1}{n+1}\right)+\frac{1}{3!}\left(1-\frac{1}{n+1}\right)\left(1-\frac{2}{n+1}\right)+\cdots\\&\quad+\frac{1}{n!}\left(1-\frac{1}{n+1}\right)\left(1-\frac{2}{n+1}\right)\cdots\left(1-\frac{n-1}{n+1}\right)\end{aligned}$$

$$+\frac{1}{(n+1)!}\left(1-\frac{1}{n+1}\right)\left(1-\frac{2}{n+1}\right)\cdots\left(1-\frac{n}{n+1}\right).$$

比较 x_n, x_{n+1} 的展开式，可以看出除前两项外，x_n 的每一项都小于 x_{n+1} 的对应项，并且 x_{n+1} 还多了最后一项，其值大于 0，因此

$$x_n < x_{n+1},$$

这就是说数列 $\{x_n\}$ 是单调增加的. 这个数列同时还是有上界的.因为 x_n 的展开式中各项括号内的数用较大的数 1 代替，得

$$x_n < 1+1+\frac{1}{2!}+\frac{1}{3!}+\cdots+\frac{1}{n!} < 1+1+\frac{1}{2}+\frac{1}{2^2}+\cdots+\frac{1}{2^{n-1}}$$

$$=1+\frac{1-\frac{1}{2^n}}{1-\frac{1}{2}}=3-\frac{1}{2^{n-1}}<3.$$

根据定理 3，数列 $\{x_n\}$ 极限存在. 由于这个极限是无理数，通常将此极限用字母 e 来表示，即

$$\lim_{n\to\infty}\left(1+\frac{1}{n}\right)^n=\mathrm{e},$$

其中 $\mathrm{e}=2.718\,281\,828\,459\,045\cdots$. 前面提到的指数函数 $y=\mathrm{e}^x$ 和对数函数 $y=\ln x$ 中的底数 e 就是这个常数.

例 8　求下列各极限：

(1) $\lim\limits_{n\to\infty}\left(1+\frac{1}{n}\right)^{n+1}$；　　(2) $\lim\limits_{n\to\infty}\left(1+\frac{1}{n+1}\right)^{n}$；

(3) $\lim\limits_{n\to\infty}\left(1-\frac{1}{n}\right)^{n}$；　　(4) $\lim\limits_{n\to\infty}\left(\frac{n}{n+1}\right)^{n+1}$.

解　(1)

$$\lim_{n\to\infty}\left(1+\frac{1}{n}\right)^{n+1}=\lim_{n\to\infty}\left(1+\frac{1}{n}\right)^{n}\cdot\left(1+\frac{1}{n}\right)$$

$$=\lim_{n\to\infty}\left(1+\frac{1}{n}\right)^{n}\cdot\lim_{n\to\infty}\left(1+\frac{1}{n}\right)=\mathrm{e};$$

(2)

$$\lim_{n\to\infty}\left(1+\frac{1}{n+1}\right)^{n}=\lim_{n\to\infty}\frac{\left(1+\frac{1}{n+1}\right)^{n+1}}{1+\frac{1}{n+1}}$$

$$=\frac{\lim\limits_{n\to\infty}\left(1+\frac{1}{n+1}\right)^{n+1}}{\lim\limits_{n\to\infty}\left(1+\frac{1}{n+1}\right)}=\mathrm{e};$$

(3)

$$\lim_{n\to\infty}\left(1-\frac{1}{n}\right)^{n}=\lim_{n\to\infty}\frac{1}{\left(1+\frac{1}{n-1}\right)^{n}}$$

$$=\frac{1}{\lim\limits_{n\to\infty}\left(1+\frac{1}{n-1}\right)^{n}}=\mathrm{e}^{-1};\text{（利用了(2) 的结果）}$$

(4)

$$\lim_{n\to\infty}\left(\frac{n}{n+1}\right)^{n+1}=\lim_{n\to\infty}\left(1-\frac{1}{n+1}\right)^{n+1}=\mathrm{e}^{-1}.\text{（利用了(3) 的结果）}$$

2. 重要极限 $\lim\limits_{x\to\infty}\left(1+\frac{1}{x}\right)^x=\mathrm{e}$

我们将利用极限$\lim\limits_{n\to\infty}\left(1+\frac{1}{n}\right)^n=\mathrm{e}$来证明极限$\lim\limits_{x\to\infty}\left(1+\frac{1}{x}\right)^x=\mathrm{e}$.

先讨论当 $x\to+\infty$ 时的情形. 对任何正实数 x(不妨设 $x\geqslant 1$),总可以找到正整数 n,使得

$$1\leqslant n\leqslant x<n+1,$$

于是

$$1<1+\frac{1}{n+1}<1+\frac{1}{x}\leqslant 1+\frac{1}{n}.$$

所以

$$\left(1+\frac{1}{n+1}\right)^n<\left(1+\frac{1}{x}\right)^n<\left(1+\frac{1}{x}\right)^x$$
$$<\left(1+\frac{1}{n}\right)^x<\left(1+\frac{1}{n}\right)^{n+1},$$

即

$$\left(1+\frac{1}{n+1}\right)^n<\left(1+\frac{1}{x}\right)^x<\left(1+\frac{1}{n}\right)^{n+1},$$

而由例 8 知

$$\lim_{n\to\infty}\left(1+\frac{1}{n+1}\right)^n=\lim_{n\to\infty}\left(1+\frac{1}{n}\right)^{n+1}=\mathrm{e},$$

再由夹逼准则有 $$\lim_{x\to+\infty}\left(1+\frac{1}{x}\right)^x=\mathrm{e};$$

当 $x\to-\infty$ 时,令 $t=-x$,于是 $t\to+\infty$,

$$\begin{aligned}\lim_{x\to-\infty}\left(1+\frac{1}{x}\right)^x&=\lim_{t\to+\infty}\left(1-\frac{1}{t}\right)^{-t}\\&=\lim_{t\to+\infty}\left(\frac{t}{t-1}\right)^t=\lim_{t\to+\infty}\left(1+\frac{1}{t-1}\right)^t\\&=\lim_{t\to+\infty}\left(1+\frac{1}{t-1}\right)^{t-1}\cdot\left(1+\frac{1}{t-1}\right)=\mathrm{e}\cdot 1=\mathrm{e}.\end{aligned}$$

综合上述,有

$$\lim_{x\to\infty}\left(1+\frac{1}{x}\right)^x=\mathrm{e}.$$

注:(1) $y=\left(1+\frac{1}{x}\right)^x$ 是幂指函数,所谓幂指函数是指形如

$$y=[f(x)]^{g(x)}\ (f(x)>0)$$

的函数;

(2) 作变量代换 $x=\frac{1}{t}$,可得极限的另一种形式

$$\lim_{x\to 0}(1+x)^{\frac{1}{x}}=\mathrm{e};$$

例 9 求下列极限:

(1) $\lim\limits_{x\to\infty}\left(1+\frac{1}{x}\right)^{kx}$; (2) $\lim\limits_{x\to\infty}\left(1-\frac{2}{x}\right)^x$;

(3) $\lim\limits_{x\to\frac{\pi}{2}}(1-\cos x)^{2\sec x}$；　　(4) $\lim\limits_{x\to\infty}\left(\frac{x+3}{x+1}\right)^{x+2}$.

解　(1) $$\lim_{x\to\infty}\left(1+\frac{1}{x}\right)^{kx}=\lim_{x\to\infty}\left[\left(1+\frac{1}{x}\right)^{x}\right]^{k}=\mathrm{e}^{k};$$

(2) 令 $u=-\frac{x}{2}$，则 $x=-2u$. 当 $x\to\infty$ 时，$u\to\infty$，

$$\lim_{x\to\infty}\left(1-\frac{2}{x}\right)^{x}=\lim_{u\to\infty}\left(1+\frac{1}{u}\right)^{-2u}=\lim_{u\to\infty}\left[\left(1+\frac{1}{u}\right)^{u}\right]^{-2}=\mathrm{e}^{-2};$$

(3) $$\lim_{x\to\frac{\pi}{2}}(1-\cos x)^{2\sec x}=\lim_{x\to\frac{\pi}{2}}(1-\cos x)^{\frac{2}{\cos x}}=\lim_{x\to\frac{\pi}{2}}[(1-\cos x)^{-\frac{1}{\cos x}}]^{-2}=\mathrm{e}^{-2};$$

(4) $$\lim_{x\to\infty}\left(\frac{x+3}{x+1}\right)^{x+2}=\lim_{x\to\infty}\left[\left(1+\frac{2}{x+1}\right)^{\frac{x+1}{2}}\right]^{2}\cdot\left(1+\frac{2}{x+1}\right)^{-1}=\mathrm{e}^{2}.$$

习　题　2.4

1. 计算下列极限：

(1) $\lim\limits_{x\to0}\frac{\sin3x}{\sin5x}$；　　(2) $\lim\limits_{x\to0}\frac{1-\cos2x}{x\sin x}$；

(3) $\lim\limits_{n\to\infty}2^{n}\cdot\sin\frac{x}{2^{n}}$；　　(4) $\lim\limits_{x\to0}\frac{\sin x}{\arctan2x}$；

(5) $\lim\limits_{x\to1}\frac{\sin(x-1)}{x^{3}-1}$；　　(6) $\lim\limits_{x\to\frac{\pi}{2}}\frac{\cos x}{2x-\pi}$；

(7) $\lim\limits_{x\to0}\frac{2x-\sin x}{x+2\sin x}$；　　(8) $\lim\limits_{x\to0}\frac{x}{\sqrt{1-\cos x}}$.

2. 计算下列极限：

(1) $\lim\limits_{x\to\infty}\left(\frac{1+x}{x}\right)^{2x}$；　　(2) $\lim\limits_{x\to0}\sqrt[x]{1-2x}$；

(3) $\lim\limits_{x\to\infty}\left(1+\frac{2}{x}\right)^{2x-1}$；　　(4) $\lim\limits_{x\to1}x^{\frac{2}{x-1}}$；

(5) $\lim\limits_{x\to0}(1-\tan x)^{\cot x}$；　　(6) $\lim\limits_{n\to\infty}\left(\frac{n^{2}+3}{n^{2}+1}\right)^{n^{2}}$；

(7) $\lim\limits_{n\to\infty}\left(1-\frac{2}{n^{2}}\right)^{n^{2}+1}$；　　(8) $\lim\limits_{x\to\infty}\left(\frac{x+a}{x-a}\right)^{x}(a\neq0)$.

3. 已知 $\lim\limits_{x\to\infty}\left(\frac{x}{x-c}\right)^{x}=2$，求 c.

4. 利用夹逼准则解下列各题.

(1) 设 $a_1,a_2,\cdots,a_m>0$，求 $\lim\limits_{n\to\infty}\sqrt[n]{a_1{}^{n}+a_2{}^{n}+\cdots+a_m{}^{n}}$；

(2) 求 $\lim\limits_{n\to\infty}\sqrt[n]{x^{n}+x^{2n}}(x>0)$；

(3) 求$\lim\limits_{n\to\infty}\dfrac{n!}{n^n}$和$\lim\limits_{n\to\infty}\dfrac{a^n}{n!}(a>0)$.

5. 证明极限$\lim\limits_{n\to\infty}\left(1+\dfrac{1}{2^2}+\dfrac{1}{3^2}+\cdots+\dfrac{1}{n^2}\right)$存在.

6. 证明数列 $x_0=1, x_{n+1}=\sqrt{2x_n}, n=0,1,2,\cdots$ 有极限,并求其值.

2.5 无穷小的比较

2.5.1 无穷小的比较

设 $\alpha(x),\beta(x)$ 是当 $x\to x_0$ 时的两个无穷小量,由极限的运算法则知:$\alpha(x)+\beta(x),\alpha(x)-\beta(x),\alpha(x)\cdot\beta(x)$ 都是当 $x\to x_0$ 时的无穷小量.但 $\alpha(x)/\beta(x)$ 当 $x\to x_0$ 时是否是无穷小量呢?

例如,当 $x\to 0$ 时,$\alpha(x)=x,\beta(x)=x^2,\gamma(x)=\sin x,\delta(x)=1-\cos x$ 都是无穷小量,而

$$\lim_{x\to 0}\frac{\beta(x)}{\alpha(x)}=0,\lim_{x\to 0}\frac{\gamma(x)}{\alpha(x)}=1,\lim_{x\to 0}\frac{\delta(x)}{\beta(x)}=\frac{1}{2},\lim_{x\to 0}\frac{\alpha(x)}{\beta(x)}=\infty.$$

两个无穷小之商的极限的各种不同情况,反映了不同无穷小在同一过程中趋于零的速度是有"快慢"之分的.为了描述不同无穷小在同一过程中趋于零的速度的这种"快慢"程度,引入下面的定义:(以 $x\to x_0$ 为例,其他极限过程类似.)

定义 1 设$\lim\limits_{x\to x_0}\alpha=0,\lim\limits_{x\to x_0}\beta=0$,即 α,β 均是 $x\to x_0$ 时的无穷小量.

(1) 若$\lim\limits_{x\to x_0}\dfrac{\beta}{\alpha}=0$,则称当 $x\to x_0$ 时,β 是比 α 高阶的无穷小,记作

$$\beta=o(\alpha)(x\to x_0);$$

(2) 若$\lim\limits_{x\to x_0}\dfrac{\beta}{\alpha}=\infty$,则称当 $x\to x_0$ 时,β 是比 α 低阶的无穷小;

(3) 若$\lim\limits_{x\to x_0}\dfrac{\beta}{\alpha}=C\neq 0$,则称当 $x\to x_0$ 时,β 是与 α 同阶的无穷小,特别地,如果 $C=1$,就称当 $x\to x_0$ 时,β 与 α 是等价无穷小,记作 $\alpha\sim\beta(x\to x_0)$;

(4) 若$\lim\limits_{x\to x_0}\dfrac{\beta}{\alpha^k}=C\neq 0,k>0$,则称当 $x\to x_0$ 时,β 是关于 α 的 k 阶无穷小.

如因$\lim\limits_{x\to 0}\dfrac{x^2}{x}=0$,故当 $x\to 0$ 时,x^2 是比 x 高阶的无穷小,即 $x^2=o(x)(x\to 0)$,反过来因$\lim\limits_{x\to 0}\dfrac{x}{x^2}=\infty$,故当 $x\to 0$ 时,x 是比 x^2 低阶的无穷小.

因$\lim\limits_{x\to 0}\dfrac{\sin x}{x}=1$,故当 $x\to 0$ 时,$\sin x$ 与 x 是等价无穷小,即 $\sin x\sim x(x\to 0)$,而$\lim\limits_{x\to 0}\dfrac{1-\cos x}{x^2}=\dfrac{1}{2}$,则当 $x\to 0$ 时,$1-\cos x$ 与 x^2 是同阶无穷小,同时 $1-\cos x$ 也是 x 的 2 阶无穷小.

例 1 证明$\sqrt[n]{1+x}-1\sim\dfrac{1}{n}x(x\to 0)$.

证明 因$\lim\limits_{x\to 0}(\sqrt[n]{1+x}-1)=\lim\limits_{x\to 0}\dfrac{1}{n}x=0$,又

$$\lim_{x\to 0}\frac{\sqrt[n]{1+x}-1}{\frac{1}{n}x}=\lim_{x\to 0}n\cdot\frac{(\sqrt[n]{1+x})^n-1}{x[(\sqrt[n]{1+x})^{n-1}+(\sqrt[n]{1+x})^{n-2}+\cdots+\sqrt[n]{1+x}+1]}$$

$$=\lim_{x\to 0}\frac{n}{(\sqrt[n]{1+x})^{n-1}+(\sqrt[n]{1+x})^{n-2}+\cdots+\sqrt[n]{1+x}+1}=\frac{n}{n}=1$$

故 $\sqrt[n]{1+x}-1\sim\frac{1}{n}x(x\to 0)$.

2.5.2　利用等价无穷小求极限

下面两个定理还是以 $x\to x_0$ 为例,其他情况类似.

定理 1　$\alpha\sim\beta(x\to x_0)\Leftrightarrow\beta=\alpha+o(\alpha)(x\to x_0)$.

证明　由等价无穷小的定义很容易证.

定理 2　设 $\alpha\sim\alpha^*(x\to x_0)$,$\beta\sim\beta^*(x\to x_0)$,且 $\lim\limits_{x\to x_0}\frac{\alpha^*}{\beta^*}$ 存在或为无穷大,则

$$\lim_{x\to x_0}\frac{\alpha}{\beta}=\lim_{x\to x_0}\frac{\alpha^*}{\beta^*}.$$

证明

$$\lim_{x\to x_0}\frac{\alpha}{\beta}=\lim_{x\to x_0}\frac{\alpha^*}{\beta^*}\cdot\frac{\alpha}{\alpha^*}\cdot\frac{\beta^*}{\beta}$$

$$=\lim_{x\to x_0}\frac{\alpha^*}{\beta^*}\cdot\lim_{x\to x_0}\frac{\alpha}{\alpha^*}\cdot\lim_{x\to x_0}\frac{\beta^*}{\beta}=\lim_{x\to x_0}\frac{\alpha^*}{\beta^*}.$$

注:此定理在一定条件下还有其他形式,如

$$\lim_{x\to x_0}\frac{\alpha}{\beta}=\lim_{x\to x_0}\frac{\alpha^*}{\beta}=\lim_{x\to x_0}\frac{\alpha}{\beta^*},$$

$$\lim_{x\to x_0}\alpha\cdot u=\lim_{x\to x_0}\alpha^*\cdot u$$

等.

定理 2 表明,在求**无穷小之商**(即$\frac{0}{0}$型)或**无穷小与其他量乘积**的极限时,无穷小均可以用其等价无穷小代换(只要代换后极限存在),使计算简单,这种方法称为等价无穷小代换,是求极限的一种很重要的方法.

当 $x\to 0$ 时,常见的等价无穷小有:

$$\sin x\sim x;\quad \tan x\sim x;\quad \arcsin x\sim x;$$

$$\arctan x\sim x;\quad 1-\cos x\sim\frac{1}{2}x^2;\quad \sqrt[n]{x+1}-1\sim\frac{1}{n}x;$$

$$e^x-1\sim x;\quad \ln(1+x)\sim x.$$

例 2　求下列极限:

(1) $\lim\limits_{x\to 0}\frac{\arctan x}{\sin 4x}$;　　(2) $\lim\limits_{x\to 0}\frac{1-\cos x}{\sin^2 x}$;

(3) $\lim\limits_{x\to 0}\frac{\arcsin 2x}{x^2+2x}$;　　(4) $\lim\limits_{x\to 0}\frac{(1+x^2)^{1/3}-1}{\cos x-1}$.

解　(1)　$\lim\limits_{x\to 0}\frac{\arctan x}{\sin 4x}=\lim\limits_{x\to 0}\frac{x}{4x}=\frac{1}{4}$;($\sin 4x\sim 4x(x\to 0)$)

(2) $\lim\limits_{x\to 0}\dfrac{1-\cos x}{\sin^2 x}=\lim\limits_{x\to 0}\dfrac{\frac{1}{2}x^2}{x^2}=\dfrac{1}{2}$;$(\sin^2 x\sim x^2(x\to 0))$

(3) $\lim\limits_{x\to 0}\dfrac{\arcsin 2x}{x^2+2x}=\lim\limits_{x\to 0}\dfrac{2x}{2x}=1$;$(\arcsin 2x\sim 2x, x^2+2x\sim 2x(x\to 0))$

(4) $\lim\limits_{x\to 0}\dfrac{(1+x^2)^{1/3}-1}{\cos x-1}=\lim\limits_{x\to 0}\dfrac{\frac{1}{3}x^2}{-\frac{1}{2}x^2}=-\dfrac{2}{3}$. $((1+x^2)^{1/3}-1\sim\dfrac{1}{3}x^2(x\to 0))$

例 3 求下列极限:

(1) $\lim\limits_{x\to 0}\dfrac{\tan x-\sin x}{x^2\tan x}$;　　(2) $\lim\limits_{x\to 0}\dfrac{\sqrt{1+\tan x}-\sqrt{1-\tan x}}{e^x-1}$;

(3) $\lim\limits_{x\to 0}\dfrac{e^x-e^{x\cos x}}{x\ln(1+x^2)}$.

解 (1)

$$\lim_{x\to 0}\frac{\tan x-\sin x}{x^2\tan x}=\lim_{x\to 0}\frac{\tan x(1-\cos x)}{x^2\cdot x};$$

$$=\lim_{x\to 0}\frac{x\cdot\frac{1}{2}x^2}{x^3}=\frac{1}{2};$$

(2)

$$\lim_{x\to 0}\frac{\sqrt{1+\tan x}-\sqrt{1-\tan x}}{e^x-1}=\lim_{x\to 0}\frac{2\tan x}{x(\sqrt{1+\tan x}+\sqrt{1-\tan x})}$$

$$=\lim_{x\to 0}\frac{2x}{x}\cdot\frac{1}{\sqrt{1+\tan x}+\sqrt{1-\tan x}}=1;$$

(3)

$$\lim_{x\to 0}\frac{e^x-e^{x\cos x}}{x\ln(1+x^2)}=\lim_{x\to 0}e^x\cdot\frac{1-e^{x\cos x-x}}{x\cdot x^2}$$

$$=\lim_{x\to 0}e^x\cdot\frac{x(1-\cos x)}{x^3}=\lim_{x\to 0}e^x\cdot\frac{x\cdot\frac{1}{2}x^2}{x^3}=\frac{1}{2}.$$

思考:对于例 3(1) $\lim\limits_{x\to 0}\dfrac{\tan x-\sin x}{x^2\tan x}$,可否这样做呢:由于 $\tan x\sim\sin x\sim x(x\to 0)$,故

$$\lim_{x\to 0}\frac{\tan x-\sin x}{x^2\tan x}=\lim_{x\to 0}\frac{x-x}{x^2\cdot x}=0.$$

这种做法是错误的.首先按照定理 2,从整体上来说 $x\to 0$ 但 $x\neq 0$ 时,$\tan x-\sin x\neq 0$,$\tan x-\sin x$ 不可能与 $x-x=0$ 是等价的,故不可以代换.进一步分析可知,虽然有 $\tan x\sim\sin x\sim x(x\to 0)$,根据定理 1 有 $\tan x=x+o(x)$,$\sin x=x+o(x)$,而两个式子中的 $o(x)$ 并不一定是一样的,也就是说作差时,高阶无穷小量 $o(x)$ 不一定可以消掉,学完第四章会有更清晰的理解.这种错误产生的直接原因实际是没有注意定理 2 的条件,**商、积才可直接用等价无穷小代换,而和、差要慎重,一般不要随便代换.**

习　题　2.5

1. 当 $x\to 1$ 时,无穷小 $1-x$ 和下列无穷小是否同阶?是否等价?

(1) $1-x^2$;　　(2) $\dfrac{1}{3}(1-x^3)$.

2. 已知当 $x\to 0$ 时，$(1+ax^2)^{\frac{1}{3}}-1$ 与 $1-\cos x$ 是等价无穷小，求 a.

3. 设 $1-\cos x^2=o(x\sin^n x)(x\to 0)$，$x\sin^n x=o(e^{x^2}-1)(x\to 0)$，求正整数 n.

4. 求下列极限：

(1) $\lim\limits_{x\to 0}\dfrac{\arctan 3x}{\sin 2x}$；　(2) $\lim\limits_{x\to 0}\dfrac{\tan x-\sin x}{(\arctan x)^3}$；

(3) $\lim\limits_{x\to\infty}x^2\left(1-\cos\dfrac{1}{x}\right)$；　(4) $\lim\limits_{x\to 0}\dfrac{\ln(1-2x)}{\sin 5x}$；

(5) $\lim\limits_{x\to 0}\dfrac{\sqrt{1+x^2}-1}{e^{x^2}-1}$；　(6) $\lim\limits_{x\to 0}\dfrac{x\ln(1-2x)}{1-\sec x}$；

(7) $\lim\limits_{x\to 1}\dfrac{e^x-e}{\ln x}$；　(8) $\lim\limits_{x\to 2}\dfrac{1}{x^2-4}\sin(x-2)$；

(9) $\lim\limits_{x\to 1}\dfrac{\sin\pi x}{4(x-1)}$；　(10) $\lim\limits_{x\to 0}\dfrac{\sin x^m}{\sin^n x}$（$m,n$ 为正整数）.

2.6　函数的连续性

2.6.1　函数的连续性

自然界中有许多现象，如气温的变化，河水的流动，植物的生长等等，都是连续地变化的. 这种现象在函数关系上的反映，就是函数的连续性. 例如就气温的变化来看，当时间变动很微小时，气温的变化也很微小，这种特点就是所谓连续性. 那么，数学上如何定义连续概念呢？

对于函数 $y=f(x)$，当自变量 x 在某一点 x_0 处的变化很微小时，所引起的函数值的变化也很微小，我们可以说函数在点 x_0 处是连续的. 为了描述这种微小变化的关系，先引入增量的概念.

定义 1　设变量 u 从它的一个初值 u_1 变到终值 u_2，终值与初值的差 u_2-u_1 称为变量 u 的增量，记为 Δu，即 $\Delta u=u_2-u_1$.

函数的增量：设函数 $f(x)$ 在 x_0 的某邻域 $U(x_0)$ 内有定义，$\forall x\in U(x_0)$，记 $\Delta x=x-x_0\neq 0$，称 Δx 为**自变量** x（在点 x_0）的**增量**或**改变量**. 相应地，**函数** y（在点 x_0）的**增量**记为：

$$\Delta y=f(x)-f(x_0)=f(x_0+\Delta x)-f(x_0).$$

注：增量可以是正数，也可以是负数，函数的增量 Δy 还可以是 0.

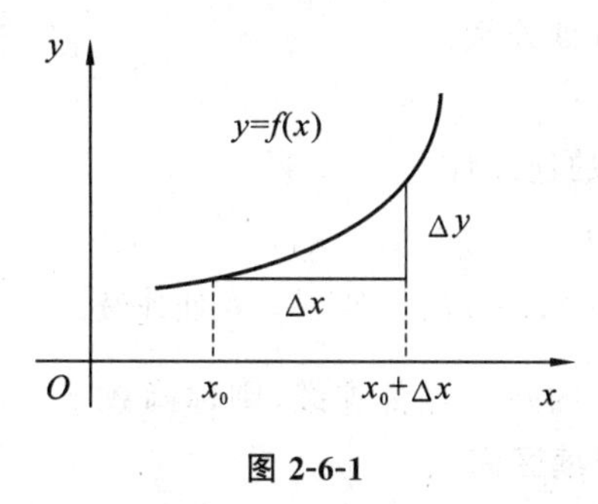

图 2-6-1

定义 2　设函数 $f(x)$ 在 x_0 的某邻域 $U(x_0)$ 内有定义，如果当自变量在 x_0 处的增量 Δx 趋于零时，相应地，函数的增量 Δy 也趋向于零，即

$$\lim_{\Delta x\to 0}\Delta y=\lim_{\Delta x\to 0}[f(x_0+\Delta x)-f(x_0)]=0,$$

则称函数 $f(x)$ 在点 x_0 处连续，x_0 称为 $f(x)$ 的连续点. 如图 2-6-1 所示函数在 x_0 处是连续的.

例 1　证明函数 $y=x^2+1$ 在 $x=1$ 处连续.

证明　因为函数 $y=x^2+1$ 的定义域为 $(-\infty,+\infty)$，所以函数在 $x=1$ 的某邻域内有定义.

设自变量 x 由 1 变化到 $1+\Delta x$ 的增量为 Δx,相应地,函数的增量为

$$\Delta y = f(1+\Delta x) - f(1) = 2\Delta x + (\Delta x)^2.$$

因为

$$\lim_{\Delta x \to 0} \Delta y = \lim_{\Delta x \to 0}[2\Delta x + (\Delta x)^2] = 0,$$

所以,由定义 2 可知函数 $y = x^2 + 1$ 在 $x = 1$ 处连续.

在定义 2 中,若设 $x = x_0 + \Delta x$,则 $\Delta x \to 0$ 就是 $x \to x_0$. 又由于

$$\Delta y = f(x_0 + \Delta x) - f(x_0) = f(x) - f(x_0),$$

即

$$f(x) = f(x_0) + \Delta y,$$

可见 $\Delta y \to 0$ 就是 $f(x) \to f(x_0)$,因此定义 2 又可叙述如下:

定义 3 设函数 $f(x)$ 在 x_0 的某邻域 $U(x_0)$ 内有定义,如果

$$\lim_{x \to x_0} f(x) = f(x_0),$$

则称函数 $f(x)$ 在点 x_0 处连续,x_0 称为 $f(x)$ 的连续点.

注:(1) 这个定义指出了函数 $y = f(x)$ 在点 x_0 处连续必须满足以下三个条件:

① 函数 $f(x)$ 在点 x_0 的某邻域内有定义;

② 极限 $\lim\limits_{x \to x_0} f(x)$ 存在;

③ 极限值等于函数值,即 $\lim\limits_{x \to x_0} f(x) = f(x_0)$.

(2) 由于函数在一点的连续性是通过极限来定义的,因而也可直接用 ε-δ 语言来叙述,即:若 $\forall \varepsilon > 0, \exists \delta > 0$,当 $|x - x_0| < \delta$ 时,有 $|f(x) - f(x_0)| < \varepsilon$ 成立,则称函数 $f(x)$ 在点 x_0 处连续.

定义 4 若函数 $f(x)$ 在 $(a, x_0]$ 内有定义,且 $f(x_0^-) = f(x_0)$,则称 $f(x)$ 在点 x_0 处左连续;若函数 $f(x)$ 在 $[x_0, b)$ 内有定义,且 $f(x_0^+) = f(x_0)$,则称 $f(x)$ 在点 x_0 处右连续.

由定义 3、定义 4 以及极限的有关知识,很容易证明下面的定理:

定理 1 函数 $f(x)$ 在 x_0 处连续 $\Leftrightarrow f(x)$ 在 x_0 处既左连续又右连续.

该定理经常用来判断分段函数在分段点处的连续性.

例 2 试证明函数 $f(x) = \begin{cases} 2x+1 & x \leqslant 0 \\ \cos x & x > 0 \end{cases}$ 在 $x = 0$ 处连续.

证明 因为

$$\lim_{x \to 0^+} f(x) = \lim_{x \to 0^+} \cos x = 1,$$

$$\lim_{x \to 0^-} f(x) = \lim_{x \to 0^-} (2x+1) = 1,$$

则 $\lim\limits_{x \to 0} f(x)$ 存在,且 $\lim\limits_{x \to 0} f(x) = 1 = f(0)$,即 $f(x)$ 在 $x = 0$ 处连续.

例 3 讨论函数 $f(x) = \begin{cases} x\sin\dfrac{1}{x} & x \neq 0 \\ 0 & x = 0 \end{cases}$ 在 $x = 0$ 处的连续性.

解 因 $\lim\limits_{x \to 0} x\sin\dfrac{1}{x} = 0$,又 $f(0) = 0$,故 $\lim\limits_{x \to 0} f(x) = f(0)$,即 $f(x)$ 在 $x = 0$ 处连续.

在开区间 (a,b) 内连续:如果函数 $f(x)$ 在开区间 (a,b) 内每一点都连续,则称函数 $f(x)$ 是区间 (a,b) 内的连续函数,区间 (a,b) 称为函数 $f(x)$ 的**连续区间**.

在闭区间 $[a,b]$ 上连续:如果函数 $f(x)$ 在闭区间 $[a,b]$ 上有定义,在开区间 (a,b) 内连续,且在左端点 $x = a$ 处右连续,在右端点 $x = b$ 处左连续,则称函数 $f(x)$ 在闭区间 $[a,b]$ 上连续.

连续函数 $y=f(x)$ 的图像是一条连续不断的曲线，即可以一笔不间断地画出来.

例 4　证明函数 $y=f(x)=\sin x$ 在 $(-\infty,+\infty)$ 内连续.

证明　$\forall x_0\in(-\infty,+\infty)$，因为

$$\begin{aligned}|f(x)-f(x_0)|&=|\sin x-\sin x_0|\\&=2\left|\cos\frac{x+x_0}{2}\sin\frac{x-x_0}{2}\right|\\&\leqslant 2\left|\sin\frac{x-x_0}{2}\right|<|x-x_0|,\end{aligned}$$

所以
$$\lim_{x\to x_0}|f(x)-f(x_0)|=\lim_{x\to x_0}|\sin x-\sin x_0|=0,$$

由此可得
$$\lim_{x\to x_0}\sin x=\sin x_0,$$

即 $y=f(x)=\sin x$ 在 x_0 处是连续的，再由 x_0 的任意性知，$y=\sin x$ 在 $(-\infty,+\infty)$ 内连续.

类似地，我们可以证明：

定理 2　基本初等函数在各自的定义域内都是连续的.

2.6.2　初等函数的连续性

函数的连续性是通过极限来定义的，所以根据极限的运算法则和连续定义，可以推得下列连续函数的性质：

定理 3（连续函数的四则运算）　设函数 $f(x)$，$g(x)$ 均在点 x_0 处连续，那么它们的和、差、积、商（分母不为零）也都在点 x_0 处连续.

定理 4（反函数的连续性）　如果函数 $y=f(x)$ 在区间 I_x 上单调增加（或单调减少）且连续，那么它的反函数 $x=f^{-1}(y)$ 也在对应的区间 $I_y=\{y\,|\,y=f(x),x\in I_x\}$ 上单调增加（或单调减少）且连续.

例 5　由于 $y=\sin x$ 在闭区间 $\left[-\frac{\pi}{2},\frac{\pi}{2}\right]$ 上单调增加且连续，所以它的反函数 $y=\arcsin x$ 在闭区间 $[-1,1]$ 上也是单调增加且连续的.

同样可得：$y=\arccos x$ 在闭区间 $[-1,1]$ 上单调减少且连续；$y=\arctan x$ 在区间 $(-\infty,+\infty)$ 上单调增加且连续；$y=\text{arccot}\,x$ 在区间 $(-\infty,+\infty)$ 上单调减少且连续.

总之，反三角函数 $\arcsin x$，$\arccos x$，$\arctan x$，$\text{arccot}\,x$ 在它们的定义域内都是连续的.

定理 5（复合函数的连续性）　设函数 $y=f(u)$ 在点 u_0 处连续，又函数 $u=\varphi(x)$ 在点 x_0 处连续，且 $u_0=\varphi(x_0)$，则复合函数 $y=f[\varphi(x)]$ 在点 x_0 处连续.

由定理 5 知，若 $y=f(u)$ 在 $u=u_0$ 处连续，且 $\lim\limits_{x\to x_0}\varphi(x)=u_0$，则

$$\lim_{x\to x_0}f[\varphi(x)]=f[\lim_{x\to x_0}\varphi(x)]=f(u_0)\quad（其中\ x\to x_0\ 也可换为其他极限形式）$$

例 6　求下列极限：

(1) $\lim\limits_{x\to 0}\dfrac{\ln(1+x)}{x}$；　　(2) $\lim\limits_{x\to 0}\dfrac{e^x-1}{x}$.

解　(1) 根据上述结论有：

$$\lim_{x\to 0}\frac{\ln(1+x)}{x}=\lim_{x\to 0}\ln(1+x)^{\frac{1}{x}}=\ln[\lim_{x\to 0}(1+x)^{\frac{1}{x}}]=\ln e=1;$$

(2) 令 $e^x-1=t$，则 $x=\ln(1+t)$，且 $x\to 0$ 时，$t\to 0$，所以

$$\lim_{x\to 0}\frac{e^x-1}{x}=\lim_{t\to 0}\frac{t}{\ln(1+t)}=1.$$

由此可知，当 $x\to 0$ 时有

$$\ln(1+x)\sim x;\quad e^x-1\sim x.$$

由定理 2、3、4、5 可以得初等函数的连续性定理：

定理 6 初等函数在其**定义区间**内都是连续的.

定理 6 中的所谓定义区间，就是包含在定义域内的区间.

例 7 求函数 $y=\sqrt{x+4}-\dfrac{1}{x^2-1}$ 的连续区间.

解 函数 $y=\sqrt{x+4}-\dfrac{1}{x^2-1}$ 的定义域为 $[-4,-1)\cup(-1,1)\cup(1,+\infty)$，所以它的连续区间为 $[-4,-1)\cup(-1,1)\cup(1,+\infty)$.

根据定理 6，如果 x_0 是初等函数 $f(x)$ 的连续点(或 x_0 在 $f(x)$ 的定义区间内)，则极限 $\lim\limits_{x\to x_0}f(x)$ 存在，且 $\lim\limits_{x\to x_0}f(x)=f(x_0)$.

例 8 求下列函数的极限：

(1) $\lim\limits_{x\to 3}\sqrt{\dfrac{x-3}{x^2-9}}$； (2) $\lim\limits_{x\to\frac{\pi}{6}}\ln(2\cos 2x)$；

(3) $\lim\limits_{x\to 0}(1+\sin 2x)^{\frac{1}{3x}}$.

解 (1)

$$\lim_{x\to 3}\sqrt{\frac{x-3}{x^2-9}}=\sqrt{\lim_{x\to 3}\frac{x-3}{x^2-9}}=\sqrt{\frac{1}{6}}=\frac{\sqrt{6}}{6};$$

($y=\sqrt{u}$ 在 $u=6$ 处连续.)

(2)

$$\lim_{x\to\frac{\pi}{6}}\ln(2\cos 2x)=\ln\left[2\cos\left(2\cdot\frac{\pi}{6}\right)\right]=0;$$

($x=\dfrac{\pi}{6}$ 为连续点.)

(3)

$$\lim_{x\to 0}(1+\sin 2x)^{\frac{1}{3x}}=\lim_{x\to 0}e^{\frac{\ln(1+\sin 2x)}{3x}}=e^{\lim\limits_{x\to 0}\frac{\ln(1+\sin 2x)}{3x}}=e^{\lim\limits_{x\to 0}\frac{\sin 2x}{3x}}=e^{\frac{2}{3}}.$$

($y=e^u$ 在 $u=\dfrac{2}{3}$ 处连续.)

注：例 8(3) 小题给出了一种求幂指函数极限的方法：如求幂指函数 $y=[f(x)]^{g(x)}$ 在点 x_0 处的极限，先将其转化为指数函数的复合函数 $y=e^{g(x)\ln[f(x)]}$ 形式，再来求极限 $\lim\limits_{x\to x_0}e^{g(x)\ln[f(x)]}$，这种处理方法后面会经常出现.

2.6.3 间断点及其分类

接下来我们研究函数不连续的点，即间断点.

定义 5 若函数 $f(x)$ 在点 x_0 处不连续，则称函数 $f(x)$ 在点 x_0 处间断，且称 x_0 为 $f(x)$ 的间断点.

如果函数 $f(x)$ 有下列三种情形之一：

(1) 在 x_0 处没有定义；

(2) 极限 $\lim\limits_{x \to x_0} f(x)$ 不存在；

(3) 极限值不等于函数值，即 $\lim\limits_{x \to x_0} f(x) \neq f(x_0)$，

则函数 $f(x)$ 在点 x_0 处间断.

通常把函数的间断点分为两类：

设 x_0 是函数 $y = f(x)$ 的一个间断点，如果 $\lim\limits_{x \to x_0^-} f(x)$ 和 $\lim\limits_{x \to x_0^+} f(x)$ 存在，则称 x_0 为函数 $y = f(x)$ 的**第一类间断点**.

设 x_0 是函数 $y = f(x)$ 的一个间断点，如果 $\lim\limits_{x \to x_0^-} f(x)$ 和 $\lim\limits_{x \to x_0^+} f(x)$ 中至少有一个不存在，则称 x_0 为函数 $y = f(x)$ 的**第二类间断点**.

例 9　设函数 $y = \dfrac{x^2 - 1}{x - 1}$，显然，在 $x = 1$ 处函数没有定义，故 $x = 1$ 是其间断点. 但在 $x = 1$ 处，

$$\lim_{x \to 1} \frac{x^2 - 1}{x - 1} = \lim_{x \to 1}(x + 1) = 2,$$

函数的极限存在，像这种极限存在的间断点称为函数的第一类可去间断点(如图 2-6-2 所示). 在 $x = 1$ 处，补充定义 $y|_{x=1} = 2$，可使函数连续. 此时，函数为

$$y = \begin{cases} \dfrac{x^2 - 1}{x - 1}, & x \neq 1 \\ 2, & x = 1 \end{cases},$$

即 $y = x + 1$，函数在 $x = 1$ 处连续.

例 10　设函数 $f(x) = \begin{cases} \dfrac{\sin x}{x} & x \neq 0 \\ 0 & x = 0 \end{cases}$，因为

$$\lim_{x \to 0} f(x) = \lim_{x \to 0} \frac{\sin x}{x} = 1,$$

即在 $x = 0$ 处函数 $f(x)$ 的极限存在，而 $f(0) = 0$，极限值不等于函数值，所以 $x = 0$ 是函数 $f(x)$ 的第一类可去间断点. 更改定义，使 $f(0) = 1$，则函数 $f(x)$ 在 $x = 0$ 处连续.

例 11　设函数 $f(x) = \begin{cases} x & x > 0 \\ 1 & x \leqslant 0 \end{cases}$，因为

$$\lim_{x \to 0^-} f(x) = 1 \neq \lim_{x \to 0^+} f(x) = 0,$$

所以 $f(x)$ 在 $x = 0$ 处的极限不存在. $x = 0$ 是 $f(x)$ 的第一类跳跃间断点(如图 2-6-3 所示).

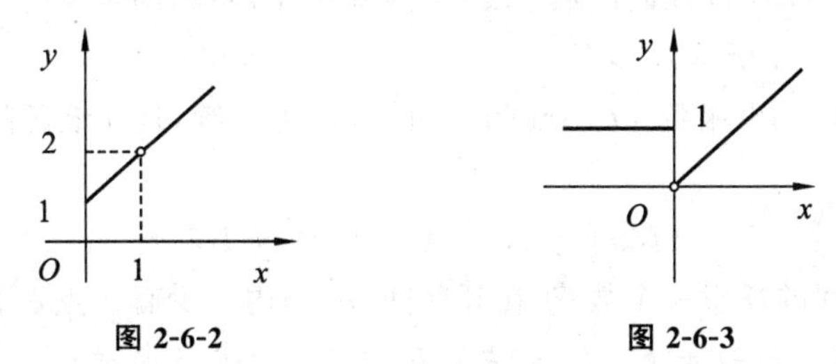

图 2-6-2　　**图 2-6-3**

例 12 设函数 $f(x)=\dfrac{1}{x-1}$,因为

$$\lim_{x\to 1}f(x)=\lim_{x\to 1}\frac{1}{x-1}=\infty,$$

函数的极限为无穷大,所以称 $x=1$ 为第二类无穷间断点.

例 13 设函数 $f(x)=\sin\dfrac{1}{x}$,因为 $\lim\limits_{x\to 0}\sin\dfrac{1}{x}$ 不存在,且函数 $f(x)$ 在 $x=0$ 处无穷振荡,所以称 $x=0$ 为第二类振荡间断点.

例 14 指出函数 $f(x)=\dfrac{x-1}{x^2-x}$ 的间断点及其类型.

解 函数 $f(x)=\dfrac{x-1}{x^2-x}$ 在 $x=0$ 和 $x=1$ 处无定义,故 $x=0$ 和 $x=1$ 是其间断点.又

$$\lim_{x\to 0}f(x)=\lim_{x\to 0}\frac{x-1}{x^2-x}=\lim_{x\to 0}\frac{1}{x}=\infty,$$

$$\lim_{x\to 1}f(x)=\lim_{x\to 1}\frac{x-1}{x^2-x}=\lim_{x\to 1}\frac{1}{x}=1$$

故 $x=0$ 为其第二类无穷间断点,$x=1$ 为其第一类可去间断点.

2.6.4 闭区间上连续函数的性质

闭区间上连续函数具有一些重要的性质.从几何上看这些性质都是很直观的,但要严格证明需要严密的实数理论,超出了本课程的范围,因此接下来我们将只叙述而不证明这些性质.

定义 6 设函数 $y=f(x)$ 在区间 I 上有定义,$x_0\in I$,若 $\forall x\in I$,都有 $f(x)\geqslant f(x_0)$ $(f(x)\leqslant f(x_0))$,则称 $f(x_0)$ 为 $f(x)$ 在区间 I 上的**最小(大)值**,x_0 称为 $f(x)$ 在区间 I 上的**最小(大)值点**.最小值和最大值统称为**最值**,最小值点和最大值点统称为**最值点**.

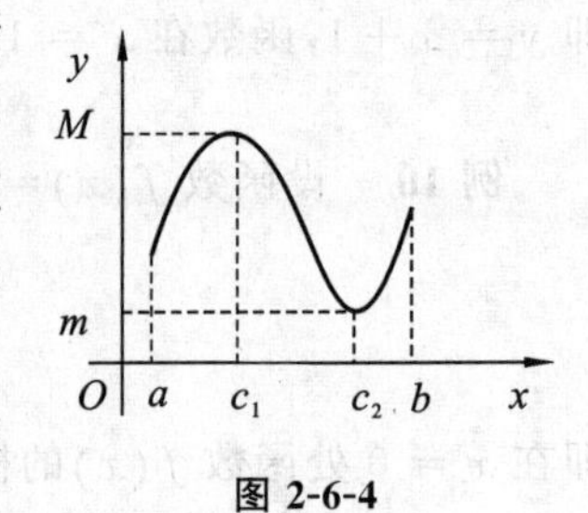

图 2-6-4

定理 7(最值定理) 在闭区间上连续的函数在该区间上一定有最大值和最小值(如图 2-6-4 所示).

注:定理的条件是充分非必要的.

推论(有界性) 在闭区间上连续的函数在该区间上有界.

定义 7 若 $f(x_0)=0$,则称 x_0 为 $f(x)$ 的一个**零点**.

定理 8(零点定理) 设函数 $f(x)$ 在闭区间 $[a,b]$ 上连续,且 $f(a)\cdot f(b)<0$(即 $f(a)$ 与 $f(b)$ 异号),那么在开区间 (a,b) 内函数 $f(x)$ 至少有一个零点,即至少有一点 $\xi(a<\xi<b)$,使得 $f(\xi)=0$.(如图 2-6-5 所示)

定理 9(介值定理) 设函数 $f(x)$ 在闭区间 $[a,b]$ 上连续,且在该区间的端点取不同的函数值

$$f(a)=A\quad 及\quad f(b)=B,$$

那么,对于 A 与 B 之间的任意一个数 C,在开区间 (a,b) 内至少有一点 ξ,使得

$$f(\xi)=C\quad(a<\xi<b).$$(如图 2-6-6 所示)

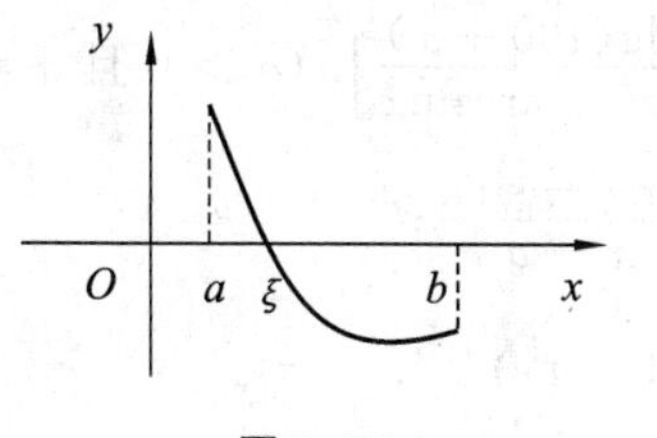

图 2-6-5

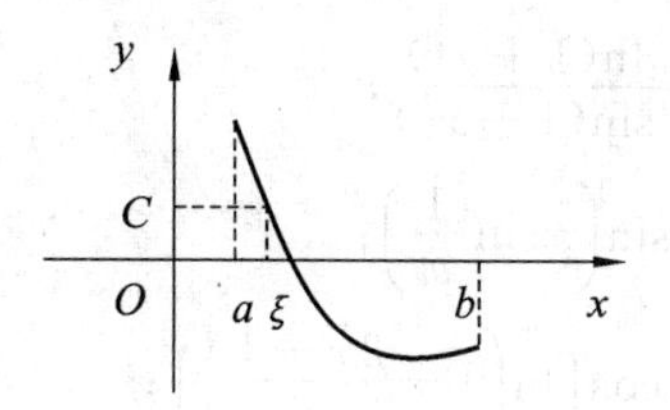

图 2-6-6

推论　在闭区间上连续的函数必取得介于最大值 M 与最小值 m 之间的任何值.

例 15　证明方程 $\sin x - x + 1 = 0$ 在 0 与 π 之间有实根.

解　设 $f(x) = \sin x - x + 1$，$f(x)$ 在 $(-\infty, +\infty)$ 内连续，所以 $f(x)$ 在 $[0,\pi]$ 上也连续，又因为

$$f(0) = 1 > 0, f(\pi) = -\pi + 1 < 0,$$

由零点定理知，至少有一个 $\xi \in (0,\pi)$，使得 $f(\xi) = 0$，即方程 $\sin x - x + 1 = 0$ 在 0 与 π 之间有实根.

例 16　设 $f(x)$ 在 $[a,b]$ 上连续，没有零点，则 $f(x)$ 在 $[a,b]$ 上恒正或恒负.

证明　反证法：假设 $f(x)$ 在 $[a,b]$ 上不是恒正或恒负，则必存在不同的两点 $x_1, x_2 \in [a,b]$，使得这两点的函数值反号. 不妨设 $x_1 < x_2$ 且 $f(x_1) < 0 < f(x_2)$，则由零点定理可知，至少存在一点 $x_0 \in (x_1, x_2) \subset [a,b]$，使得 $f(x_0) = 0$. 与题设矛盾，故结论成立.

习　题　2.6

1. 设函数 $f(x) = \begin{cases} x^2 - 1, & -1 \leqslant x < 0 \\ 2x, & 0 < x < 1 \\ 0, & x = 1 \\ -2x + 4, & 1 < x \leqslant 2 \\ 0, & 2 < x < 3 \end{cases}$，问该函数分别在点 $x = 0,1,2$ 处是否连续.

2. 确定函数的间断点，并说明这些间断点属于哪一类.

(1) $y = \dfrac{1}{(x+2)^2}$；　　(2) $y = \dfrac{x^2 - 1}{x^2 - 3x + 2}$；

(3) $y = \begin{cases} 0 & x < 1 \\ 2x + 1 & 1 \leqslant x < 2 \\ 1 + x^2 & 2 \leqslant x \end{cases}$；　　(4) $y = \dfrac{2^{\frac{1}{x}} - 1}{2^{\frac{1}{x}} + 1}$.

3. (1) 设 $f(x) = \begin{cases} \dfrac{\cos x}{x + 2} & x \geqslant 0 \\ \dfrac{\sqrt{a} - \sqrt{a - x}}{x} & x < 0 \end{cases}$ $(a > 0)$，当 a 取何值时，$f(x)$ 在 $x = 0$ 处连续；

(2) 设函数 $f(x) = \begin{cases} ax + b & |x| < 1 \\ x^2 + 2x - 2 & |x| \geqslant 1 \end{cases}$，确定 a, b 的值，使 $f(x)$ 在点 $x = 1$ 及 $x = -1$ 处连续.

4. 求函数的极限.

(1) $\lim\limits_{x\to 0}\dfrac{\ln(1+x^2)}{\sin(1+x^2)}$； (2) $\lim\limits_{x\to 0}\left[\dfrac{\lg(100+x)}{a^x+\arcsin x}\right]^{\frac{1}{2}}$ $(a>0$ 且 $a\neq 1)$；

(3) $\lim\limits_{x\to 0}\sin\left(x\sin\dfrac{1}{x}\right)$； (4) $\lim\limits_{x\to a}\dfrac{\sin x-\sin a}{x-a}$；

(5) $\lim\limits_{x\to\infty}\cos\left[\ln\left(1+\dfrac{2x-1}{x^2}\right)\right]$； (6) $\lim\limits_{x\to 0}(1+x^2)^{\cot^2 x}$.

5. 已知 $y=f(x)=\lim\limits_{n\to\infty}\dfrac{1-x^{2n}}{1+x^{2n}}\cdot x$.

(1) 求函数 $y=f(x)$ 的表达式；(2) 讨论 $f(x)$ 的连续性，若有间断点，判别其类型.

6. 试证下列方程在指定区间内至少有一实根.

(1) $x^5-3x-1=0$，在区间(1,2)；

(2) $x=e^x-2$，在区间(0,2)；

(3) 证明方程 $x\cdot 3^x=2$ 至少有一个小于1的正根.

7. 设函数 $f(x)$ 在区间$[0,2a]$上连续，且 $f(0)=f(2a)$. 证明：在$[0,a]$上至少存在一点 ξ，使 $f(\xi)=f(\xi+a)$.

8. 若 $f(x)$ 在(a,b)上连续，$x_1,x_2,\cdots,x_n$ 为(a,b)内的 n 个点，证明：在(a,b)内至少存在一点 ξ，使 $f(\xi)=\dfrac{1}{n}[f(x_1)+f(x_2)+\cdots+f(x_n)]$.

小　结

一、基本要求

(1) 了解数列极限和函数极限的概念，理解函数极限存在与左、右极限之间的关系.

(2) 掌握极限的性质及四则运算法则.

(3) 掌握极限存在的两个准则，并会利用它们求极限，掌握利用两个重要极限求极限的方法.

(4) 理解无穷小、无穷大的概念，掌握无穷小的比较方法，会用等价无穷小求极限.

(5) 理解函数连续性的概念(含左连续与右连续)，会判别函数间断点的类型.

(6) 了解连续函数的性质和初等函数的连续性，理解闭区间上连续函数的性质(有界性、最大值和最小值定理、介值定理)，并会应用这些性质.

二、基本内容

(一) 极限

1. 极限的概念和性质

	$\lim\limits_{n\to\infty}x_n=A$	$\lim\limits_{x\to\infty}f(x)=A$	$\lim\limits_{x\to x_0}f(x)=A$
定义	$\forall\varepsilon>0,\exists N>0$，当 $n>N$ 时，$\lvert x_n-A\rvert<\varepsilon$.	$\forall\varepsilon>0,\exists X>0$，当 $\lvert x\rvert>X$ 时，$\lvert f(x)-A\rvert<\varepsilon$.	$\forall\varepsilon>0,\exists\delta>0$，当 $0<\lvert x-x_0\rvert<\delta$ 时，$\lvert f(x)-A\rvert<\varepsilon$.

续表

	$\lim\limits_{n\to\infty}x_n=A$	$\lim\limits_{x\to\infty}f(x)=A$	$\lim\limits_{x\to x_0}f(x)=A$
性质	唯一性：若$\{x_n\}$收敛，则$\{x_n\}$的极限唯一.	唯一性：若$\lim\limits_{x\to\infty}f(x)$存在，则极限唯一.	唯一性：若$\lim\limits_{x\to x_0}f(x)$存在，则极限唯一.
	有界性：若$\{x_n\}$收敛，则$\{x_n\}$为有界数列.	局部有界性：若$\lim\limits_{x\to\infty}f(x)$存在，则当$\lvert x\rvert$大于某正数时，$\lvert f(x)\rvert\leqslant M$.	局部有界性：若$\lim\limits_{x\to x_0}f(x)$存在，在某去心邻域$\mathring{U}(x_0,\delta)$内，$\lvert f(x)\rvert\leqslant M$.
	局部保号性：若$\lim\limits_{n\to\infty}x_n=A>0$，从某$N$项起，当$n>N$时，$x_n>0$.	局部保号性：若$\lim\limits_{x\to\infty}f(x)=A>0$，则当$\lvert x\rvert$大于某$X$时，$f(x)>0$.	局部保号性：若$\lim\limits_{x\to x_0}f(x)=A>0$，则在某去心邻域$\mathring{U}(x_0,\delta)$内，$f(x)>0$.
	推论：若$\{x_n\}$从某项起有$x_n\geqslant0$，且$\lim\limits_{n\to\infty}x_n=A$，则$A\geqslant0$.	推论：若$\lim\limits_{x\to\infty}f(x)=A$且$f(x)\geqslant0$，则$A\geqslant0$.	推论：若$\lim\limits_{x\to x_0}f(x)=A$且$f(x)\geqslant0$，则$A\geqslant0$.

单侧极限的定义相类似，叙述从略.

2. 极限与单侧极限的关系

$$\lim_{x\to x_0}f(x)=A\Leftrightarrow\lim_{x\to x_0^+}f(x)=\lim_{x\to x_0^-}f(x)=A.$$

3. 无穷小量和无穷大量

无穷小：某变化过程中，极限为零的量.

无穷大：某变化过程中，绝对值无限增大的量.

4. 无穷小的比较：

设 $\lim\alpha(x)=0,\lim\beta(x)=0$，则

$$\lim\frac{\beta(x)}{\alpha(x)}=\begin{cases}0, & \beta(x)\text{ 是 }\alpha(x)\text{ 的高阶无穷小}\\ c\neq0, & \beta(x)\text{ 是 }\alpha(x)\text{ 的同阶无穷小}\\ 1, & \beta(x)\text{ 是 }\alpha(x)\text{ 的等价无穷小}\\ \infty, & \beta(x)\text{ 是 }\alpha(x)\text{ 的低阶无穷小}\end{cases}$$

当 $x\to0$ 时，常用的等价无穷小有：

$$\sin x\sim x,\quad \arcsin x\sim x,\quad \tan x\sim x,\quad \arctan x\sim x,\quad 1-\cos x\sim\frac{1}{2}x^2,\quad e^x-1\sim x,$$

$$a^x-1\sim x\ln a,\quad \ln(1+x)\sim x,\quad (1+x)^\alpha-1\sim\alpha x,\quad \tan x-\sin x\sim\frac{x^3}{2}.$$

5. 关于无穷小量的几个结论：

(1) 有限个无穷小的代数和仍是无穷小.

(2) 有限个无穷小的积仍是无穷小.

(3) 无穷小与有界量的积仍是无穷小.

(4) $\lim\limits_{x \to x_0} f(x) = A \Leftrightarrow f(x) = A + \alpha(x)$,$\alpha(x)$ 是 $x \to x_0$ 时的无穷小.

(5) 若 $\alpha \sim \alpha'$,$\beta \sim \beta'$,且 $\lim \dfrac{\alpha'}{\beta'} = A$,则 $\lim \dfrac{\alpha}{\beta} = \lim A$.

6. 极限运算的重要结论:

(1) 设 $\lim f(x) = A$,$\lim g(x) = B$,则

$$\lim[f(x) \pm g(x)] = A \pm B;\lim f(x)g(x) = AB;\lim[f(x)]^n = A^n;$$

$$\lim kf(x) = k\lim f(x);\lim \frac{f(x)}{g(x)} = \frac{A}{B}(B \neq 0).$$

(2) 两个重要极限:

$$\lim_{x \to 0} \frac{\sin x}{x} = 1; \qquad \lim_{x \to \infty}\left(1 + \frac{1}{x}\right)^x = \mathrm{e}.$$

(3) 夹逼准则:

设 $\lim f(x) = \lim g(x) = A$,且 $f(x) \leqslant h(x) \leqslant g(x)$,则 $\lim h(x) = A$.

(4) 单调有界准则:单调增加(减少)而有上界(下界)的数列必有极限.

(二) 函数的连续性

1. $f(x)$ 在 x_0 处连续的三个等价定义:

(1) $\lim\limits_{x \to x_0} f(x) = f(x_0)$;

(2) 当 $\Delta x = x - x_0 \to 0$ 时,$\Delta y = f(x) - f(x_0) \to 0$;

(3) $\forall \varepsilon > 0, \exists \delta > 0$,当 $|x - x_0| < \delta$ 时,有 $|f(x) - f(x_0)| < \varepsilon$.

2. 单侧连续:

左连续:$\lim\limits_{x \to x_0^-} f(x) = f(x_0)$. 右连续:$\lim\limits_{x \to x_0^+} f(x) = f(x_0)$.

$f(x)$ 在 x_0 处连续 $\Leftrightarrow f(x)$ 在 x_0 处左连续且右连续.

3. 函数的间断点及其分类

	定 义	分 类	
		第一类	第二类
间断点	(1) $f(x)$ 在 x_0 处无定义; (2) $\lim\limits_{x \to x_0} f(x)$ 不存在; (3) $\lim\limits_{x \to x_0} f(x) \neq f(x_0)$. 上述三种情形之一.	可去间断点: $\lim\limits_{x \to x_0^-} f(x) = \lim\limits_{x \to x_0^+} f(x)$. 跳跃间断点: $\lim\limits_{x \to x_0^-} f(x) \neq \lim\limits_{x \to x_0^+} f(x)$.	无穷间断点: $\lim\limits_{x \to x_0} f(x) = \infty$. 振荡间断点. 其他间断点.

4. 连续函数的重要结论:

(1) 连续函数的和、差、积、商(分母不为零)在其共同的连续区间上连续.

(2) 严格单调连续函数的反函数仍是单调连续函数.

(3) 设 $y = f(u)$ 在点 $u = u_0$ 连续,而 $u = g(x)$ 在 $x = x_0$ 连续,且 $u_0 = g(x_0)$,则复合

函数 $y=f[g(x)]$ 在 $x=x_0$ 连续.

(4) 基本初等函数在其定义域上连续.

(5) 初等函数在其定义区间上连续.

(6) 闭区间上的连续函数必有最大值和最小值存在,因而必为有界函数.

(7) 闭区间 $[a,b]$ 上的连续函数 $f(x)$ 必取介于 $f(a)$ 与 $f(b)$(设 $f(a)\neq f(b)$)之间的任意值.

(8) 闭区间上的连续函数必取介于最大值和最小值之间的一切值.

(9) 设函数 $f(x)$ 在 $[a,b]$ 上连续,且 $f(a)f(b)<0$,则在 (a,b) 内至少存在一点 ξ,使 $f(\xi)=0$.

自　测　题

一、选择题.

1. 设 $\{a_n\}$,$\{b_n\}$,$\{c_n\}$ 均为非负数列,且 $\lim\limits_{n\to\infty}a_n=0$,$\lim\limits_{n\to\infty}b_n=1$,$\lim\limits_{n\to\infty}c_n=\infty$,则必有(　　).

A. $a_n<b_n$ 对任意 n 成立　　B. $b_n<c_n$ 对任意 n 成立

C. $\lim\limits_{n\to\infty}a_nc_n$ 不存在　　D. $\lim\limits_{n\to\infty}b_nc_n$ 不存在

2. 已知 $\lim\limits_{x\to0}\dfrac{x}{f(3x)}=2$,则 $\lim\limits_{x\to0}\dfrac{f(2x)}{x}=$(　　).

A. 1/6　　B. 1/3　　C. 1/2　　D. 4/3

3. 设 $f(x)$ 在 $[a,b]$ 上单调增加,$x_0\in(a,b)$,则(　　).

A. $f(x_0-0)$ 存在,但 $f(x_0+0)$ 不一定存在

B. $f(x_0+0)$ 存在,但 $f(x_0-0)$ 不一定存在

C. $f(x_0-0)$,$f(x_0+0)$ 都存在,但 $\lim\limits_{x\to x_0}f(x)$ 不一定存在

D. $\lim\limits_{x\to x_0}f(x)$ 存在

4. 设对任意的 x,有 $\varphi(x)\leqslant f(x)\leqslant g(x)$,且 $\lim\limits_{x\to\infty}[g(x)-\varphi(x)]=0$,则 $\lim\limits_{x\to\infty}f(x)$(　　).

A. 存在且等于零　　B. 存在但不一定等于零　　C. 一定存在　　D. 不一定存在

5. 当 $x\to0$ 时,$(1-\cos x)^2$ 是 $\sin^2x$ 的(　　).

A. 高阶无穷小　　B. 同阶无穷小,但不是等价无穷小

C. 低阶无穷小　　D. 等价无穷小

6. 设 $f(x)=\dfrac{1-2e^{1/x}}{1+e^{1/x}}\arctan\dfrac{1}{x}$,则 $x=0$ 是 $f(x)$ 的(　　).

A. 可去间断点　　B. 跳跃间断点　　C. 无穷间断点　　D. 振荡间断点

二、填空题

1. $\lim\limits_{x\to1}\dfrac{\sqrt{3-x}-\sqrt{x+1}}{x^2+x-2}=$ ________.

2. 设 $f(x)=\begin{cases}\dfrac{1}{x}\sin x & x<0\\ a & x=0\\ x\sin\dfrac{1}{x}+1 & x>0\end{cases}$,要使 $f(x)$ 在 $(-\infty,+\infty)$ 上连续,

则$a=$ ______.

3. $\lim\limits_{x\to 0}[1+\ln(1+x)]^{\frac{2}{\sin x}}=$ ______.

4. 若当$x\to x_0$时,$\alpha(x)$与$\gamma(x)$是等价无穷小,$\beta(x)$是比$\alpha(x)$高阶的无穷小,则当$x\to x_0$时,函数$\dfrac{\alpha(x)-\beta(x)}{\gamma(x)-\beta(x)}$的极限是______.

5. $x\to 0$时$(1-ax^2)^{\frac{1}{4}}-1$与$x\sin x$是等价无穷小,则$a=$ ______.

三、讨论下列极限是否存在.

1. $\lim\limits_{x\to 0}\dfrac{|x|}{x}$;　　2. $\lim\limits_{x\to\infty}\mathrm{e}^{-x}$.

四、求下列极限.

1. $\lim\limits_{n\to\infty}\left(\dfrac{n-3}{n+3}\right)^n$;　　2. $\lim\limits_{x\to 0}\dfrac{\arctan 2x}{\sqrt{1+x}-1}$;

3. $\lim\limits_{x\to+\infty}x[\ln(1+x)-\ln x]$;　　4. $\lim\limits_{x\to 0^+}\sqrt[x]{\cos x}$.

五、已知$\lim\limits_{x\to+\infty}(3x-\sqrt{ax^2+bx+1})=2$,求常数$a,b$.

六、求解下列各题.

1. 设$x_n=(1^n+2^n+\cdots+2004^n)^{\frac{1}{n}}$,求$\lim\limits_{n\to\infty}x_n$.

2. 设$0<x_1<3$,$x_{n+1}=\sqrt{x_n(3-x_n)}$,$n=1,2,3,\cdots$,证明$\{x_n\}$的极限存在,并求此极限.

七、设$f(x)$在$[a,+\infty)$上连续,且$\lim\limits_{x\to+\infty}f(x)$存在,证明$f(x)$在$[a,+\infty)$上有界.

八、设$f(x)$在$[a,b]$上连续,且$a<f(x)<b$,证明在(a,b)内至少有一点ξ,使$f(\xi)=\xi$.

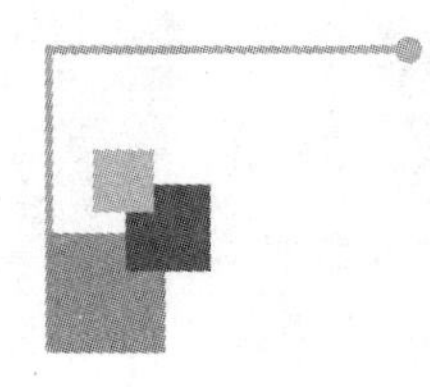

第三章　导数与微分

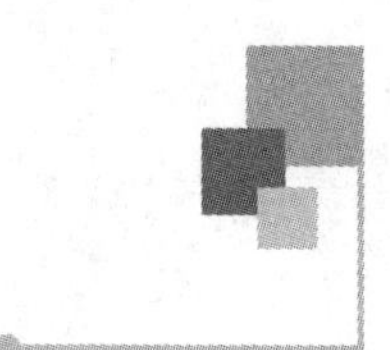

在许多学科中，研究的问题都可归结为函数的变化率问题，即函数相对于自变量变化而变化的快慢程度问题，如变速物体的速度以及非均匀物质的密度计算等. 这类问题导致了导数概念的产生. 而另一类常遇到的问题是：当自变量有微小变化时，求函数的微小改变量. 例如，因瞄准误差引起的目标误差的计算等. 而这一问题的研究则产生了微分的概念. 本章主要介绍导数与微分的概念以及它们的基本计算方法.

3.1　导数的概念

3.1.1　引例

1. 变速直线运动物体的瞬时速度

设一物体作变速直线运动，其运动方程为 $s=s(t)$，在时刻 t_0 处，给一增量 Δt，相应地，路程的增量为：

$$\Delta s=s(t_0+\Delta t)-s(t_0),$$

从而在 t_0 到 $t_0+\Delta t$ 这段时间内，物体的平均速度为

$$\bar{v}=\frac{\Delta s}{\Delta t}=\frac{s(t_0+\Delta t)-s(t_0)}{\Delta t}.$$

显然，这个平均速度 $\bar{v}$ 是随 Δt 而变化的，当 $|\Delta t|$ 很小时，$\bar{v}$ 可以作为物体在时刻 t_0 处的速度的近似值，$|\Delta t|$ 越小，近似程度越高；当 $\Delta t\to 0$ 时，$\bar{v}$ 的极限就是物体在 t_0 时刻的瞬时速度，即

$$v(t_0)=\lim_{\Delta t\to 0}\frac{\Delta s}{\Delta t}=\lim_{\Delta t\to 0}\frac{s(t_0+\Delta t)-s(t_0)}{\Delta t}.$$

这就是说，物体运动的瞬时速度是当 $\Delta t\to 0$ 时 $\frac{\Delta s}{\Delta t}$ 的极限.

2. 切线问题

(1) 切线的定义

设 P_0，P 是曲线 L 上两点，过这两点作割线 P_0P. 当点 P 沿曲线 L 趋于点 P_0 时，如果割线 P_0P 绕点 P_0 旋转并趋于某个极限位置 P_0T，则直线 P_0T 称为曲线 L 在点 P_0 处的切线（如图 3-1-1 所示）.

(2) 曲线切线的斜率

设曲线 L 的方程为 $y=f(x)$，点 P_0，P 的坐标分别为 $P_0(x_0,f(x_0))$ 和 $P(x_0+\Delta x,f(x_0+\Delta x))$，则割线 P_0P 的斜率：

$$\tan\beta = \frac{\Delta y}{\Delta x} = \frac{f(x_0 + \Delta x) - f(x_0)}{\Delta x},$$

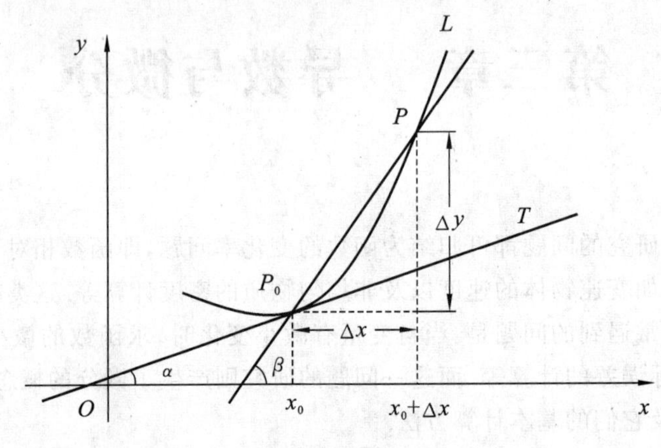

图 3-1-1

其中 β 为割线 P_0P 的倾斜角(如图 3-1-1 所示). 当 $\Delta x \to 0$ 时,点 P 沿曲线 L 无限趋于点 P_0,而割线 P_0P 就无限趋于它的极限位置 P_0T. 因此切线的倾斜角 α 是割线倾斜角 β 的极限,切线的斜率 $\tan\alpha$ 是割线的斜率 $\tan\beta = \frac{\Delta y}{\Delta x}$ 的极限,即

$$\tan\alpha = \lim_{\Delta x \to 0} \tan\beta = \lim_{\Delta x \to 0} \frac{\Delta y}{\Delta x} = \lim_{\Delta x \to 0} \frac{f(x_0 + \Delta x) - f(x_0)}{\Delta x}.$$

这就是说,切线的斜率是 $\Delta x \to 0$ 时 $\frac{\Delta y}{\Delta x}$ 的极限.

由物体的瞬时速度和曲线切线的斜率,我们可以得到导数的概念.

3.1.2 导数的概念

定义 1 设函数 $y = f(x)$ 在点 x_0 的某邻域内有定义,当自变量 x 在 x_0 处有增量 Δx 时,相应地函数 y 有增量

$$\Delta y = f(x_0 + \Delta x) - f(x_0),$$

如果极限

$$\lim_{\Delta x \to 0} \frac{\Delta y}{\Delta x} = \lim_{\Delta x \to 0} \frac{f(x_0 + \Delta x) - f(x_0)}{\Delta x} \tag{1}$$

存在,则称函数 $y = f(x)$ 在 x_0 处可导,并称此极限为函数 $y = f(x)$ 在点 x_0 处的**导数**,记作

$$y'\big|_{x=x_0}, f'(x_0), \left.\frac{\mathrm{d}y}{\mathrm{d}x}\right|_{x=x_0} \quad 或 \quad \left.\frac{\mathrm{d}f}{\mathrm{d}x}\right|_{x=x_0},$$

即

$$f'(x_0) = \lim_{\Delta x \to 0} \frac{\Delta y}{\Delta x} = \lim_{\Delta x \to 0} \frac{f(x_0 + \Delta x) - f(x_0)}{\Delta x}.$$

如果(1)式的极限不存在,就说函数 $y = f(x)$ 在点 x_0 处**不可导**. 如果不可导是由于当 $\Delta x \to 0$ 时,$\frac{\Delta y}{\Delta x} \to \infty$,为了方便起见,往往也说函数 $y = f(x)$ 在点 x_0 处的**导数为无穷大**.

在(1)式中,设 $x = x_0 + \Delta x$,则 $\Delta x = x - x_0$,当 Δx 趋近于 0 时,x 趋近于 x_0,因此,导数

的定义式可写成

$$f'(x_0) = \lim_{x \to x_0} \frac{f(x) - f(x_0)}{x - x_0}.$$

导数的定义(1)式还可以改写为下面的形式，

$$f'(x_0) = \lim_{h \to 0} \frac{f(x_0 + h) - f(x_0)}{h}.$$

例 1　求 $y = 2x^2 - 1$ 在 $x = -3$ 处的导数.

解　在 $x = -3$ 处，给一个增量 Δx，相应地，函数的增量

$$\Delta y = f(-3 + \Delta x) - f(-3) = -12\Delta x + 2(\Delta x)^2,$$

$$\frac{\Delta y}{\Delta x} = \frac{f(-3 + \Delta x) - f(-3)}{\Delta x} = -12 + 2\Delta x,$$

所以

$$\lim_{\Delta x \to 0} \frac{\Delta y}{\Delta x} = \lim_{\Delta x \to 0} (-12 + 2\Delta x) = -12,$$

故函数 $f(x) = 2x^2 - 1$ 在 $x = -3$ 处可导，且 $f'(-3) = -12$.

例 2　已知 $f'(x_0) = 2$，求极限

(1) $\lim\limits_{h \to 0} \dfrac{f(x_0 - 2h) - f(x_0)}{h}$；　　(2) $\lim\limits_{h \to 0} \dfrac{f(x_0 + 2h) - f(x_0 - h)}{h}$.

解　由题设知，$f'(x_0) = 2$，所以

(1)

$$\lim_{h \to 0} \frac{f(x_0 - 2h) - f(x_0)}{h} = -2 \lim_{h \to 0} \frac{f(x_0 - 2h) - f(x_0)}{-2h} = -2f'(x_0) = -4;$$

(2)

$$\begin{aligned}
&\lim_{h \to 0} \frac{f(x_0 + 2h) - f(x_0 - h)}{h} \\
&= \lim_{h \to 0} \frac{f(x_0 + 2h) - f(x_0)}{h} + \lim_{h \to 0} \frac{f(x_0) - f(x_0 - h)}{h} \\
&= 2f'(x_0) + f'(x_0) = 3f'(x_0) = 6.
\end{aligned}$$

有了导数的概念以后，就可将前面讨论的两个实例用导数的概念表述如下：变速直线运动物体在 t 时刻的瞬时速度是路程 s 对时间 t 的导数，即 $v(t) = \dfrac{\mathrm{d}s}{\mathrm{d}t}$；曲线 $y = f(x)$ 在点 $P(x_0, f(x_0))$ 处切线的斜率就是函数 $y = f(x)$ 在 x_0 处的导数，即 $k = f'(x_0)$.

本质上讲，求导数就是求极限，由左极限和右极限，将定义 1 中 $\Delta x \to 0$，分别改为 $\Delta x \to 0^-$ 和 $\Delta x \to 0^+$ 可以得到左导数和右导数的概念.

定义 2　若极限

$$\lim_{\Delta x \to 0^-} \frac{\Delta y}{\Delta x} = \lim_{\Delta x \to 0^-} \frac{f(x_0 + \Delta x) - f(x_0)}{\Delta x}$$

存在，则称此极限为函数 $y = f(x)$ 在点 x_0 处的左导数，并记作 $f'_-(x_0)$，即

$$f'_-(x_0) = \lim_{\Delta x \to 0^-} \frac{\Delta y}{\Delta x} = \lim_{\Delta x \to 0^-} \frac{f(x_0 + \Delta x) - f(x_0)}{\Delta x};$$

若极限

$$\lim_{\Delta x \to 0^+} \frac{\Delta y}{\Delta x} = \lim_{\Delta x \to 0^+} \frac{f(x_0 + \Delta x) - f(x_0)}{\Delta x}$$

存在，则称此极限为函数 $y = f(x)$ 在点 x_0 处的右导数，并记作 $f'_+(x_0)$，即

$$f'_+(x_0)=\lim_{\Delta x\to 0^+}\frac{\Delta y}{\Delta x}=\lim_{\Delta x\to 0^+}\frac{f(x_0+\Delta x)-f(x_0)}{\Delta x}.$$

当函数 $f(x)$ 的左(右)导数存在时,称函数 $f(x)$ 在点 x_0 处左(右)可导.左导数和右导数统称为单侧导数.

定理1　函数 $f(x)$ 在点 x_0 处可导的充分必要条件是函数 $f(x)$ 在点 x_0 处的左、右导数存在且相等,即 $f'_-(x_0)=f'_+(x_0)$.

例3　讨论 $f(x)=|x|$ 在 $x=0$ 处的导数.

解
$$f(x)=\begin{cases}x, & x\geqslant 0,\\ -x, & x<0,\end{cases}\quad f(0)=0,$$

$$f'_+(0)=\lim_{x\to 0^+}=\frac{f(x)-f(0)}{x-0}=\lim_{x\to 0^+}\frac{x}{x}=1,$$

$$f'_-(0)=\lim_{x\to 0^-}=\frac{f(x)-f(0)}{x-0}=\lim_{x\to 0^-}\frac{-x}{x}=-1,$$

因为 $f(x)$ 的左导数为 -1,右导数为 1,所以在 $x=0$ 处 $f(x)$ 不可导.

若 $f(x)$ 在开区间 (a,b) 内可导,且在点 a 处右可导,在点 b 处左可导,则称 $f(x)$ 在闭区间 $[a,b]$ 上可导.

例4　讨论函数 $f(x)=\begin{cases}x^2\sin\dfrac{1}{x}, & x\neq 0\\ 0, & x=0\end{cases}$,在 $x=0$ 处的可导性.

解　在 $x=0$ 处,给一增量 Δx,有函数的增量

$$\Delta y=f(0+\Delta x)-f(0)=(\Delta x)^2\sin\frac{1}{\Delta x},$$

又
$$\frac{\Delta y}{\Delta x}=\frac{(\Delta x)^2\sin\dfrac{1}{\Delta x}}{\Delta x}=\Delta x\sin\frac{1}{\Delta x},$$

所以
$$\lim_{\Delta x\to 0}\frac{\Delta y}{\Delta x}=\lim_{\Delta x\to 0}\Delta x\sin\frac{1}{\Delta x}=0,$$

故 $f(x)$ 在 $x=0$ 处可导,且 $f'(0)=0$.

如果函数 $y=f(x)$ 在区间 (a,b) 内的每一点都可导,就说函数 $y=f(x)$ 在区间 (a,b) 内可导.这时,对于区间 (a,b) 内的每一个 x 值,都有唯一确定的导数值与之对应,这就构成了 x 的一个新的函数,这个新的函数叫做原来函数 $y=f(x)$ 的**导函数**,记作

$$y',f'(x),\frac{\mathrm{d}y}{\mathrm{d}x}\text{或}\frac{\mathrm{d}f(x)}{\mathrm{d}x}.$$

在(1)式中,把 x_0 换成 x,即得 $y=f(x)$ 的导函数的定义式:

$$f'(x)=\lim_{\Delta x\to 0}\frac{\Delta y}{\Delta x}=\lim_{\Delta x\to 0}\frac{f(x+\Delta x)-f(x)}{\Delta x}.$$

显然,函数 $y=f(x)$ 在点 x_0 处的导数 $f'(x_0)$ 就是导函数 $f'(x)$ 在 x_0 处的函数值,即

$$f'(x_0)=f'(x)\big|_{x=x_0}.$$

为方便起见,在不致引起混淆的地方,导函数也简称导数.

通常求导数分为三步:(1) 求增量;(2) 算比值;(3) 取极限.

例5　求函数 $f(x)=c$(c 为常数)的导数.

解　(1) 求增量：　$\Delta y = c - c = 0$；

(2) 算比值：　$\dfrac{\Delta y}{\Delta x} = \dfrac{0}{\Delta x} = 0$；

(3) 取极限：　$\lim\limits_{\Delta x \to 0} \dfrac{\Delta y}{\Delta x} = 0$，

所以 $(c)' = 0$.

例 6　求函数 $f(x) = x^n$ 的导数.

解　(1) 求增量：

$$\Delta y = (x + \Delta x)^n - x^n = nx^{n-1}\Delta x + \frac{n(n-1)}{2!}x^{n-2}(\Delta x)^2 + \cdots + (\Delta x)^n;$$

(2) 算比值：　$\dfrac{\Delta y}{\Delta x} = nx^{n-1} + \dfrac{n(n-1)}{2!}x^{n-2}\Delta x + \cdots + (\Delta x)^{n-1}$；

(3) 取极限：　$\lim\limits_{\Delta x \to 0} \dfrac{\Delta y}{\Delta x} = \lim\limits_{\Delta x \to 0}\left[nx^{n-1} + \dfrac{n(n-1)}{2!}x^{n-2}\Delta x + \cdots + (\Delta x)^{n-1}\right] = nx^{n-1}$，

所以 $(x^n)' = nx^{n-1}$.

一般地，对于幂函数 $y = x^\alpha$（α 为实数），有

$$(x^\alpha)' = \alpha x^{\alpha-1}.$$

这是幂函数的导数公式，其证明将在后面讨论. 利用幂函数的导数公式，可以给出下面的导数公式，如

$$(\sqrt{x})' = \frac{1}{2\sqrt{x}}\ (x > 0),$$

$$\left(\frac{1}{\sqrt{x}}\right)' = -\frac{1}{2\sqrt{x^3}}\ (x > 0),$$

$$\left(\frac{1}{x}\right)' = -\frac{1}{x^2}\ (x \neq 0).$$

例 7　求函数 $f(x) = \sin x$ 的导数.

解　(1) 求增量：

$$\Delta y = \sin(x + \Delta x) - \sin x = 2\cos\left(x + \frac{\Delta x}{2}\right)\sin\frac{\Delta x}{2};$$

(2) 算比值：　$\dfrac{\Delta y}{\Delta x} = \dfrac{2\cos\left(x + \dfrac{\Delta x}{2}\right)\sin\dfrac{\Delta x}{2}}{\Delta x}$；

(3) 取极限：

$$\lim_{\Delta x \to 0} \frac{\Delta y}{\Delta x} = \lim_{\Delta x \to 0} \frac{2\cos\left(x + \frac{\Delta x}{2}\right)\sin\frac{\Delta x}{2}}{\Delta x}$$

$$= \lim_{\Delta x \to 0} \frac{\sin\frac{\Delta x}{2}}{\frac{\Delta x}{2}} \cdot \lim_{\Delta x \to 0}\cos\left(x + \frac{\Delta x}{2}\right) = \cos x,$$

所以 $(\sin x)' = \cos x$.

类似地有 $(\cos x)' = -\sin x$.

例 8　求函数 $f(x) = \log_a x\ (a > 0, a \neq 1)$ 的导数.

解　(1) 求增量：

$$\Delta y=\log_a(x+\Delta x)-\log_a x=\log_a\left(1+\frac{\Delta x}{x}\right);$$

(2) 算比值：

$$\frac{\Delta y}{\Delta x}=\frac{\log_a\left(1+\frac{\Delta x}{x}\right)}{\Delta x}=\frac{1}{x}\cdot\frac{x}{\Delta x}\cdot\log_a\left(1+\frac{\Delta x}{x}\right)$$

$$=\frac{1}{x}\cdot\log_a\left(1+\frac{\Delta x}{x}\right)^{\frac{x}{\Delta x}};$$

(3) 取极限：

$$\lim_{\Delta x\to 0}\frac{\Delta y}{\Delta x}=\lim_{\Delta x\to 0}\frac{1}{x}\cdot\log_a\left(1+\frac{\Delta x}{x}\right)^{\frac{x}{\Delta x}}=\frac{1}{x}\log_a\left[\lim_{\Delta x\to 0}\left(1+\frac{\Delta x}{x}\right)^{\frac{x}{\Delta x}}\right]$$

$$=\frac{1}{x}\log_a\mathrm{e}=\frac{1}{x\ln a},$$

所以$(\log_a x)'=\dfrac{1}{x\ln a}$.

特别地，当 $a=\mathrm{e}$ 时，有$(\ln x)'=\dfrac{1}{x}$.

例 9　求函数 $f(x)=a^x(a>0,a\neq 1)$ 的导数.

解　(1) 求增量：

$$\Delta y=a^{x+\Delta x}-a^x=a^x(a^{\Delta x}-1);$$

(2) 算比值：

$$\frac{\Delta y}{\Delta x}=\frac{a^x(a^{\Delta x}-1)}{\Delta x}=\frac{a^x(\mathrm{e}^{\Delta x\ln a}-1)}{\Delta x\ln a}\cdot\ln a;$$

(3) 取极限：

$$\lim_{\Delta x\to 0}\frac{\Delta y}{\Delta x}=\lim_{\Delta x\to 0}\frac{a^x(\mathrm{e}^{\Delta x\ln a}-1)}{\Delta x\ln a}\cdot\ln a=a^x\cdot\ln a,$$

所以$(a^x)'=a^x\cdot\ln a$.

特别地，当 $a=\mathrm{e}$ 时，有$(\mathrm{e}^x)'=\mathrm{e}^x$.

3.1.3　导数的几何意义

由前面讨论可知，函数 $y=f(x)$ 在点 x_0 处的导数 $f'(x_0)$ 的几何意义，就是曲线 $y=f(x)$ 在点 $M_0(x_0,y_0)$处**切线的斜率**. 即

$$f'(x_0)=\tan\alpha=k,$$

其中 α 是切线的倾斜角(如图 3-1-2 所示).

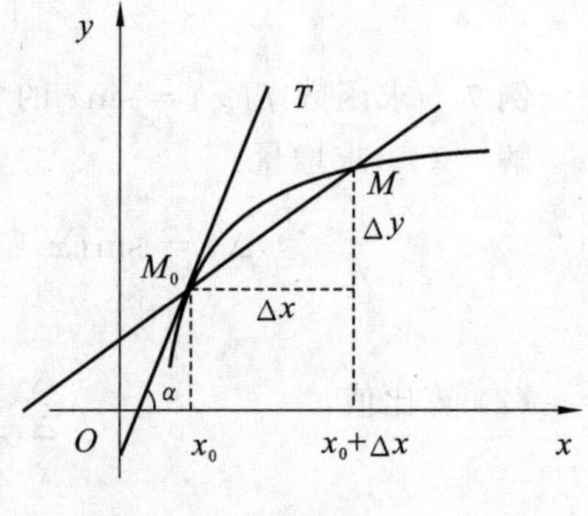

图 3-1-2

如果 $y=f(x)$ 在点 x 处的导数为无穷大，这时曲线 $y=f(x)$ 的割线以垂直于 x 轴的直线为极限位置，即曲线 $y=f(x)$ 在点 $M_0(x_0,y_0)$处，具有垂直于 x 轴的切线 $x=x_0$.

根据导数的几何意义并应用直线的点斜式方程，可以得到曲线 $y=f(x)$在点 $M_0(x_0,y_0)$处的切线方程：

$$y-y_0=f'(x_0)(x-x_0).$$

过切点 $M_0(x_0,y_0)$且与该切线垂直的直线叫做曲线 $y=f(x)$在点 M_0 处的法线，如果 $f'(x_0)\neq 0$，法线的斜率为 $-\dfrac{1}{f'(x_0)}$，从而法线的方程为

$$y - y_0 = -\frac{1}{f'(x_0)}(x - x_0).$$

例 10　求曲线 $y = x^2$ 在点(4,16)处的切线方程和法线方程.

解　根据导数的几何意义知道,所求切线的斜率为

$$k_1 = y'|_{x=4}.$$

由于 $y' = 2x$,于是

$$k_1 = y'|_{x=4} = 8,$$

从而所求切线方程为:

$$y - 16 = 8(x - 4).$$

所求法线方程为:

$$y - 16 = -\frac{1}{8}(x - 4).$$

3.1.4　可导与连续的关系

设函数 $y = f(x)$ 在点 x_0 处可导,即极限

$$\lim_{\Delta x \to 0} \frac{\Delta y}{\Delta x} = f'(x_0)$$

存在.由函数极限存在与无穷小的关系知:

$$\frac{\Delta y}{\Delta x} = f'(x_0) + \alpha,$$

其中 α 是 $\Delta x \to 0$ 时的无穷小.上式两端同乘以 Δx,得

$$\Delta y = f'(x_0)\Delta x + \alpha \Delta x.$$

不难看出,当 $\Delta x \to 0$ 时,$\Delta y \to 0$.这就是说,函数 $y = f(x)$ 在点 x_0 处是连续的.

定理 2　如果函数 $y = f(x)$ 在点 x_0 处可导,则函数 $y = f(x)$ 在点 x_0 处连续.

但应注意,如果函数 $y = f(x)$ 在某点连续,在该点处却不一定可导.

例如,函数 $y = \sqrt[3]{x}$ 在点 $x = 0$ 处连续,而

$$\lim_{\Delta x \to 0} \frac{\Delta y}{\Delta x} = \lim_{\Delta x \to 0} \frac{(\Delta x)^{\frac{1}{3}} - 0}{\Delta x} = \lim_{\Delta x \to 0} (\Delta x)^{-\frac{2}{3}} = +\infty,$$

所以函数 $y = \sqrt[3]{x}$ 在点 $x = 0$ 处不可导(导数为无穷大),但此时曲线有切线,且方程为 $x = 0$,如图 3-1-3 所示.

又如,函数 $y = \sqrt{x^2} = |x|$ 在 $x = 0$ 处连续,由例 3 知,函数在该点处不可导(导数不存在),如图 3-1-4 所示.

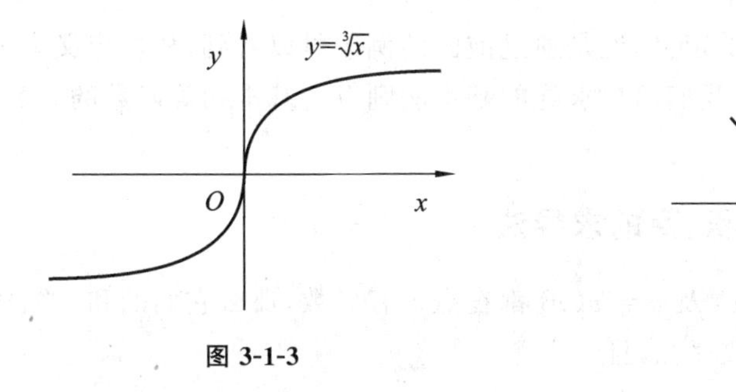

图 3-1-3

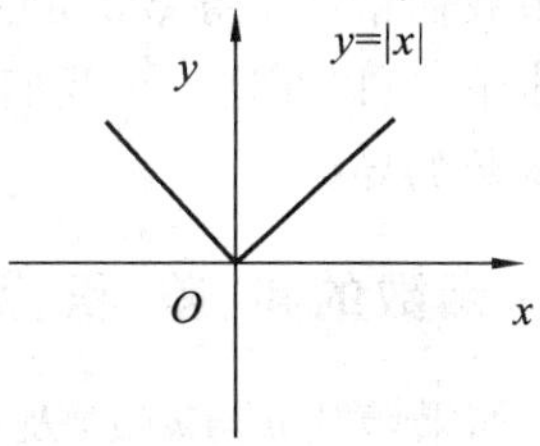

图 3-1-4

例 11 设函数 $f(x)=\begin{cases} e^x, & x\geqslant 0 \\ ax+b, & x<0 \end{cases}$,在 $x=0$ 处可导,求常数 a,b.

解 因为 $f(x)$ 在 $x=0$ 处可导,所以 $f(x)$ 在 $x=0$ 处连续,故

$$\lim_{x\to 0^+} f(x) = \lim_{x\to 0^-} f(x) = f(0),$$

从而有 $e^0 = a\cdot 0 + b$,

得 $b=1$;

又由于 $f(x)$ 在 $x=0$ 处可导,所以在 $x=0$ 处,$f(x)$ 的左右导数存在且相等,而

$$f'_-(0) = \lim_{x\to 0^-} \frac{(ax+b)-e^0}{x-0} = a,$$

$$f'_+(0) = \lim_{x\to 0^+} \frac{e^x - e^0}{x-0} = e^0 = 1,$$

则可得 $a=1$. 故所求常数为 $a=b=1$.

习 题 3.1

1. 下列各题中假设 $f'(x_0)$ 存在,按照定义观察下列极限,指出 A 表示什么.

(1) $\lim\limits_{\Delta x\to 0} \dfrac{f(x_0-\Delta x)-f(x_0)}{\Delta x} = A$;

(2) $\lim\limits_{x\to 0} \dfrac{f(x)}{x} = A$,其中 $f(0)=0$,且 $f'(0)$ 存在.

2. 利用定义求下列函数的导数.

(1) $y=x^3$; (2) $y=\cos x$.

3. 求曲线 $y=\cos x$ 上点 $\left(\dfrac{\pi}{3},\dfrac{1}{2}\right)$ 处的切线方程和法线方程.

4. 讨论 $f(x)=\begin{cases} x\sin\dfrac{1}{x}, & x\neq 0 \\ 0, & x=0 \end{cases}$ 在 $x=0$ 处的连续性与可导性.

5. 设函数 $f(x)=\begin{cases} x^2, & x\leqslant 1 \\ ax+b, & x>1 \end{cases}$,为了使函数在 $x=1$ 处连续且可导,a,b 应取什么值?

3.2 函数的求导法则

前面一节我们给出了导数的定义,但是通过前面的例子可以看到,根据定义来求导数是一件很烦琐的事情,所以在这一节我们给出求导的基本法则以及基本初等函数的导数公式,并利用它们来求函数的导数.

3.2.1 函数的和、差、积、商的求导法则

定理 1 如果函数 $u=u(x)$ 及 $v=v(x)$ 都在点 x 有导数,那么它们的和、差、积、商(除分母为零的点外)都在点 x 处导数存在,且

(1) $[u(x)\pm v(x)]' = u'(x)\pm v'(x)$;

(2) $[u(x)\cdot v(x)]' = u'(x)\cdot v(x)+u(x)\cdot v'(x)$;

(3) $\left[\dfrac{u(x)}{v(x)}\right]' = \dfrac{u'(x)\cdot v(x)-u(x)\cdot v'(x)}{v^2(x)}\ (v(x)\neq 0)$.

证明　这里仅证(2). 令 $f(x)=u(x)v(x)$, 则

$$\begin{aligned}
&\lim_{\Delta x\to 0}\frac{f(x+\Delta x)-f(x)}{\Delta x}\\
=&\lim_{\Delta x\to 0}\frac{u(x+\Delta x)v(x+\Delta x)-u(x)v(x)}{\Delta x}\\
=&\lim_{\Delta x\to 0}\frac{u(x+\Delta x)v(x+\Delta x)-u(x)v(x+\Delta x)+u(x)v(x+\Delta x)-u(x)v(x)}{\Delta x}\\
=&\lim_{\Delta x\to 0}\left[\frac{u(x+\Delta x)-u(x)}{\Delta x}\cdot v(x+\Delta x)+u(x)\cdot\frac{v(x+\Delta x)-v(x)}{\Delta x}\right]\\
=&\lim_{\Delta x\to 0}\frac{u(x+\Delta x)-u(x)}{\Delta x}\cdot\lim_{\Delta x\to 0}v(x+\Delta x)+u(x)\cdot\lim_{\Delta x\to 0}\frac{v(x+\Delta x)-v(x)}{\Delta x}\\
=&u'(x)v(x)+u(x)v'(x),
\end{aligned}$$

即 $f(x)$ 可导,且 $f'(x)=u'(x)v(x)+u(x)v'(x)$.

定理 1 中的法则可简记为:

(1) $(u\pm v)'=u'\pm v'$;

(2) $(uv)'=u'v+uv'$;

(3) $\left(\dfrac{u}{v}\right)'=\dfrac{u'\cdot v-u\cdot v'}{v^2}$.

定理 1 中的法则(1)(2) 可推广到有限个函数的情形. 如设 $u=u(x)$, $v=v(x)$, $w=w(x)$ 可导,则有

$$(u+v-w)'=u'+v'-w';$$
$$(uvw)'=u'vw+uv'w+uvw'.$$

在法则(2) 中,当 $u(x)=C$(C 为常数),则有

$$(Cv)'=Cv';$$

在法则(3) 中,当 $u(x)=1$,则有

$$\left(\frac{1}{v}\right)'=-\frac{1}{v^2}.$$

例 1　求下列函数的导数.

(1) $y=x^4-2x^3+\mathrm{e}^3$;　　(2) $y=2\sin x+2^x-3x^2$;

(3) $y=2^x\sin x$;　　(4) $y=\dfrac{\sin x}{x^2}$.

解　(1) $y'=(x^4)'-2(x^3)'+(\mathrm{e}^3)'=4x^3-6x^2$;

(2) $y'=2\cos x+2^x\ln 2-6x$;

(3) $y'=2^x\ln 2\sin x+2^x\cos x$;

(4) $y'=\dfrac{x^2\cos x-2x\sin x}{x^4}=\dfrac{x\cos x-2\sin x}{x^3}$.

例 2　求下列函数的导数.

(1) $y=\tan x$,求 y';(2) $y=\sec x$,求 y'.

解 (1) $y' = \left(\dfrac{\sin x}{\cos x}\right)' = \dfrac{(\sin x)'\cos x - \sin x(\cos x)'}{\cos^2 x}$

$= \dfrac{1}{\cos^2 x} = \sec^2 x$;

(2) $y' = \left(\dfrac{1}{\cos x}\right)' = \dfrac{-(\cos x)'}{\cos^2 x} = \sec x\tan x$.

同理可得$(\cot x)' = -\csc^2 x$，$(\csc x)' = -\cot x\csc x$.

3.2.2 反函数的导数

定理 2 如果函数 $x = f(y)$ 在区间 I_y 内单调、可导且 $f'(y) \neq 0$，则它的反函数 $y = f^{-1}(x)$ 在区间 $I_x = \{x \mid x = f(y), y \in I_y\}$ 内可导，且

$$[f^{-1}(x)]' = \frac{1}{f'(y)} \text{ 或 } \frac{\mathrm{d}y}{\mathrm{d}x} = \frac{1}{\dfrac{\mathrm{d}x}{\mathrm{d}y}}.$$

证明 因 $x = f(y)$ 在 I_y 单调、可导(从而连续)，由前一章定理知，$x = f(y)$ 的反函数 $y = f^{-1}(x)$ 存在，且 $f^{-1}(x)$ 在 I_x 内单调、连续.

任取 $x \in I_x$，给 x 以增量 $\Delta x(\Delta x \neq 0, x + \Delta x \in I_x)$，由函数 $y = f^{-1}(x)$ 的单调性知，

$$\Delta y = f^{-1}(x + \Delta x) - f^{-1}(x) \neq 0,$$

于是有

$$\frac{\Delta y}{\Delta x} = \frac{1}{\dfrac{\Delta x}{\Delta y}}.$$

因为 $y = f^{-1}(x)$ 连续，故

$$\lim_{\Delta x \to 0} \Delta y = 0,$$

从而

$$[f^{-1}(x)]' = \lim_{\Delta x \to 0} \frac{\Delta y}{\Delta x} = \lim_{\Delta x \to 0} \frac{1}{\dfrac{\Delta x}{\Delta y}} = \frac{1}{f'(y)}.$$

由此可简单地说：反函数的导数等于直接函数导数的倒数.

下面利用反函数的求导法则来求反三角函数的导数.

例 3 设 $x = \sin y, y \in \left[-\dfrac{\pi}{2}, \dfrac{\pi}{2}\right]$为直接函数，则 $y = \arcsin x$ 是它的反函数. 函数 $x = \sin y$ 在开区间 $I_y = \left(-\dfrac{\pi}{2}, \dfrac{\pi}{2}\right)$内单调、可导，且

$$(\sin y)' = \cos y > 0.$$

因此，由反函数的求导法则，在对应区间 $I_x = (-1,1)$内有

$$(\arcsin x)' = \frac{1}{(\sin y)'} = \frac{1}{\cos y}.$$

因为当$-\dfrac{\pi}{2} < y < \dfrac{\pi}{2}$时，$\cos y > 0$，所以

$$\cos y = \sqrt{1 - \sin^2 y} = \sqrt{1 - x^2},$$

从而得反正弦函数 $y = \arcsin x$ 的导数公式：

$$(\arcsin x)' = \frac{1}{\sqrt{1-x^2}}.$$

用类似的方法可得反余弦函数的导数公式：

$$(\arccos x)' = -\frac{1}{\sqrt{1-x^2}}.$$

例 4　设 $x=\tan y, y\in\left(-\frac{\pi}{2},\frac{\pi}{2}\right)$为直接函数，则 $y=\arctan x$ 是它的反函数. 函数 $x=\tan y$ 在开区间 $I_y=\left(-\frac{\pi}{2},\frac{\pi}{2}\right)$内单调、可导，且

$$(\tan y)'=\sec^2 y.$$

因此，由反函数的求导法则，在对应区间 $I_x=(-\infty,+\infty)$内有

$$(\arctan x)'=\frac{1}{(\tan y)'}=\frac{1}{\sec^2 y}.$$

因为

$$\sec^2 y = 1+\tan^2 y = 1+x^2,$$

从而得反正切函数 $y=\arctan x$ 的导数公式：

$$(\arctan x)'=\frac{1}{1+x^2}.$$

用类似的方法可得反余切函数的导数公式：

$$(\operatorname{arccot} x)'=-\frac{1}{1+x^2}.$$

3.2.3　复合函数的求导法则

定理 3(复合函数求导法则)　如果 $u=\varphi(x)$在点 x 可导，而 $y=f(u)$在点 $u=\varphi(x)$可导，则复合函数 $y=f[\varphi(x)]$在点 x 可导，且其导数为

$$\frac{\mathrm{d}y}{\mathrm{d}x}=f'(u)\cdot\varphi'(x),$$

或者

$$\frac{\mathrm{d}y}{\mathrm{d}x}=\frac{\mathrm{d}y}{\mathrm{d}u}\cdot\frac{\mathrm{d}u}{\mathrm{d}x},$$

也简记为

$$y'_x=y'_u\cdot u'_x.$$

证明　由于 $y=f(u)$在点 u 可导，因此

$$\lim_{\Delta u\to 0}\frac{\Delta y}{\Delta u}=f'(u),$$

于是根据极限与无穷小的关系有

$$\frac{\Delta y}{\Delta u}=f'(u)+\alpha,$$

其中 α 是 $\Delta u\to 0$ 时的无穷小. 上式中 $\Delta u\neq 0$，用 Δu 乘上式两边，得

$$\Delta y=f'(u)\Delta u+\alpha\cdot\Delta u$$

当 $\Delta u=0$ 时，规定 $\alpha=0$，这时因为

$$\Delta y = f(u+\Delta u) - f(u) = 0,$$

而

$$\Delta y = f'(u)\Delta u + \alpha \cdot \Delta u$$

右端亦为零，故

$$\Delta y = f'(u)\Delta u + \alpha \cdot \Delta u$$

对 $\Delta u = 0$ 也成立. 用 $\Delta x \neq 0$ 除 $\Delta y = f'(u)\Delta u + \alpha \cdot \Delta u$ 两边，得

$$\frac{\Delta y}{\Delta x} = f'(u)\frac{\Delta u}{\Delta x} + \alpha \cdot \frac{\Delta u}{\Delta x},$$

于是

$$\lim_{\Delta x \to 0} \frac{\Delta y}{\Delta x} = \lim_{\Delta x \to 0}\left[f'(u)\frac{\Delta u}{\Delta x} + \alpha \cdot \frac{\Delta u}{\Delta x}\right].$$

根据函数在某点可导必在该点连续的性质知道，当 $\Delta x \to 0$ 时，$\Delta u \to 0$，从而可以推知

$$\lim_{\Delta x \to 0} \alpha = \lim_{\Delta u \to 0} \alpha = 0.$$

又因 $u = \varphi(x)$ 在点 x 可导，于是有

$$\lim_{\Delta x \to 0} \frac{\Delta u}{\Delta x} = \varphi'(x),$$

故

$$\lim_{\Delta x \to 0} \frac{\Delta y}{\Delta x} = f'(u) \cdot \lim_{\Delta x \to 0} \frac{\Delta u}{\Delta x},$$

即

$$\frac{\mathrm{d}y}{\mathrm{d}x} = f'(u) \cdot \varphi'(x).$$

证毕.

复合函数的求导法则可以推广到多个中间变量的情形. 我们以两个中间变量为例，设 $y = f(u), u = \varphi(v), v = \psi(x)$，得

$$\frac{\mathrm{d}y}{\mathrm{d}x} = \frac{\mathrm{d}y}{\mathrm{d}u} \cdot \frac{\mathrm{d}u}{\mathrm{d}x}$$

以及

$$\frac{\mathrm{d}u}{\mathrm{d}x} = \frac{\mathrm{d}u}{\mathrm{d}v} \cdot \frac{\mathrm{d}v}{\mathrm{d}x},$$

故复合函数 $y = f\{\varphi[\psi(x)]\}$ 的导数为

$$\frac{\mathrm{d}y}{\mathrm{d}x} = \frac{\mathrm{d}y}{\mathrm{d}u} \cdot \frac{\mathrm{d}u}{\mathrm{d}v} \cdot \frac{\mathrm{d}v}{\mathrm{d}x}.$$

当然，这里假定上式右端所出现的导数在相应处都存在. 由此可见，复合函数求导的关键就是第一章里所讲的复合函数的分解.

例 5 求函数 $y = \ln\sin x$ 的导数.

解 函数 $y = \ln\sin x$ 可以看作由函数 $y = \ln u, u = \sin x$ 复合而成，又

$$y'_u = \frac{1}{u}, u'_x = \cos x,$$

所以根据复合函数的求导法则，有

$$y'_x = y'_u \cdot u'_x = \frac{1}{u} \cdot \cos x = \cot x.$$

例 6　求函数 $y = \sqrt[3]{1-2x^2}$ 的导数.

解　函数 $y = \sqrt[3]{1-2x^2}$ 可以看作由函数 $y = \sqrt[3]{u}, u = 1-2x^2$ 复合而成,又

$$y'_u = \frac{1}{3}u^{-\frac{2}{3}}, u'_x = -4x,$$

所以根据复合函数的求导法则,有

$$y'_x = y'_u \cdot u'_x = \frac{1}{3}u^{-\frac{2}{3}} \cdot (-4x) = -\frac{4x}{3\sqrt[3]{(1-2x^2)^2}}.$$

例 7　求函数 $y = \mathrm{e}^{-\tan\frac{1}{x}}$ 的导数.

解　函数 $y = \mathrm{e}^{-\tan\frac{1}{x}}$ 可以看作由函数 $y = \mathrm{e}^u, u = -\tan v, v = \frac{1}{x}$ 复合而成,又

$$y'_u = \mathrm{e}^u, u'_v = -\sec^2 v, v'_x = -\frac{1}{x^2},$$

所以根据复合函数的求导法则,有

$$\begin{aligned} y'_x &= y'_u \cdot u'_v \cdot v'_x = \mathrm{e}^u \cdot (-\sec^2 v) \cdot \left(-\frac{1}{x^2}\right) \\ &= \frac{1}{x^2}\mathrm{e}^{-\tan\frac{1}{x}} \sec^2 \frac{1}{x}. \end{aligned}$$

对于复合函数的求导问题,关键是先引入中间变量,把函数分解为基本初等函数或者基本初等函数的和、差、积、商的形式,再利用复合函数的求导法则进行求导. 在熟练之后,中间变量可以不写出来,从外到内逐层求导,一直求到对自变量的导数为止.

例 8　求函数 $y = \frac{1}{\sqrt{a^2-x^2}}$ 的导数.

解

$$\begin{aligned} \frac{\mathrm{d}y}{\mathrm{d}x} &= \left(\frac{1}{\sqrt{a^2-x^2}}\right)' = -\frac{1}{2}(a^2-x^2)^{-\frac{3}{2}} \cdot (a^2-x^2)' \\ &= -\frac{1}{2}(a^2-x^2)^{-\frac{3}{2}} \cdot (-2x) = \frac{x}{\sqrt{(a^2-x^2)^3}}. \end{aligned}$$

例 9　求函数 $y = (x^2+\cos^2 x)^2$ 的导数.

解

$$\begin{aligned} \frac{\mathrm{d}y}{\mathrm{d}x} &= [(x^2+\cos^2 x)^2]' = 2(x^2+\cos^2 x) \cdot (x^2+\cos^2 x)' \\ &= 2(x^2+\cos^2 x) \cdot [(x^2)' + (\cos^2 x)'] \\ &= 2(x^2+\cos^2 x) \cdot [2x + 2\cos x \cdot (\cos x)'] \\ &= 2(x^2+\cos^2 x) \cdot (2x - \sin 2x). \end{aligned}$$

例 10　求函数 $y = \sin nx \cdot \sin^n x$ 的导数.

解

$$\begin{aligned} \frac{\mathrm{d}y}{\mathrm{d}x} &= (\sin nx)' \cdot \sin^n x + \sin nx \cdot (\sin^n x)' \\ &= n\cos nx \cdot \sin^n x + \sin nx \cdot n\sin^{n-1} x\cos x \\ &= n\sin^{n-1} x \cdot \sin(n+1)x. \end{aligned}$$

例 11　求函数 $y = \ln(-x)$ 的导数.

解 $$\frac{dy}{dx}=\frac{1}{(-x)}\cdot(-x)'=\frac{1}{x}.$$

由此可得：$(\ln|x|)'=\dfrac{1}{x}$.

最后，我们给出幂函数的求导公式.

例 12 求函数 $y=x^{\mu}$（μ 为实数）的导数.

解 $y=x^{\mu}=e^{\mu\ln x}$，所以

$$\frac{dy}{dx}=e^{\mu\ln x}\cdot(\mu\ln x)'=\mu e^{\mu\ln x}\cdot\frac{1}{x}=\mu x^{\mu-1}.$$

3.2.4 常数和基本初等函数的求导公式

常数和基本初等函数的求导公式，在初等函数的求导运算中起着重要的作用，我们必须熟练地掌握它，为了便于查阅，我们把这些基本求导公式归纳如下：

(1) $(C)'=0$；(2) $(x^{\mu})'=\mu x^{\mu-1}$；

(3) $(e^x)'=e^x$；(4) $(a^x)'=a^x\ln a$；

(5) $(\ln x)'=\dfrac{1}{x}$；(6) $(\log_a x)'=\dfrac{1}{x\ln a}$；

(7) $(\cos x)'=-\sin x$；(8) $(\sin x)'=\cos x$；

(9) $(\cot x)'=-\csc^2 x$；(10) $(\tan x)'=\sec^2 x$；

(11) $(\csc x)'=-\csc x\cot x$；(12) $(\sec x)'=\sec x\tan x$；

(13) $(\arccos x)'=-\dfrac{1}{\sqrt{1-x^2}}$；(14) $(\arcsin x)'=\dfrac{1}{\sqrt{1-x^2}}$；

(15) $(\text{arccot}\,x)'=-\dfrac{1}{1+x^2}$；(16) $(\arctan x)'=\dfrac{1}{1+x^2}$.

习 题 3.2

1. 求下列函数的导数

(1) $y=\sin x\ln x$；(2) $y=x^2\sin e$；

(3) $y=2^x+\ln\pi$；(4) $y=2^x e^x\pi^x$；

(5) $y=\dfrac{cx^2}{a+bx}$；(6) $y=\dfrac{\ln x}{\sin x}$；

(7) $y=\arcsin\sqrt{x}$；(8) $y=\dfrac{\ln x}{x}$；

(9) $y=\dfrac{e^x}{x^2}+\ln 4$；(10) $y=x^4+2x^3+3x^2+5$.

2. 求下列复合函数的导数

(1) $y=(\ln\ln\ln x)^2$；(2) $y=(\arctan\sqrt{x})^3$；

(3) $y=\ln(\sqrt{x^2+a^2}+x)$；(4) $y=e^{\cos\sqrt{x}}$；

(5) $y=\ln\cos\dfrac{1}{x}$；(6) $y=\dfrac{\sin\sqrt{x}}{\cos\dfrac{1}{x}}$；

(7) $y = \arcsin\sqrt{\dfrac{1-x}{1+x}}$；　　(8) $y = \ln(\sec x + \tan x)$；

(9) $y = e^{\arctan\sqrt{x}}$；　　(10) $y = \ln\ln\ln x$；

(11) $y = \sqrt{1+\ln x}$；　　(12) $y = \dfrac{\sqrt{1+x}-\sqrt{1-x}}{\sqrt{1+x}+\sqrt{1-x}}$；

(13) $y = \sqrt{x+\sqrt{x}}$；　　(14) $y = \ln\cos\dfrac{1}{x}$；

(15) $y = e^{-\sin(x+1)}$；　　(16) $y = \arcsin\dfrac{2t}{1+t^2}$；

(17) $y = x\arcsin\dfrac{x}{2} + \sqrt{4-x^2}$；　　(18) $y = \dfrac{e^t - e^{-t}}{e^t + e^{-t}}$.

3.3　高阶导数

在物理学中,变速直线运动物体的速度 $v(t)$ 是位置函数 $s(t)$ 对时间 t 的导数,即 $v = \dfrac{ds}{dt} = s'(t)$,而加速度 a 又是速度 v 对时间 t 的导数,那么 $a = v'(t) = [s'(t)]'$,通常称 v 为 $s(t)$ 的一阶导数,而 a 为 $s(t)$ 的二阶导数.

3.3.1　高阶导数

函数 $y = f(x)$ 的导数 $y' = f'(x)$ 仍然是 x 的函数,如果 $y' = f'(x)$ 仍然可以求导,则称 $y' = f'(x)$ 的导数叫做函数 $y = f(x)$ 的二阶导数,记作

$$y''、f''(x)、\frac{d^2 y}{dx^2} 或 \frac{d^2 f(x)}{dx^2},$$

即

$$y'' = (y')' 或 \frac{d^2 y}{dx^2} = \frac{d}{dx}\left(\frac{dy}{dx}\right).$$

相应地,把 $y = f(x)$ 的导数 $f'(x)$ 叫做函数 $y = f(x)$ 的一阶导数.

类似地,$y = f(x)$ 的二阶导数的导数,叫做 $f(x)$ 的三阶导数;$y = f(x)$ 的三阶导数的导数叫做 $f(x)$ 的四阶导数……一般地,$y = f(x)$ 的 $(n-1)$ 阶导数的导数叫做 $f(x)$ 的 n 阶导数. 三阶导数记作

$$y'''、f'''(x)、\frac{d^3 y}{dx^3} 或 \frac{d^3 f(x)}{dx^3},$$

高于三阶的 n 阶导数记作

$$y^{(n)}、f^{(n)}(x)、\frac{d^n y}{dx^n} 或 \frac{d^n f(x)}{dx^n}.$$

函数 $y = f(x)$ 具有 n 阶导数,也常说成函数 $f(x)$ 为 n 阶可导. 如果函数 $f(x)$ 在点 x 处具有 n 阶导数,那么 $f(x)$ 在点 x 的某一邻域内必定具有一切低于 n 阶的导数. 二阶及二阶以上的导数统称高阶导数.

由此可见,求高阶导数就是多次接连地求导数. 所以,仍可应用前面学过的求导方法来计算高阶导数.

例 1 设 $y=\sin x+\cos x$,求 $y''|_{x=0}$.

解

$$y'=\cos x-\sin x,$$

$$y''=-\sin x-\cos x,$$

所以,

$$y''|_{x=0}=(-\sin x-\cos x)_{x=0}=-1.$$

例 2 求下列函数的二阶导数.

(1) $y=x\ln x$; (2) $y=\cos^2\dfrac{x}{2}$.

解 (1)

$$y'=\ln x+x\frac{1}{x}=\ln x+1,$$

$$y''=\frac{1}{x}.$$

(2)

$$y'=2\cos\frac{x}{2}\left(\cos\frac{x}{2}\right)'=-2\cdot\frac{1}{2}\cos\frac{x}{2}\sin\frac{x}{2}=-\frac{1}{2}\sin x,$$

$$y''=-\frac{1}{2}\cos x.$$

例 3 求指数函数 $y=a^x(a>0,a\neq 1)$的 n 阶导数.

解

$$y'=a^x\ln a,y''=a^x(\ln a)^2,\cdots,y^{(n)}=a^x(\ln a)^n.$$

特别地,当 $a=\mathrm{e}$ 时,$(\mathrm{e}^x)^{(n)}=\mathrm{e}^x$.

例 4 求函数 $y=\sin x$ 的 n 阶导数.

解

$$y'=\cos x=\sin\left(x+\frac{\pi}{2}\right),$$

$$y''=\left[\sin\left(x+\frac{\pi}{2}\right)\right]'=\sin\left[\left(x+\frac{\pi}{2}\right)+\frac{\pi}{2}\right]\left(x+\frac{\pi}{2}\right)'$$

$$=\sin\left(x+2\cdot\frac{\pi}{2}\right),$$

$$y'''=\left[\sin\left(x+2\cdot\frac{\pi}{2}\right)\right]'=\sin\left(x+3\cdot\frac{\pi}{2}\right),$$

如此类推,可得

$$y^{(n)}=\sin\left(x+n\cdot\frac{\pi}{2}\right),$$

即

$$(\sin x)^{(n)}=\sin\left(x+n\cdot\frac{\pi}{2}\right).$$

类似地,有

$$(\cos x)^{(n)}=\cos\left(x+n\cdot\frac{\pi}{2}\right).$$

例 5 求函数 $y=\ln(1+x)$的 n 阶导数.

解

$$y'=\frac{1}{1+x}=(1+x)^{-1},y''=(-1)\cdot(1+x)^{-2},$$

$$y'''=(-1)\cdot(-2)\cdot(1+x)^{-3},$$

一般地,可得

$$y^{(n)} = (-1)\cdot(-2)\cdots[-(n-1)](1+x)^{-n} = (-1)^{n-1}\frac{(n-1)!}{(1+x)^n},$$

即

$$[\ln(1+x)]^{(n)} = (-1)^{n-1}\frac{(n-1)!}{(1+x)^n}.$$

例 6　求幂函数 $y = x^\alpha$（α 为实数）的 n 阶导数.

解

$$y' = \alpha x^{\alpha-1}, y'' = \alpha(\alpha-1)x^{\alpha-2},$$

$$y''' = \alpha(\alpha-1)(\alpha-2)x^{\alpha-3},$$

一般地，可得

$$y^{(n)} = \alpha(\alpha-1)(\alpha-2)\cdots[\alpha-(n-1)]x^{\alpha-n},$$

即

$$(x^\alpha)^{(n)} = \alpha(\alpha-1)(\alpha-2)\cdots[\alpha-(n-1)]x^{\alpha-n}.$$

特别地，当 $\alpha = n$ 时，可得

$$(x^n)^{(n)} = n(n-1)(n-2)\cdots 3\cdot 2\cdot 1 = n!,$$

且

$$(x^n)^{(n+1)} = 0.$$

3.3.2　高阶导数的运算法则

如果函数 $u = u(x)$ 及 $v = v(x)$ 都在点 x 处具有 n 阶导数，那么 $u(x)+v(x)$ 及 $u(x)-v(x)$ 也在点 x 处具有 n 阶导数，且

$$(u\pm v)^{(n)} = u^{(n)} \pm v^{(n)}.$$

但乘积 $u(x)\cdot v(x)$ 的 n 阶导数并不如此简单. 由 $(uv)' = u'v + uv'$ 首先得出

$$(uv)'' = u''v + 2u'v' + uv'',$$

$$(uv)''' = u'''v + 3u''v' + 3u'v'' + uv''',$$

用数学归纳法可以证明

$$(uv)^{(n)} = u^{(n)}v + nu^{(n-1)}v' + \frac{n(n-1)}{2!}u^{(n-2)}v'' + \cdots + \frac{n(n-1)\cdots(n-k+1)}{k!}u^{(n-k)}v^{(k)} + \cdots + uv^{(n)}.$$

上式为**莱布尼茨**（Leibniz）**公式**. 该公式可以这样记忆：把 $(u+v)^n$ 按二项式定理展开写成

$$(u+v)^n = u^n v^0 + nu^{n-1}v^1 + \frac{n(n-1)}{2!}u^{n-2}v^2 + \cdots + u^0 v^n,$$

即

$$(u+v)^n = \sum_{k=0}^{n} C_n^k u^{n-k} v^k,$$

然后把 $k, n-k$ 次幂分别换成 $k, n-k$ 阶导数（零阶导数理解为函数本身），再把左端的 $u+v$ 换成 uv，这样就得到莱布尼茨公式

$$(uv)^{(n)} = \sum_{k=0}^{n} C_n^k u^{(n-k)} v^{(k)}.$$

例 7　$y = x^2 e^{2x}$，求 $y^{(20)}$.

解 设 $u = e^{2x}, v = x^2$,则 $u^{(k)} = 2^k e^{2x}(k = 1,2,\cdots,20)$,

$$v' = 2x, v'' = 2, v^{(k)} = 0(k = 3,4,\cdots,20),$$

代入莱布尼茨公式,得

$$\begin{aligned} y^{(20)} &= (x^2 e^{2x})^{(20)} \\ &= 2^{20} e^{2x} \cdot x^2 + 20 \cdot 2^{19} e^{2x} \cdot 2x + \frac{20 \cdot 19}{2!} \cdot 2^{18} e^{2x} \cdot 2 \\ &= 2^{20} e^{2x}(x^2 + 20x + 95). \end{aligned}$$

下面将常用的 n 阶求导公式归纳出来,以便查用:

(1) $(\sin x)^{(n)} = \sin\left(x + n \cdot \dfrac{\pi}{2}\right)$;

(2) $(\cos x)^{(n)} = \cos\left(x + n \cdot \dfrac{\pi}{2}\right)$;

(3) $\left(\dfrac{1}{ax + b}\right)^{(n)} = \dfrac{(-1)^n n! a^n}{(ax + b)^{n+1}}(a \neq 0)$;

(4) $(a^x)^{(n)} = a^x \ln^n a(a > 0)$;

(5) $(e^x)^{(n)} = e^x$;

(6) $[\ln(1 + x)]^{(n)} = \dfrac{(-1)^{n-1}(n-1)!}{(1 + x)^n}(x > -1)$;

(7) $(x^a)^{(n)} = a(a-1)\cdots(a-n+1)x^{a-n}$.

习 题 3.3

1. 求下列函数的二阶导数.

(1) $y = (10 + x)^6$;

(2) $y = x^3 \ln x$;

(3) $y = \pi x^{\frac{5}{2}} + \dfrac{\cos x}{x}$;

(4) $y = \sin x \ln x$;

(5) $y = x^2 \sin e$;

(6) $y = 2^x + \ln\pi$;

(7) $y = \sqrt{a^2 - x^2}$;

(8) $y = \dfrac{e^x}{x}$;

(9) $y = x e^{x^2}$.

2. 求下列函数的 n 阶导数.

(1) $y = x^n + a_1 x^{n-1} + a_2 x^{n-2} + \cdots + a_{n-1}x + a_n$($a_1, a_2, \cdots, a_n$ 为常数);

(2) $y = x e^x$.

3. 设 $y = (x + 10)^6$,求 $y'''\big|_{x=2}$.

4. 设 $y = x^n$($n \geqslant 3$,正整数),求 $y^{(n+2)}, y^{(n)}, y^{(k)}, y^{(n-2)}$.

5. 设 $f''(x)$ 存在,求下列函数的二阶导数.

(1) $y = f(x^2)$;

(2) $y = \ln[f(x)]$.

3.4 隐函数及由参数方程所确定的函数的导数

本节将介绍两类特殊形式的函数的求导方法.

3.4.1　隐函数的导数

函数 $y=f(x)$ 表示两个变量 y 与 x 之间的对应关系，这种对应关系可以用各种不同方式表达. 前面我们遇到的函数，例如 $y=\sin x$，$y=\ln x+\sqrt{1-x^2}$ 等，这种函数表达方式的特点是：等号左端是因变量的符号，而右端是含有自变量的式子，当自变量取定义域内任一值时，由这式子能确定对应的函数值. 用这种方式表达的函数叫做**显函数**. 有些函数的解析表达式并没有直接给出，例如，方程 $x+y^3-1=0$ 表示一个函数，因为当变量 x 在 $(-\infty,+\infty)$ 内取值时，变量 y 有确定的值与之对应，它却是以一个方程的形式来确定函数关系的. 例如，当 $x=0$ 时，$y=1$；当 $x=-1$ 时，$y=\sqrt[3]{2}$，等等. 这样的函数称为**隐函数**.

一般地，如果在方程 $F(x,y)=0$ 中，当 x 取某区间内的任一值时，相应地总有满足这方程的唯一的 y 值存在，那么就说方程 $F(x,y)=0$ 在该区间内确定了一个隐函数.

把一个隐函数化成显函数，叫做隐函数的显化. 例如从方程 $x+y^3-1=0$ 解出 $y=\sqrt[3]{1-x}$，就把隐函数化成了显函数. 隐函数的显化有时是困难的，甚至是不可能的. 但在实际问题中，有时需要计算隐函数的导数，因此，我们希望有一种方法，不管隐函数能否显化，都能直接由方程算出它所确定的隐函数的导数来. 下面通过具体例子来说明这种方法.

例 1　求由方程 $e^y+xy-e=0$ 所确定的隐函数的导数 $\frac{dy}{dx}$.

解　我们把方程两边分别对 x 求导数，注意 y 是 x 的函数. 方程左边对 x 求导得

$$\frac{d}{dx}(e^y+xy-e)=e^y\frac{dy}{dx}+y+x\frac{dy}{dx},$$

方程右边对 x 求导得

$$(0)'=0.$$

由于等式两边对 x 的导数相等，所以

$$e^y\frac{dy}{dx}+y+x\frac{dy}{dx}=0,$$

从而

$$\frac{dy}{dx}=-\frac{y}{x+e^y}\ (x+e^y\neq 0).$$

由于 $e^y=e-xy$，所以由方程 $e^y+xy-e=0$ 所确定的隐函数导数又可以写成下面的形式

$$\frac{dy}{dx}=-\frac{y}{e-xy+x}.$$

由此可见，隐函数的导数其表现形式可能不唯一.

例 2　设函数 $y=f(x)$ 由方程 $x+y=e^{xy}$ 所确定，求 $y'|_{x=0}$.

解　由方程 $x+y=e^{xy}$ 可得函数 $y=f(x)$ 的导数为

$$y'=\frac{ye^{xy}-1}{1-xe^{xy}},$$

将 $x=0$ 代入方程 $x+y=e^{xy}$，得 $y=1$，所以

$$y'|_{x=0}=\left.\frac{ye^{xy}-1}{1-xe^{xy}}\right|_{\substack{x=0\\y=1}}=0.$$

注意求隐函数在某点的导数，必须同时代入 x 和 y 的坐标值.

例 3 求椭圆$\frac{x^2}{16}+\frac{y^2}{9}=1$在点$\left(2,\frac{3}{2}\sqrt{3}\right)$处的切线方程.

解 由导数的几何意义可知,切线的斜率为:

$$k=y'|_{x=2},$$

椭圆方程两边分别对 x 求导,得

$$\frac{x}{8}+\frac{2}{9}y\cdot\frac{\mathrm{d}y}{\mathrm{d}x}=0,$$

从而

$$\frac{\mathrm{d}y}{\mathrm{d}x}=-\frac{9x}{16y},$$

把 $x=2,y=\frac{3}{2}\sqrt{3}$ 代入上式得

$$k=y'|_{x=2}=-\frac{\sqrt{3}}{4},$$

于是所求的切线方程为:

$$y-\frac{3}{2}\sqrt{3}=-\frac{\sqrt{3}}{4}(x-2).$$

例 4 求由方程 $xy+\ln y=1$ 所确定的隐函数的导数 y' 及$y''|_{x=0}$.

解 在方程 $xy+\ln y=1$ 的两边同时对自变量 x 求导,得

$$y+xy'+\frac{1}{y}y'=0,$$

解之得

$$y'=-\frac{y^2}{xy+1}.$$

然后将函数商的求导法则应用于上式的右边,即得

$$y''=\frac{\mathrm{d}}{\mathrm{d}x}\left(-\frac{y^2}{xy+1}\right)=-\frac{2yy'(xy+1)-y^2(y+xy')}{(xy+1)^2},$$

最后将一阶导数 $y'=-\frac{y^2}{xy+1}$ 代入上式得

$$y''=\frac{2xy^4+3y^3}{(xy+1)^3}.$$

将 $x=0$ 代入 $xy+\ln y=1$ 解得 $y=\mathrm{e}$. 于是,

$$y''|_{x=0}=\frac{2xy^4+3y^3}{(xy+1)^3}\Bigg|_{\substack{x=0\\y=\mathrm{e}}}=3\mathrm{e}^3.$$

3.4.2 对数求导法则

对于幂指函数 $y=u(x)^{v(x)}$ 求导,我们可以通过方程两端取对数化幂指函数为隐函数,从而求出导数 y'.

例 5 求 $y=x^{\sin x}(x>0)$的导数.

解 取对数,得

$$\ln y=\sin x\cdot\ln x.$$

上式两边对 x 求导,注意到 y 是 x 的函数,得

$$\frac{1}{y}y' = \cos x \cdot \ln x + \sin x \cdot \frac{1}{x},$$

于是

$$y' = y\left(\cos x \cdot \ln x + \frac{\sin x}{x}\right) = x^{\sin x}\left(\cos x \cdot \ln x + \frac{\sin x}{x}\right).$$

由于对数具有化积商为和差的性质,因此我们可以把多因子乘积开方的求导运算,通过取对数得到化简.

例 6 求 $y = \sqrt{\frac{(x-1)(x-2)}{(x-3)(x-4)}}$ 的导数.

解 先在两边取对数(假定 $x > 4$),得

$$\ln y = \frac{1}{2}[\ln(x-1) + \ln(x-2) - \ln(x-3) - \ln(x-4)],$$

上式两边对 x 求导,注意到 y 是 x 的函数,得

$$\frac{1}{y}y' = \frac{1}{2}\left(\frac{1}{x-1} + \frac{1}{x-2} - \frac{1}{x-3} - \frac{1}{x-4}\right),$$

于是

$$\begin{aligned} y' &= \frac{y}{2}\left(\frac{1}{x-1} + \frac{1}{x-2} - \frac{1}{x-3} - \frac{1}{x-4}\right) \\ &= \frac{1}{2}\sqrt{\frac{(x-1)(x-2)}{(x-3)(x-4)}}\left(\frac{1}{x-1} + \frac{1}{x-2} - \frac{1}{x-3} - \frac{1}{x-4}\right). \end{aligned}$$

当 $x < 1$ 或 $2 < x < 3$ 时,用同样方法可得与上面相同的结果.

幂指函数 $y = u(x)^{v(x)}$ 也可以化为下面的形式

$$y = \mathrm{e}^{v(x)\ln u(x)},$$

再利用复合函数求导法则直接求导,得

$$\begin{aligned} y' &= \mathrm{e}^{v\ln u}\left(v' \cdot \ln u + v \cdot \frac{u'}{u}\right) \\ &= u^{v}\left(v' \cdot \ln u + \frac{vu'}{u}\right). \end{aligned}$$

3.4.3 由参数方程确定的函数的导数

若由参数方程

$$\begin{cases} x = \varphi(t) \\ y = \psi(t) \end{cases}$$

确定了 y 是 x 的函数,如果函数 $x = \varphi(t)$ 具有单调连续反函数 $t = \varphi^{-1}(x)$,且此反函数能与函数 $y = \psi(t)$ 复合成复合函数,那么由参数方程 $\begin{cases} x = \varphi(t) \\ y = \psi(t) \end{cases}$ 所确定的函数可以看成是由函数 $y = \psi(t)$、$t = \varphi^{-1}(x)$ 复合而成的函数 $y = \psi[\varphi^{-1}(x)]$. 现在,要计算这个复合函数的导数. 为此,再假定函数 $x = \varphi(t)$、$y = \psi(t)$ 都可导,而且 $\varphi'(t) \neq 0$. 于是根据复合函数的求导法则与反函数的导数公式,就有

$$\frac{\mathrm{d}y}{\mathrm{d}x}=\frac{\mathrm{d}y}{\mathrm{d}t}\cdot\frac{\mathrm{d}t}{\mathrm{d}x}=\frac{\mathrm{d}y}{\mathrm{d}t}\cdot\frac{1}{\frac{\mathrm{d}x}{\mathrm{d}t}}=\frac{\psi'(t)}{\varphi'(t)},$$

即

$$\frac{\mathrm{d}y}{\mathrm{d}x}=\frac{\psi'(t)}{\varphi'(t)},$$

也可写成

$$\frac{\mathrm{d}y}{\mathrm{d}x}=\frac{\frac{\mathrm{d}y}{\mathrm{d}t}}{\frac{\mathrm{d}x}{\mathrm{d}t}}.$$

此时,y 对 x 导函数的参数方程为

$$\begin{cases}x=\varphi(t),\\ y'_x=\dfrac{\psi'(t)}{\varphi'(t)}.\end{cases}$$

如果 $x=\varphi(t)$、$y=\psi(t)$ 还是二阶可导的,由 y 对 x 导函数的参数方程,还可导出 y 对 x 的二阶导数公式:

$$\begin{aligned}\frac{\mathrm{d}^2y}{\mathrm{d}x^2}&=\frac{\mathrm{d}}{\mathrm{d}x}\left(\frac{\mathrm{d}y}{\mathrm{d}x}\right)=\frac{\mathrm{d}}{\mathrm{d}t}\left(\frac{\psi'(t)}{\varphi'(t)}\right)\cdot\frac{\mathrm{d}t}{\mathrm{d}x}=\frac{\left(\frac{\psi'(t)}{\varphi'(t)}\right)'}{\varphi'(t)}\\&=\frac{\psi''(t)\varphi'(t)-\psi'(t)\varphi''(t)}{\varphi'^2(t)}\cdot\frac{1}{\varphi'(t)},\end{aligned}$$

即

$$\frac{\mathrm{d}^2y}{\mathrm{d}x^2}=\frac{\psi''(t)\varphi'(t)-\psi'(t)\varphi''(t)}{\varphi'^3(t)}.$$

更高阶的导数可类似求得.

例 7 求椭圆的参数方程$\begin{cases}x=a\cos t\\ y=b\sin t\end{cases}$在 $t=\frac{\pi}{4}$ 处切线方程.

解 当 $t=\frac{\pi}{4}$ 时,椭圆上相应点 M_0 的坐标是

$$x_0=a\cos\frac{\pi}{4}=\frac{a\sqrt{2}}{2},y_0=b\sin\frac{\pi}{4}=\frac{b\sqrt{2}}{2},$$

曲线在 M_0 的切线斜率为

$$\left.\frac{\mathrm{d}y}{\mathrm{d}x}\right|_{t=\frac{\pi}{4}}=\left.\frac{b\cos t}{-a\sin t}\right|_{t=\frac{\pi}{4}}=-\frac{b}{a},$$

即得椭圆在点 M_0 处切线方程为

$$y-\frac{b\sqrt{2}}{2}=-\frac{b}{a}\left(x-\frac{a\sqrt{2}}{2}\right).$$

例 8 计算由摆线的参数方程$\begin{cases}x=a(t-\sin t)\\ y=a(1-\cos t)\end{cases}$所确定的函数 $y=y(x)$ 的二阶导数$\frac{\mathrm{d}^2y}{\mathrm{d}x^2}$.

解 $$\frac{\mathrm{d}y}{\mathrm{d}x}=\frac{\frac{\mathrm{d}y}{\mathrm{d}t}}{\frac{\mathrm{d}x}{\mathrm{d}t}}=\frac{a\sin t}{a(1-\cos t)}=\frac{\sin t}{1-\cos t}\quad(t\neq 2n\pi,n\in\mathbf{Z}),$$

$$\frac{d^2y}{dx^2}=\frac{d}{dt}\left(\frac{\sin t}{1-\cos t}\right)\cdot\frac{1}{\frac{dx}{dt}}=\frac{\cos t-1}{(1-\cos t)^2}\cdot\frac{1}{a(1-\cos t)}$$

$$=-\frac{1}{a\,(1-\cos t)^2}(t\neq 2n\pi,n\in\mathbf{Z}).$$

3.4.4　相关变化率

设 $x=x(t),y=y(t)$ 均为可导函数，变量 x,y 满足方程 $F(x,y)=0$，于是方程两边对 t 求导，便得到变化率 $x'(t),y'(t)$ 之间的关系式 $\frac{dF(x,y)}{dt}=0$，这两个相互关联的变化率称为相关变化率.

例如，设可导函数 $x=x(t),y=y(t)$ 满足方程

$$x^2+16y^2=1 \tag{1}$$

将(1)式两边对 t 求导得与 $x(t),y(t),x'(t),y'(t)$ 所关联方程

$$2xx'(t)+32yy'(t)=0 \tag{2}$$

在一定的条件下，从(2)式可以由已知变化率求出未知变化率，看下例.

例 9　如果以每秒 50 cm^3 的匀速给一个气球充气，假设气球内气压保持常值且形状始终为球形，问当气球的半径为 5 cm 时，半径增加的速率是多少？

解　设 t 时刻气球的半径为 r，体积为 V，可得

$$V=\frac{4}{3}\pi r^3,$$

将上式两边对 t 求导得

$$\frac{dV}{dt}=\frac{dV}{dr}\frac{dr}{dt}=4\pi r^2\frac{dr}{dt},$$

再将 $\frac{dV}{dt}=50,r=5$ 代入上式得

$$\frac{dr}{dt}=\frac{50}{4\pi\cdot 5^2}\ \text{cm/s}\approx 0.159\ \text{cm/s},$$

因此当气球的半径为 5 cm 时，半径增加的速率为每秒 0.159 cm.

习　题　3.4

1. 求下列方程所确定的隐函数的导数.

(1) $\sqrt{x}+\sqrt{y}=\sqrt{a}$；　　(2) $x^3+y^3=a^3$；

(3) $xy+\ln y=1$；　　(4) $\ln\sqrt{x^2+y^2}=\arctan\frac{y}{x}$.

2. 求由下列方程所确定的隐函数的二阶导数.

(1) $x^2-y+1=e^y$，求 $\left.\frac{d^2y}{dx^2}\right|_{x=0}$；(2) $y=1+xe^y$，求 $\left.\frac{d^2y}{dx^2}\right|_{x=0}$.

3. 利用对数求导法则求下列函数的导数.

(1) $y=\left(\frac{x}{1+x}\right)^x$；　　(2) $y=\frac{\sqrt{x+2}\,(3-x)^4}{(x+1)^5}$.

4. 求下列参数方程所确定的函数的导数.

(1) $\begin{cases} x = at^2 \\ y = bt^3 \end{cases}$; (2) $\begin{cases} x = \theta(1-\sin\theta) \\ y = \theta\cos\theta \end{cases}$.

5. 求参数方程 $\begin{cases} x = \dfrac{t^2}{2} \\ y = 1-t \end{cases}$ 所确定的函数的二阶导数 $\dfrac{d^2 y}{dx^2}$.

3.5 函数的微分

函数的微分是高等数学中的又一个重要的概念,它与函数的导数的关系十分密切.学习本节时要注意微分与导数的联系与区别.

3.5.1 微分的概念

先考察一个具体问题,然后再推出一般情况:

引例 设一边长为 x_0 的正方形(如图 3-5-1 所示),它的面积 $S=x_0^2$ 是 x_0 的函数,若边长由 x_0 增加 Δx,相应地正方形面积的增量

$$\Delta S=(x_0+\Delta x)^2-x_0^2=2x_0\Delta x+(\Delta x)^2.$$

上式中,ΔS 由两部分组成:第一部分 $2x_0\Delta x$(即图中的阴影部分),是关于 Δx 的线性函数;第二部分 $(\Delta x)^2$ 是关于 Δx 的高阶无穷小量.由此可见,在 x_0 处给一个微小增量 Δx 时,由此引起的正方形面积增量 ΔS 可以近似地用第一部分(关于 Δx 的线性部分 $2x_0\Delta x$)来代替,由此产生的误差是以 Δx 为边长的小正方形面积,是一个关于 Δx 的高阶无穷小量.

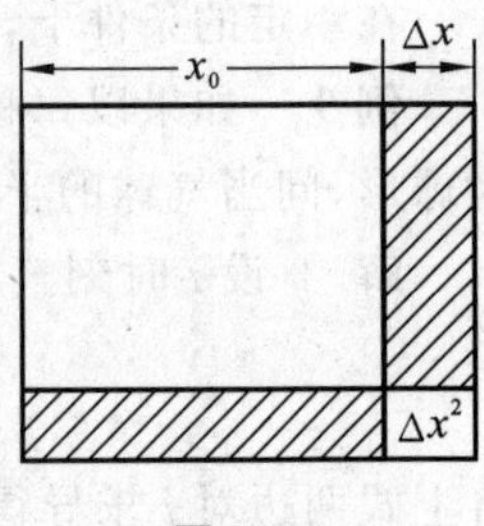

图 3-5-1

定义 1 设函数 $y=f(x)$ 在区间 I 上有定义,$x_0,x_0+\Delta x\in I$,如果函数的增量

$$\Delta y=f(x_0+\Delta x)-f(x_0)$$

可以表示成下面的形式

$$\Delta y=A\Delta x+o(\Delta x),$$

其中 A 是不依赖于 Δx 的常量,$o(\Delta x)$ 是关于 Δx 的高阶无穷小,则称函数 $f(x)$ 在点 x_0 处可微分(也简称为可微),并称 $A\Delta x$ 为函数 $f(x)$ 在点 x_0 处的微分,记作

$$dy\big|_{x=x_0} \quad 或 \quad df(x)\big|_{x=x_0},$$

即

$$dy\big|_{x=x_0}=A\Delta x \quad 或 \quad df(x)\big|_{x=x_0}=A\Delta x.$$

注:(1) A 是与 Δx 无关的常数,但与函数 $f(x)$ 有关,与点 x_0 有关,$dy\big|_{x=x_0}=A\Delta x$ 是自变量增量 Δx 的线性函数.

(2) $\Delta y-dy\big|_{x=x_0}=o(\Delta x)$ 是关于 Δx 的高阶无穷小,当 $|\Delta x|$ 很小时,$\Delta y\approx dy\big|_{x=x_0}$,故称 $dy\big|_{x=x_0}$ 是 Δy 的线性主部.

(3) 当 $A\neq 0$ 时,$dy\big|_{x=x_0}$ 与 Δy 是等价无穷小,事实上,

$$\lim_{\Delta x \to 0} \frac{\Delta y}{\mathrm{d}y\big|_{x=x_0}} = \lim_{\Delta x \to 0} \frac{A\Delta x + o(\Delta x)}{A\Delta x}$$

$$= \lim_{\Delta x \to 0} \left[1 + \frac{1}{A} \cdot \frac{o(\Delta x)}{\Delta x}\right] = 1.$$

(4) 如果函数 $y = f(x)$ 在 x_0 处可微,则函数 $y = f(x)$ 在 x_0 处连续.因为函数 $y = f(x)$ 在 x_0 处可微,则函数的增量

$$\Delta y = A\Delta x + o(\Delta x),$$

于是

$$\lim_{\Delta x \to 0} \Delta y = \lim_{\Delta x \to 0} [A\Delta x + o(\Delta x)] = 0,$$

所以函数 $y = f(x)$ 在 x_0 处连续.

例 1　设函数 $y = x^3$,求 $x = 2, \Delta x = -0.01$ 时的微分.

解　根据定义,函数的增量

$$\Delta y = (2 + \Delta x)^3 - 2^3 = 12\Delta x + 3(\Delta x)^2 + (\Delta x)^3.$$

当 $|\Delta x|$ 很小时,$3(\Delta x)^2 + (\Delta x)^3$ 是关于 Δx 的高阶无穷小,即有

$$3(\Delta x)^2 + (\Delta x)^3 = o(\Delta x),$$

故函数的增量可以表示成

$$\Delta y = 12\Delta x + o(\Delta x),$$

从而

$$\mathrm{d}y\big|_{x=2} = 12\Delta x,$$

故当 $x = 2, \Delta x = -0.01$ 时,函数 $y = x^3$ 的微分为

$$\mathrm{d}y\big|_{x=2} = 12 \times (-0.01) = -0.12.$$

由上例可以看出,根据定义求函数在某点的微分有时是比较麻烦的,实际上函数在某点的微分和函数在该点的导数是有关系的,我们有如下定理:

定理 1　函数 $f(x)$ 在点 x_0 可微的充分必要条件是函数 $f(x)$ 在点 x_0 可导,且

$$\mathrm{d}y\big|_{x=x_0} = f'(x_0)\Delta x.$$

证明　[**必要性**]　若 $f(x)$ 在点 x_0 可微,则由定义可知,

$$\Delta y = A\Delta x + o(\Delta x),$$

于是

$$\frac{\Delta y}{\Delta x} = A + \frac{o(\Delta x)}{\Delta x},$$

取极限有

$$\lim_{\Delta x \to 0} \frac{\Delta y}{\Delta x} = \lim_{\Delta x \to 0} \left(A + \frac{o(\Delta x)}{\Delta x}\right) = A,$$

所以 $f(x)$ 在点 x_0 可导,且 $f'(x_0) = A$;

[**充分性**]　若 $f(x)$ 在点 x_0 可导,则在点 x_0 处有

$$f'(x_0) = \lim_{\Delta x \to 0} \frac{\Delta y}{\Delta x},$$

则

$$\frac{\Delta y}{\Delta x} = f'(x_0) + \alpha,$$

其中$\lim\limits_{\Delta x\to 0}\alpha=0$,于是将上式变形得,

$$\Delta y=f'(x_0)\Delta x+\Delta x\cdot\alpha,$$

由于

$$\lim_{\Delta x\to 0}\frac{\Delta x\cdot\alpha}{\Delta x}=\lim_{\Delta x\to 0}\alpha=0,$$

于是有

$$\Delta y=f'(x_0)\Delta x+o(\Delta x),$$

所以 $f(x)$ 在点 x_0 可微,且 $\mathrm{d}y\big|_{x=x_0}=f'(x_0)\Delta x$.

根据上述结论,求函数 $f(x)$ 在某点 $x=x_0$ 处的微分,就转化为求 $f(x)$ 在点 $x=x_0$ 处的导数 $f'(x_0)$ 了.例 1 中,$(x^3)'\big|_{x=2}=12$,从而$\mathrm{d}y\big|_{x=2}=12\Delta x$.

3.5.2 微分的几何意义

为了对微分的概念有比较直观的了解,我们来说明微分的几何意义.

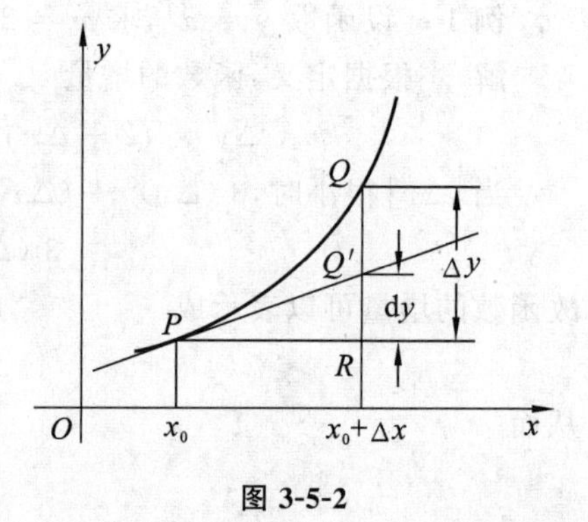

图 3-5-2

如图 3-5-2,当自变量由 x_0 增加到 $x_0+\Delta x$ 时,函数增量

$$\Delta y=f(x_0+\Delta x)-f(x_0)=RQ.$$

又点 P 处的切线方程为

$$y-f(x_0)=f'(x_0)(x-x_0),$$

所以 Q' 点的坐标为$(x_0+\Delta x,f(x_0)+f'(x_0)\cdot\Delta x)$,因此

$$\mathrm{d}y=f'(x_0)\Delta x=RQ',$$

并且

$$\lim_{\Delta x\to 0}\frac{\Delta y-\mathrm{d}y}{\Delta x}=\lim_{\Delta x\to 0}\frac{Q'Q}{PR}=f'(x_0)\lim_{\Delta x\to 0}\frac{Q'Q}{RQ'}=0,$$

所以当 $f'(x_0)\neq 0$ 时,

$$\lim_{\Delta x\to 0}\frac{Q'Q}{RQ'}=0,$$

这表明当 $\Delta x\to 0$ 时,线段 $Q'Q$ 的长度比 RQ' 的长度要小得多,小到可以忽略不计,于是有

$$f(x_0+\Delta x)\approx f(x_0)+f'(x_0)\Delta x.$$

令 $x_0+\Delta x=x$,上式变形得

$$f(x)\approx f(x_0)+f'(x_0)(x-x_0),$$

此式表明在 x_0 **的很小的邻域内,可用** x_0 **处的切线**

$$y=f(x_0)+f'(x_0)(x-x_0)$$

来近似代替不规则的 $f(x)$ **的曲线,这就是微分的思想,即在微小范围内可以"以直代曲",以简单代替复杂,以规则代替不规则**,在后续学习中将会经常用到这种思想.

3.5.3 函数的微分

若函数 $y=f(x)$ 在区间 I 上**每一点都可微**,则称 $f(x)$是区间 I 上的**可微函数**,函数 $y=$

$f(x)$ 在区间 I 上任一点 x 处的微分记作

$$dy = f'(x)\Delta x, x \in I, \tag{1}$$

特别地，当 $y = x$ 时，$dy = dx = \Delta x$，这表示自变量的微分 dx 就等于自变量的增量，于是我们规定 $\Delta x = dx$，则可将(1) 式改写为

$$dy = f'(x)dx, \tag{2}$$

即函数的微分等于函数的导数与自变量微分的积，比如

$$d(x^\alpha) = \alpha x^{\alpha-1}dx, d(\sin x) = \cos x dx.$$

如果把(2) 式写成 $f'(x) = \frac{dy}{dx}$，那么函数的导数就等于函数微分与自变量微分的商，因此，导数也常称为**微商**，在这以前，我们总把$\frac{dy}{dx}$ 作为一个运算记号的整体来看待，有了微分概念之后，也不妨把它看作一个分式了.

由基本求导公式可得如下基本微分公式：

(1) $d(C) = 0$；

(2) $d(x^\alpha) = \alpha x^{\alpha-1}dx$；

(3) $d(e^x) = e^x dx$；

(4) $d(a^x) = a^x \ln a dx$；

(5) $d(\ln|x|) = \frac{1}{x}dx$；

(6) $d(\log_a|x|) = \frac{1}{x\ln a}dx$；

(7) $d(\sin x) = \cos x dx$；

(8) $d(\cos x) = -\sin x dx$；

(9) $d(\tan x) = \sec^2 x dx$；

(10) $d(\cot x) = -\csc^2 x dx$；

(11) $d(\arcsin x) = \frac{1}{\sqrt{1-x^2}}dx$；

(12) $d(\arccos x) = -\frac{1}{\sqrt{1-x^2}}dx$；

(13) $d(\arctan x) = \frac{1}{1+x^2}dx$；

(14) $d(\text{arccot} x) = -\frac{1}{1+x^2}dx$.

由函数四则运算的导数可得微分四则运算法则：

设 $u = u(x)$ 及 $v = v(x)$ 都是关于 x 的可导函数，则有：

$$d(u \pm v) = du \pm dv;$$

$$d(Cu) = Cdu\text{(其中 } C \text{ 为常数)};$$

$$d(uv) = vdu + udv;$$

$$d\left(\frac{u}{v}\right) = \frac{vdu - udv}{v^2}\text{(其中 } v \neq 0\text{)}.$$

现在以乘积的微分法则为例加以证明.

根据函数微分的表达式，有

$$d(uv) = (uv)'dx.$$

再根据乘积的求导法则，有

$$(uv)' = u'v + uv'.$$

于是

$$d(uv) = (u'v + uv')dx = u'vdx + uv'dx.$$

由于

$$u'dx = du, v'dx = dv,$$

所以

$$d(uv) = vdu + udv.$$

例 2 求 $y = e^x \sin 2x$ 的微分.

解
$$dy = d(e^x \sin 2x) = e^x d(\sin 2x) + \sin 2x de^x$$
$$= 2e^x \cos 2x dx + e^x \sin 2x dx$$
$$= e^x (2\cos 2x + \sin 2x) dx.$$

例 3 求 $y = \frac{e^{2x}}{x}$ 的微分.

解
$$dy = d\left(\frac{e^{2x}}{x}\right) = \frac{x d(e^{2x}) - e^{2x} dx}{x^2}$$
$$= \frac{2xe^{2x} - e^{2x}}{x^2} dx = \frac{2x-1}{x^2} e^{2x} dx.$$

复合函数的微分法则

设函数 $y = f(u)$,$u = g(x)$,函数 $g(x)$ 在 x 处可导,函数 $f(u)$ 在相应的点 u 处可导,则由复合函数的求导法则,可得函数的微分

$$dy = (y'_u \cdot u'_x) dx = y'_x dx;$$

另一方面,由于 $du = u'_x dx$,故有

$$dy = y'_u du.$$

由此可见,函数的微分等于函数对某个变量的导数乘以这个变量的微分,无论这个变量是自变量还是中间变量,这一性质称为一阶微分形式的不变性.

例 4 设 $y = \sin(2x+1)$,求 dy.

解 把 $2x+1$ 看成中间变量 u,则

$$dy = d(\sin u) = \cos u du = \cos(2x+1) d(2x+1)$$
$$= \cos(2x+1) \cdot 2dx = 2\cos(2x+1) dx.$$

例 5 设 $y = (x^2+1)^3$,求 dy.

解
$$dy = 3\,(x^2+1)^2 d(x^2+1) = 3\,(x^2+1)^2 2x dx$$
$$= 6x\,(x^2+1)^2 dx.$$

3.5.4 微分在近似计算中的应用

在工程问题中,经常会遇到一些复杂的计算公式. 如果直接用这些公式进行计算,往往是很复杂的,利用微分往往可以把一些复杂的计算公式改用简单的近似公式来代替.

如果函数 $y = f(x)$ 在点 x_0 处的导数 $f'(x_0) \neq 0$,且 $|\Delta x| \ll 1$,我们有

(1) 函数增量的近似计算公式

$$\Delta y \approx dy = f'(x_0) \Delta x;$$

由于

$$\Delta y = f(x_0 + \Delta x) - f(x_0) \approx dy = f'(x_0) \Delta x,$$

所以有:

(2) 函数值的近似计算公式

$$f(x_0 + \Delta x) \approx f(x_0) + f'(x_0) \Delta x.$$

若令 $x = x_0 + \Delta x$,即 $\Delta x = x - x_0$,那么又有

$$f(x) \approx f(x_0) + f'(x_0)(x - x_0).$$

特别当 $x_0 = 0$ 时，Δx 用 x 来代替，有

$$f(x) \approx f(0) + f'(0)x.$$

例 6　一个充满气的气球半径为 4 m，升空后，因外部气压降低，气球的半径增大了 10 cm，问气球的体积近似增加多少？

解　球的体积公式是

$$V = \frac{4}{3}\pi r^3.$$

当半径 r 由 4 m 增加到 $(4+0.1)$ m 时，体积 V 增加了 ΔV. 由增量的近似计算公式得

$$\Delta V \approx \mathrm{d}V = 4\pi r^2 \mathrm{d}r,$$

此处 $\mathrm{d}r = 0.1\ \mathrm{m}, r = 4\ \mathrm{m}$，代入上式得体积近似增加值为

$$\Delta V \approx 4 \times 3.14 \times 4^2 \times 0.1\ \mathrm{m}^3 \approx 20\ \mathrm{m}^3.$$

例 7　利用微分计算 $\sin 30°30'$ 的近似值.

解　已知

$$30°30' = \frac{\pi}{6} + \frac{\pi}{360},$$

又由题设知 $x_0 = \frac{\pi}{6}, \Delta x = \frac{\pi}{360}$，根据函数值的近似计算公式可得

$$\begin{aligned}\sin 30°30' &= \sin(x_0 + \Delta x) \approx \sin x_0 + \Delta x \cos x_0 \\ &= \sin\frac{\pi}{6} + \frac{\pi}{360} \cdot \cos\frac{\pi}{6} \\ &= \frac{1}{2} + \frac{\sqrt{3}}{2} \cdot \frac{\pi}{360} = 0.5076.\end{aligned}$$

常用的近似公式(假定 $|x| \ll 1$)：

(1) $\sqrt[n]{1+x} \approx 1 + \frac{1}{n}x$；

(2) $\sin x \approx x$(x 用弧度作单位来表达)；

(3) $\tan x \approx x$(x 用弧度作单位来表达)；

(4) $\mathrm{e}^x \approx 1 + x$；

(5) $\ln(1+x) \approx x$.

下面仅对(1) 与(2) 给予证明.

证明　(1) 设 $f(x) = \sqrt[n]{1+x}$，那么

$$f(0) = 1, f'(0) = \frac{1}{n}(1+x)^{\frac{1}{n}-1}\Big|_{x=0} = \frac{1}{n},$$

代入 $f(x) \approx f(0) + f'(0)x$，即得

$$\sqrt[n]{1+x} \approx 1 + \frac{1}{n}x.$$

(2) 设 $f(x) = \sin x$，那么

$$f(0) = 0, f'(0) = \cos x\big|_{x=0} = 1,$$

代入 $f(x) \approx f(0) + f'(0)x$，即得

$$\sin x \approx x.$$

例 8 计算 $\sqrt{1.05}$ 的近似值.

解 已知 $\sqrt[n]{1+x}\approx 1+\frac{1}{n}x$,故

$$\sqrt{1.05}=\sqrt{1+0.05}\approx 1+\frac{1}{2}\times 0.05=1.025.$$

利用计算器可得 $\sqrt{1.05}=1.024\,70$.

习 题 3.5

1. 求下列函数的微分.

(1) $y=\frac{1}{x}+2\sqrt{x}$;　　(2) $y=x\sin 2x$;

(3) $y=\frac{x}{\sqrt{x^2+1}}$;　　(4) $y=\ln^2(1-x)$.

2. 将适当的函数填入下列括号内,使等式成立.

(1) $\mathrm{d}(\quad)=2x\mathrm{d}x$;　　(2) $\mathrm{d}(\quad)=\cos x\mathrm{d}x$;

(3) $\mathrm{d}(\quad)=\frac{1}{1+x}\mathrm{d}x$;　　(4) $\mathrm{d}(\quad)=\mathrm{e}^{-2x}\mathrm{d}x$.

3. 求下列近似值.

(1) $\cos 29°$;　　(2) $\tan 136°$;

(3) $\sqrt[5]{1.02}$.

4. 证明下列近似公式.

(1) $\tan x\approx x$;　　(2) $\ln(1+x)\approx x$.

小 结

一、基本要求

(1) 理解导数与微分的概念,了解导数与微分的几何意义,可导性、可微性与连续性之间的关系,能利用导数的定义讨论函数在一点处的可导性。

(2) 掌握导数与微分的基本计算公式和四则运算法则,知道微分的形式不变性。

(3) 掌握复合函数、反函数、隐函数与参数方程的求导方法,知道对数求导法。

(4) 了解高阶导数的概念和计算方法,会求简单的 n 阶导数。

二、基本内容

1. 导数的定义

设函数 $y=f(x)$ 在点 x_0 的邻域内有定义,当自变量 x 在 x_0 处有增量 Δx 时,相应地函数 y 有增量 $\Delta y=f(x_0+\Delta x)-f(x_0)$,如果当 $\Delta x\to 0$ 时,$\frac{\Delta y}{\Delta x}$ 的极限存在,这个极限就称为函数 $y=f(x)$ 在点 x_0 处的**导数**,记为 $f'(x_0)$。

表达方式: $f'(x_0)=\lim\limits_{\Delta x\to 0}\frac{\Delta y}{\Delta x}=\lim\limits_{\Delta x\to 0}\frac{f(x_0+\Delta x)-f(x_0)}{\Delta x}=\lim\limits_{x\to x_0}\frac{f(x)-f(x_0)}{x-x_0}$

$$f'(x_0)\text{存在}\Leftrightarrow f'_+(x_0)=f'_-(x_0)$$

注意：通常用定义来讨论分段函数在分段点处的可导性.

2. 导数的几何意义

函数 $y=f(x)$ 在点 x_0 处的导数表示曲线 $y=f(x)$ 在 (x_0,y_0) 处的切线的斜率。

(x_0,y_0) 处的切线方程为：$y-y_0=f'(x_0)(x-x_0)$

(x_0,y_0) 处的法线方程为：$y-y_0=-\dfrac{1}{f'(x_0)}(x-x_0)$

3. 可导性、可微性与连续性的关系

$$\text{可导} \Leftrightarrow \text{可微} \quad \text{可导} \Rightarrow \text{连续（反之不一定成立）}$$

4. 微分

设函数 $y=f(x)$ 在区间 I 上有定义，$x_0,x_0+\Delta x\in I$，相应地得到函数的增量为 $\Delta y=f(x_0+\Delta x)-f(x_0)$，如果存在不依赖于 Δx 的量 A，使得 $\Delta y=A\Delta x+o(\Delta x)$，则称函数 $f(x)$ 在点 x_0 处可微分，并称上式中的第一项 $A\Delta x$ 为 $f(x)$ 在点 x_0 的微分，记作 $\mathrm{d}y\big|_{x=x_0}$.

一般地，$\mathrm{d}y=f'(x)\mathrm{d}x$，即求微分实质上就是求导数，并且导数可表示为因变量的微分与自变量的微分之商，称作微商。

5. 导数与微分的基本运算

四则运算法则：

(1) $(u\pm v)'=u'\pm v'$；　(2) $(uv)'=u'v+uv'$；

(3) $\left(\dfrac{u}{v}\right)'=\dfrac{u'v-uv'}{v^2}(v\neq 0)$.

基本求导公式：

(1) $(C)'=0$；　(2) $(x^\mu)'=\mu x^{\mu-1}$；

(3) $(\sin x)'=\cos x$；　(4) $(\cos x)'=-\sin x$；

(5) $(\tan x)'=\sec^2 x$；　(6) $(\cot x)'=-\csc^2 x$；

(7) $(\sec x)'=\sec x\tan x$；　(8) $(\csc x)'=-\csc x\cot x$；

(9) $(a^x)'=a^x\ln a$；　(10) $(\mathrm{e}^x)'=\mathrm{e}^x$；

(11) $(\log_a x)'=\dfrac{1}{x\ln a}$；　(12) $(\ln x)'=\dfrac{1}{x}$；

(13) $(\arcsin x)'=\dfrac{1}{\sqrt{1-x^2}}$；　(14) $(\arccos x)'=-\dfrac{1}{\sqrt{1-x^2}}$；

(15) $(\arctan x)'=\dfrac{1}{1+x^2}$；　(16) $(\mathrm{arccot}\, x)'=-\dfrac{1}{1+x^2}$.

以上公式稍作变形即是微分的四则运算法则和基本微分公式，所以在记忆时要把导数与微分的计算公式结合起来。

6. 复合函数的导数与微分

如果 $u=\varphi(x)$ 在点 x_0 可导，而 $y=f(u)$ 在点 $u_0=\varphi(x_0)$ 可导，则复合函数 $y=f[\varphi(x)]$ 在点 x_0 可导，且其导数为

$$\left.\frac{\mathrm{d}y}{\mathrm{d}x}\right|_{x=x_0}=f'(u_0)\cdot\varphi'(x_0)$$

设 $y=f(u)$，$u=g(x)$，且函数 $g(x)$ 在 x 处可导，函数 $f(u)$ 在相应的点 u 处可导，则 $\mathrm{d}y=f'(u)g'(x)\mathrm{d}x$.

由于 $g'(x)\mathrm{d}x=\mathrm{d}u$，故 $\mathrm{d}y=f'(u)\mathrm{d}u$(微分的形式不变性).

7. 隐函数与参数方程的导数

隐函数求导方法：

(1) 方程两端同时对 x 求导数，注意把 y 当作复合函数求导的中间变量来看待。例如 $(\ln y)'_x=\frac{1}{y}y'$。

(2) 从求导后的方程中解出 y' 来。

(3) 隐函数求导允许其结果中含有 y。但求一点的导数时不但要把 x 值代进去，还要把对应的 y 值代进去。

若由参数方程 $\begin{cases}x=\varphi(t)\\y=\psi(t)\end{cases}$ 确定了 y 是 x 的函数，则 $\frac{\mathrm{d}y}{\mathrm{d}x}=\frac{\psi'(t)}{\varphi'(t)}$，也可写成 $\frac{\mathrm{d}y}{\mathrm{d}x}=\frac{\frac{\mathrm{d}y}{\mathrm{d}t}}{\frac{\mathrm{d}x}{\mathrm{d}t}}$，且 $\frac{\mathrm{d}^2y}{\mathrm{d}x^2}=\frac{\psi''(t)\varphi'(t)-\psi'(t)\varphi''(t)}{\varphi'^3(t)}$

8. 高阶导数

函数 $y=f(x)$ 的导数 $y'=f'(x)$ 仍然是 x 的函数。我们把 $y'=f'(x)$ 的导数叫做函数 $y=f(x)$ 的二阶导数，记作 y'' 或 $\frac{\mathrm{d}^2y}{\mathrm{d}x^2}$，即

$$y''=(y')'\text{ 或 }\frac{\mathrm{d}^2y}{\mathrm{d}x^2}=\frac{\mathrm{d}}{\mathrm{d}x}\left(\frac{\mathrm{d}y}{\mathrm{d}x}\right)。$$

同理，二阶导数的导数称为三阶导数，一般地，$n-1$ 阶导数的导数称为 n 阶导数，记为 y'''，$y^{(4)},\cdots,y^{(n)}$。

$$(u\pm v)^{(n)}=u^{(n)}\pm v^{(n)}$$

$$(uv)^{(n)}=u^{(n)}v+nu^{(n-1)}v'+\frac{n(n-1)}{2!}u^{(n-2)}v''+\cdots+uv^{(n)}$$

常见函数的 n 阶求导公式：

(1) $(\sin x)^{(n)}=\sin\left(x+n\cdot\frac{\pi}{2}\right)$；

(2) $(\cos x)^{(n)}=\cos\left(x+n\cdot\frac{\pi}{2}\right)$；

(3) $\left(\frac{1}{ax+b}\right)^{(n)}=\frac{(-1)^n n!a^n}{(ax+b)^{n+1}}(a\neq 0)$；

(4) $(a^x)^{(n)}=a^x\ln^n a(a>0)$；

(5) $(\mathrm{e}^x)^{(n)}=\mathrm{e}^x$；

(6) $[\ln(1+x)]^{(n)}=\frac{(-1)^{n-1}(n-1)!}{(1+x)^n}(x>-1)$；

(7) $(x^a)^{(n)}=a(a-1)\cdots(a-n+1)x^{a-n}$.

自　测　题

一、选择题

1. 函数 $y=f(x)$ 在 x_0 处连续是它在 x_0 处可导的(　　).

A. 充分条件　　B. 充要条件

C. 必要条件　　D. 既非充分也非必要条件

2. 设 $f'(3)=4$，则 $\lim\limits_{h\to 0}\dfrac{f(3-h)-f(3)}{2h}$ 为(　　).

A. -1　　B. -2　　C. -3　　D. 1

3. 设两曲线 $y=x^2+ax+b$ 与 $2y=-1+xy^3$ 相切于点 $(1,-1)$ 处，则 a,b 的值分别为(　　).

A. 0　2　　B. 1　-3　　C. -1　1　　D. -1　-1

4. 设 $f(x)=(x-a)\varphi(x)$，其中 $\varphi(x)$ 在 $x=a$ 处连续，则 $f'(a)=$(　　).

A. $a\varphi(a)$　　B. $-a\varphi(a)$　　C. $-\varphi(a)$　　D. $\varphi(a)$

5. 设 $y=e^{\frac{1}{x}}$，则 $dy=$(　　).

A. $e^{\frac{1}{x}}dx$　　B. $e^{-\frac{1}{x^2}}dx$　　C. $\dfrac{1}{x^2}e^{\frac{1}{x}}dx$　　D. $-\dfrac{1}{x^2}e^{\frac{1}{x}}dx$

二、填空题

1. 若 $y=\sin x^2$，则 $\dfrac{dy}{d(x^2)}=$ ________.

2. 若 $f'(x)=\sin^2[\sin(x+1)]$，$f(0)=4$，则 $\left.\dfrac{dx}{dy}\right|_{y=4}=$ ________.

3. 设 $y=xe^x$，则 $y^{(10)}=$ ________.

4. 设 $y=f(x)$ 在点 $x=1$ 处可导，且 $\lim\limits_{x\to 1}f(x)=2$，则 $f(1)=$ ________.

5. 设 $x=e^t\sin t$，$y=e^t\cos t$，则 $\left.\dfrac{dy}{dx}\right|_{t=\frac{\pi}{2}}=$ ________.

三、求下列函数的导数

(1) $y=\arcsin(\arcsin x)$；　　(2) $y=\ln\left(e^x+\sqrt{1+e^{2x}}\right)$；

(3) $y=x^{\frac{1}{x}}$；　　(4) $y=\dfrac{\sin x}{x}$.

四、设函数 $y=y(x)$ 由方程 $e^y+xy=e$ 所确定，求 y'，$y''(0)$.

五、设函数 $f(x)=\begin{cases}e^{ax} & x\leqslant 0\\ \sin 2x+b & x>0\end{cases}$，且 $f'(0)$ 存在，求 a,b.

六、求曲线 $\begin{cases}x=2e^t\\ y=e^{-t}\end{cases}$ 在 $t=0$ 相应的点处的切线方程与法线方程.

七、设 $y=f(e^x)e^{f(x)}$，且 $f(x)$ 可微，求 dy.

八、甲船以 6 km/h 的速率向东行驶，乙船以 8 km/h 的速率向南行驶，早中午十二点整，乙船位于甲船之北 16 km 处，问下午一点整两船相离的速率为多少？

第四章　微分中值定理与导数的应用

在上一章里，我们介绍了导数的概念并讨论了导数的计算方法. 本章将讨论导数的一些重要应用，首先介绍微分学基本定理 —— 微分中值定理，然后利用导数建立求函数极限的洛必达法则，分析函数的单调性和凹凸性，确定函数的极值并描绘函数图形等，最后介绍曲率的概念和计算公式.

4.1　微分中值定理

微分中值定理包括四个定理：罗尔中值定理、拉格朗日中值定理、柯西中值定理和泰勒中值定理，本节主要介绍前三个微分中值定理.

4.1.1　罗尔(Rolle) 中值定理

首先介绍费马(Fermat) 引理.

费马引理　设函数 $f(x)$ 在点 x_0 的某邻域 $U(x_0)$ 内有定义，并且在 x_0 处可导，如果对任意 $x \in U(x_0)$，有 $f(x) \leqslant f(x_0)$(或 $f(x) \geqslant f(x_0)$)，那么 $f'(x_0) = 0$.

证明　对任意 $x \in U(x_0)$，不妨设 $f(x) \leqslant f(x_0)$(若 $f(x) \geqslant f(x_0)$，可以类似地证明). 于是对于 $x_0 + \Delta x \in U(x_0)$，有 $f(x_0 + \Delta x) \leqslant f(x_0)$，从而当 $\Delta x > 0$ 时，

$$\frac{f(x_0 + \Delta x) - f(x_0)}{\Delta x} \leqslant 0;$$

而当 $\Delta x < 0$ 时，

$$\frac{f(x_0 + \Delta x) - f(x_0)}{\Delta x} \geqslant 0.$$

根据函数 $f(x)$ 在 x_0 处可导以及极限的局部保号性，得：

$$f'(x_0) = f'_+(x_0) = \lim_{\Delta x \to 0^+} \frac{f(x_0 + \Delta x) - f(x_0)}{\Delta x} \leqslant 0;$$

$$f'(x_0) = f'_-(x_0) = \lim_{\Delta x \to 0^-} \frac{f(x_0 + \Delta x) - f(x_0)}{\Delta x} \geqslant 0,$$

所以 $f'(x_0) = 0$.

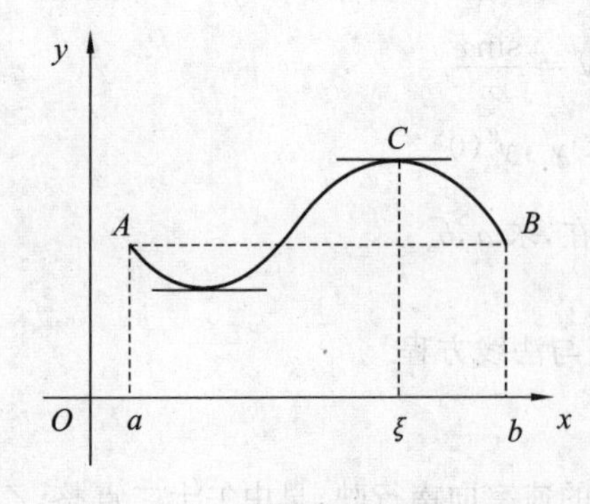

图 4-1-1

定义 1　导数等于零的点称为函数的**驻点**(或**稳定点，临界点**).

观察图 4-1-1，设曲线 $\widehat{AB}$ 是函数 $y = f(x)(x \in [a,b])$ 的图形，显然曲线连续，除端点外曲线上每一点都有不垂直于 x 轴的切线，且两端点的连线

与 x 轴平行，即 $f(a)=f(b)$，进一步可以发现点 C 处切线平行于 x 轴，如果记点 C 的横坐标为 ξ，则有 $f'(\xi)=0$，用分析语言来描述这个几何现象，就有下面的罗尔中值定理.

定理 1（罗尔中值定理）　如果函数 $f(x)$ 满足：

(1) 在闭区间 $[a,b]$ 上连续；

(2) 在开区间 (a,b) 内可导；

(3) 且 $f(a)=f(b)$，

那么在区间 (a,b) 内至少存在一点 ξ，使得 $f'(\xi)=0$.

证明　由于函数 $f(x)$ 在闭区间 $[a,b]$ 上连续，因此函数 $f(x)$ 在闭区间 $[a,b]$ 上有最大值 M 和最小值 m，于是有两种可能的情形：

(1) $M=m$. 此时函数 $f(x)$ 在 $[a,b]$ 上必然取相同的数值 M，即 $f(x)=M$，由此得 $f'(x)=0$，因此任取 $\xi\in(a,b)$，有 $f'(\xi)=0$.

(2) $M>m$. 由于 $f(a)=f(b)$，所以 M 和 m 至少有一个不在端点处取得，不妨设 $M\neq f(a)$（若 $m\neq f(a)$，可类似证明），则必定存在一点 $\xi\in(a,b)$，使得 $f(\xi)=M$. 因此任取 $x\in(a,b)$，有 $f(x)\leqslant f(\xi)$. 又函数 $f(x)$ 在开区间 (a,b) 内可导，从而由费马引理有 $f'(\xi)=0$.

注：(1) 罗尔中值定理的条件是充分条件，如果具备这三个条件，则结论一定成立；如果不具备这三个条件，则结论可能成立也可能不成立.

(2) 罗尔中值定理的结论说明两点，一是存在这样的 ξ；二是 ξ 介于 a 和 b 之间.

例 1　验证罗尔中值定理对函数 $f(x)=x^2-2x-3$ 在区间 $[-1,3]$ 上的正确性.

解　显然函数 $f(x)=x^2-2x-3$ 在闭区间 $[-1,3]$ 上连续，在开区间 $(-1,3)$ 上可导，且 $f(-1)=f(3)=0$，又 $f'(x)=2(x-1)$，取 $\xi=1$，$(1\in(-1,3))$，有 $f'(\xi)=0$.

例 2　证明方程 $x^5+5x+1=0$ 有且仅有一个实根.

证明　设函数 $f(x)=x^5+5x+1$，则函数 $f(x)$ 在闭区间 $[-1,1]$ 上连续，且

$$f(-1)=-5,f(1)=7,$$

由零点定理可知，存在点 $x_0\in(-1,1)$，使得 $f(x_0)=0$，即 x_0 为方程 $x^5+5x+1=0$ 的一个实根.

设另有 $x_1\in\mathbf{R}$，使得 $f(x_1)=0$，且 $x_1\neq x_0$. 因为 $f(x)$ 在 x_0，x_1 之间满足罗尔中值定理的条件，所以存在 ξ 介于 x_0 与 x_1 之间，使得 $f'(\xi)=0$. 但 $f'(x)=5(x^4+1)>0$，矛盾，所以 x_0 为方程 $x^5+5x+1=0$ 的唯一实根，于是方程 $x^5+5x+1=0$ 有且仅有一个实根.

例 3　设 $f(x)$ 在闭区间 $[0,1]$ 上连续，在开区间 $(0,1)$ 内可导，且 $f(1)=0$. 求证：存在 $\xi\in(0,1)$，使得 $\xi f'(\xi)+f(\xi)=0$.

证明　设 $F(x)=xf(x)$，由题设可知，$F(x)$ 在闭区间 $[0,1]$ 上连续，在开区间 $(0,1)$ 内可导，且 $F(0)=F(1)=0$，即 $F(x)$ 在闭区间 $[0,1]$ 上满足罗尔中值定理的条件，于是存在点 $\xi\in(0,1)$，使得 $F'(\xi)=0$，而 $F'(x)=xf'(x)+f(x)$，所以有

$$\xi f'(\xi)+f(\xi)=0.$$

4.1.2　拉格朗日(Lagrange)中值定理

定理 2（拉格朗日中值定理）　如果函数 $f(x)$ 满足：

(1) 在闭区间 $[a,b]$ 上连续；

(2) 在开区间 (a,b) 内可导，

那么在区间(a,b)内至少有一点ξ,使得

$$f'(\xi)=\frac{f(b)-f(a)}{b-a}.$$

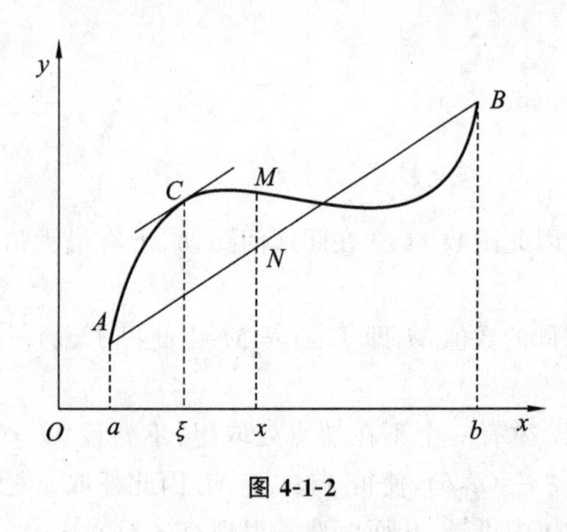

图 4-1-2

由罗尔中值定理可知,当函数$f(x)$在闭区间$[a,b]$上连续,在开区间(a,b)内可导,且$f(a)=f(b)$时,曲线上一定存在一点$C(\xi,f(\xi))$,使得该点的切线与弦AB平行(如图 4-1-1 所示),当然也平行于x轴.而当我们保持定理条件(1)(2)不变,而将图形绕某个端点(如A)做一下旋转后,C点切线仍然与弦AB保持平行.

几何意义:在区间$[a,b]$上,如果曲线连续,且每一点都有不垂直于x轴切线,则曲线上至少存在一点C,使得C点的切线与弦AB平行(如图 4-1-2 所示).

当$f(a)=f(b)$时,拉格朗日中值定理变为罗尔中值定理,所以罗尔中值定理是拉格朗日中值定理的特例,而拉格朗日中值定理是罗尔中值定理的推广,下面用罗尔中值定理证明拉格朗日中值定理.

证明　弦AB的方程为

$$y=f(a)+\frac{f(b)-f(a)}{b-a}(x-a),$$

曲线$f(x)$减去弦AB,所得曲线两端点的函数值相等.于是作辅助函数

$$F(x)=f(x)-\left[f(a)+\frac{f(b)-f(a)}{b-a}(x-a)\right],$$

那么$F(x)$在闭区间$[a,b]$上满足罗尔中值定理的条件,则在开区间(a,b)内至少存在一点ξ,使得$F'(\xi)=0$,又

$$F'(x)=f'(x)-\frac{f(b)-f(a)}{b-a},$$

所以在区间(a,b)内存在点ξ,使得

$$f'(\xi)=\frac{f(b)-f(a)}{b-a}.$$

注:(1) 结论也可改写为$f(b)-f(a)=f'(\xi)(b-a)$,也称为拉格朗日中值公式,此公式对于$b<a$也成立;

(2) 记$a=x_0,\Delta x=b-a,\xi=x_0+\theta\cdot\Delta x(0<\theta<1)$,于是$b=x_0+\Delta x$,拉格朗日中值公式可以改写为

$$\Delta y=f(x_0+\Delta x)-f(x_0)=f'(x_0+\theta\cdot\Delta x)\cdot\Delta x(0<\theta<1),$$

此公式称为**有限增量公式**,所以拉格朗日中值定理又称有限增量定理.如果与微分进行比较,$\mathrm{d}y=f'(x)\cdot\Delta x$是函数增量$\Delta y$的近似表达式,而

$$\Delta y=f'(x_0+\theta\cdot\Delta x)\cdot\Delta x(0<\theta<1)$$

是函数增量Δy的精确表达式,它表达了函数的增量与函数在某点处导数之间的关系.

推论 1　若函数$f(x)$在区间I上的导数为零,则$f(x)$在区间I上是一个常数.

证明　任取 $x_1, x_2 \in I$,不妨设 $x_1 < x_2$,则函数 $f(x)$ 在区间 $[x_1, x_2]$ 上满足拉格朗日中值定理的条件,所以存在 $\xi \in (x_1, x_2) \subset I$,使得

$$f(x_2) - f(x_1) = f'(\xi)(x_2 - x_1).$$

因为对于任意 $x \in I$, $f'(x) = 0$,所以 $f'(\xi) = 0$,从而 $f(x_1) = f(x_2)$. 由 x_1, x_2 的任意性可知,$f(x)$ 为常数.

推论 2　设函数 $f(x)$ 和 $g(x)$ 在区间 I 上可导,且 $f'(x) = g'(x)$,则 $f(x)$ 和 $g(x)$ 之间至多相差一个常数.

证明　令 $F(x) = f(x) - g(x)$,则在区间 I 上有,$F'(x) = f'(x) - g'(x) = 0$,由推论 1 可得结论.

利用拉格朗日中值定理及其推论可证明一些等式和不等式.

例 4　证明 $\arcsin x + \arccos x = \dfrac{\pi}{2}(-1 \leqslant x \leqslant 1)$

证明　设函数 $f(x) = \arcsin x + \arccos x(-1 \leqslant x \leqslant 1)$. 当 $-1 < x < 1$ 时,由于

$$f'(x) = \frac{1}{\sqrt{1-x^2}} + \left(-\frac{1}{\sqrt{1-x^2}}\right) = 0,$$

由推论 1 知 $f(x)$ 为常数,因为

$$f(0) = \arcsin 0 + \arccos 0 = 0 + \frac{\pi}{2} = \frac{\pi}{2},$$

所以当 $-1 < x < 1$ 时,

$$\arcsin x + \arccos x = \frac{\pi}{2};$$

又当 $x = \pm 1$ 时,

$$\arcsin 1 + \arccos 1 = \frac{\pi}{2} + 0 = \frac{\pi}{2},$$

$$\arcsin(-1) + \arccos(-1) = -\frac{\pi}{2} + \pi = \frac{\pi}{2},$$

故综合可得,当 $-1 \leqslant x \leqslant 1$ 时,

$$\arcsin x + \arccos x = \frac{\pi}{2}.$$

例 5　证明当 $x > 0$ 时,$\dfrac{x}{1+x} < \ln(1+x) < x$.

证明:设 $f(t) = \ln(1+t)$,则 $f(t)$ 在 $[0, x]$ 上满足拉格朗日中值定理的条件,因此存在 $\xi \in (0, x)$,使得

$$f(x) - f(0) = f'(\xi)(x - 0).$$

又 $f(0) = 0$, $f'(t) = \dfrac{1}{1+t}$,于是有

$$\ln(1+x) = \frac{x}{1+\xi},$$

而 $0 < \xi < x$,所以

$$\frac{x}{1+x} < \frac{x}{1+\xi} < x,$$

即

$$\frac{x}{1+x}<\ln(1+x)<x.$$

4.1.3 柯西(Cauchy)中值定理

下面将拉格朗日中值定理进一步推广. 设曲线 Γ 由参数方程

$$\begin{cases}x=F(t)\\y=f(t)\end{cases}\quad(a\leqslant t\leqslant b)$$

表示,其中 t 为参数. 如果曲线 Γ 除端点外处处具有不垂直于 x 轴的切线,那么根据拉格朗日中值定理的几何意义知,在曲线 Γ 上必有一点 C,使得该点的切线平行于连接曲线端点的弦 AB. 如果点 C 对应的参数 $t=\xi$,则点 $C(F(\xi),f(\xi))$ 处的切线的斜率为

$$\frac{\mathrm{d}y}{\mathrm{d}x}=\frac{f'(\xi)}{F'(\xi)},$$

而弦 AB 的斜率为 $\frac{f(b)-f(a)}{F(b)-F(a)}$,于是

$$\frac{f(b)-f(a)}{F(b)-F(a)}=\frac{f'(\xi)}{F'(\xi)},$$

由此有柯西中值定理(如图 4-1-3 所示).

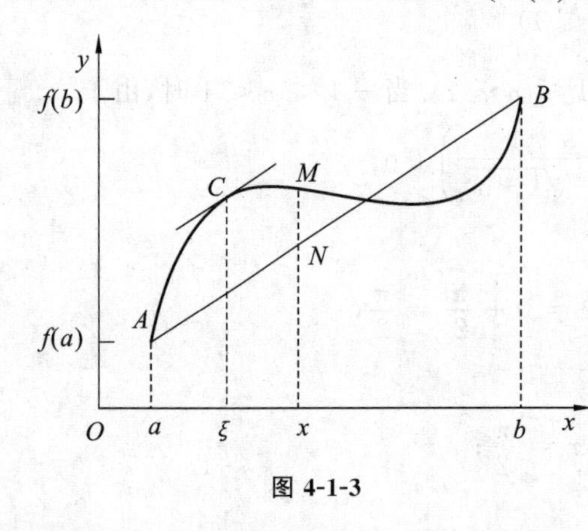

图 4-1-3

定理 3(柯西中值定理) 如果函数 $f(x)$ 和 $F(x)$ 满足:

(1) 在闭区间 $[a,b]$ 上连续;

(2) 在开区间 (a,b) 内可导;

(3) 对于任意的 $x\in(a,b)$,$F'(x)\neq 0$,

那么在开区间 (a,b) 内至少有一点 ξ,使得

$$\frac{f(b)-f(a)}{F(b)-F(a)}=\frac{f'(\xi)}{F'(\xi)}.$$

证明 首先说明 $F(b)\neq F(a)$,否则由罗尔中值定理可知,存在点 $c\in(a,b)$,使得 $F'(c)=0$,这样与条件 3 矛盾. 故 $F(b)\neq F(a)$.

作辅助函数

$$\varphi(x)=f(x)-f(a)-\frac{f(b)-f(a)}{F(b)-F(a)}[F(x)-F(a)],$$

则 $\varphi(x)$ 在闭区间 $[a,b]$ 上满足罗尔中值定理的条件,于是在开区间 (a,b) 内至少存在一点 ξ,使得 $\varphi'(\xi)=0$,即

$$f'(\xi)-\frac{f(b)-f(a)}{F(b)-F(a)}F'(\xi)=0,$$

所以

$$\frac{f(b)-f(a)}{F(b)-F(a)}=\frac{f'(\xi)}{F'(\xi)}.$$

特别地,取 $F(x)=x$,即可得到拉格朗日中值定理. 故拉格朗日中值定理是柯西中值定理的特例,而柯西中值定理是拉格朗日中值定理的推广.

例 6 设函数 $f(x)$ 在闭区间 $[0,1]$ 上连续,在开区间 $(0,1)$ 内可导,证明:至少存在一点

$\xi \in (0,1)$，使得

$$f'(\xi) = 2\xi[f(1) - f(0)].$$

证明　设 $g(x) = x^2$，则 $f(x)$，$g(x)$ 在闭区间 $[0,1]$ 上满足柯西中值定理的条件，于是至少存在一点 $\xi \in (0,1)$，使得

$$\frac{f(1) - f(0)}{g(1) - g(0)} = \frac{f'(\xi)}{g'(\xi)} = \frac{f'(\xi)}{2\xi},$$

即

$$\frac{f(1) - f(0)}{1 - 0} = \frac{f'(\xi)}{2\xi},$$

所以至少存在一点 $\xi \in (0,1)$，使得

$$f'(\xi) = 2\xi[f(1) - f(0)].$$

习　题　4.1

1. 验证罗尔中值定理对函数 $y = \ln\sin x$ 在区间 $\left[\frac{\pi}{6}, \frac{5\pi}{6}\right]$ 上的正确性.

2. 验证拉格朗日中值定理对函数 $y = 4x^3 - 5x^2 + x - 2$ 在区间 $[0,1]$ 上的正确性.

3. 对函数 $f(x) = \sin x$ 及 $F(x) = x + \cos x$ 在区间 $\left[0, \frac{\pi}{2}\right]$ 上验证柯西中值定理的正确性.

4. 试证明对函数 $y = px^2 + qx + r$ 应用拉格朗日中值定理时求得的点 ξ 总是位于区间的正中间.

5. 证明方程 $x^5 - 5x + 1 = 0$ 有且只有一个小于 1 的正实根.

6. 证明下列不等式.

(1) $|\arctan x - \arctan y| \leqslant |x - y|$；　　(2) 当 $x > 1$ 时，$e^x > e \cdot x$；

(3) 当 $a > b > 0$ 时，$\frac{a-b}{a} < \ln\frac{a}{b} < \frac{a-b}{b}$.

7. 设函数 $f(x)$ 在 $[a,b]$ 上连续，在 (a,b) 内可导，且 $f(a) < 0$，$f(c) > 0$，$f(b) < 0$，其中 c 是介于 a，b 之间的一个实数. 证明：存在 $\xi \in (a,b)$，使 $f'(\xi) = 0$ 成立.

4.2　洛必达(L'Hospital)法则

当 $x \to a$(或 $x \to \infty$)时，如果函数 $f(x)$ 和 $F(x)$ 都趋于零或都趋于无穷大，则把极限 $\lim\limits_{x\to a}\frac{f(x)}{F(x)}$ $\left(或 \lim\limits_{x\to\infty}\frac{f(x)}{F(x)}\right)$ 称为**不定式(或未定式)**，形象地记作 $\frac{0}{0}$ 或 $\frac{\infty}{\infty}$. 如极限 $\lim\limits_{x\to 0}\frac{\sin x}{x}$ 是 $\frac{0}{0}$ 型，而极限 $\lim\limits_{x\to\infty}\frac{2x^2 - x + 1}{3x^2 + 2x}$ 是 $\frac{\infty}{\infty}$ 型. 下面将介绍一种求此类极限的方法 —— 洛必达法则.

4.2.1　$\frac{0}{0}$ 型不定式

定理 1　设函数 $f(x)$ 和 $F(x)$ 在点 a 的某去心邻域 $\mathring{U}(a)$ 内有定义，并满足下述条件：

(1) $\lim\limits_{x\to a} f(x) = \lim\limits_{x\to a} F(x) = 0$；

(2) 在去心邻域 $\mathring{U}(a)$ 内，函数 $f(x)$ 和 $F(x)$ 可导，且 $F'(x) \neq 0$；

(3) $\lim\limits_{x \to a} \dfrac{f'(x)}{F'(x)}$ 存在(或为无穷大),

则

$$\lim_{x \to a} \frac{f(x)}{F(x)} = \lim_{x \to a} \frac{f'(x)}{F'(x)}.$$

这就是说,当极限 $\lim\limits_{x \to a} \dfrac{f'(x)}{F'(x)}$ 存在时,极限 $\lim\limits_{x \to a} \dfrac{f(x)}{F(x)}$ 也存在且等于 $\lim\limits_{x \to a} \dfrac{f'(x)}{F'(x)}$;当极限 $\lim\limits_{x \to a} \dfrac{f'(x)}{F'(x)}$ 为无穷大时,极限 $\lim\limits_{x \to a} \dfrac{f(x)}{F(x)}$ 也是无穷大.这种在一定条件下通过分子分母分别求导再求极限来确定不定式值的方法称为洛必达法则.

证明　定义辅助函数

$$f_1(x) = \begin{cases} f(x), & x \neq a \\ 0, & x = a \end{cases},$$

$$F_1(x) = \begin{cases} F(x), & x \neq a \\ 0, & x = a \end{cases},$$

在 $\mathring{U}(a)$ 内任取一点 x,在以 a 和 x 为端点的区间上,函数 $f_1(x)$ 和 $F_1(x)$ 满足柯西中值定理的条件,则有

$$\frac{f(x)}{F(x)} = \frac{f_1(x) - f_1(a)}{F_1(x) - F_1(a)} = \frac{f_1'(\xi)}{F_1'(\xi)} = \frac{f'(\xi)}{F'(\xi)},(\xi \text{ 介于 } a \text{ 与 } x \text{ 之间})$$

当 $x \to a$ 时,有 $\xi \to a$,故

$$\lim_{x \to a} \frac{f(x)}{F(x)} = \lim_{x \to a} \frac{f'(\xi)}{F'(\xi)} = \lim_{\xi \to a} \frac{f'(\xi)}{F'(\xi)} = \lim_{x \to a} \frac{f'(x)}{F'(x)}.$$

证毕.

注:(1) 如果 $\lim\limits_{x \to a} \dfrac{f'(x)}{F'(x)}$ 仍属于 $\dfrac{0}{0}$ 型,且 $f'(x)$ 和 $F'(x)$ 满足洛必达法则的条件,可继续使用洛必达法则,即

$$\lim_{x \to a} \frac{f(x)}{F(x)} = \lim_{x \to a} \frac{f'(x)}{F'(x)} = \lim_{x \to a} \frac{f''(x)}{F''(x)};$$

(2) 当 $x \to \infty$ 时,该法则仍然成立(此时作代换 $t = \dfrac{1}{x}$ 即可),

$$\lim_{x \to \infty} \frac{f(x)}{F(x)} = \lim_{x \to \infty} \frac{f'(x)}{F'(x)}.$$

例 1　求极限 $\lim\limits_{x \to 0} \dfrac{(1+x)^\alpha - 1}{x}$($\alpha$ 为实数).

解
$$\lim_{x \to 0} \frac{(1+x)^\alpha - 1}{x} = \lim_{x \to 0} \frac{\alpha(1+x)^{\alpha-1}}{1} = \alpha.$$

例 2　求极限 $\lim\limits_{x \to 0} \dfrac{e^x + e^{-x} - 2}{1 - \cos x}$.

解
$$\lim_{x \to 0} \frac{e^x + e^{-x} - 2}{1 - \cos x} = \lim_{x \to 0} \frac{e^x - e^{-x}}{\sin x} = \lim_{x \to 0} \frac{e^x + e^{-x}}{\cos x} = 2.$$

有时直接使用洛必达法则可能比较复杂,这时我们要考虑与前面学过的求极限的方法(如等价无穷小代换等)结合起来使用.如下面的例子:

例 3　求$\lim\limits_{x\to 0}\dfrac{\tan x-x}{x^2\tan x}$.

解
$$\begin{aligned}\lim_{x\to 0}\frac{\tan x-x}{x^2\tan x}&=\lim_{x\to 0}\frac{\tan x-x}{x^3}=\lim_{x\to 0}\frac{\sec^2 x-1}{3x^2}\\&=\frac{1}{3}\lim_{x\to 0}\frac{\tan^2 x}{x^2}=\frac{1}{3}.\end{aligned}$$

4.2.2　$\dfrac{\infty}{\infty}$ 型不定式

对于$\dfrac{\infty}{\infty}$型不定式也有类似的定理：

定理 2　设函数 $f(x)$ 和 $F(x)$ 在点 a 的某去心邻域 $\mathring{U}(a)$ 内有定义，并满足下述条件：

(1) $\lim\limits_{x\to a}f(x)=\infty,\lim\limits_{x\to a}F(x)=\infty$；

(2) 在去心邻域 $\mathring{U}(a)$ 内，函数 $f(x)$ 和 $F(x)$ 可导，且 $F'(x)\neq 0$；

(3) $\lim\limits_{x\to a}\dfrac{f'(x)}{F'(x)}$ 存在(或为无穷大)，

则
$$\lim_{x\to a}\frac{f(x)}{F(x)}=\lim_{x\to a}\frac{f'(x)}{F'(x)}.$$

注：(1) 定理中的条件(1) 中的 ∞ 可以是 $+\infty$ 或 $-\infty$；

(2) $x\to a$ 同样可以换成其他极限形式.

例 4　求极限 $\lim\limits_{x\to 0^+}\dfrac{\ln\sin 2x}{\ln\sin 3x}$.

解
$$\lim_{x\to 0^+}\frac{\ln\sin 2x}{\ln\sin 3x}=\lim_{x\to 0^+}\frac{2\cos 2x\cdot\sin 3x}{3\cos 3x\cdot\sin 2x}=\lim_{x\to 0^+}\frac{\cos 3x}{\cos 2x}=1.$$

例 5　求极限 $\lim\limits_{x\to +\infty}\dfrac{x^n}{e^x}$.

解
$$\lim_{x\to +\infty}\frac{x^n}{e^x}=\lim_{x\to +\infty}\frac{nx^{n-1}}{e^x}=\lim_{x\to +\infty}\frac{n(n-1)x^{n-2}}{e^x}=\cdots=\lim_{x\to +\infty}\frac{n!}{e^x}=0.$$

例 6　求极限 $\lim\limits_{x\to +\infty}\dfrac{\ln x}{x^n}$.

解
$$\lim_{x\to +\infty}\frac{\ln x}{x^n}=\lim_{x\to +\infty}\frac{\frac{1}{x}}{nx^{n-1}}=\lim_{x\to +\infty}\frac{1}{nx^n}=0.$$

从上面例子可以看出：指数函数趋向无穷大的“速度”要比幂函数快，而幂函数又比对数函数快.

在使用洛必达法则前，必须检查极限是否为$\dfrac{0}{0}$型或$\dfrac{\infty}{\infty}$型，若已经不是不定式，则不能使用.

例 7　求极限$\lim\limits_{x\to 0}\dfrac{e^x-\cos x}{x\sin x}$.

解　该极限为$\dfrac{0}{0}$型，故

$$\lim_{x\to 0}\frac{e^x-\cos x}{x\sin x}=\lim_{x\to 0}\frac{e^x+\sin x}{\sin x+x\cos x}=\infty.$$

若不检查第二个式子，盲目地使用洛必达法则，会得到下面的错误结果：

$$\lim_{x\to 0}\frac{e^x-\cos x}{x\sin x}=\lim_{x\to 0}\frac{e^x+\sin x}{\sin x+x\cos x}=\lim_{x\to 0}\frac{e^x+\cos x}{2\cos x-x\sin x}=2.$$

还要注意的是，洛必达法则中的条件是充分条件，如果极限$\lim\limits_{x\to a}\dfrac{f'(x)}{F'(x)}$不存在，则不能断定$\lim\limits_{x\to a}\dfrac{f(x)}{F(x)}$不存在，如下例：

例 8 求$\lim\limits_{x\to\infty}\dfrac{x+\sin x}{x-\sin x}$.

解 该极限为$\dfrac{\infty}{\infty}$型，但

$$\lim_{x\to\infty}\frac{(x+\sin x)'}{(x-\sin x)'}=\lim_{x\to\infty}\frac{1+\cos x}{1-\cos x},$$

极限不存在，而原极限存在. 事实上，

$$\lim_{x\to\infty}\frac{x+\sin x}{x-\sin x}=\lim_{x\to\infty}\frac{1+\dfrac{\sin x}{x}}{1-\dfrac{\sin x}{x}}=1.$$

有时满足洛必达法则的条件，但未必就可以用洛必达法则求出来，如下例：

例 9 求$\lim\limits_{x\to+\infty}\dfrac{e^x+e^{-x}}{e^x-e^{-x}}$.

解 该极限是$\dfrac{\infty}{\infty}$型，则应用洛必达法则有

$$\lim_{x\to+\infty}\frac{e^x+e^{-x}}{e^x-e^{-x}}=\lim_{x\to+\infty}\frac{e^x-e^{-x}}{e^x+e^{-x}}=\lim_{x\to+\infty}\frac{e^x+e^{-x}}{e^x-e^{-x}}=\cdots,$$

无法求出其结果，正确做法是：

$$\lim_{x\to+\infty}\frac{e^x+e^{-x}}{e^x-e^{-x}}=\lim_{x\to+\infty}\frac{1-e^{-2x}}{1+e^{-2x}}=\frac{\lim\limits_{x\to+\infty}(1-e^{-2x})}{\lim\limits_{x\to+\infty}(1+e^{-2x})}=\frac{1}{1}=1.$$

4.2.3 其他型不定式

除了$\dfrac{0}{0}$型和$\dfrac{\infty}{\infty}$型不定式外，还有一些不定式，如$\infty-\infty$、$0\cdot\infty$、0^0、1^∞、∞^0等类型，这些不定式不可以直接应用洛必达法则，但可通过变形转化为$\dfrac{0}{0}$型或$\dfrac{\infty}{\infty}$型不定式，进而用洛必达法则求之.

例 10 求极限$\lim\limits_{x\to 0}\left(\dfrac{1}{\sin x}-\dfrac{1}{x}\right)$($\infty-\infty$ 型).

解 $$\lim_{x\to 0}\left(\frac{1}{\sin x}-\frac{1}{x}\right)=\lim_{x\to 0}\frac{x-\sin x}{x\cdot\sin x}=\lim_{x\to 0}\frac{x-\sin x}{x^2}=\lim_{x\to 0}\frac{1-\cos x}{2x}=0.$$

例 11 求极限$\lim\limits_{x\to 0^+}x^\lambda\ln x(\lambda>0)$($0\cdot\infty$ 型).

解

$$\lim_{x\to 0^+} x^\lambda \ln x = \lim_{x\to 0^+}\frac{\ln x}{x^{-\lambda}} = \lim_{x\to 0^+}\frac{\frac{1}{x}}{-\lambda x^{-\lambda-1}} = \lim_{x\to 0^+}\frac{x^\lambda}{-\lambda} = 0.$$

例 12　求极限 $\lim\limits_{x\to 0^+} x^x$($0^0$ 型).

解　因为

$$\lim_{x\to 0^+} x\ln x = \lim_{x\to 0^+}\frac{\ln x}{\frac{1}{x}} = \lim_{x\to 0^+}\frac{\frac{1}{x}}{-\frac{1}{x^2}} = 0,$$

所以

$$\lim_{x\to 0^+} x^x = \lim_{x\to 0^+} e^{x\ln x} = e^{\lim\limits_{x\to 0^+} x\ln x} = e^0 = 1.$$

例 13　求极限 $\lim\limits_{x\to 1} x^{\frac{1}{1-x}}$($1^\infty$ 型).

解　因为

$$\lim_{x\to 1}\frac{\ln x}{1-x} = \lim_{x\to 1}\frac{\frac{1}{x}}{-1} = -1,$$

所以

$$\lim_{x\to 1} x^{\frac{1}{1-x}} = \lim_{x\to 1} e^{\frac{1}{1-x}\ln x} = e^{\lim\limits_{x\to 1}\frac{\ln x}{1-x}} = e^{-1}.$$

此题也可用第二章重要极限去做.

例 14　求极限 $\lim\limits_{x\to 0^+}(\cot x)^{\frac{1}{\ln x}}$($\infty^0$ 型).

解　因为

$$(\cot x)^{\frac{1}{\ln x}} = e^{\frac{1}{\ln x}\cdot\ln(\cot x)},$$

而

$$\lim_{x\to 0^+}\frac{1}{\ln x}\cdot\ln(\cot x) = \lim_{x\to 0^+}\frac{-\frac{1}{\cot x}\cdot\frac{1}{\sin^2 x}}{\frac{1}{x}} = \lim_{x\to 0^+}\frac{-x}{\cos x\cdot\sin x} = -1,$$

所以

$$\lim_{x\to 0^+}(\cot x)^{\frac{1}{\ln x}} = e^{-1}.$$

习　题　4.2

1. 用洛必达法则求下列极限.

(1) $\lim\limits_{x\to 0}\dfrac{\ln(1+x)}{x}$;　　(2) $\lim\limits_{x\to 0}\dfrac{e^x-e^{-x}}{\sin x}$;

(3) $\lim\limits_{x\to a}\dfrac{\sin x-\sin a}{x-a}$;　　(4) $\lim\limits_{x\to \pi}\dfrac{\sin 3x}{\tan 5x}$;

(5) $\lim\limits_{x\to \frac{\pi}{2}}\dfrac{\ln\sin x}{(\pi-2x)^2}$;　　(6) $\lim\limits_{x\to a}\dfrac{x^m-a^m}{x^n-a^n}$;

(7) $\lim\limits_{x\to 0^+}\dfrac{\ln\tan 7x}{\ln\tan 2x}$;　　(8) $\lim\limits_{x\to \frac{\pi}{2}}\dfrac{\tan x}{\tan 3x}$;

(9) $\lim\limits_{x\to+\infty}\dfrac{\ln\left(1+\dfrac{1}{x}\right)}{\operatorname{arccot}x}$；

(10) $\lim\limits_{x\to0}\dfrac{x-\sin x}{\sin x^3}$；

(11) $\lim\limits_{x\to0}x\cot2x$；

(12) $\lim\limits_{x\to0}x^2\mathrm{e}^{\frac{1}{x^2}}$；

(13) $\lim\limits_{x\to1}\left(\dfrac{2}{x^2-1}-\dfrac{1}{x-1}\right)$；

(14) $\lim\limits_{x\to\infty}\left(1+\dfrac{a}{x}\right)^x$；

(15) $\lim\limits_{x\to0^+}x^{\sin x}$；

(16) $\lim\limits_{x\to0}(1+\sin x)^{\frac{1}{x}}$；

(17) $\lim\limits_{x\to0^+}\left(\ln\dfrac{1}{x}\right)^x$；

(18) $\lim\limits_{x\to+\infty}(x+\sqrt{1+x^2})^{\frac{1}{x}}$.

2. 验证极限$\lim\limits_{x\to0}\dfrac{x^2\sin\dfrac{1}{x}}{\sin x}$存在,但不能用洛必达法则得出.

4.3 泰勒公式

本节我们将研究如何用一个简单的函数来近似代替一个比较复杂的函数.

4.3.1 泰勒(Taylor)公式

从运算的角度来说,最简单的是多项式,因为多项式只有关于变量加、减、乘的运算,但是,怎样从一个函数本身出发得到我们所需要的多项式呢?在微分中,我们知道如果函数 $y=f(x)$ 在点 x_0 处可微,则 $\Delta y=f'(x_0)\Delta x+o(\Delta x)$,即

$$f(x_0+\Delta x)-f(x_0)=f'(x_0)\Delta x+o(\Delta x).$$

若令 $x=x_0+\Delta x$,则

$$f(x)-f(x_0)=f'(x_0)(x-x_0)+o(x-x_0),$$

于是

$$f(x)=f(x_0)+f'(x_0)(x-x_0)+o(x-x_0),$$

若舍去关于 $x-x_0$ 的高阶无穷小 $o(x-x_0)$,有

$$f(x)\approx f(x_0)+f'(x_0)(x-x_0),$$

即可用一次多项式

$$p_1(x)=f(x_0)+f'(x_0)(x-x_0)$$

来近似表示函数 $f(x)$,其误差是高阶无穷小 $o(x-x_0)$,且多项式 $p_1(x)$ 与函数 $f(x)$ 在点 x_0 处有相同的函数值和一阶导数值.

在微分的应用中有类似的例子:当$|x|\ll1$时,

$$\mathrm{e}^x\approx1+x,\ln(1+x)\approx x.$$

显然,在 $x=0$ 处,这些一次多项式与被其近似表达的函数,分别有相同的函数值和一阶导数值.但其缺点是:(1) 不能够任意地提高精确度;(2) 无法估计误差的范围.因此考虑是否可以用高阶多项式来近似地表示函数,同时解决误差估计的问题.

根据前面的讨论,

$$f(x)-p_1(x)=f(x)-f(x_0)-f'(x_0)(x-x_0)=o(x-x_0),$$

如果 $f(x)$ 在点 x_0 处具有二阶导数，根据洛必达法则和导数的定义，有

$$\begin{aligned}\lim_{x\to x_0}\frac{o(x-x_0)}{(x-x_0)^2}&=\lim_{x\to x_0}\frac{f(x)-p_1(x)}{(x-x_0)^2}\\&=\lim_{x\to x_0}\frac{f(x)-f(x_0)-f'(x_0)(x-x_0)}{(x-x_0)^2}\\&=\lim_{x\to x_0}\frac{f'(x)-f'(x_0)}{2(x-x_0)}=\frac{f''(x_0)}{2}.\end{aligned}$$

则

$$\frac{o(x-x_0)}{(x-x_0)^2}=\frac{f''(x_0)}{2}+\alpha,$$

其中 $\lim\limits_{x\to x_0}\alpha=0$，于是

$$o(x-x_0)=\frac{f''(x_0)}{2}(x-x_0)^2+\alpha(x-x_0)^2,$$

且

$$\lim_{x\to x_0}\frac{\alpha(x-x_0)^2}{(x-x_0)^2}=\lim_{x\to x_0}\alpha=0,$$

即 $\alpha(x-x_0)^2=o[(x-x_0)^2]$，从而当 $f(x)$ 在点 x_0 处具有二阶导数时，

$$\begin{aligned}f(x)&=p_1(x)+o(x-x_0)\\&=f(x_0)+f'(x_0)(x-x_0)+\frac{f''(x_0)}{2!}(x-x_0)^2+o[(x-x_0)^2].\end{aligned}$$

令

$$p_2(x)=f(x_0)+f'(x_0)(x-x_0)+\frac{f''(x_0)}{2!}(x-x_0)^2,$$

则

$$f(x)=p_2(x)+o[(x-x_0)^2],$$

$p_2(x)$ 与函数 $f(x)$ 在点 x_0 处有相同的函数值和一阶、二阶导数值. 舍去 $o[(x-x_0)^2]$，用 $p_2(x)$ 来近似代替 $f(x)$，其误差是关于 $(x-x_0)^2$ 的高阶无穷小 $o[(x-x_0)^2]$.

如此下去，我们可以得到下面的结论.

定理 1　若函数 $f(x)$ 在点 x_0 的某邻域 $U(x_0)$ 内有直到 $n-1$ 阶的导数，且在点 x_0 处具有 n 阶导数，则对邻域 $U(x_0)$ 内的任意一点 x，有

$$\begin{aligned}f(x)=f(x_0)+f'(x_0)(x-x_0)+\frac{f''(x_0)}{2!}(x-x_0)^2+\cdots+\\\frac{f^{(n)}(x_0)}{n!}(x-x_0)^n+o[(x-x_0)^n].\end{aligned}\tag{1}$$

证明　记

$$\begin{aligned}p_n(x)=f(x_0)+f'(x_0)(x-x_0)+\frac{f''(x_0)}{2!}(x-x_0)^2+\cdots+\\\frac{f^{(n)}(x_0)}{n!}(x-x_0)^n,\end{aligned}\tag{2}$$

$p_n(x)$ 与函数 $f(x)$ 在点 x_0 处有相同的函数值和一阶，二阶，…，n 阶导数值，设

$$R_n(x)=f(x)-p_n(x),G(x)=(x-x_0)^n,$$

应用洛必达法则 $n-1$ 次,并注意到函数 $f(x)$ 在点 x_0 处具有 n 阶导数,就有

$$\lim_{x\to x_0}\frac{R_n(x)}{G(x)}=\lim_{x\to x_0}\frac{R_n'(x)}{G'(x)}=\cdots=\lim_{x\to x_0}\frac{R_n^{(n-1)}(x)}{G^{(n-1)}(x)}$$

$$=\lim_{x\to x_0}\frac{f^{(n-1)}(x)-f^{(n-1)}(x_0)-f^{(n)}(x_0)(x-x_0)}{n(n-1)\cdots 2(x-x_0)}$$

$$=\frac{1}{n!}\lim_{x\to x_0}\left(\frac{f^{(n-1)}(x)-f^{(n-1)}(x_0)}{x-x_0}-f^{(n)}(x_0)\right)=0.$$

所以,当 $x\to x_0$ 时,$R_n(x)$ 是关于 $G(x)=(x-x_0)^n$ 的高阶无穷小,即

$$R_n(x)=o[(x-x_0)^n].$$

于是结论成立.

将式(1) 写成

$$f(x)=p_n(x)+R_n(x),$$

如果舍去 $o[(x-x_0)^n]$,用 $p_n(x)$ 来近似地代替 $f(x)$,则其误差是关于 $(x-x_0)^n$ 的高阶无穷小.

定义 1 称(1) 式为函数 $f(x)$ 在点 x_0 处的带**皮亚诺**(Peano)**型余项的 n 阶泰勒公式**,也简称为 **n 阶泰勒公式**,称 $R_n(x)=o[(x-x_0)^n]$ 为**皮亚诺型余项**. 当 $x_0=0$ 时,称 $f(x)$ 的 n 阶泰勒公式

$$f(x)=f(0)+f'(0)x+\frac{f''(0)}{2!}x^2+\cdots+\frac{f^{(n)}(0)}{n!}x^n+o(x^n) \tag{3}$$

为带**皮亚诺型余项的 n 阶麦克劳林**(Maclaurin)**公式**. 称由(2) 式定义的多项式函数 $p_n(x)$ 为函数 $f(x)$ 在点 x_0 处的 **n 阶泰勒多项式**. 特别地,当 $x_0=0$ 时,称

$$p_n(x)=f(0)+f'(0)x+\frac{f''(0)}{2!}x^2+\cdots+\frac{f^{(n)}(0)}{n!}x^n \tag{4}$$

为函数 $f(x)$ 的 **n 阶麦克劳林多项式**.

例 1 求函数 $f(x)=x^3-4x^2+2$ 在点 $x_0=2$ 处的泰勒多项式.

解 对函数 $f(x)=x^3-4x^2+2$ 求导可得,

$$f'(x)=3x^2-8x,\quad f''(x)=6x-8,\quad f'''(x)=6.$$

从而可得函数值和相应的导数值,

$$f(2)=-6, f'(2)=-4, f''(2)=4, f'''(2)=6.$$

于是由公式(2) 得

$$f(x)=-6-4(x-2)+2(x-2)^2+(x-2)^3.$$

定理 2(泰勒中值定理) 若函数 $f(x)$ 在点 x_0 的某邻域 $U(x_0)$ 内有直到 $n+1$ 阶的导数,则对邻域内的任意一点 x,存在介于 x_0,x 之间的 ξ,使得

$$f(x)=f(x_0)+f'(x_0)(x-x_0)+\cdots+\frac{f^{(n)}(x_0)}{n!}(x-x_0)^n+R_n(x) \tag{5}$$

其中

$$R_n(x)=\frac{f^{(n+1)}(\xi)}{(n+1)!}(x-x_0)^{n+1}. \tag{6}$$

称 $R_n(x)$ 为 n 阶泰勒公式的**拉格朗日型余项**.

证明 构造函数:

$$
\begin{aligned}
R_n(x) &= f(x) - p_n(x) \\
&= f(x) - \left[f(x_0) + f'(x_0)(x-x_0) + \cdots + \frac{f^{(n)}(x_0)}{n!}(x-x_0)^n\right],
\end{aligned}
$$

则函数 $R_n(x)$ 和函数 $G(x)=(x-x_0)^{n+1}$ 在以 x,x_0 为端点的区间上具有 $n+1$ 阶导数，而且在 x_0 处有

$$
\begin{aligned}
R_n(x_0) = R_n'(x_0) = R_n''(x_0) = \cdots = R_n^{(n)}(x_0) = 0, \\
G(x_0) = G'(x_0) = G''(x_0) = \cdots = G^{(n)}(x_0) = 0.
\end{aligned}
$$

对 $R_n(x)$，$G(x)$ 连续使用 $n+1$ 次柯西中值定理，则存在介于 x_0，x 之间的 ξ，使得

$$
\begin{aligned}
\frac{R_n(x)}{G(x)} &= \frac{R_n(x)-R_n(x_0)}{G(x)-G(x_0)} = \frac{R_n'(\xi_1)}{G'(\xi_1)} \\
&= \frac{R_n'(\xi_1)-R_n'(x_0)}{G'(\xi_1)-G'(x_0)} = \frac{R_n''(\xi_2)}{G''(\xi_2)} = \cdots = \frac{R_n^{(n+1)}(\xi)}{G^{(n+1)}(\xi)} = \frac{f^{(n+1)}(\xi)}{(n+1)!},
\end{aligned}
$$

所以

$$
R_n(x) = \frac{f^{(n+1)}(\xi)}{(n+1)!}(x-x_0)^{n+1},
$$

于是结论成立.

注：(1) 拉格朗日型余项还可写为

$$
R_n(x) = \frac{f^{(n+1)}(x_0+\theta(x-x_0))}{(n+1)!}(x-x_0)^{n+1},\quad \theta\in(0,1). \tag{7}
$$

同样，当 $x_0=0$ 时，称 $f(x)$ 的 n 阶泰勒展开式

$$
\begin{aligned}
f(x) &= p_n(x) + R_n(x) \\
&= f(0) + f'(0)x + \frac{f''(0)}{2!}x^2 + \cdots + \frac{f^{(n)}(0)}{n!}x^n + \frac{f^{(n+1)}(\xi)}{(n+1)!}x^{n+1}
\end{aligned} \tag{8}
$$

为带拉格朗日型余项的 n 阶麦克劳林展开式.

(2) 近似计算：若令 $f(x)\approx p_n(x)$，则可以用拉格朗日型余项来估计误差，其误差不超过

$$
|R_n(x)| = \frac{|f^{(n+1)}(\xi)|}{(n+1)!}|x-x_0|^{n+1};
$$

而当 $|f^{(n+1)}(x)|\leqslant M$ 时，则误差

$$
|R_n(x)| \leqslant \frac{M}{(n+1)!}|x-x_0|^{n+1}.
$$

例 2　写出函数 $f(x)=\mathrm{e}^x$ 的 n 阶麦克劳林展开式.

解　(1) 计算函数 $f(x)=\mathrm{e}^x$ 的各阶导数：

$$
f^{(k)}(x) = \mathrm{e}^x,\ k=1,2,\cdots,n;
$$

(2) $x_0=0$ 时，函数值和直到 n 阶的导数值为：

$$
f^{(k)}(0) = \mathrm{e}^0 = 1,\ k=0,1,2,\cdots,n,
$$

而

$$
f^{(n+1)}(\xi) = \mathrm{e}^{\xi}\ (\xi \text{ 介于 } 0,x \text{ 之间});
$$

(3) 将计算的结果代入公式得

$$
\mathrm{e}^x = 1 + x + \frac{1}{2!}x^2 + \cdots + \frac{1}{n!}x^n + \frac{\mathrm{e}^{\xi}}{(n+1)!}x^{n+1}\ (\xi \text{ 介于 } 0,x \text{ 之间}). \tag{9}
$$

此时若取：

$$e^x \approx 1+x+\frac{1}{2!}x^2+\cdots+\frac{1}{n!}x^n,$$

则误差估计为：

$$|R_n(x)|=\frac{e^{\xi}}{(n+1)!}|x|^{n+1}\leqslant\frac{e^{|\xi|}}{(n+1)!}|x|^{n+1}<\frac{e^{|x|}}{(n+1)!}|x|^{n+1}.$$

如果需要计算 e 的近似值，且要求误差不超过10^{-3}，则

$$e\approx 1+1+\frac{1}{2!}+\cdots+\frac{1}{n!},$$

其误差

$$|R_n(1)|<\frac{e}{(n+1)!}<\frac{3}{(n+1)!}\leqslant 10^{-3},$$

经计算，当 $n=6$ 时，$\frac{3}{7!}<10^{-3}$，故

$$e\approx 1+1+\frac{1}{2!}+\cdots+\frac{1}{6!},$$

且误差$|R_6(1)|<10^{-3}$.

例 3 给出函数 $f(x)=\sin x$ 的 $2m$ 阶的麦克劳林展开式.

解 (1) 函数 $f(x)=\sin x$ 的 n 阶导数为

$$f^{(n)}(x)=\sin\left(x+n\frac{\pi}{2}\right);$$

(2) $x_0=0$ 时，函数值和直到 n 阶的导数值为

$$f(0)=0,f'(0)=1,f''(0)=0,f'''(0)=-1,f^{(4)}(0)=0,\cdots;$$

(3) 令 $n=2m$，则 $f(x)=\sin x$ 的 $2m$ 阶麦克劳林展开式为

$$\sin x=x-\frac{1}{3!}x^3+\cdots+(-1)^{(m-1)}\frac{1}{(2m-1)!}x^{2m-1}+R_{2m}(x), \tag{10}$$

其中

$$R_{2m}(x)=\frac{1}{(2m+1)!}\sin\left[\xi+(2m+1)\frac{\pi}{2}\right]x^{2m+1}\ (\xi\text{介于}0,x\text{之间}).$$

类似地，还可以得到，

$$\cos x=1-\frac{1}{2!}x^2+\cdots+(-1)^m\frac{1}{(2m)!}x^{2m}+R_{2m+1}(x), \tag{11}$$

其中

$$R_{2m+1}(x)=\frac{\cos(\xi+(m+1)\pi)}{(2m+2)!}x^{2m+2}\ (\xi\text{介于}0,x\text{之间}).$$

$$\ln(1+x)=x-\frac{1}{2}x^2+\frac{1}{3}x^3-\cdots+(-1)^{n-1}\frac{1}{n}x^n+R_n(x), \tag{12}$$

其中

$$R_n(x)=\frac{(-1)^n}{(n+1)(1+\xi)^{n+1}}x^{n+1}\ (\xi\text{介于}0,x\text{之间}).$$

$$(1+x)^{\alpha}=1+\alpha x+\frac{\alpha(\alpha-1)}{2!}x^2+\cdots+\frac{\alpha(\alpha-1)\cdots(\alpha-n+1)}{n!}x^n+R_n(x) \tag{13}$$

其中

$$R_n(x)=\frac{\alpha(\alpha-1)\cdots(\alpha-n+1)(\alpha-n)}{(n+1)!}(1+\xi)^{\alpha-n-1}x^{n+1}(\xi\text{介于}0,x\text{之间}).$$

麦克劳林公式中,由于ξ介于$0,x$之间,故可取$\xi=\theta x(0<\theta<1)$.另外,由以上带拉格朗日型余项的麦克劳林展开式,容易得到带皮亚诺型余项的麦克劳林展开式,读者可自行写出.

4.3.2　函数的泰勒公式展开

将函数展开为泰勒公式时,如果对余项的形式没有要求,则只需要写出皮亚诺型余项,如果需要写出拉格朗日型余项时,应当注意$f^{(n+1)}(\xi)$.

1. 直接展开

例 4　写出函数$f(x)=\sqrt{x}$在$x_0=4$处的二阶泰勒公式.

解　(1) 先求函数$f(x)=\sqrt{x}$的一阶、二阶和三阶导数,

$$f'(x)=\frac{1}{2\sqrt{x}},\quad f''(x)=-\frac{1}{4\sqrt{x^3}},\quad f'''(x)=\frac{3}{8\sqrt{x^5}};$$

(2) 求出函数值和相应的导数值,

$$f(4)=2,\quad f'(4)=\frac{1}{4},\quad f''(x)=-\frac{1}{32},\quad f'''(\xi)=\frac{3}{8\sqrt{\xi^5}};$$

(3) 由公式(5)可得函数$f(x)=\sqrt{x}$在$x_0=4$处的二阶泰勒公式,

$$\sqrt{x}=2+\frac{1}{4}(x-4)-\frac{1}{64}(x-4)^2+\frac{1}{16\sqrt{\xi^5}}(x-4)^3(\xi\text{介于}4,x\text{之间}).$$

例 5　写出函数$f(x)=\arctan x$的三阶麦克劳林展开式.

解　(1) 先求函数$f(x)=\arctan x$的一阶、二阶和三阶导数,

$$f'(x)=\frac{1}{1+x^2},\quad f''(x)=\frac{-2x}{(1+x^2)^2},\quad f'''(x)=-\frac{2(1-x^2)}{(1+x^2)^3};$$

(2) 求出函数值和相应的导数值,

$$f(0)=0,f'(0)=1,f''(0)=0,f'''(0)=-2;$$

(3) 函数$f(x)=\arctan x$的三阶麦克劳林展开式为

$$\arctan x=x-\frac{1}{3}x^3+o(x^3).$$

例 6　确定常数a,b,c,使得$\ln x=a+b(x-1)+c(x-1)^2+o[(x-1)^2]$.

解　显然上式是求$f(x)=\ln x$在$x_0=1$处的二阶泰勒公式,而

$$a+b(x-1)+c(x-1)^2$$

应该为$f(x)=\ln x$在$x_0=1$处的二阶泰勒多项式,则应有

$$a=f(1),b=f'(1),c=\frac{1}{2!}f''(1).$$

而

$$f(1)=0,f'(1)=1,f''(1)=-1;$$

所以,$a=0,b=1,c=-\dfrac{1}{2}$,即

$$\ln x = (x-1) - \frac{1}{2!}(x-1)^2 + o[(x-1)^2].$$

2. 间接展开 利用已知的展开式,实行代数运算或变量代换,可求得新的展开式.

例 7 把函数 $f(x) = \sin x^2$ 展开成 14 阶带皮亚诺型余项的麦克劳林展开式.

解 由于

$$\sin x = x - \frac{x^3}{3!} + \frac{x^5}{5!} - \frac{x^7}{7!} + o(x^7),$$

从而有

$$\sin x^2 = x^2 - \frac{x^6}{3!} + \frac{x^{10}}{5!} - \frac{x^{14}}{7!} + o(x^{14}).$$

例 8 把函数 $f(x) = \cos^2 x$ 展开成 6 阶带皮亚诺型余项的麦克劳林展开式.

解 由于

$$\cos^2 x = \frac{1}{2}(1+\cos 2x),$$

$$\cos x = 1 - \frac{x^2}{2!} + \frac{x^4}{4!} - \frac{x^6}{6!} + o(x^6),$$

从而

$$\cos 2x = 1 - 2x^2 + \frac{4x^4}{3!} - \frac{2^6 x^6}{6!} + o(x^6),$$

所以

$$\cos^2 x = \frac{1}{2}(1+\cos 2x) = 1 - x^2 + \frac{2x^4}{3!} - \frac{2^5 x^6}{6!} + o(x^6).$$

例 9 在点 $x_0 = 2$ 处,把函数 $g(x) = \frac{1}{3+5x}$ 展开成带皮亚诺型余项的泰勒展开式.

解 因为

$$g(x) = \frac{1}{3+5x} = \frac{1}{13+5(x-2)} = \frac{1}{13} \cdot \frac{1}{1+\frac{5(x-2)}{13}},$$

而由(13)式可得

$$\frac{1}{1+x} = (1+x)^{-1} = 1 - x + x^2 - x^3 + \cdots + (-1)^n x^n + o(x^n),$$

将上式中的 x 换成$\frac{5(x-2)}{13}$,则有

$$g(x) = \frac{1}{13}\left(1 - \frac{5}{13}(x-2) + \left(\frac{5}{13}\right)^2 (x-2)^2 - \cdots + (-1)^n \left(\frac{5}{13}\right)^n (x-2)^n\right) + o((x-2)^n).$$

利用带有皮亚诺型余项的麦克劳林公式可以求极限,特征是观察出应该展开到多少阶麦克劳林展开式.

例 10 求极限$\lim\limits_{x\to 0} \frac{a^x + a^{-x} - 2}{x^2} (a > 0)$.

解 利用公式(9) 将 a^x 和 a^{-x} 展开成带皮亚诺型余项的二阶麦克劳林展开式,得

$$a^x = e^{x\ln a} = 1 + x\ln a + \frac{x^2}{2}\ln^2 a + o(x^2),$$

$$a^{-x}=1-x\ln a+\frac{x^2}{2}\ln^2 a+o(x^2),$$

所以

$$\lim_{x\to 0}\frac{a^x+a^{-x}-2}{x^2}=\lim_{x\to 0}\frac{x^2\ln^2 a+o(x^2)}{x^2}=\ln^2 a.$$

例 11　求极限$\lim\limits_{x\to 0}\dfrac{e^{x^2}-1-\sin x^2}{x^4}$.

解　利用公式将 e^{x^2} 和 $\sin x^2$ 展开成带皮亚诺型余项的四阶麦克劳林展开式,得

$$e^{x^2}=1+x^2+\frac{1}{2!}x^4+o(x^4),$$

$$\sin x^2=x^2+o(x^4),$$

所以

$$e^{x^2}-1-\sin x^2=\frac{1}{2}x^4+o(x^4),$$

则极限

$$\lim_{x\to 0}\frac{e^{x^2}-1-\sin x^2}{x^4}=\lim_{x\to 0}\frac{\frac{1}{2}x^4+o(x^4)}{x^4}=\frac{1}{2}.$$

习　题　4.3

1. 按 $x-1$ 的幂展开多项式 $f(x)=x^4+3x^2+4$.
2. 求函数 $f(x)=x^2e^x$ 的带有皮亚诺型余项的 n 阶麦克劳林公式.
3. 求一个二次多项式 $p(x)$,使得 $2^x=p(x)+o(x^2)$.
4. 求函数 $f(x)=\ln x$ 按 $x-2$ 的幂展开的带有皮亚诺型余项的 n 阶泰勒公式.
5. 求函数 $f(x)=\dfrac{1}{x}$ 按 $x+1$ 的幂展开的带有拉格朗日型余项的 n 阶泰勒公式.
6. 利用泰勒公式求极限$\lim\limits_{x\to\infty}\left[x-x^2\ln\left(1+\dfrac{1}{x}\right)\right]$.
7. 设 $f(x)$ 有三阶导数,且$\lim\limits_{x\to 0}\dfrac{f(x)}{x^2}=0$,$f(1)=0$,证明在$(0,1)$内存在一点 ξ,使 $f'''(\xi)=0$.

4.4　函数的单调性与极值

本节将利用导数来研究函数的单调性与极值等内容.

4.4.1　函数的单调性

函数的单调性是函数的一个重要性态.利用单调性的定义来讨论函数的单调性往往是比较困难的,下面我们将利用导数来研究函数的单调性.

由图 4-4-1 可以看出,函数 $y=f(x)$ 在区间 $[a,b]$ 上单调增加,其曲线上任一点切线的倾斜角都是锐角,它们的斜率为正,根据导数的几何意义,此时函数 $y=f(x)$ 的导数值为正,即 $f'(x)>0$.

由图4-4-2可以看出,函数 $y=f(x)$ 在区间$[a,b]$上单调减少,其曲线上每一点的切线的倾斜角都是钝角,它们的斜率为负,此时函数 $y=f(x)$ 的导数为负,即 $f'(x)<0$.

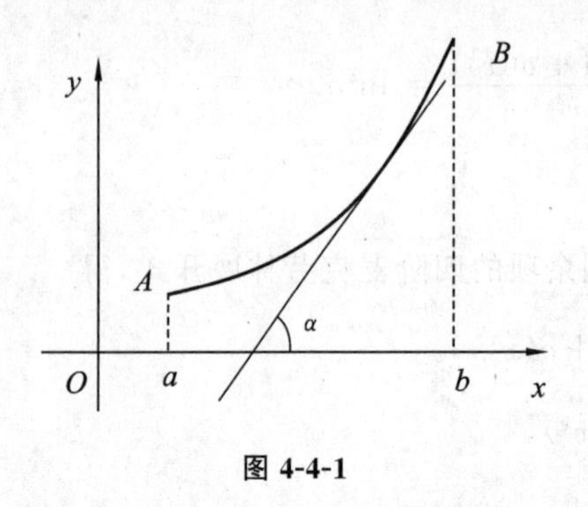

图 4-4-1

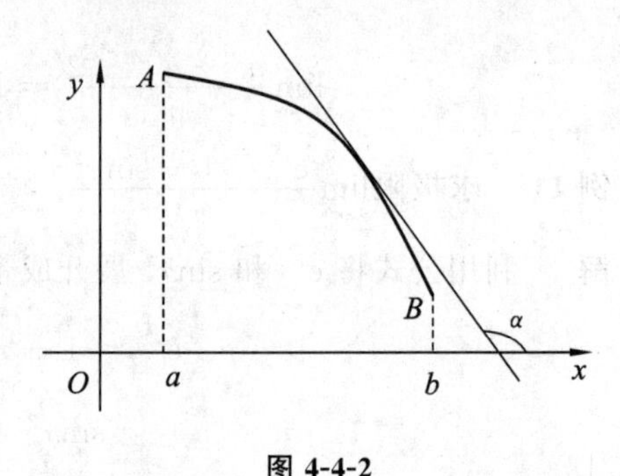

图 4-4-2

由此可见,函数的单调性与导数的正负有着密切的联系,能否用导数的正负来判定函数的单调性呢?

定理 1　设函数 $y=f(x)$ 在闭区间$[a,b]$上连续,在开区间(a,b)内可导,则

(1) 如果在(a,b)内 $f'(x)>0$,那么函数 $y=f(x)$ 在$[a,b]$内单调增加;

(2) 如果在(a,b)内 $f'(x)<0$,那么函数 $y=f(x)$ 在$[a,b]$内单调减少.

证明　只证(1)((2)类似可证).

在区间$[a,b]$上任取两点 x_1,x_2,不妨设 $x_1<x_2$,则函数 $y=f(x)$ 在区间$[x_1,x_2]$上满足拉格朗日中值定理的条件,所以存在 $\xi\in(x_1,x_2)$,使得

$$f(x_2)-f(x_1)=f'(\xi)(x_2-x_1).$$

因为在(a,b)内 $f'(x)>0$,故 $f'(\xi)>0$,又 $x_2-x_1>0$,于是有

$$f(x_2)-f(x_1)=f'(\xi)(x_2-x_1)>0$$

从而 $f(x_1)<f(x_2)$,因此函数 $y=f(x)$ 在$[a,b]$上单调增加.

注:(1) 定理中的闭区间$[a,b]$可换成其他各种区间.

(2) 在区间(a,b)内,如果个别点的导数等于零或导数不存在,而其余导数符号不变,则不影响函数的单调性.如幂函数 $y=x^3$,其导数 $y'=3x^2$ 在 $x=0$ 处为0,但它在其定义域$(-\infty,+\infty)$内是单调增加的.又如函数 $y=x^{\frac{1}{3}}$,在 $x=0$ 处导数不存在,但它在其定义域$(-\infty,+\infty)$内是单调增加的.

例 1　判定函数 $y=x-\sin x$ 在$[0,2\pi]$上的单调性.

解　因为函数 $y=x-\sin x$ 在$[0,2\pi]$上连续,在$(0,2\pi)$内可导,且

$$y'=1-\cos x>0,$$

所以由定理1可知函数 $y=x-\sin x$ 在$[0,2\pi]$上单调增加.

例 2　确定函数 $y=x^3-x^2-x+1$ 的单调区间.

解　函数 $y=x^3-x^2-x+1$ 的定义域为$(-\infty,+\infty)$,求导数得

$$y'=3x^2-2x-1=(3x+1)(x-1).$$

令 $y'=0$,得驻点 $x_1=-\dfrac{1}{3}$,$x_2=1$.

用驻点将定义域分为三个小区间,分别考察导数在各区间内的符号,就可确定函数在该区

间的单调性. 列表如下：

x	$\left(-\infty,-\frac{1}{3}\right)$	$-\frac{1}{3}$	$\left(-\frac{1}{3},1\right)$	1	$(1,+\infty)$
y'	+	0	−	0	+
y	↗		↘		↗

从表中可以看出，函数在区间 $\left(-\infty,-\frac{1}{3}\right)$ 和区间 $(1,+\infty)$ 内单调增加，在区间 $\left(-\frac{1}{3},1\right)$ 内单调减少.

还应该注意到，导数不存在的点，也可能成为函数单调增加区间和单调减少区间的分界点.

例 3　确定函数 $y=\frac{3}{8}x^{\frac{8}{3}}-\frac{3}{2}x^{\frac{2}{3}}$ 的单调区间.

解　函数的定义域为 $(-\infty,+\infty)$，求导数得

$$y'=x^{\frac{5}{3}}-x^{-\frac{1}{3}}=\frac{(x+1)(x-1)}{\sqrt[3]{x}},$$

令 $y'=0$，得驻点 $x_1=-1, x_2=1$. 当 $x=0$ 时，函数导数不存在.

我们用以上三个点把定义域分成四个小区间，列表考察各区间内导数的符号：

x	$(-\infty,-1)$	-1	$(-1,0)$	0	$(0,1)$	1	$(1,+\infty)$
y'	−	0	+	不存在	−	0	+
y	↘		↗		↘		↗

所以，函数在区间 $(-1,0)$ 和区间 $(1,+\infty)$ 内单调增加，在区间 $(-\infty,-1)$ 和区间 $(0,1)$ 内单调减少.

从以上三例可以看出，求函数的单调区间，应先求出驻点和一阶导数不存在的点，再用这些点把定义域分为若干个小区间，考查导数在各个小区间内的符号，然后根据定理 1 确定函数在各个小区间内的单调性.

利用函数单调性可以证明不等式.

例 4　证明当 $x>1$ 时，$2\sqrt{x}>3-\frac{1}{x}$.

证明　设函数 $f(x)=2\sqrt{x}-\left(3-\frac{1}{x}\right)(x\in[1,+\infty))$，则

$$f'(x)=\frac{1}{\sqrt{x}}-\frac{1}{x^2}=\frac{1}{x^2}(x\sqrt{x}-1),$$

当 $x>1$ 时，$f'(x)>0$，因此 $f(x)$ 在 $[1,+\infty)$ 内单调增加，又 $f(1)=0$，所以当 $x>1$ 时，

$$f(x)>f(1)=0,$$

即有 $2\sqrt{x}>3-\frac{1}{x}(x>1)$.

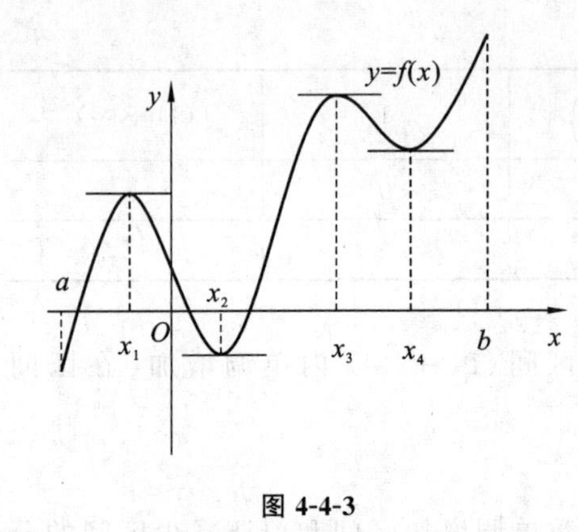

图 4-4-3

4.4.2 函数的极值

如图 4-4-3 所示，函数在点 x_1 处的函数值比它左右近旁的函数值都大，而在点 x_2 处的函数值比它左右近旁的函数值都小，对于这种特殊的点和它对应的函数值，我们给出如下定义：

定义 1 设函数 $f(x)$ 在点 x_0 的某邻域 $\mathring{U}(x_0)$ 内有定义，若 $\forall x \in U(x_0)$，都有

$$f(x) < f(x_0)(\text{或 } f(x) > f(x_0)),$$

则称 $f(x_0)$ 为函数 $f(x)$ 的一个**极大值(或极小值)**，点 x_0 称为 $f(x)$ 的一个**极大值点(或极小值点)**.

函数的极大值与极小值统称为函数的**极值**，极大值点与极小值点统称为函数的**极值点**.

如图 4-4-3 中的 x_1 和 x_3 是函数 $f(x)$ 的极大值点，$f(x_1)$ 和 $f(x_3)$ 是函数 $f(x)$ 的极大值；x_2 和 x_4 是函数 $f(x)$ 的极小值点，$f(x_2)$ 和 $f(x_4)$ 是函数 $f(x)$ 的极小值.

注：(1) 函数的极值是局部概念，它仅与极值点邻近的函数值比较大小，所以函数的极值只能在区间内部取得；函数的最大值和最小值是整体概念，是考虑整个区间上函数值的最大和最小，所以函数的最大值和最小值既可以在区间内部取得，也可以在区间的端点处确定.

(2) 函数的极值可能有多个，有时极小值比极大值大，如图 4-4-3，$f(x_4)$ 是函数 $f(x)$ 的极小值，但它比极大值 $f(x_1)$ 大. 如果函数在区间内存在最大值或最小值，则最大值、最小值唯一，但取得最大值、最小值的点不一定唯一.

(3) 极值不一定是最值，最值也不一定是极值，但区间内部取得的最值一定是极值.

(4) 极值点可能是不可导点(如图 4-4-3 中点 $x = x_2$ 处)，甚至是不连续点(如图 4-4-3 中点 $x = x_3$ 处).

从图 4-4-3 可以看出，曲线在点 x_1、x_2、x_3、x_4 处取得极值，其中 x_1、x_4 切线平行于 x 轴，即在点 x_1 和 x_4 处函数 $f(x)$ 的导数为零. 由此，我们给出函数极值存在的必要条件：

定理 2(极值存在的必要条件) 如果函数 $f(x)$ 在点 x_0 处可导，且在点 x_0 处取得极值，那么 $f'(x_0) = 0$.

定理 2 实际就是我们前面讲过的费马引理. 该定理说明，可导函数的极值点必定是它的驻点，但是，函数的驻点不一定是极值点. 例如点 $x = 0$ 是函数 $y = x^3$ 的驻点，但不是极值点. 所以定理 2 还不能解决所有求函数极值的问题. 尽管如此，定理 2 还是提供了寻求可导函数极值点的范围，即可从驻点中去寻找. 还要指出，函数导数不存在的点也可能是极值点，如函数 $f(x) = |x|$ 在点 $x = 0$ 处连续，并取得极小值，但函数 $f(x) = |x|$ 在 $x = 0$ 处不可导.

判断驻点或导数不存在的点是否是极值点，我们有如下定理：

定理 3(极值存在的第一充分条件) 设函数 $f(x)$ 在点 x_0 处连续，在点 x_0 的某去心邻域 $\mathring{U}(x_0)$ 内可导. 对任意的 $x \in \mathring{U}(x_0)$，

(1) 如果当 $x < x_0$ 时，$f'(x) > 0$；当 $x > x_0$ 时，$f'(x) < 0$，那么 $f(x)$ 在点 x_0 处取得极大值；

(2) 如果当 $x < x_0$ 时，$f'(x) < 0$；当 $x > x_0$ 时，$f'(x) > 0$，那么 $f(x)$ 在点 x_0 处取得极

小值；

(3) 如果 $f'(x)$ 的符号不变，那么 $f(x)$ 在点 x_0 处没有极值.

证明　(1) 事实上，由题设可知，当 $x < x_0$ 时，函数 $f(x)$ 单调增加，当 $x > x_0$ 时，函数 $f(x)$ 单调减少，所以对任意的 $x \in \mathring{U}(x_0)$，都有 $f(x) < f(x_0)$，即 $f(x_0)$ 为函数 $f(x)$ 的极大值.

(2)、(3) 的情形类似可证.

图 4-4-4 分别显示了以上三种情形：

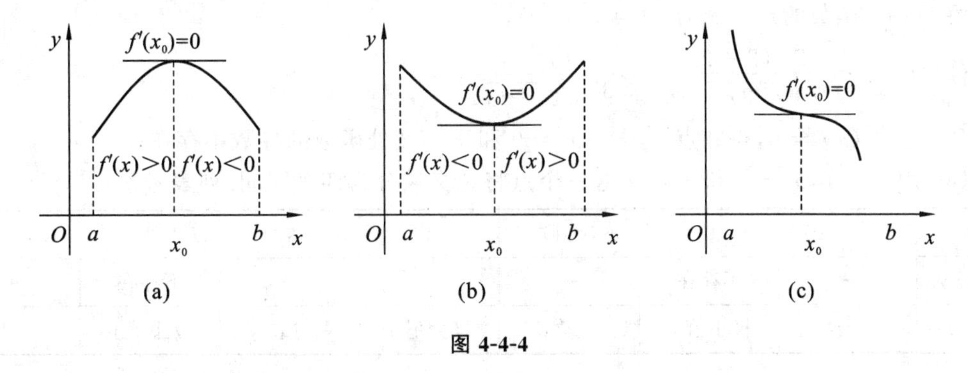

图 4-4-4

根据定理 2 和定理 3，可得到求函数 $f(x)$ 极值点和极值的步骤如下：

(1) 求出函数的定义域；

(2) 求出函数的导数 $f'(x)$；

(3) 求出函数 $f(x)$ 的驻点和一阶导数不存在的点；

(4) 用所有驻点和导数不存在的点把定义域分成若干个小区间，列表考察每个小区间内导数的符号，确定极值点；

(5) 求出各极值点处的函数值，即得函数 $f(x)$ 的全部极值.

例 5　求函数 $f(x) = 2x^3 - 6x^2 - 18x + 7$ 的极值.

解　(1) 函数 $f(x)$ 的定义域为$(-\infty, +\infty)$；

(2) $f'(x) = 6x^2 - 12x - 18 = 6(x+1)(x-3)$；

(3) 令 $f'(x) = 0$，得驻点 $x_1 = -1, x_2 = 3$；

(4) 列表考察：

x	$(-\infty, -1)$	-1	$(-1, 3)$	3	$(3, +\infty)$
$f'(x)$	+	0	−	0	+
$f(x)$	↗	极大值 17	↘	极小值 −47	↗

所以，函数 $f(x)$ 的极大值为 $f(-1) = 17$，极小值为 $f(3) = -47$.

例 6　求函数 $f(x) = (x^2 - 1)^3 + 1$ 的极值.

解　(1) 函数 $f(x)$ 的定义域为$(-\infty, +\infty)$；

(2) $f'(x) = 3(x^2-1)^2 2x = 6x(x+1)^2(x-1)^2$，无不可导点；

(3) 令 $f'(x) = 0$，得驻点 $x_1 = -1, x_2 = 0, x_3 = 1$；

(4) 列表考察：

x	$(-\infty,-1)$	-1	$(-1,0)$	0	$(0,1)$	1	$(1,+\infty)$
$f'(x)$	$-$	0	$-$	0	$+$	0	$+$
$f(x)$	↘		↘	极小值 0	↗		↗

由上表可知，函数 $f(x)$ 的极小值为 $f(0)=0$，驻点 $x_1=-1$，$x_3=1$ 不是极值点.

例 7　求函数 $f(x)=\sqrt[3]{(2x-x^2)^2}$ 的极值.

解　(1) 函数的定义域为$(-\infty,+\infty)$；

(2) $f'(x)=\dfrac{2}{3}\dfrac{(2-2x)}{\sqrt[3]{2x-x^2}}=\dfrac{4}{3}\dfrac{(1-x)}{\sqrt[3]{2x-x^2}}$；

(3) 令 $f'(x)=0$，得驻点 $x=1$；$x=0$ 和 $x=2$ 处函数的导数不存在；

(4) 用 $x=0$，$x=1$ 和 $x=2$ 这三个点将定义域分为四个区间.列表考察：

x	$(-\infty,0)$	0	$(0,1)$	1	$(1,2)$	2	$(2,+\infty)$
$f'(x)$	$-$	不存在	$+$	0	$-$	不存在	$+$
$f(x)$	↘	极小值 0	↗	极大值 1	↘	极小值 0	↗

由上表可知，函数 $f(x)$ 的极大值为 $f(1)=1$，极小值为 $f(0)=0$ 和 $f(2)=0$.

定理 4(极值存在的第二充分条件)　设函数 $f(x)$ 在点 x_0 处具有二阶导数且 $f'(x_0)=0$，$f''(x_0)\neq 0$，那么

(1) 当 $f''(x_0)<0$ 时，函数 $f(x)$ 在 x_0 处取得极大值；

(2) 当 $f''(x_0)>0$ 时，函数 $f(x)$ 在 x_0 处取得极小值.

证明　对情形(1)，由于 $f''(x_0)<0$，由二阶导数的定义有

$$f''(x_0)=\lim_{x\to x_0}\frac{f'(x)-f'(x_0)}{x-x_0}<0.$$

根据函数的局部保号性，当 x 在 x_0 的足够小的去心邻域内时，

$$\frac{f'(x)-f'(x_0)}{x-x_0}<0,$$

但 $f'(x_0)=0$，所以上式即为

$$\frac{f'(x)}{x-x_0}<0.$$

于是对于去心邻域内的 x 来说，$f'(x)$ 与 $x-x_0$ 符号相反.因此，当 $x-x_0<0$ 即 $x<x_0$ 时，$f'(x)>0$；当 $x-x_0>0$ 即 $x>x_0$ 时，$f'(x)<0$.根据定理 2，$f(x)$ 在 x_0 处取得极大值.

类似地可以证明情形(2).

注：如果函数 $f(x)$ 在驻点 x_0 处的二阶导数 $f''(x_0)\neq 0$，那么该点 x_0 一定是极值点，并可以按 $f''(x_0)$ 的符号来判定 $f(x_0)$ 是极大值还是极小值.但如果 $f''(x_0)=0$，定理 4 就不能应用，此时 $f(x_0)$ 可能是极值，也可能不是极值，需要用其他方法来判断.

例如函数 $f(x)=x^4$，因为

$$f'(x)=4x^3,f''(x)=12x^2,$$

所以

$$f'(0)=0, f''(0)=0.$$

但当 $x<0$ 时 $f'(x)<0$,当 $x>0$ 时 $f'(x)>0$,所以 $f(0)=0$ 为极小值.

又如函数 $g(x)=x^3$,因为

$$g'(x)=3x^2, g''(x)=6x,$$

所以

$$g'(0)=0, g''(0)=0,$$

但 $g(0)=0$ 不是极值.

例 8　求出函数 $f(x)=\mathrm{e}^{-x}\sin x$ 在区间 $[0,2\pi]$ 上的极值.

解
$$f'(x)=\mathrm{e}^{-x}(\cos x-\sin x), f''(x)=-2\mathrm{e}^{-x}\cos x.$$

令 $f'(x)=0$,得驻点 $x_1=\dfrac{\pi}{4}, x_2=\dfrac{5\pi}{4}$,由于 $f''\left(\dfrac{\pi}{4}\right)=-\sqrt{2}\mathrm{e}^{-\frac{\pi}{4}}<0$,所以 $f\left(\dfrac{\pi}{4}\right)=\dfrac{\sqrt{2}}{2}\mathrm{e}^{-\frac{\pi}{4}}$ 为极大值;而 $f''\left(\dfrac{5\pi}{4}\right)=\sqrt{2}\mathrm{e}^{-\frac{5\pi}{4}}>0$,所以 $f\left(\dfrac{5\pi}{4}\right)=-\dfrac{\sqrt{2}}{2}\mathrm{e}^{-\frac{5\pi}{4}}$ 为极小值.

4.4.3　最值

在生产实践中,常会遇到一类“最大”“最小”“最省”等问题,例如厂家生产一种圆柱形杯子,就要考虑在一定条件下,杯子的直径和高各取多少时,用料最省;又如销售某种商品,在成本固定之下,怎样确定零售价,才能使商品售出最多,获得利润最大. 这类问题在数学上叫做最大值、最小值问题,简称**最值问题**. 如何求解最值问题呢?

1. 闭区间上连续函数的最值

设函数 $f(x)$ 在闭区间 $[a,b]$ 上连续,则函数 $f(x)$ 在闭区间 $[a,b]$ 上存在最大值和最小值. 求函数 $f(x)$ 在闭区间 $[a,b]$ 上的最大值和最小值的步骤为:

(1) 求出函数 $f(x)$ 在开区间 (a,b) 内的所有驻点和导数不存在的点;

(2) 求出所有驻点和导数不存在点的函数值以及端点处的函数值 $f(a)$ 和 $f(b)$;

(3) 比较以上所有函数值的大小,可得函数 $f(x)$ 在闭区间 $[a,b]$ 上的最大值和最小值.

例 9　求函数 $f(x)=2x^3+3x^2-12x+14$ 在区间 $[-3,4]$ 上的最大值与最小值.

解　(1) $f'(x)=6x^2+6x-12=6(x+2)(x-1)$,

令 $f'(x)=0$,得函数 $f(x)$ 定义域内的驻点为 $x_1=-2, x_2=1$;

(2) 驻点和端点处的函数值分别为:

$$f(-2)=34, f(1)=7, f(-3)=23, f(4)=142;$$

(3) 比较以上各函数值,可得函数 $f(x)$ 在区间 $[-3,4]$ 上的最大值为 $f(4)=142$,最小值为 $f(1)=7$.

例 10　求函数 $f(x)=\dfrac{x}{1+x^2}$ 在区间 $[0,2]$ 上的最大值与最小值.

解
$$f'(x)=\frac{x^2+1-2x^2}{(1+x^2)^2}=\frac{1-x^2}{(1+x^2)^2},$$

令 $f'(x)=0$ 得函数 $f(x)$ 定义域内的驻点为 $x=1$($x=-1$ 舍去). 由

$$f(1)=\frac{1}{2}, f(0)=0, f(2)=\frac{2}{5},$$

可知,函数 $f(x)$ 在区间$[0,2]$上的最大值是 $f(1)=\frac{1}{2}$,最小值是 $f(0)=0$.

2. 开区间上连续函数的最值

如果函数 $f(x)$ 在开区间(a,b)内可导,且有唯一的极值点 x_0,那么当 $f(x_0)$ 是极大值时,$f(x_0)$ 就是 $f(x)$ 在该区间上的最大值(如图 4-4-5(a) 所示);当 $f(x_0)$ 是极小值时,$f(x_0)$ 就是 $f(x)$ 在该区间上的最小值(如图 4-4-5(b) 所示).

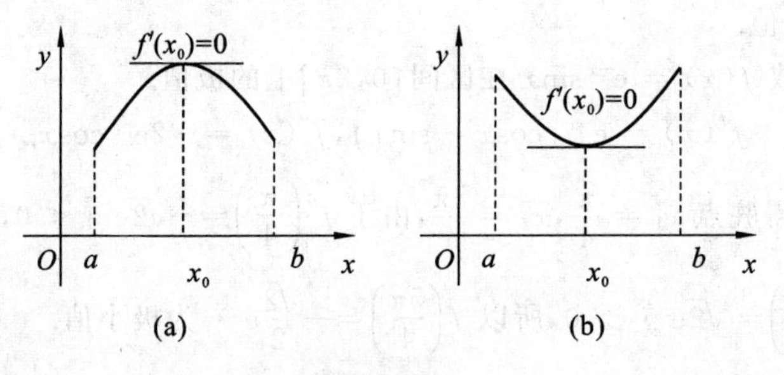

图 4-4-5

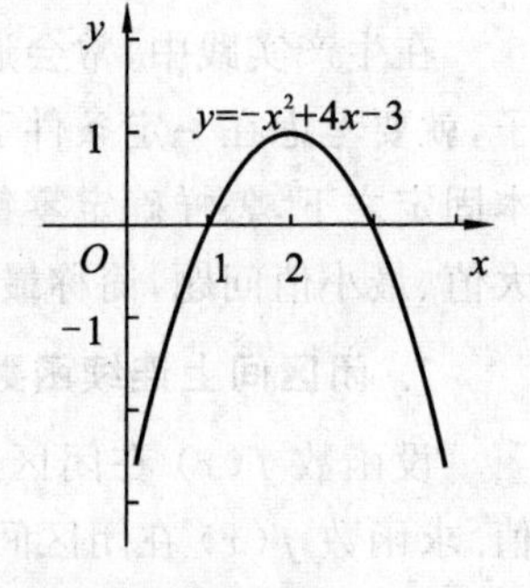

图 4-4-6

例 11 求函数 $y=-x^2+4x-3$ 的最大值.

解 函数的定义域为$(-\infty,+\infty)$,因为

$$f'(x)=-2x+4=-2(x-2),$$

令 $f'(x)=0$,得驻点为 $x=2$,可以判断 $x=2$ 是 y 的极大值点.由于函数在$(-\infty,+\infty)$内只有唯一的一个极值点,所以函数的极大值就是它的最大值,即最大值为 $f(2)=1$(如图 4-4-6 所示).

3. 应用举例

在实际问题中,如果函数 $f(x)$ 在某开区间内只有一个驻点 x_0,而且从实际问题本身又可以知道 $f(x)$ 在该区间内必定有最大值或最小值,那么 $f(x_0)$ 就是所要求的最大值或最小值.

例 12 设两正数之和为定值,求它们乘积的最大值.

解 设两正数分别为 x,y,且

$$x+y=a \quad (a \text{ 为常数}).$$

又设 x,y 的乘积为 s,依题意有

$$s=xy=x(a-x)=ax-x^2, x\in(0,a)$$

$$s'=a-2x,$$

令 $s'=0$,得驻点

$$x=\frac{a}{2}.$$

因为在$(0,a)$内只有一个驻点,所以由题意可知,当两正数 $x=y=\frac{a}{2}$ 时,其积 s 最大,且最大值为 $s=\frac{a^2}{4}$.

例 13 把边长为 a(cm)的正方形纸板的四个角剪去四个大小相等的小正方形(如图 4-4-7(a) 所示),折成一个无盖的盒子(如图 4-4-7(b) 所示),问怎样做才能使盒子的容积

最大？

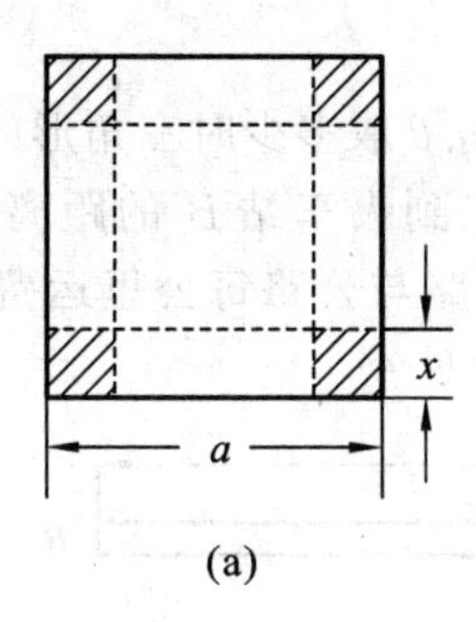

(a)

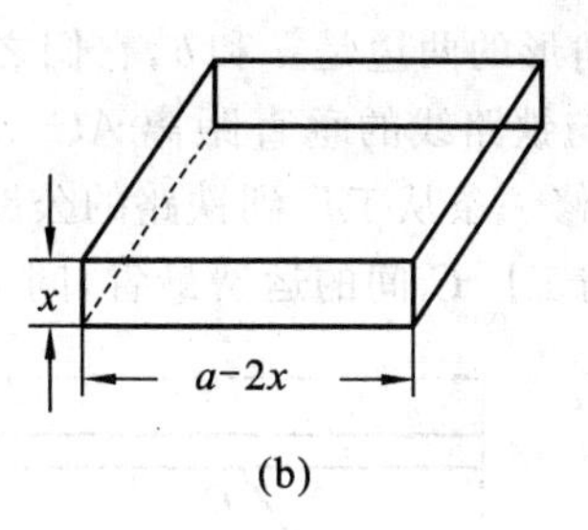

(b)

图 4-4-7

解　设剪去的小正方形的边长为 x，则盒子的容积为

$$V = x(a-2x)^2 \quad \left(0 < x < \frac{a}{2}\right),$$

求导数，得

$$V' = (a-2x)^2 - 4x(a-2x) = (a-2x)(a-6x),$$

令 $V'=0$，得驻点 $x=\frac{a}{6}$ 和 $x=\frac{a}{2}$，其中 $x=\frac{a}{2}$ 不合题意，故在区间 $\left(0,\frac{a}{2}\right)$ 内只有一个驻点 $x=\frac{a}{6}$，而所做的纸盒一定有最大容积，因此，当四角剪去边长为 $\frac{a}{6}$(cm) 的小正方形时，做成的纸盒的容积最大.

习　题　4.4

1. 求下列函数的极值与单调区间.

(1) $y=\frac{1}{3}x^3-x^2-3x+1$；　(2) $y=2x+\frac{8}{x}(x>0)$；

(3) $y=\frac{2}{3}x-\sqrt[3]{x^2}$；　(4) $y=\ln(x+\sqrt{1+x^2})$.

2. 证明下列不等式.

(1) 当 $x\geqslant 0$ 时，$(1+x)\ln(1+x)\geqslant \arctan x$；(2) $0<x<\frac{\pi}{2}$ 时，$\tan x > x+\frac{1}{3}x^3$；

(3) 对任意实数 a 和 b，成立不等式 $\frac{|a+b|}{1+|a+b|}\leqslant\frac{|a|}{1+|a|}+\frac{|b|}{1+|b|}$.

3. 试问 a 为何值时，函数 $f(x)=a\sin x+\frac{1}{3}\sin 3x$ 在 $x=\frac{\pi}{3}$ 处取得极值，并求出极值.

4. 求下列函数的最大值和最小值.

(1) $y=2x^3-3x^2, -1\leqslant x\leqslant 4$；　(2) $y=x^4-8x^2+2, -1\leqslant x\leqslant 3$；

(3) $y=x+\sqrt{1-x}, -5\leqslant x\leqslant 1$.

5. 函数 $y=x^2-\frac{54}{x}(x<0)$ 在何处取得最小值？

6. 在半径为 2 的半圆中作一个内接矩形，矩形可能取得的最大面积是多少？它的尺寸是多少？

7. 要造一个圆柱形油罐，体积为V，问底面半径r和高h等于多少时，才能使用料最省？这时底的直径与高的比是多少？

8. 一个三角形的两边是a和b，它们之间的夹角是θ. θ取多少时三角形的面积最大？

9. 工厂C与铁路线的垂直距离AC为20 km，A点到火车站B的距离为100 km(如图4-4-8所示). 欲修一条从工厂到铁路的公路CD，已知铁路与公路每公里运费之比为3∶5，为了使火车站B与工厂C间的运费最省，问D点应选在何处？

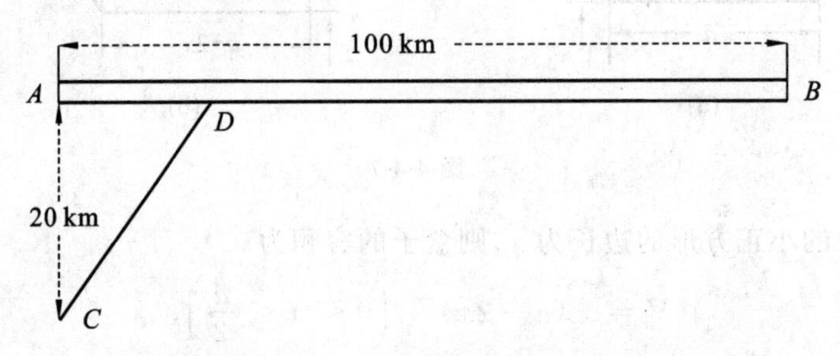

图 4-4-8

4.5　曲线的凹凸性与图形的描绘

本节我们将介绍函数的凹凸性、拐点、渐近线以及函数图形的描绘.

4.5.1　曲线的凹凸与拐点

观察图4-5-1(a)，曲线上任意两点的连线都在曲线的上方，此时曲线为凹的；图4-5-1(b)，曲线上任意两点的连线都在曲线的下方，此时曲线为凸的. 为此，我们给出曲线凹凸性的定义：

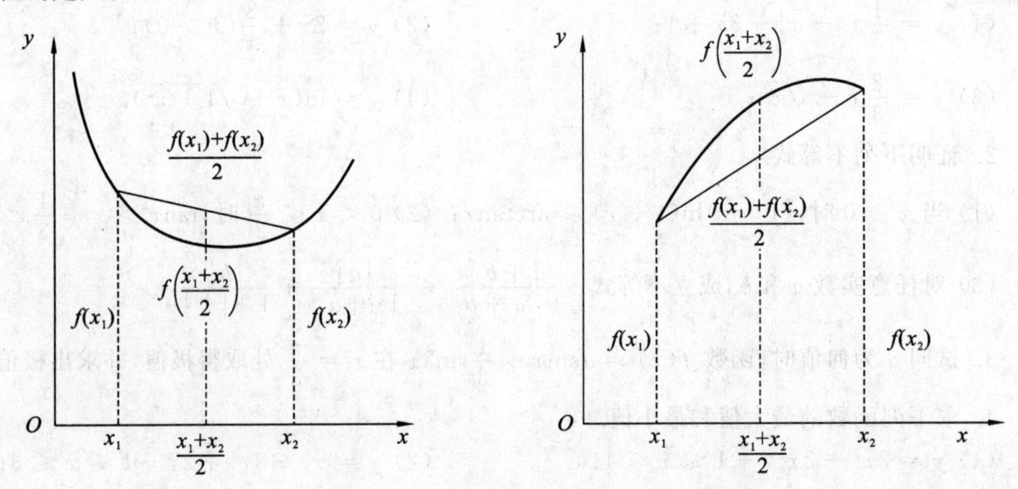

图 4-5-1

定义 1　设$f(x)$在区间I上连续，对I上任意两点x_1,x_2，如果恒有

$$f\left(\frac{x_1+x_2}{2}\right)<\frac{f(x_1)+f(x_2)}{2},$$

那么称 $f(x)$ 在 I 上的图形是**凹的**(**或凹弧**)(如图 4-5-1(a) 所示);如果恒有

$$f\left(\frac{x_1+x_2}{2}\right)>\frac{f(x_1)+f(x_2)}{2},$$

那么称 $f(x)$ 在 I 上的图形是**凸的**(**或凸弧**)(如图 4-5-1(b) 所示).

进一步地还可以观察到,如果 $f(x)$ 在区间 I 上的图形是凹的(如图 4-5-2(a) 所示),则曲线上任一点处的切线都在曲线的下方,并且随着 x 的增加,切线的斜率在增加,即导数 $f'(x)$ 是单调增加的,此时 $f''(x)>0$;如果 $f(x)$ 在区间 I 上的图形是凸的(如图 4-5-2(b) 所示),则曲线上任一点处的切线都在曲线的上方,并且随着 x 的增加,切线的斜率在减少,即导数 $f'(x)$ 是单调减少的,此时 $f''(x)<0$. 因此我们可利用二阶导数 $f''(x)$ 的大于零和小于零,来确定曲线的凹凸性.

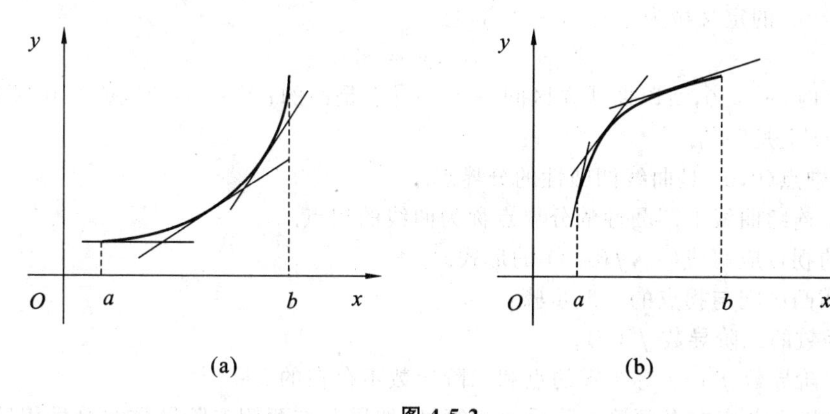

图 4-5-2

定理 1　设函数 $y=f(x)$ 在闭区间$[a,b]$上连续,在开区间(a,b)内具有一阶、二阶导数,则

(1) 如果在区间(a,b) 内 $f''(x)>0$,那么函数 $y=f(x)$ 在区间$[a,b]$ 上的图形是凹的;

(2) 如果在区间(a,b) 内 $f''(x)<0$,那么函数 $y=f(x)$ 在区间$[a,b]$ 上的图形是凸的.

证明　仅对情形(1) 给出证明,情形(2) 可类似证明.

设 x_1,x_2 是区间$[a,b]$上的任意两点,且 $x_1<x_2$,令 $x_0=\dfrac{x_1+x_2}{2}$,由泰勒公式有:

$$f(x)=f(x_0)+f'(x_0)(x-x_0)+\frac{f''(\xi)}{2}(x-x_0)^2,\quad (\xi \text{ 介于 } x \text{ 与 } x_0 \text{ 之间})$$

特别地,

$$f(x_1)=f(x_0)+f'(x_0)(x_1-x_0)+\frac{f''(\xi_1)}{2}(x_1-x_0)^2,\quad (\xi_1 \text{ 介于 } x_1 \text{ 与 } x_0 \text{ 之间})$$

$$f(x_2)=f(x_0)+f'(x_0)(x_2-x_0)+\frac{f''(\xi_2)}{2}(x_2-x_0)^2,\quad (\xi_2 \text{ 介于 } x_2 \text{ 与 } x_0 \text{ 之间})$$

记 $x_2-x_0=x_0-x_1=t$,将上面两式相加得,

$$f(x_1)+f(x_2)=2f(x_0)+\left[\frac{f''(\xi_2)}{2}+\frac{f''(\xi_1)}{2}\right]t^2,$$

因为 $f''(x)>0$,故 $\left[\dfrac{f''(\xi_2)}{2}+\dfrac{f''(\xi_1)}{2}\right]t^2>0$,所以

$$f(x_1)+f(x_2)>2f(x_0),$$

即

$$f\left(\frac{x_1+x_2}{2}\right)<\frac{f(x_1)+f(x_2)}{2},$$

因此函数 $y=f(x)$ 在区间$[a,b]$上的图形是凹的.

注:定理中的闭区间可换成其他类型的区间.

例 1 判断曲线 $y=\ln x$ 的凹凸性.

解 因为 $y=\ln x$ 的定义域为$(0,+\infty)$,且

$$y'=\frac{1}{x},y''=-\frac{1}{x^2}<0,$$

所以由定理 1 知,曲线 $y=\ln x$ 在区间$(0,+\infty)$上是凸的.

例 2 求曲线 $y=x^3$ 的凹凸区间.

解 $y=x^3$ 的定义域为$(-\infty,+\infty)$,且

$$y'=3x^2,y''=6x.$$

因为当 $x<0$ 时,$y''<0$,所以曲线在区间$(-\infty,0]$上是凸的;当 $x>0$ 时,$y''>0$,所以曲线在区间$[0,+\infty)$上是凹的.

注:例 2 中点$(0,0)$是曲线凹凸性的分界点.

定义 2 连续曲线上凹凸性的分界点称为曲线的拐点.

曲线上的拐点应写成$(x_0,f(x_0))$的形式.

求曲线凹凸区间与拐点的一般步骤:

(1) 求函数的二阶导数 $f''(x)$;

(2) 求二阶导数 $f''(x)$ 等于零的点和二阶导数不存在的点;

(3) 检查以上各点左右两侧二阶导数的符号,如果左右两侧二阶导数的符号相反,那么点$(x_0,f(x_0))$是拐点;否则点$(x_0,f(x_0))$不是拐点,与此同时,也可确定曲线的凹凸区间.

例 3 求曲线 $y=2x^3+3x^2-12x+14$ 的拐点.

解 因为 $y=2x^3+3x^2-12x+14$ 的定义域为$(-\infty,+\infty)$,且

$$y'=6x^2+6x-12,y''=12x+6=12\left(x+\frac{1}{2}\right),$$

令 $y''=0$,得 $x=-\frac{1}{2}$.由于当 $x<-\frac{1}{2}$ 时,$y''<0$;当 $x>-\frac{1}{2}$ 时,$y''>0$,故点$\left(-\frac{1}{2},20\frac{1}{2}\right)$是曲线的拐点.

例 4 求曲线 $y=3x^4-4x^3+1$ 的凹凸区间和拐点.

解 函数 $y=3x^4-4x^3+1$ 的定义域为$(-\infty,+\infty)$,且

$$y'=12x^3-12x^2,y''=36x^2-24x=36x\left(x-\frac{2}{3}\right),$$

令 $y''=0$,得 $x_1=0,x_2=\frac{2}{3}$.列表讨论如下:

x	$(-\infty,0)$	0	$\left(0,\frac{2}{3}\right)$	$\frac{2}{3}$	$\left(\frac{2}{3},+\infty\right)$
$f''(x)$	+	0	−	0	+
$f(x)$	凹	拐点	凸	拐点	凹

由表可知,曲线 $y=3x^4-4x^3+1$ 的凹区间为$(-\infty,0)$和$\left(\frac{2}{3},+\infty\right)$,凸区间为$\left(0,\frac{2}{3}\right)$,

拐点为(0,1) 和$\left(\frac{2}{3},\frac{11}{27}\right)$.

例 5　判断曲线 $y = x^4$ 是否有拐点.

解　因为 $y = x^4$ 的定义域为$(-\infty, +\infty)$,且

$$y' = 4x^3, y'' = 12x^2,$$

令 $y'' = 0$,得 $x = 0$. 当 $x \neq 0$ 时,$y'' > 0$,故函数的二阶导数在点 $x = 0$ 的两侧同号,因此点(0,0) 不是曲线的拐点,所以曲线无拐点.

例 6　求曲线 $y = \sqrt[3]{x}$ 的拐点.

解　函数 $y = \sqrt[3]{x}$ 在区间$(-\infty, +\infty)$ 内连续,且

$$y' = \frac{1}{3\sqrt[3]{x^2}}, y'' = -\frac{2}{9x\sqrt[3]{x^2}},$$

$x = 0$ 处二阶导数不存在. 但当 $x < 0$ 时,$y'' > 0$,当 $x > 0$ 时,$y'' < 0$,所以点(0,0) 是曲线的拐点.

4.5.2　曲线渐近线

为了描述曲线在无穷远处的变化趋势,我们引进曲线渐近线的概念.

定义 3　如果曲线 $y = f(x)$ 上的一动点沿着曲线移向无穷远处时,动点与某条定直线 L 的距离趋于零,则称直线 L 为曲线 $y = f(x)$ 的一条**渐近线**(如图 4-5-3 所示).

渐近线分为水平渐近线(平行于 x 轴),铅直渐近线(平行于 y 轴) 和斜渐近线(与两坐标轴都不平行) 三种.

1. 水平渐近线

设曲线 $y = f(x)$ 在 $|x|$ 充分大时有定义,若

$$\lim_{x\to\infty} f(x) = C \quad (C \text{ 为常数}),$$

则称直线 $y = C$ 为曲线 $y = f(x)$ 的一条**水平渐近线**. 其中 $x \to \infty$ 的情形可以改为 $x \to +\infty$ 或 $x \to -\infty$.

例如,对于函数 $y = \frac{1}{x-1}$,因为

$$\lim_{x\to\infty} \frac{1}{x-1} = 0,$$

所以直线 $y = 0$ 为曲线的一条水平渐近线(如图 4-5-4 所示).

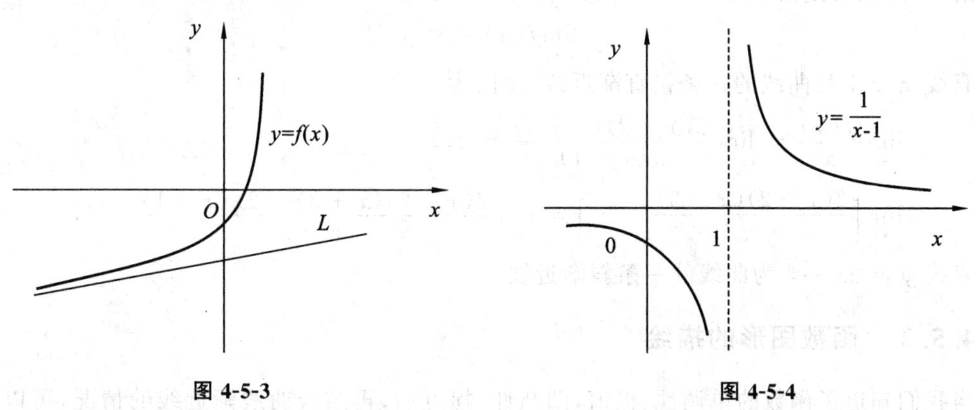

图 4-5-3　　　　图 4-5-4

又如，对于函数 $y=\arctan x$，因为

$$\lim_{x\to+\infty}\arctan x=\frac{\pi}{2},\ \lim_{x\to-\infty}\arctan x=-\frac{\pi}{2},$$

所以直线 $y=\frac{\pi}{2}$ 和 $y=-\frac{\pi}{2}$ 为曲线的水平渐近线.

2. 铅直渐近线

设曲线 $y=f(x)$ 在 x_0 的某去心邻域内有定义，若

$$\lim_{x\to x_0}f(x)=\infty,$$

则称直线 $x=x_0$ 为曲线的一条**铅直渐近线**. 其中 $x\to x_0$ 的情形可以改为 $x\to x_0^+$ 或 $x\to x_0^-$.

例如，对于函数 $y=\frac{1}{x-1}$，因为

$$\lim_{x\to1}\frac{1}{x-1}=\infty,$$

所以直线 $x=1$ 为函数 $y=\frac{1}{x-1}$ 所表示曲线的一条铅直渐近线（如图 4-5-4 所示）.

又如，对于函数 $y=\ln x$，因为

$$\lim_{x\to0^+}\ln x=-\infty,$$

所以直线 $x=0$ 为曲线的一条铅直渐近线.

3. 斜渐近线

设曲线 $y=f(x)$ 在 $|x|$ 充分大时有定义，若

$$\lim_{x\to\infty}[f(x)-(ax+b)]=0,$$

其中 a,b 为常数，且 $a\neq0$，则称直线 $y=ax+b$ 为曲线的一条**斜渐近线**. 其中 $x\to\infty$ 的情形可以改为 $x\to+\infty$ 或 $x\to-\infty$.

事实上，如果曲线 $y=f(x)$ 有斜渐近线，则

$$a=\lim_{x\to\infty}\frac{f(x)}{x},b=\lim_{x\to\infty}[f(x)-ax].$$

例 7 求曲线 $f(x)=\frac{2(x-2)(x+3)}{x-1}$ 的渐近线.

解 函数的定义域为 $(-\infty,1)\cup(1,+\infty)$. 因为

$$\lim_{x\to1}f(x)=\infty,$$

所以直线 $x=1$ 是曲线的一条铅直渐近线. 又因为

$$\lim_{x\to\infty}\frac{f(x)}{x}=\lim_{x\to\infty}\frac{2(x-2)(x+3)}{x(x-1)}=2,$$

$$\lim_{x\to\infty}\left[\frac{2(x-2)(x+3)}{x-1}-2x\right]=\lim_{x\to\infty}\frac{2(x-2)(x+3)-2x(x-1)}{x-1}=4,$$

所以直线 $y=2x+4$ 为曲线的一条斜渐近线.

4.5.3 函数图形的描绘

当我们知道了函数的单调性、极值，凹凸性、拐点后，再结合曲线渐近线的情况，可以把函

数的图形描绘出来.

描绘函数图形的一般步骤如下：

(1) 确定函数 $y=f(x)$ 的定义域,研究函数的某些特性(如奇偶性、周期性、有界性等)；

(2) 求函数的一阶导数 $f'(x)$ 和二阶导数 $f''(x)$,找出使一阶导数和二阶导数等于零的点,以及函数 $f(x)$ 的间断点和一阶导数、二阶导数不存在的点,用这些点将函数的定义域划分为若干个小区间；

(3) 确定在这些小区间内 $f'(x)$ 和 $f''(x)$ 的符号,并由此确定函数的单调区间、极值,凹凸区间、拐点；

(4) 确定函数图形的渐近线以及其他变化趋势；

(5) 计算出(2)中各点所对应的函数值,并在坐标面上画出相应的点,有时,还需适当补充一些点(如与坐标轴的交点和曲线的端点等),然后结合(3)和(4)中得到的结果,描绘出函数 $y=f(x)$ 的图形.

例 8　作函数 $y=3x-x^3$ 的图形.

解　(1) 函数的定义域为 $(-\infty,+\infty)$,函数为奇函数；

(2) 求函数的一阶导数和二阶导数,

$$f'(x)=3-3x^2, f''(x)=-6x,$$

令 $f'(x)=0$,得 $x=-1$ 和 $x=1$;令 $f''(x)=0$,得 $x=0$.

(3) 列表确定函数的单调区间、极值,凹凸区间、拐点：

x	$(-\infty,-1)$	-1	$(-1,0)$	0	$(0,1)$	1	$(1,+\infty)$
$f'(x)$	$-$	0	$+$	$+$	$+$	0	$-$
$f''(x)$	$+$	$+$	$+$	0	$-$	$-$	$-$
$f(x)$	↘	极小值 -2	↗	拐点(0,0)	↗	极大值 2	↘

(4) 函数无水平渐近线.

(5) 算出 $x=-1,0,1$ 处的函数值：

$$f(-1)=-2, f(0)=0, f(1)=2$$

从而得到函数 $y=3x-x^3$ 的图形上的三个点:$A(-1,-2)$,$B(0,0)$,$C(1,2)$.

适当补充一些点,例如,$(-\sqrt{3},0)$,$(\sqrt{3},0)$.

作函数 $y=3x-x^3$ 的图形(如图 4-5-5 所示).

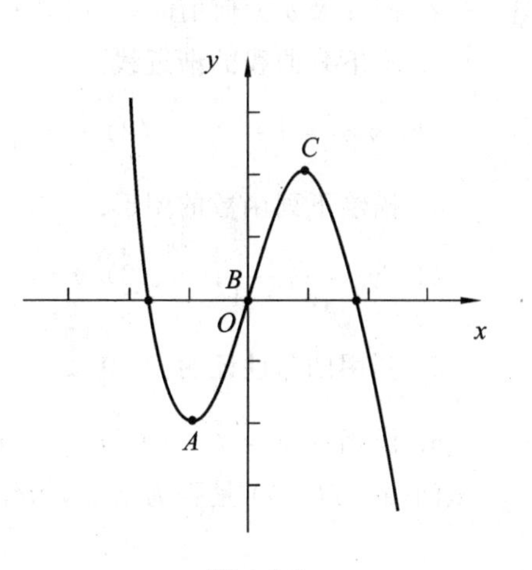

图 4-5-5

例 9　作函数 $y=\dfrac{4(x+1)}{x^2}-2$ 的图形.

解　(1) 函数的定义域为 $(-\infty,0)\cup(0,+\infty)$.

(2) 求函数的一阶导数和二阶导数,

$$f'(x)=-\frac{4(x+2)}{x^3},\quad f''(x)=\frac{8(x+3)}{x^4},$$

令 $f'(x)=0$,得 $x=-2$;令 $f''(x)=0$,得 $x=-3$.

(3) 列表确定函数的单调区间、极值,凹凸区间、拐点:

x	$(-\infty,-3)$	-3	$(-3,-2)$	-2	$(-2,0)$	$(0,+\infty)$
$f'(x)$	$-$	$-$	$-$	0	$+$	$-$
$f''(x)$	$-$	0	$+$	$+$	$+$	$+$
$f(x)$	↘	拐点	↘	极小值	↗	↘

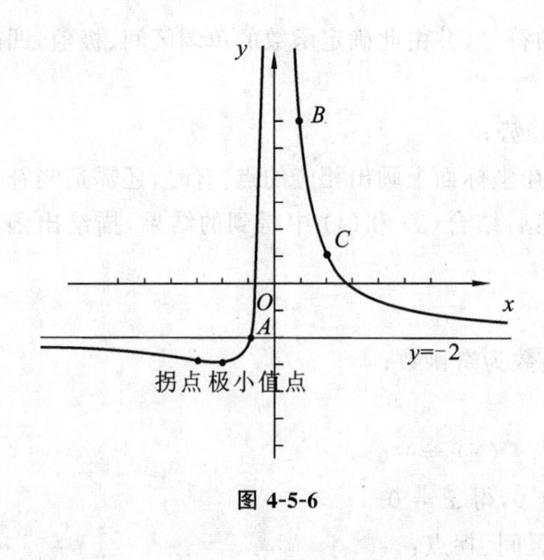

图 4-5-6

(4) 因为 $\lim\limits_{x\to\infty} f(x) = -2$,所以 $y=-2$ 为曲线的一条水平渐近线;又因为 $\lim\limits_{x\to 0} f(x) = \infty$,所以 $x=0$ 是曲线的一条铅直渐近线.

(5) 曲线上极小值点的坐标为 $(-2,-3)$,拐点为 $\left(-3,-\dfrac{26}{9}\right)$.

适当补充一些点.例如,曲线与 x 轴的交点 $(1-\sqrt{3},0)$、$(1+\sqrt{3},0)$,曲线与渐近线 $y=-2$ 的交点 $A(-1,-2)$,以及曲线上的点:$B(1,6)$ 和 $C(2,1)$.

作函数 $y=\dfrac{4(x+1)}{x^2}-2$ 的图形(如图 4-5-6 所示).

习　题　4.5

1. 求下列函数图形的拐点及凹凸区间.

(1) $y=x^2-x^3$;　(2) $y=3x^5-5x^3$;　(3) $y=\ln(1+x^2)$;　(4) $y=\dfrac{2x}{1+x^2}$.

2. 问 a 及 b 为何值时,点 $(1,3)$ 为曲线 $y=ax^3+bx^2$ 的拐点?

3. 求下列曲线的渐近线.

(1) $y=\mathrm{e}^{-\frac{1}{x}}$;　(2) $y=\dfrac{\mathrm{e}^x}{1+x}$;　(3) $y=x+\mathrm{e}^{-x}$;　(4) $y=\dfrac{x^3}{(x+1)^2}$.

4. 描绘下列函数的图形.

(1) $y=\dfrac{2x^2}{x^2-1}$;　(2) $y=\dfrac{x}{1+x^2}$;　(3) $y=x^2+\dfrac{1}{x}$.

5. 利用凹凸性证明:当 $0<x<\pi$ 时,$\sin\dfrac{x}{2}>\dfrac{x}{\pi}$.

6. 设函数 $y=f(x)$ 在 $x=x_0$ 的某邻域内具有三阶导数,如果 $f''(x_0)=0$,而 $f'''(x_0)\neq 0$,试问 $(x_0,f(x_0))$ 是否为拐点,为什么?

4.6　曲　　率

考察和研究曲线的弯曲程度具有很重要的实际意义.例如:材料力学中梁在外力(载荷)

的作用下要产生弯曲变形，断裂往往发生在弯曲最厉害的地方；设计铁路、公路的弯道时，就必须考虑其弯曲程度，如果弯曲得太厉害，那么车辆高速行驶至弯道时，就容易造成出轨，甚至翻车；再如车床的主轴由于自重会产生弯曲变形，若弯曲太厉害，将影响车床的精确度和正常运转. 为此，本节将利用导数来研究曲线的弯曲程度，即曲率. 作为预备知识，先介绍弧微分.

4.6.1　弧微分

1. 有向弧

给定曲线 $y=f(x)$，取曲线上一固定点 $M_0(x_0,y_0)$ 作为度量弧长的基点. **规定**：依 x 增大的方向为曲线的正向. 对曲线上任一点 $M(x,y)$，有向弧段$\overset{\frown}{M_0M}$的值 s 规定如下：

(1) s 的绝对值$|s|$等于该弧段的长度；

(2) 当 $x>x_0$ 时，$s>0$，当 $x<x_0$ 时，$s<0$.（如图 4-6-1 所示）

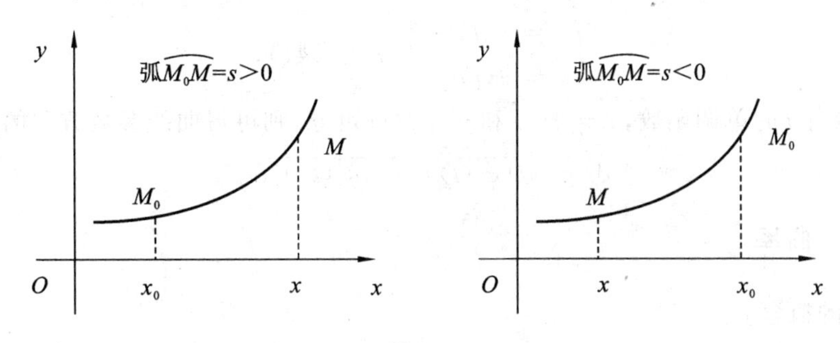

图 4-6-1

有向弧段$\overset{\frown}{M_0M}$简称为弧 s. 显然，弧 s 是 x 的函数，即 $s=s(x)$，并且是 x 的单调增加函数.

例 1　求曲线 $y=x$ 的弧 s.

解　选择 $M_0(0,0)$，对其上任一点 $M(x,y)$，弧$\overset{\frown}{M_0M}$的长度是$|s|=\sqrt{2}|x|$. 依弧 s 的规定有：若 M 在 M_0 的右侧，即 $x>0$，则 $s>0$，应取 $s=\sqrt{2}x$；若 M 在 M_0 的左侧，即 $x<0$，则 $s<0$，应取 $s=\sqrt{2}x$.

总之，$s=\sqrt{2}x$，它是 x 的单调增加函数.

2. 弧微分

设函数 $y=f(x)$ 的导数 $f'(x)$ 在 (a,b) 内连续，$x,x+\Delta x$ 为 (a,b) 内两点，在曲线上分别对应于点 M 与 M'，曲线上的一固定点为 M_0. 对于增量 Δx，弧 s 的增量为 Δs，如图 4-6-2 所示.

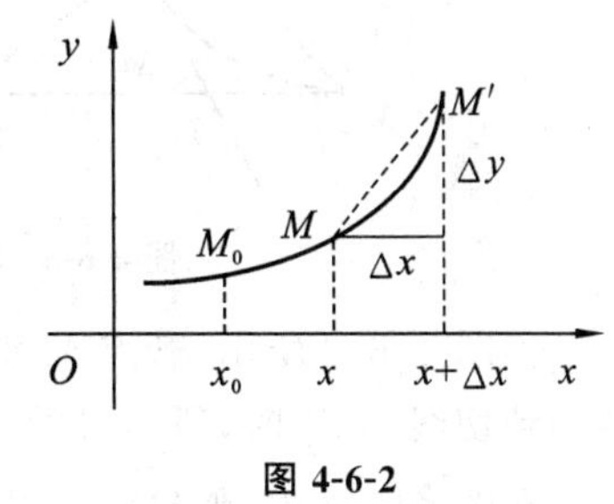

图 4-6-2

因为

$$|MM'|^2=(\Delta x)^2+(\Delta y)^2,$$

于是有

$$\frac{|MM'|^2}{(\Delta s)^2}\cdot\frac{(\Delta s)^2}{(\Delta x)^2}=1+\frac{(\Delta y)^2}{(\Delta x)^2},$$

令 $\Delta x\to 0$，并注意到

$$\lim_{\Delta x\to 0}\frac{|MM'|^2}{(\Delta s)^2}=1,\lim_{\Delta x\to 0}\frac{(\Delta y)^2}{(\Delta x)^2}=\left(\frac{\mathrm{d}y}{\mathrm{d}x}\right)^2,$$

得

$$\left(\frac{\mathrm{d}s}{\mathrm{d}x}\right)^2=1+\left(\frac{\mathrm{d}y}{\mathrm{d}x}\right)^2,$$

又 $s=s(x)$ 是关于 x 单调增加的，故

$$\frac{\mathrm{d}s}{\mathrm{d}x}=\sqrt{1+\left(\frac{\mathrm{d}y}{\mathrm{d}x}\right)^2}=\sqrt{1+(f'(x))^2},$$

所以

$$\mathrm{d}s=\sqrt{1+(f'(x))^2}\,\mathrm{d}x,$$

此式称为**弧微分公式**.

设曲线的参数方程为

$$\begin{cases}x=\varphi(t)\\ y=\psi(t)\end{cases}\quad(t\text{ 为参数}),$$

$x=\varphi(t)$ 是关于 t 的单调函数，$x=\varphi(t)$ 和 $y=\psi(t)$ 可导，则可得曲线参数方程的弧微分公式：

$$\mathrm{d}s=\sqrt{(\varphi'(t))^2+(\psi'(t))^2}\,\mathrm{d}t.$$

4.6.2 曲率

1. 曲率的概念

我们先从图形上分析曲线弧的弯曲程度与哪些因素有关.

(1) 若曲线弧 MN 与 MC 的弧长相等，则弧弯曲程度大，其切线转角也大（如图 4-6-3 所示）；

(2) 若曲线弧 AB 与 CD 的切线转角相等，则弧长越小，其弯曲程度越大（如图 4-6-4 所示）.

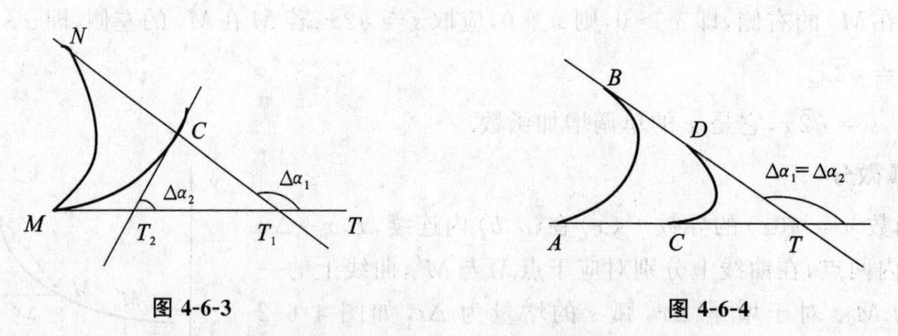

图 4-6-3　　　图 4-6-4

如图 4-6-3 所示，若点 M 沿弧$\overset{\frown}{MN}$ 移动，切线 MT 随着点 M 的移动而连续转动，切线 MT 转动到切线 NT_1 时，所转过的角度 $\Delta\alpha_1$ 称为弧$\overset{\frown}{MN}$ 的**切线转角**.

在图 4-6-3 中，弧$\overset{\frown}{MN}$ 与弧$\overset{\frown}{MC}$ 的弧长相等，弧$\overset{\frown}{MN}$ 的弯曲程度比弧$\overset{\frown}{MC}$ 的弯曲程度大，弧$\overset{\frown}{MN}$ 的切线转角 $\Delta\alpha_1$ 大于弧$\overset{\frown}{MC}$ 的切线转角 $\Delta\alpha_2$.

在图 4-6-4 中，弧$\overset{\frown}{AB}$ 与弧$\overset{\frown}{CD}$ 的切线转角相等，而弧$\overset{\frown}{AB}$ 比弧$\overset{\frown}{CD}$ 长，弧$\overset{\frown}{AB}$ 比弧$\overset{\frown}{CD}$ 的弯曲程度小.

由此可见：

(1) 在弧长相等的情况下，弧的弯曲程度大，其切线转角也大；

(2) 在切线转角相等的情况下，弧长越小，其弯曲程度越大.

因此，曲线弧的弯曲程度与弧段的长度和切线的转角这两个因素有关. 为描述曲线的弯曲程度，我们引入曲率的概念.

设曲线C具有连续转动的切线. 在曲线C上选定一点M_0作为度量弧s的基点. 设曲线上的点M对应于弧s，切线的倾角为α，曲线上的另一点M'对应于弧$s+\Delta s$，切线的倾角为$\alpha+\Delta\alpha$(如图 4-6-5 所示)，那么弧段$\overset{\frown}{MM'}$的长度为$|\Delta s|$，当动点从M移动到点M'时切线的转角为$|\Delta\alpha|$.

定义 1　用单位弧段上切线转角的大小，即比值$\left|\dfrac{\Delta\alpha}{\Delta s}\right|$来表示弧$\overset{\frown}{MM'}$的平均弯曲程度，称比值$\left|\dfrac{\Delta\alpha}{\Delta s}\right|$为弧$\overset{\frown}{MM'}$的**平均曲率**，记作$\overline{K}$，即

$$\overline{K}=\left|\frac{\Delta\alpha}{\Delta s}\right|.$$

当$\Delta s\to 0$时($M'\to M$)，平均曲率的极限称为曲线C在点M处的**曲率**，记作K，即

$$K=\lim_{\Delta s\to 0}\left|\frac{\Delta\alpha}{\Delta s}\right|.$$

若$\lim\limits_{\Delta s\to 0}\dfrac{\Delta\alpha}{\Delta s}=\dfrac{\mathrm{d}\alpha}{\mathrm{d}s}$存在，则

$$K=\left|\frac{\mathrm{d}\alpha}{\mathrm{d}s}\right|.$$

对于直线来说，切线与直线本身重合，即当点沿着直线移动时，切线的倾角不变. 因此，$\Delta\alpha=0$，$\dfrac{\Delta\alpha}{\Delta s}=0$，从而$K=\left|\dfrac{\mathrm{d}\alpha}{\mathrm{d}s}\right|=0$. 这就是说，直线上任意点$M$处的曲率都等于零，即“直线没有弯曲”，这与我们直觉上的认识是一致的.

对于圆，直觉上来看，圆周上每一点的曲率都应该是相同的，下面我们从理论上肯定这一点. 设圆的半径为R，如图 4-6-6 所示，在点M和M'处，圆的切线之间的夹角$\Delta\alpha$等于圆心角MDM'. 由于$\angle MDM'=\dfrac{\Delta s}{R}$，故得

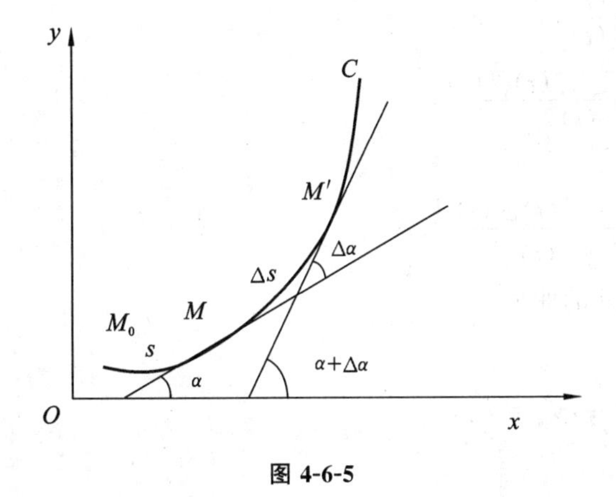

图 4-6-5

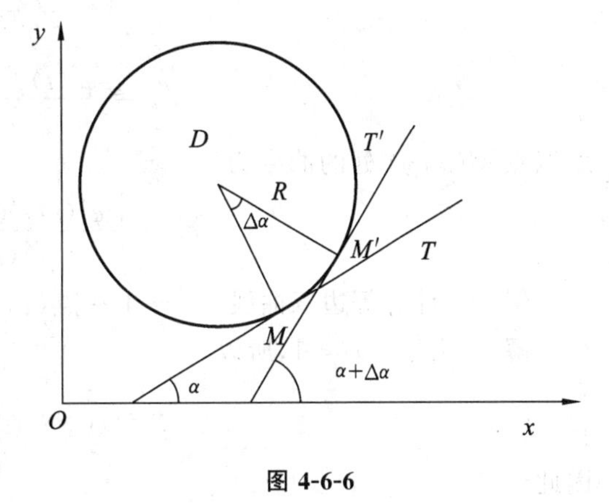

图 4-6-6

$$\frac{\Delta\alpha}{\Delta s}=\frac{\frac{\Delta s}{R}}{\Delta s}=\frac{1}{R}.$$

从而

$$K=\left|\frac{\mathrm{d}\alpha}{\mathrm{d}s}\right|=\frac{1}{R}.$$

因为点 M 是圆上任意取定的一点,上述结论表示圆上各点的曲率都等于半径 R 的倒数 $\frac{1}{R}$,这就是说,圆的弯曲程度处处相等,而且半径越小曲率越大,圆弯曲的程度越厉害.

2. 曲率的计算公式

下面我们根据曲率的定义,导出曲率的计算公式.

设曲线 C 的方程为 $y=f(x)$,$f(x)$ 具有二阶导数,用 α 表示曲线在点 M 处切线的倾角(如图 4-6-5 所示).由曲率的定义,$K=\frac{\mathrm{d}\alpha}{\mathrm{d}s}$ 是切线倾角 α 的微分与弧 s 的微分之商.因此,只要先求出这两个微分,就可以得到曲率的计算公式.

由导数的几何意义知,$y'=\tan\alpha$,所以 $\alpha=\arctan y'$,于是

$$\mathrm{d}\alpha=\frac{y''}{1+(y')^2}\mathrm{d}x.$$

又弧微分公式为

$$\mathrm{d}s=\sqrt{1+(y')^2}\,\mathrm{d}x.$$

从而有

$$K=\left|\frac{\mathrm{d}\alpha}{\mathrm{d}s}\right|=\left|\frac{\frac{y''}{1+(y')^2}\mathrm{d}x}{\sqrt{1+(y')^2}\,\mathrm{d}x}\right|=\frac{|y''|}{(1+(y')^2)^{\frac{3}{2}}}.$$

若曲线 C 的参数方程为

$$\begin{cases}x=\varphi(t)\\ y=\psi(t)\end{cases},$$

$\varphi(t)$,$\psi(t)$ 具有二阶导数,由于

$$y'_x=\frac{\psi'(t)}{\varphi'(t)},$$

$$y''_x=\frac{\varphi'(t)\psi''(t)-\varphi''(t)\psi'(t)}{\varphi'^3(t)},$$

所以点 $M(x,y)$ 处的曲率为

$$K=\frac{|\varphi'(t)\psi''(t)-\varphi''(t)\psi'(t)|}{[\varphi'^2(t)+\psi'^2(t)]^{\frac{3}{2}}}.$$

例 2 计算等边双曲线 $xy=1$ 在点(1,1)处的曲率.

解 由于 $xy=1$,所以

$$y=\frac{1}{x},y'=-\frac{1}{x^2},y''=\frac{2}{x^3},$$

因此

$$y'|_{x=1}=-1,y''|_{x=1}=2.$$

代入曲率公式得,曲线 $xy = 1$ 在点(1,1)处的曲率为

$$K = \frac{2}{(1+(-1)^2)^{\frac{3}{2}}} = \frac{\sqrt{2}}{2}.$$

例 3　抛物线 $y = ax^2 + bx + c$ 在哪一点处的曲率最大?

解　由 $y = ax^2 + bx + c$,得

$$y' = 2ax + b, y'' = 2a,$$

将它们代入曲率公式,得

$$K = \frac{|2a|}{[1+(2ax+b)^2]^{\frac{3}{2}}}.$$

因为 K 的分子是常数 $|2a|$,所以只要分母最小,K 就最大.容易看出,当 $2ax + b = 0$,即 $x = -\frac{b}{2a}$ 时,K 的分母最小,此时曲率 K 有最大值 $|2a|$.而 $x = -\frac{b}{2a}$ 所对应的点是抛物线的顶点 $\left(-\frac{b}{2a}, -\frac{b^2-4ac}{4a}\right)$,因此抛物线在顶点处的曲率最大.

在有些实际问题中,如果 $|y'| << 1$,则

$$1 + (y')^2 \approx 1,$$

于是曲率有近似计算公式

$$K = \frac{|y''|}{(1+(y')^2)^{\frac{3}{2}}} \approx |y''|.$$

这就是说,当 $|y'| << 1$ 时,曲率 K 近似地等于 $|y''|$.经过这样的简化之后,对一些复杂问题的计算和讨论就方便多了.

4.6.3　曲率圆与曲率半径

我们知道圆上的任意一点处的曲率都相等,且曲率的倒数正好等于圆的半径.一般地:

定义 2　若曲线弧在点 M 处的曲率 $K \neq 0$,则称曲率的倒数 $\frac{1}{K}$ 为曲线弧在 M 点处的**曲率半径**,记为 ρ,即

$$\rho = \frac{1}{K}.$$

曲线弧上某点处,若曲率半径较大,则曲线在该点处的曲率就较小,曲线在该点附近的弯曲度就较小;反之,若曲率半径较小,则曲线在该点处的曲率就较大,曲线在该点附近的弯曲度就较大.

定义 3　设 M 为曲线 $y = f(x)$ 上的一点,过点 M 作曲线的法线(如图 4-6-7 所示),在曲线凹向一侧的法线上取一点 D,使 MD 的长度等于曲线在点 M 处的曲率半径 ρ,即 $MD = \rho$,则称点 D 为曲线 $y = f(x)$ 在点 M 处的**曲率中心**.以 D 为中心,以 ρ 为半径作圆,则称此圆为曲线在 M 处的**曲率圆**.

按照上述定义,曲率圆与曲线 $y = f(x)$ 在点 M 处有相同的切线和曲率,且在点 M 邻近有相同的凹向.因此,在实际问题中,常用曲率圆在点 M 邻近的一段圆弧来近似代替曲线弧,使问题简化.

例 4 设工件内表面的截线为抛物线 $y=0.4x^2$（如图 4-6-8 所示），现要用砂轮磨削其内表面. 问用直径多大的砂轮，才比较合适？

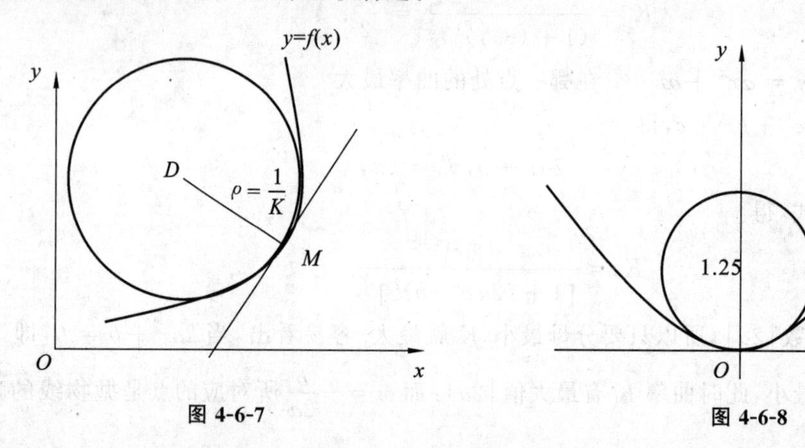

图 4-6-7　　图 4-6-8

解 为了在磨削时不使砂轮与工件接触处附近的那部分磨去太多，砂轮的半径应小于或等于抛物线上各点处曲率半径中的最小值. 由例 3 知，抛物线在其顶点处的曲率最大，也就是说，抛物线在其顶点处的曲率半径最小. 因此，我们先求出抛物线 $y=0.4x^2$ 在其顶点(0,0)处的曲率. 由

$$y'=0.8x, y''=0.8,$$

得

$$y'|_{x=0}=0, y''|_{x=0}=0.8.$$

将它们代入曲率公式，得

$$K=0.8.$$

因而所求的抛物线顶点处的曲率半径

$$\rho=\frac{1}{K}=1.25.$$

故选用砂轮的半径应不超过 1.25 单位长，即直径不得超过 2.50 单位长.

对于用砂轮磨削一般工件的表面，也有类似的结论，即选用的砂轮的半径应不超过这个工件内表面的截线上各点处曲率半径中的最小值.

习 题 4.6

1. 求下列曲线的弧的微分.

(1) $y=\ln(x+\sqrt{1+x^2})$；　(2) $y=2x^2-x+1$；

(3) $\begin{cases} x=t-\sin t \\ y=1-\cos t \end{cases}$；　(4) $\begin{cases} x=a\cos t \\ y=b\sin t \end{cases}$.

2. 求下列曲线的曲率和曲率半径.

(1) $y=\ln(1-x^2)$ 在原点处；　(2) $y=4x-x^2$ 在其顶点处；

(3) $\begin{cases} x=t-\sin t \\ y=1-\cos t \end{cases}$ 在 $t=\frac{\pi}{2}$ 处；　(4) $r=a(1+\cos\theta)(a>0)$ 在 $\theta=\frac{\pi}{2}$ 处.

3. 求曲线 $y=2(x-1)^2$ 的最小曲率半径.

小　　结

一、基本要求

(1) 理解并能应用罗尔(Rolle)中值定理和拉格朗日(Lagrange)中值定理，了解柯西(Cauchy)中值定理.

(2) 掌握带Peano余项和Lagrange余项的Taylor公式，掌握Maclaurin公式.

(3) 熟练掌握用洛必达(L'Hospital)法则求未定式的极限.

(4) 理解函数的极值概念，掌握用导数判断函数的单调性和求极值的方法；掌握函数最大值和最小值的求法及其在实际问题中的应用.

(5) 掌握用导数判断函数图形的凹凸性，会求拐点，会描绘函数的图形.

(6) 了解有向弧与弧微分的概念，了解曲率和曲率半径的概念并会计算曲率和曲率半径.

二、基本内容

(一) 微分中值定理

1. 罗尔(Rolle)中值定理

设 $f(x)$ 在 $[a,b]$ 连续，在 (a,b) 可导，且 $f(a)=f(b)$，则至少存在一点 $\xi\in(a,b)$，使得 $f'(\xi)=0$.

2. 拉格朗日(Lagrange)中值定理

设 $f(x)$ 在 $[a,b]$ 连续，在 (a,b) 可导，则至少存在一点 $\xi\in(a,b)$，使得 $f(b)-f(a)=f'(\xi)(b-a)$.

3. 柯西(Cauchy)中值定理

设 $f(x)$，$g(x)$ 在 $[a,b]$ 连续，在 (a,b) 可导，且 $g'(x)\neq 0$，则至少存在一点 $\xi\in(a,b)$，使得 $\dfrac{f(b)-f(a)}{g(b)-g(a)}=\dfrac{f'(\xi)}{g'(\xi)}$.

在应用中值定理时，还常用以下推论：

推论1　设函数 $f(x)$ 在区间 I 上可导，则在 I 上 $f(x)\equiv C$ 的充要条件是 $f'(x)\equiv 0$.

推论2　设函数 $f(x)$ 和 $g(x)$ 都在区间 I 上可导，则在 I 上 $f(x)=g(x)+C$ 的充要条件是 $f'(x)=g'(x)$.

4. 泰勒(Taylor)中值定理

设 $f(x)$ 在 x_0 的某个邻域有 $n+1$ 阶导数，则在该邻域成立 $f(x)=P_n(x)+R_n(x)$，其中 $P_n(x)=f(x_0)+f'(x_0)(x-x_0)+\dfrac{f''(x_0)}{2!}(x-x_0)^2+\cdots+\dfrac{f^{(n)}(x_0)}{n!}(x-x_0)^n$，称为 $f(x)$ 在 x_0 的 n 次Taylor多项式，$R_n(x)$ 称为 n 次Taylor多项式的余项.

Lagrange型余项：$R_n(x)=\dfrac{f^{(n+1)}(\xi)}{(n+1)!}(x-x_0)^{n+1}$，$\xi$ 介于 x,x_0 之间.

Peano型余项：$R_n(x)=o((x-x_0)^n)$.

特别取 $x_0=0$，即为麦克劳林(Maclaurin)公式

$f(x)=f(0)+f'(0)x+\dfrac{f''(0)}{2!}x^2+\cdots+\dfrac{f^{(n)}(0)}{n!}x^n+\dfrac{f^{(n+1)}(\xi)}{(n+1)!}x^{n+1}$，$\xi$ 介于 $0,x$ 之间. 取

$\xi=\theta x(0<\theta<1)$，得等价形式

$$f(x)=f(0)+f'(0)x+\frac{f''(0)}{2!}x^2+\cdots+\frac{f^{(n)}(0)}{n!}x^n+\frac{f^{(n+1)}(\theta x)}{(n+1)!}x^{n+1}.$$

常见初等函数的 n 阶麦克劳林(Maclaurin) 公式：

(1) $e^x=1+x+\frac{1}{2!}x^2+\frac{1}{3!}x^3+\cdots+\frac{1}{n!}x^n+\frac{e^{\xi}}{(n+1)!}x^{n+1},x\in\mathbf{R}$；

(2) $\sin x=x-\frac{1}{3!}x^3+\frac{1}{5!}x^5-\cdots+(-1)^{n-1}\frac{1}{(2n-1)!}x^{2n-1}+(-1)^n\frac{\sin\left(\xi+\frac{\pi}{2}\right)}{(2n+1)!}x^{2n+1}$，$x\in\mathbf{R}$；

(3) $\cos x=1-\frac{1}{2!}x^2+\frac{1}{4!}x^4-\cdots+(-1)^n\frac{1}{(2n)!}x^{2n}+(-1)^{n+1}\frac{\cos\xi}{(2n+2)!}x^{2n+2},x\in\mathbf{R}$；

(4) $\ln(1+x)=x-\frac{1}{2}x^2+\frac{1}{3}x^3+\cdots+(-1)^{n-1}\frac{1}{n}x^n+(-1)^n\frac{1}{(n+1)(1+\xi)^{n+1}}x^{n+1}$，$x\in(-1,1)$；

(5) $(1+x)^\alpha=1+\alpha x+\frac{\alpha(\alpha-1)}{2!}x^2+\cdots+\frac{\alpha(\alpha-1)\cdots(\alpha-n+1)}{n!}x^n+$

$$\frac{\alpha(\alpha-1)\cdots(\alpha-n+1)(\alpha-n)}{(n+1)!}(1+\xi)^{\alpha-n-1}x^{n+1},x\in(-1,1),\alpha\in\mathbf{R}.$$

式(5)是二项式公式的推广，这里 α 是任意实数，当 $\alpha=n\in\mathbf{N}$ 时，取 $\alpha=1,x=b$，便得到二项式公式.

(二) 导数及中值定理的应用

1. 洛必达法则

定理　设 $f(x)$ 与 $g(x)$ 在点 x_0 的某去心邻域内可导，并且 $g'(x)\neq0$，又满足条件：

(1) $\lim\limits_{x\to x_0}f(x)=\lim\limits_{x\to x_0}g(x)=0$(或 ∞)；(2) 极限 $\lim\limits_{x\to x_0}\frac{f(x)}{g(x)}$ 存在或为 ∞，

则 $\lim\limits_{x\to x_0}\frac{f(x)}{g(x)}=\lim\limits_{x\to x_0}\frac{f'(x)}{g'(x)}$.

用洛必达法则需注意几点：

(1) 必须是未定式，不是未定式不能用洛必达法则；

(2) 必须满足洛必达法则的条件才能用，否则不能用；

(3) 用洛必达法则计算虽然很方便，但它不是万能的，有些未定式满足洛必达法则条件，极限也存在，可是用洛必达法则无法求出；

(4) 用洛必达法则计算未定式时，最好与其他极限求法联合起来使用，这样使运算简单；

(5) 其他形式的未定式如 $0\cdot\infty$、$\infty-\infty$、0^0、1^∞、∞^0 等类型的极限，先通过适当方法变换成 $\frac{0}{0}$ 或 $\frac{\infty}{\infty}$ 型，再用洛必达法则计算.

2. 函数的单调性及其判定

设 $f(x)$ 在 (a,b) 可导，则

(1) $f(x)$ 在 (a,b) 内单调增加(减少) 的充要条件是 $f'(x)>0(f'(x)<0)$；

(2) $f(x)$ 在 (a,b) 内严格单调增加(减少) 的充要条件是：

$f'(x) \geqslant 0(f'(x) \leqslant 0)$，$\forall x \in (a,b)$；在$(a,b)$的任何子空间上，$f'(x) \neq 0$.

3. 函数的极值与最值

定理 1(必要条件)　设 $f(x)$ 在 x_0 的邻域可导且取得极值，则 $f'(x_0) = 0$.

定理 2(第一充分条件)　设 $f(x)$ 在 x_0 的邻域可导且 $f'(x_0) = 0$，或 $f(x)$ 在 x_0 不可导但连续(即 x_0 为 $f(x)$ 的可能极值点).

(1) 当 $x \in (x_0 - \delta, x_0)$ 时，$f'(x) < 0$；当 $x \in (x_0, x_0 + \delta)$ 时，$f'(x) > 0$，则 $f(x)$ 在 $x = x_0$ 取到极小值；

(2) 当 $x \in (x_0 - \delta, x_0)$ 时，$f'(x) > 0$；当 $x \in (x_0, x_0 + \delta)$ 时，$f'(x) < 0$，则 $f(x)$ 在 $x = x_0$ 取到极大值；

(3) 若 $f'(x)$ 在 $x = x_0$ 左右两侧同号，则 $x = x_0$ 不是 $f(x)$ 极值点.

定理 3(第二充分条件)　设 $f(x)$ 在 x_0 处二阶可导，且 $f'(x_0) = 0$，则

(1) 当 $f''(x_0) > 0$ 时，$x = x_0$ 是 $f(x)$ 的极小值点，

(2) 当 $f''(x_0) < 0$ 时，$x = x_0$ 是 $f(x)$ 的极大值点.

极值的求法：

第一步：求出函数所有可能极值点，包括驻点及导数不存在的点；

第二步：利用第一或第二充分判别法，逐点进行判别，得出结论.

最值的判断：

(1) 若 $f(x)$ 在$[a,b]$连续，则 $f(x)$ 在$[a,b]$必取到最值. 最值点将只会在区间端点，驻点或导数不存在的点取得. 逐一比较，便可获得最大值，最小值.

(2) 若实际问题中 $f(x)$ 存在最值，而 $f(x)$ 求得的极值点只有一个，那么就是最值点.

4. 函数的凹凸性与拐点

定理 1　设 $f(x)$ 在 D 上二阶可导，则 $f(x)$ 为 D 上的凹函数的充要条件是 $f''(x) \geqslant 0$.

定理 2(必要条件)　若 $f(x)$ 在 x_0 二阶可导，$(x_0, f(x_0))$ 是曲线 $y = f(x)$ 拐点，则 $f''(x_0) = 0$.

注：若不知 $f(x)$ 在 x_0 是否二阶可导，则 $f''(x) = 0$ 既不是拐点的必要条件也不是充分条件，注意区分.

拐点求法：

(1) 用必要条件寻找可能的拐点，即使得 $f''(x_0) = 0$ 或 $f''(x)$ 不存在的点 $M(x_0, f(x_0))$.

(2) 用充分性判别法去判断点 $M(x_0, f(x_0))$ 是否为拐点：通过考察 $x = x_0$ 处两侧 $f''(x)$ 的变号情况，变号则 $M(x_0, f(x_0))$ 是拐点，同号则不是.

5. 渐近线及函数作图法

水平渐近线：$y = A$，若 $\lim\limits_{x \to \infty} f(x) = A$ 或 $\lim\limits_{x \to -\infty} f(x) = A$ 或 $\lim\limits_{x \to +\infty} f(x) = A$.

铅直渐近线：$x = x_0$，若 $\lim\limits_{x \to x_0} f(x) = \infty$ 或 $\lim\limits_{x \to x_0^+} f(x) = \infty$ 或 $\lim\limits_{x \to x_0^-} f(x) = \infty$.

斜渐近线：$y = kx + b$，若 $\lim\limits_{x \to \infty} \dfrac{f(x)}{x} = k$，$\lim\limits_{x \to \infty}[f(x) - kx] = b$($\infty$ 可换为 $+\infty$ 或 $-\infty$).

函数作图的步骤：

第 1 步：确定函数的定义域及所求曲线与坐标轴的交点.

第 2 步:确定所给函数有无奇偶性、周期性.

第 3 步:求出方程 $f'(x)=0$,$f''(x)=0$ 的实根和 $f(x)$,$f'(x)$,$f''(x)$ 没有定义的点,将所有这些点的坐标由小到大排列,将函数定义域划分为若干个区间,作出函数性态表(在表上标明各区间上 $f(x)$ 的单调性、凹凸性,并确定极值点、极大值、极小值、拐点等).

第 4 步:求出函数的水平渐近线、铅直渐近线、斜渐近线(若有的话).

第 5 步:作出图形.

6. 弧微分与曲率

对于有向曲线弧,成立 $\mathrm{d}s=\sqrt{(\mathrm{d}x)^2+(\mathrm{d}y)^2}$. 弧微分的几何意义:$|\mathrm{d}s|$ 是勾股弦定理中的弦。

对于不同形式的曲线,分别有:

若函数为 $y=y(x)$ 或 $x=x(y)$,则有 $\mathrm{d}s=\sqrt{1+y'^2(x)}\mathrm{d}x=\sqrt{x'^2(y)+1}\mathrm{d}y$;

若函数为参数方程 $\begin{cases}x=x(t)\\y=y(t)\end{cases}$,则有 $\mathrm{d}s=\sqrt{x'^2(t)+y'^2(t)}\mathrm{d}t$;

若函数为极坐标 $r=r(\theta)$,则有 $\mathrm{d}s=\sqrt{r^2(\theta)+r'^2(\theta)}\mathrm{d}\theta$.

曲率表示曲线在某点附近的弯曲程度,计算公式为 $K=\left|\dfrac{\mathrm{d}\varphi}{\mathrm{d}s}\right|=\left|\lim\limits_{\Delta s\to 0}\dfrac{\Delta\varphi}{\Delta s}\right|=\left|\dfrac{y''}{(1+y'^2)^{3/2}}\right|$,曲率半径 $R=\dfrac{1}{K}$.

自　测　题

一、选择题

1. 设 $f(x)$ 在 $(-\infty,+\infty)$ 内有定义,已知 $x_0\neq 0$ 是 $f(x)$ 的极大值点,则(　　).

A. x_0 必是 $f(x)$ 的驻点　　B. $-x_0$ 必是 $-f(-x)$ 的极小值点

C. $-x_0$ 必是 $-f(x)$ 的极小值点　　D. 对一切 x 均有 $f(x)\leqslant f(x_0)$

2. 设常数 $k>0$,函数 $f(x)=\ln x-\dfrac{x}{\mathrm{e}}+k$ 在 $(0,+\infty)$ 内零点的个数为(　　).

A. 3　　B. 2　　C. 1　　D. 0

3. 若 $\lim\limits_{x\to 0}\dfrac{\sin 6x+xf(x)}{x^3}=0$,则 $\lim\limits_{x\to 0}\dfrac{6+f(x)}{x^2}=$(　　).

A. 0　　B. 6　　C. 36　　D. ∞

4. 设 $f(x)$,$g(x)$ 是 (a,b) 内恒大于 0 的可导函数,且 $f'(x)g(x)-f(x)g'(x)<0$,则当 $a<x<b$ 时,有(　　).

A. $f(x)g(b)>f(b)g(x)$　　B. $f(x)g(a)>f(a)g(x)$

C. $f(x)g(x)>f(b)g(b)$　　D. $f(x)g(x)>f(a)g(a)$

5. $f(x)$ 有二阶连续导数,$f'(0)=0$,$\lim\limits_{x\to 0}\dfrac{f''(x)}{|x|}=1$,则(　　).

A. $f(0)$ 是 $f(x)$ 的极大值　　B. $f(0)$ 是 $f(x)$ 的极小值

C. $(0,f(0))$ 是曲线 $y=f(x)$ 的拐点

D. $f(0)$ 不是 $f(x)$ 的极值,$(0,f(0))$ 也不是曲线 $y=f(x)$ 的拐点

6. 使函数 $f(x)=\sqrt[3]{x^2(1-x^2)}$ 适合罗尔中值定理条件的区间是(　　).

A. $[0,1]$　　B. $[-1,1]$　　C. $[-2,2]$　　D. $\left[-\frac{3}{5},\frac{4}{5}\right]$

二、填空题

1. $\lim\limits_{x\to\infty}\frac{x+\sin x}{x}=$________.

2. 函数 $f(x)=x^3+3x^2+1$ 在 $x_0=1$ 处展开成的三阶泰勒公式为________.

3. 曲线 $y=x^2e^{-x^2}$ 的渐近线有________;曲线 $y=xe^{-3x}$ 的拐点坐标是________.

4. 设 $\lim\limits_{x\to 0}\frac{\ln(1+x)-(ax+bx^2)}{x^2}=2$,则 $a=$________;$b=$________.

5. $y=x+2\cos x$ 在 $\left[0,\frac{\pi}{2}\right]$ 上的最大值为________.

三、求极限.

1. $\lim\limits_{x\to 0}\frac{\sqrt{1+x}+\sqrt{1-x}-2}{x^2}$;

2. $\lim\limits_{x\to 0}\frac{e^x-\sin x-1}{1-\sqrt{1-x^2}}$;

3. $\lim\limits_{x\to+\infty}(x+\sqrt{1+x^2})^{1/x}$;

4. $\lim\limits_{n\to\infty}\left(n\tan\frac{1}{n}\right)^{n^2}\ (n\in\mathbf{N})$;

5. $\lim\limits_{x\to+\infty}\left[x-x^2\ln\left(1+\frac{1}{x}\right)\right]$;

6. $\lim\limits_{x\to 0}\frac{\sqrt{1+\tan x}-\sqrt{1+\sin x}}{x\ln(1+x)-x^2}$.

四、解答题.

1. 求 $y=f(x)=6x-x^2-x^4$ 的渐近线方程、单调区间与极值、极值点处的曲率、凹凸区间与拐点、拐点处的切线方程.

2. $f(x)=x^3\sin x$,利用泰勒公式求 $f^{(6)}(0)$.

五、在椭圆 $\frac{x^2}{a^2}+\frac{y^2}{b^2}=1$ 的第一象限内求一点 P,使此点处的切线与椭圆、两坐标轴构成的图形面积最小($a>0,b>0$).

六、证明题.

1. 设 $f(x)$ 在 $[a,b]$ 上二阶可导,且 $f(a)=f(b)=0$,$f'(a)f'(b)>0$,证明:存在 $\xi\in(a,b)$,$\eta\in(a,b)$,使 $f(\xi)=0$ 及 $f''(\eta)=0$.

2. 利用导数证明:$x>1$ 时,$\frac{\ln(1+x)}{\ln x}>\frac{x}{1+x}$.

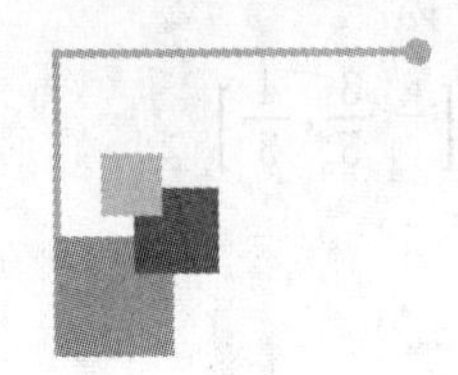

第五章　不 定 积 分

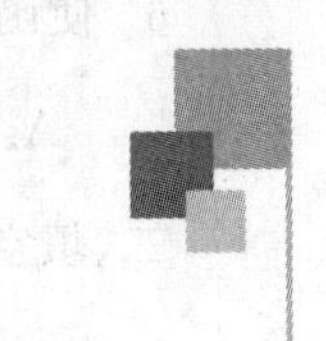

在第三章中,我们讨论了如何求一个函数的导函数问题,本章将讨论其反问题,即已知导函数,如何去求原来的函数.由"导函数"去求"原函数"是微分学的基本问题之一.

5.1　不定积分的概念与性质

5.1.1　原函数与不定积分的概念

定义 1　设函数 $f(x)$ 在区间 I 上有定义,若存在可导函数 $F(x)$,使得对于任一 $x \in I$,都有 $F'(x) = f(x)$ 或 $\mathrm{d}F(x) = f(x)\mathrm{d}x$,则称 $F(x)$ 为 $f(x)$ 在区间 I 上的一个原函数.

按照定义,由于

$$(\sin x)' = \cos x,$$

所以 $\sin x$ 是 $\cos x$ 的一个原函数.同理 x^2 的一个原函数是 $\frac{1}{3}x^3$,这是由于

$$\left(\frac{1}{3}x^3\right)' = x^2.$$

另外,

$$(\sin x + C)' = \cos x,$$

其中 C 为常数,所以 $\sin x + C$ 也是 $\cos x$ 的原函数,故一个函数若存在原函数,则其原函数不唯一.

定理 1(原函数存在定理)　如果函数 $f(x)$ 在区间 I 上连续,那么在区间 I 上存在可导函数 $F(x)$,使对任一 $x \in I$ 都有 $F'(x) = f(x)$.

简单地说就是:**连续函数一定存在原函数**.该定理的证明将在第六章给出.

由导数的运算及拉格朗日中值定理的推论可知:

定理 2　设 $F(x)$ 是 $f(x)$ 在区间 I 上的一个原函数,则

$$F(x) + C(C\text{ 为任意常数})$$

也是 $f(x)$ 在区间 I 上的一个原函数,且 $f(x)$ 的任意一个原函数都可表示成 $F(x)+C$ 的形式.

证明　定理的前一部分显然成立,事实上,$[F(x) + C]' = f(x)$.

现证后一部分,设 $G(x)$ 是 $f(x)$ 在区间 I 上的一个原函数,令

$$\Phi(x) = G(x) - F(x),$$

则

$$\Phi'(x) = G'(x) - F'(x),$$

由于

$$G'(x) = f(x), F'(x) = f(x),$$

所以在区间 I 上恒有 $\Phi'(x)=0$，根据第四章4.1节定理2的推论1，得

$$\Phi(x)=C(C\text{为任意常数}),$$

即有

$$G(x)=F(x)+C.$$

由定理2可知，如果 $F(x)$ 是 $f(x)$ 的一个原函数，则 $F(x)+C$ 就代表了 $f(x)$ 的所有原函数. 这样，如果我们要求函数 $f(x)$ 的所有原函数，则只要求出 $f(x)$ 的一个原函数，再加上任意常数 C 就可以了.

定义2　在区间 I 上，称函数 $f(x)$ 的全体原函数的一般表达式 $F(x)+C$ 为函数 $f(x)$ 在区间 I 上的不定积分，记作

$$\int f(x)\mathrm{d}x,$$

即

$$\int f(x)\mathrm{d}x=F(x)+C.$$

其中 $\int$ 称为积分号，$f(x)$ 称为被积函数，$f(x)\mathrm{d}x$ 称为被积表达式，x 称为积分变量，C 称为积分常数.

由定义可知，如果函数 $f(x)$ 在区间 I 上存在原函数，则通过求不定积分 $\int f(x)\mathrm{d}x$，可以得到 $f(x)$ 的任意一个原函数.

由定义2，有

$$\int \cos x\mathrm{d}x=\sin x+C,$$

$$\int x^2\mathrm{d}x=\frac{1}{3}x^3+C.$$

例1　求 $\int \sin x\mathrm{d}x$.

解　由于

$$(-\cos x)'=\sin x,$$

即 $-\cos x$ 是 $\sin x$ 的一个原函数，因此有

$$\int \sin x\mathrm{d}x=-\cos x+C.$$

例2　求 $\int \frac{1}{x}\mathrm{d}x$.

解　由于

$$(\ln|x|)'=\frac{1}{x},$$

即 $\ln|x|$ 是 $\frac{1}{x}$ 的一个原函数，因此有

$$\int \frac{1}{x}\mathrm{d}x=\ln|x|+C.$$

不定积分的几何意义：不定积分 $\int f(x)\mathrm{d}x$ 是函数 $y=f(x)$ 的一个原函数 $y=F(x)$ 的图

像沿 y 轴上下平移而得到的一簇曲线,而且在这簇曲线上,横坐标相同的点处切线斜率相等,即在相应点处的切线都平行(如图 5-1-1 所示).

例 3 设曲线通过点(1,2),且曲线上任一点处的切线斜率都是 $2x$,求此曲线的方程.

解 设所求曲线方程为 $y=f(x)$,由导数的几何意义,有 $f'(x)=2x$,于是

$$y=f(x)=\int 2x\mathrm{d}x.$$

因为 $(x^2)'=2x$,所以

$$f(x)=\int 2x\mathrm{d}x=x^2+C,$$

又由于曲线过点(1,2),即有 $f(1)=1^2+C=2$,得 $C=1$,故所求的曲线方程为

$$f(x)=x^2+1.$$

如图 5-1-2 所示.

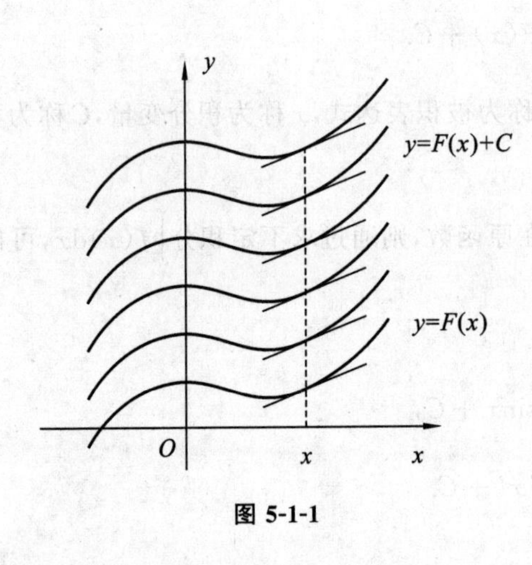

图 5-1-1

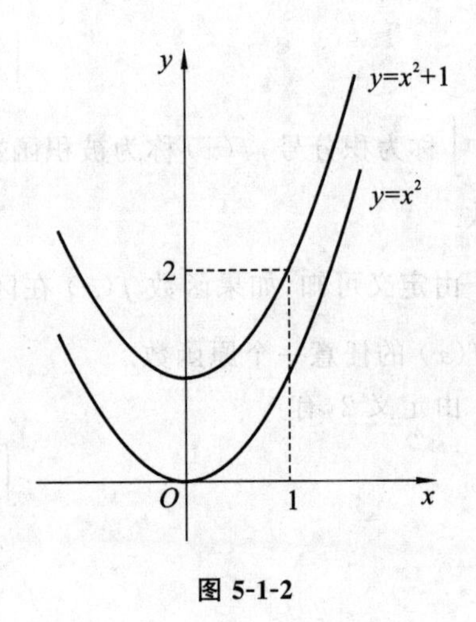

图 5-1-2

5.1.2 不定积分的基本性质

1. 互逆性质

不定积分与微分互为逆运算,即有

(1) $\left(\int f(x)\mathrm{d}x\right)'=f(x)$ 或 $\mathrm{d}\int f(x)\mathrm{d}x=f(x)\mathrm{d}x$;

(2) $\int f'(x)\mathrm{d}x=f(x)+C$ 或 $\int \mathrm{d}f(x)=f(x)+C$.

证 (1) 设 $F(x)$ 是 $f(x)$ 的一个原函数,于是

$$\int f(x)\mathrm{d}x=F(x)+C,$$

求导可得,

$$(\int f(x)\mathrm{d}x)'=(F(x)+C)'=f(x),$$

故(1)式成立.

(2) 因为 $f(x)$ 是 $f'(x)$ 的原函数,故

$$\int f'(x)\mathrm{d}x = f(x) + C,$$

即(2)式成立.

2. 线性性质

(1) $\int [f(x) \pm g(x)]\mathrm{d}x = \int f(x)\mathrm{d}x \pm \int g(x)\mathrm{d}x$;

(2) $\int kf(x)\mathrm{d}x = k\int f(x)\mathrm{d}x$.

5.1.3 基本积分表

既然求不定积分是微分运算的逆运算,那么很自然地可以从导数公式得到相应的不定积分公式,将这些公式列成下表,称为**基本积分表**.

(1) $\int 0\mathrm{d}x = C$;

(2) $\int k\mathrm{d}x = kx + C$($k$ 为常数);

(3) $\int x^{\mu}\mathrm{d}x = \frac{x^{\mu+1}}{\mu+1} + C(\mu \neq -1)$;

(4) $\int \frac{1}{x}\mathrm{d}x = \ln|x| + C$;

(5) $\int a^x\mathrm{d}x = \frac{a^x}{\ln a} + C(a > 0, a \neq 1)$;

(6) $\int \mathrm{e}^x\mathrm{d}x = \mathrm{e}^x + C$;

(7) $\int \cos x\mathrm{d}x = \sin x + C$;

(8) $\int \sin x\mathrm{d}x = -\cos x + C$;

(9) $\int \frac{1}{\cos^2 x}\mathrm{d}x = \int \sec^2 x\mathrm{d}x = \tan x + C$;

(10) $\int \frac{1}{\sin^2 x}\mathrm{d}x = \int \csc^2 x\mathrm{d}x = -\cot x + C$;

(11) $\int \frac{1}{\sqrt{1-x^2}}\mathrm{d}x = \arcsin x + C$;

(12) $\int \frac{1}{1+x^2}\mathrm{d}x = \arctan x + C$;

(13) $\int \sec x\tan x\mathrm{d}x = \sec x + C$;

(14) $\int \csc x\cot x\mathrm{d}x = -\csc x + C$.

以上14个公式是求不定积分的基础,必须熟记.

例4　求 $\int (x-1)^3\mathrm{d}x$.

解　将被积函数按二项式定理展开,再由积分的基本性质,有

$$\begin{aligned}\int(x-1)^3\mathrm{d}x &= \int(x^3-3x^2+3x-1)\mathrm{d}x\\ &= \int x^3\mathrm{d}x-3\int x^2\mathrm{d}x+3\int x\mathrm{d}x-\int 1\mathrm{d}x\\ &= \frac{1}{4}x^4-x^3+\frac{3}{2}x^2-x+C.\end{aligned}$$

在右端四个不定积分表达式中，每一个都含有任意常数，这些任意常数可以合写为一个，以后的计算中都照此进行. 另外，原函数求的是否正确是可以验证的，只要对积分的结果求导即可，如果所求得的导数等于被积函数，则积分结果正确，否则就是错误的. 对于比较复杂的积分运算，我们应该养成这种验算的习惯.

例 5 求$\int\frac{(1+\sqrt{x})(x-\sqrt{x})}{\sqrt[3]{x}}\mathrm{d}x$.

解

$$\begin{aligned}\int\frac{(1+\sqrt{x})(x-\sqrt{x})}{\sqrt[3]{x}}\mathrm{d}x &= \int\frac{x\sqrt{x}-\sqrt{x}}{\sqrt[3]{x}}\mathrm{d}x\\ &= \int(x^{\frac{7}{6}}-x^{\frac{1}{6}})\mathrm{d}x\\ &= \frac{6}{13}x^{\frac{13}{6}}-\frac{6}{7}x^{\frac{7}{6}}+C.\end{aligned}$$

例 6 求$\int\tan^2x\mathrm{d}x$.

解

$$\begin{aligned}\int\tan^2x\mathrm{d}x &= \int(\sec^2x-1)\mathrm{d}x\\ &= \int\sec^2x\mathrm{d}x-\int\mathrm{d}x=\tan x-x+C.\end{aligned}$$

例 7 求$\int\frac{x^2}{x^2+1}\mathrm{d}x$.

解

$$\begin{aligned}\int\frac{x^2}{x^2+1}\mathrm{d}x &= \int\frac{x^2+1-1}{x^2+1}\mathrm{d}x\\ &= \int\left(1-\frac{1}{x^2+1}\right)\mathrm{d}x\\ &= x-\arctan x+C.\end{aligned}$$

例 8 求$\int\frac{1+2x^2}{x^2(x^2+1)}\mathrm{d}x$.

解

$$\begin{aligned}\int\frac{1+2x^2}{x^2(x^2+1)}\mathrm{d}x &= \int\left(\frac{1}{x^2}+\frac{1}{x^2+1}\right)\mathrm{d}x\\ &= \int\frac{1}{x^2}\mathrm{d}x+\int\frac{1}{x^2+1}\mathrm{d}x\\ &= -\frac{1}{x}+\arctan x+C.\end{aligned}$$

例 9 求$\int\sin^2\frac{x}{2}\mathrm{d}x$.

解

$$\int\sin^2\frac{x}{2}\mathrm{d}x=\int\frac{1-\cos x}{2}\mathrm{d}x=\frac{1}{2}(x-\sin x)+C.$$

例 10　求$\int 2^x e^x dx$.

解
$$\int 2^x e^x dx = \int (2e)^x dx = \frac{(2e)^x}{\ln(2e)} + C$$
$$= \frac{2^x e^x}{1+\ln 2} + C.$$

习　题　5.1

1. 已知 $f'(x) = \frac{1}{1+x^2}$，$f(1) = \frac{\pi}{4}$，求 $f(x)$.

2. 求下列不定积分.

(1) $\int x^2 \sqrt{x} dx$；　(2) $\int \frac{1}{x\sqrt[3]{x}} dx$；

(3) $\int (3x^4 - 4x + 2) dx$；　(4) $\int \left(\frac{1}{x} - \frac{2}{x^2} - \csc^2 x\right) dx$；

(5) $\int \sin^2\left(\frac{x}{2}\right) dx$；　(6) $\int \frac{1}{x^2(1+x^2)} dx$；

(7) $\int e^x \left(1 - \frac{e^{-x}}{\sqrt{x}}\right) dx$；　(8) $\int 3^x e^x dx$；

(9) $\int \frac{3+\cos^2 x}{\cos^2 x} dx$；　(10) $\int \cot^2 x dx$；

(11) $\int \frac{2}{1+\cos 2x} dx$；　(12) $\int \frac{1+2x^2}{x^2(1+x^2)} dx$；

(13) $\int \frac{\cos 2x}{\cos^2 x \sin^2 x} dx$；　(14) $\int \frac{\cos 2x}{\cos x - \sin x} dx$.

3. 一曲线通过点$(e^2, 3)$，且在任一点处切线的斜率等于该点横坐标的倒数，求该曲线方程.

4. 已知函数 $f(x)$ 满足关系$\int x f(x) dx = \arcsin x + C$，求 $f(x)$.

5.2　换元积分法

利用基本积分表与积分的性质，所能计算的不定积分是非常有限的，因此，有必要进一步来研究不定积分的求法. 把复合函数的微分法反过来求不定积分，利用中间变量的代换，得到复合函数的积分，称为**换元积分法**. 换元积分法有两种：**第一换元积分法**和**第二换元积分法**，下面将分别介绍.

5.2.1　第一换元积分法(凑微分法)

对于复合函数 $F[\varphi(x)]$，令 $u = \varphi(x)$，若 $F'(u) = f(u)$，有
$$dF[\varphi(x)] = f[\varphi(x)] d\varphi(x) = f[\varphi(x)]\varphi'(x) dx,$$
那么由不定积分的性质可得

$$\int f[\varphi(x)]\varphi'(x)\mathrm{d}x = \int f[\varphi(x)]\mathrm{d}\varphi(x)$$

$$= \int \mathrm{d}F[\varphi(x)] = F[\varphi(x)] + C.$$

由此可知,如果积分的被积表达式为 $f[\varphi(x)]\varphi'(x)\mathrm{d}x$,则可先计算 $\varphi'(x)\mathrm{d}x = \mathrm{d}\varphi(x)$,并令 $u = \varphi(x)$,则有

$$\int f[\varphi(x)]\varphi'(x)\mathrm{d}x = \int f[\varphi(x)]\mathrm{d}\varphi(x) = \int f(u)\mathrm{d}u,$$

再利用基本积分公式求得积分结果.

此方法称为第一换元积分法,又称为凑微分法. 于是有下述定理:

定理 1 设 $f(u)$ 具有原函数 $F(u)$,$u = \varphi(x)$ 可导,则有换元公式

$$\int f(\varphi(x))\varphi'(x)\mathrm{d}x = \int [f(u)\mathrm{d}u]_{u=\varphi(x)} = F(\varphi(x)) + C. \tag{1}$$

由此定理可见,虽然 $\int f[\varphi(x)]\varphi'(x)\mathrm{d}x$ 是一个整体记号,但如同导数记号 $\frac{\mathrm{d}y}{\mathrm{d}x}$ 中的 $\mathrm{d}x$ 及 $\mathrm{d}y$ 可看做微分一样,被积表达式中的 $\mathrm{d}x$ 也可当作变量 x 的微分来对待,从而微分等式 $\varphi'(x)\mathrm{d}x = \mathrm{d}u$ 可以方便地应用到被积表达式中来.

应用凑微分法的关键在于选好 $u = \varphi(x)$,使得积分 $\int f(u)\mathrm{d}u$ 易于求出. 当我们选定了中间变量 $u = \varphi(x)$ 的具体表达式后,计算过程中可以不写出 $u = \varphi(x)$. 为便于计算,下面以几种简单常见情况为例来介绍.

1. $\int f(ax+b)\mathrm{d}x = \frac{1}{a}\int f(ax+b)\mathrm{d}(ax+b) = \frac{1}{a}\int f(u)\mathrm{d}u (a \neq 0)$.

例 1 求 $\int (2x+3)^{100}\mathrm{d}x$.

解 由不定积分的基本公式有

$$\int x^{100}\mathrm{d}x = \frac{1}{101}x^{101} + C.$$

令 $u = 2x + 3$,因为

$$\mathrm{d}u = \mathrm{d}(2x+3) = 2\mathrm{d}x,$$

所以

$$\int (2x+3)^{100}\mathrm{d}x = \frac{1}{2}\int (2x+3)^{100}\mathrm{d}(2x+3)$$

$$= \frac{1}{2}\int u^{100}\mathrm{d}u = \frac{1}{202}u^{101} + C$$

$$= \frac{1}{202}(2x+3)^{101} + C.$$

例 2 求 $\int \frac{1}{\sqrt{9-4x^2}}\mathrm{d}x$.

解 令 $u = \frac{2}{3}x$,所以

$$\int \frac{1}{\sqrt{9-4x^2}}\mathrm{d}x = \frac{1}{3} \cdot \frac{3}{2}\int \frac{1}{\sqrt{1-\left(\frac{2}{3}x\right)^2}}\mathrm{d}\left(\frac{2}{3}x\right)$$

$$= \frac{1}{2}\int \frac{1}{\sqrt{1-u^2}}\mathrm{d}u = \frac{1}{2}\arcsin \frac{2}{3}x + C.$$

2. $\int f(ax^2+b)x\,\mathrm{d}x = \frac{1}{2a}\int f(ax^2+b)\,\mathrm{d}(ax^2+b) = \frac{1}{2a}\int f(u)\,\mathrm{d}u\,(a \neq 0).$

例 3　求$\int 2x\mathrm{e}^{x^2}\,\mathrm{d}x$.

解　令 $u=x^2$,所以

$$\int 2x\mathrm{e}^{x^2}\,\mathrm{d}x = \int \mathrm{e}^{x^2}\,\mathrm{d}(x^2) = \int \mathrm{e}^u\,\mathrm{d}u = \mathrm{e}^{x^2} + C.$$

例 4　求$\int \frac{x}{\sqrt{9-4x^2}}\mathrm{d}x$.

解　凑微分法熟练之后,可以不设中间变量.

$$\int \frac{x}{\sqrt{9-4x^2}}\mathrm{d}x = -\frac{1}{8}\int \frac{1}{\sqrt{9-4x^2}}\mathrm{d}(9-4x^2)$$

$$= -\frac{1}{4}\sqrt{9-4x^2} + C.$$

3. $\int f(\ln x)\frac{1}{x}\mathrm{d}x = \int f(\ln x)\mathrm{d}(\ln x) = \int f(u)\mathrm{d}u.$

例 5　求$\int \frac{1}{x}\ln x\mathrm{d}x$.

解

$$\int \frac{1}{x}\ln x\mathrm{d}x = \int \ln x\mathrm{d}(\ln x) = \frac{1}{2}\ln^2 x + C.$$

例 6　求$\int \frac{\sqrt{2+\ln x}}{x}\mathrm{d}x$.

解

$$\int \frac{\sqrt{2+\ln x}}{x}\mathrm{d}x = \int \sqrt{2+\ln x}\,\mathrm{d}(2+\ln x)$$

$$= \frac{2}{3}(\ln x+2)^{\frac{3}{2}} + C.$$

4. $\int f(\sqrt{x})\frac{1}{\sqrt{x}}\mathrm{d}x = 2\int f(\sqrt{x})\mathrm{d}(\sqrt{x}) = 2\int f(u)\mathrm{d}u.$

例 7　求$\int \frac{1}{\sqrt{x}(1+x)}\mathrm{d}x$.

解

$$\int \frac{1}{\sqrt{x}(1+x)}\mathrm{d}x = 2\int \frac{1}{1+(\sqrt{x})^2}\mathrm{d}(\sqrt{x})$$

$$= 2\arctan\sqrt{x} + C.$$

5. $\int f\left(\frac{1}{x}\right)\frac{1}{x^2}\mathrm{d}x = -\int f\left(\frac{1}{x}\right)\mathrm{d}\left(\frac{1}{x}\right) = -\int f(u)\mathrm{d}u.$

例 8　求$\int \frac{1}{x^2}\mathrm{e}^{\frac{1}{x}}\,\mathrm{d}x$.

解 $$\int \frac{1}{x^2}e^{\frac{1}{x}}dx = -\int e^{\frac{1}{x}}d\left(\frac{1}{x}\right) = -e^{\frac{1}{x}} + C.$$

6. $\int f(e^x)e^x dx = \int f(e^x)d(e^x) = \int f(u)du.$

例 9 求$\int \frac{e^x}{1+e^{2x}}dx.$

解 $$\int \frac{e^x}{1+e^{2x}}dx = \int \frac{1}{1+(e^x)^2}d(e^x) = \arctan e^x + C.$$

例 10 求$\int \frac{1}{1+e^x}dx.$

解 $$\begin{aligned}\int \frac{1}{1+e^x}dx &= \int \frac{1+e^x-e^x}{1+e^x}dx \\ &= \int\left(1-\frac{e^x}{1+e^x}\right)dx = \int dx - \int \frac{1}{1+e^x}d(1+e^x) \\ &= x - \ln(1+e^x) + C.\end{aligned}$$

7. $\int f(\cos x)\sin x dx = -\int f(\cos x)d(\cos x) = -\int f(u)du,$

$\int f(\sin x)\cos x dx = \int f(\sin x)d(\sin x) = \int f(u)du.$

例 11 求$\int \tan x dx.$

解 $$\begin{aligned}\int \tan x dx &= \int \frac{\sin x}{\cos x}dx \\ &= -\int \frac{1}{\cos x}d(\cos x) = -\ln|\cos x| + C.\end{aligned}$$

例 12 求$\int \cot x dx.$

解 $$\begin{aligned}\int \cot x dx &= \int \frac{\cos x}{\sin x}dx \\ &= \int \frac{1}{\sin x}d\sin x = \ln|\sin x| + C.\end{aligned}$$

关于积分$\int \sin^m x \cos^n x dx (m, n \in \mathbf{N}^+)$的讨论：

(1) 当 m, n 中有一个为奇数时，拆分奇数次项来凑微分；

(2) 当 m, n 中两个都为偶数时，唯一的方法是降幂.

例 13 求$\int \sin^2 x \cos^5 x dx.$

解 $$\begin{aligned}\int \sin^2 x \cos^5 x dx &= \int \sin^2 x \cos^4 x d(\sin x) \\ &= \int \sin^2 x (1-\sin^2 x)^2 d(\sin x) \\ &= \int (\sin^2 x - 2\sin^4 x + \sin^6 x)d(\sin x) \\ &= \frac{1}{3}\sin^3 x - \frac{2}{5}\sin^5 x + \frac{1}{7}\sin^7 x + C.\end{aligned}$$

例 14　求$\int \sin^2 x\mathrm{d}x$.

解
$$\int \sin^2 x\mathrm{d}x = \frac{1}{2}\int (1-\cos 2x)\mathrm{d}x = \frac{1}{2}\left(x-\frac{1}{2}\sin 2x\right)+C.$$

8. $\int f(\tan x)\sec^2 x\mathrm{d}x = \int f(\tan x)\mathrm{d}(\tan x)$,

$\int f(\cot x)\csc^2 x\mathrm{d}x = -\int f(\cot x)\mathrm{d}(\cot x)$.

例 15　求$\int \sec^6 x\mathrm{d}x$.

解
$$\begin{aligned}\int \sec^6 x\mathrm{d}x &= \int \sec^4 x\mathrm{d}(\tan x)\\ &= \int (1+\tan^2 x)^2\mathrm{d}(\tan x)\\ &= \int (1+2\tan^2 x+\tan x^4)\mathrm{d}(\tan x)\\ &= \tan x+\frac{2}{3}\tan^3 x+\frac{1}{5}\tan^5 x+C.\end{aligned}$$

9. $\int f(\sec x)\tan x\sec x\mathrm{d}x = \int f(\sec x)\mathrm{d}(\sec x)$,

$\int f(\csc x)\cot x\csc x\mathrm{d}x = -\int f(\csc x)\mathrm{d}(\csc x)$.

例 16　求$\int \tan^5 x\sec^3 x\mathrm{d}x$.

解
$$\begin{aligned}\int \tan^5 x\sec^3 x\mathrm{d}x &= \int \tan^4 x\sec^2 x\mathrm{d}(\sec x)\\ &= \int (\sec^2 x-1)^2\sec^2 x\mathrm{d}(\sec x)\\ &= \int (\sec^6 x-2\sec^4 x+\sec^2 x)\mathrm{d}(\sec x)\\ &= \frac{1}{7}\sec^7 x-\frac{2}{5}\sec^5 x+\frac{1}{3}\sec^3 x+C.\end{aligned}$$

10. $\int f(\arcsin x)\frac{1}{\sqrt{1-x^2}}\mathrm{d}x = \int f(\arcsin x)\mathrm{d}(\arcsin x)$,

$\int f(\arctan x)\frac{1}{1+x^2}\mathrm{d}x = \int f(\arctan x)\mathrm{d}(\arctan x)$.

例 17　求$\int \frac{(\arctan x)^3}{1+x^2}\mathrm{d}x$.

解
$$\int \frac{(\arctan x)^3}{1+x^2}\mathrm{d}x = \int (\arctan x)^3\mathrm{d}(\arctan x) = \frac{1}{4}(\arctan x)^4+C.$$

例 18　求$\int \frac{1}{a^2-x^2}\mathrm{d}x$.

解
$$\int\frac{1}{a^2-x^2}\mathrm{d}x=\frac{1}{2a}\int\left(\frac{1}{a-x}+\frac{1}{a+x}\right)\mathrm{d}x$$
$$=\frac{1}{2a}\left(\int\frac{1}{a-x}\mathrm{d}x+\int\frac{1}{a+x}\mathrm{d}x\right)$$
$$=\frac{1}{2a}\left(-\int\frac{1}{a-x}\mathrm{d}(a-x)+\int\frac{1}{a+x}\mathrm{d}(a+x)\right)$$
$$=\frac{1}{2a}(\ln|a+x|-\ln|a-x|)+C$$
$$=\frac{1}{2a}\ln\left|\frac{a+x}{a-x}\right|+C.$$

例 19 求$\int\sec x\mathrm{d}x$.

解
$$\int\sec x\mathrm{d}x=\int\frac{1}{\cos x}\mathrm{d}x$$
$$=\int\frac{\cos x}{\cos^2x}\mathrm{d}x=\int\frac{1}{1-\sin^2x}\mathrm{d}(\sin x),$$

令 $u=\sin x$,由例 18 可得
$$\int\frac{1}{1-u^2}\mathrm{d}u=\frac{1}{2}\ln\left|\frac{1+u}{1-u}\right|+C,$$
所以
$$\int\sec x\mathrm{d}x=\frac{1}{2}\ln\left|\frac{1+\sin x}{1-\sin x}\right|+C$$
$$=\frac{1}{2}\ln\left|\frac{(1+\sin x)^2}{\cos^2x}\right|+C$$
$$=\frac{1}{2}\ln|\sec x+\tan x|^2+C$$
$$=\ln|\sec x+\tan x|+C.$$

例 20 求$\int\csc x\mathrm{d}x$.

解
$$\int\csc x\mathrm{d}x=-\int\sec\left(\frac{\pi}{2}-x\right)\mathrm{d}\left(\frac{\pi}{2}-x\right)$$
$$=-\ln\left|\sec\left(\frac{\pi}{2}-x\right)+\tan\left(\frac{\pi}{2}-x\right)\right|+C$$
$$=-\ln|\csc x+\cot x|+C$$
$$=\ln|\csc x-\cot x|+C.$$

例 21 求$\int\sin3x\cos2x\mathrm{d}x$.

解 利用三角学中的积化和差公式可得,
$$\sin3x\cos2x=\frac{1}{2}(\sin5x+\sin x),$$
于是
$$\int\sin3x\cos2x\mathrm{d}x=\frac{1}{2}\int(\sin5x+\sin x)\mathrm{d}x$$

$$= \frac{1}{2}\left(\int \sin 5x\mathrm{d}x + \int \sin x\mathrm{d}x\right)$$

$$= -\frac{1}{10}\cos 5x - \frac{1}{2}\cos x + C.$$

例 22　求$\int \frac{1}{1+\sin x}\mathrm{d}x$.

解

$$\int \frac{1}{1+\sin x}\mathrm{d}x = \int \frac{1-\sin x}{1-\sin^2 x}\mathrm{d}x$$

$$= \int \frac{1}{\cos^2 x}\mathrm{d}x + \int \frac{1}{\cos^2 x}\mathrm{d}(\cos x)$$

$$= \int \sec^2 x\mathrm{d}x + \int \frac{1}{\cos^2 x}\mathrm{d}(\cos x)$$

$$= \tan x - \frac{1}{\cos x} + C$$

$$= \tan x - \sec x + C.$$

上面所举例子,使我们认识到,利用凑微分法求不定积分需要一定的技巧,主要是如何适当地选取变量 $u=\varphi(x)$,只有多做练习才能熟练运用.

下面介绍另一种形式的变量代换 $x=\varphi(t)$,即第二换元积分法.

5.2.2　第二换元积分法

在第一换元积分法中,通过选择适当的变量 $u=\varphi(x)$,将不易计算的不定积分 $\int f[\varphi(x)]\varphi'(x)\mathrm{d}x$ 转化为可计算的不定积分$\int f(u)\mathrm{d}u$. 反之,如果不定积分$\int f(x)\mathrm{d}x$ 不易直接计算,能否通过引入变换 $x=\varphi(t)$,将$\int f(x)\mathrm{d}x$ 的计算问题化为易于计算的不定积分 $\int f[\varphi(t)]\varphi'(t)\mathrm{d}t$ 的计算呢?回答是肯定的,即下面的第二换元积分法.

定理 2(第二换元积分法)　设函数 $x=\varphi(t)$ 是单调的可导函数,且 $\varphi'(t)\neq 0$,又设 $f[\varphi(t)]\varphi'(t)$ 具有原函数,则

$$\int f(x)\mathrm{d}x = \left[\int f[\varphi(t)]\varphi'(t)\mathrm{d}t\right]_{t=\varphi^{-1}(x)} \tag{2}$$

其中 $t=\varphi^{-1}(x)$ 是函数 $x=\varphi(t)$ 的反函数.

证明　由于函数 $x=\varphi(t)$ 单调,且 $\varphi'(t)\neq 0$,故具有反函数 $t=\varphi^{-1}(x)$,并且由反函数的求导法则,有

$$\frac{\mathrm{d}t}{\mathrm{d}x} = \frac{1}{\varphi'(t)}.$$

由于

$$\frac{\mathrm{d}}{\mathrm{d}x}\left(\int f[\varphi(t)]\varphi'(t)\mathrm{d}t\right) = \frac{\mathrm{d}}{\mathrm{d}t}\left(\int f[\varphi(t)]\varphi'(t)\mathrm{d}t\right)\cdot\frac{\mathrm{d}t}{\mathrm{d}x}$$

$$= f[\varphi(t)]\varphi'(t)\cdot\frac{1}{\varphi'(t)}$$

$$= f[\varphi(t)] \quad (x=\varphi(t))$$

$$= f(x),$$

故 $\left[\int f[\varphi(t)]\varphi'(t)\mathrm{d}t\right]_{t=\varphi^{-1}(x)}$ 是函数 $f(x)$ 的原函数,所以(2)式成立.

由定理 2 可知,第二换元积分法的换元与回代过程正好与第一换元积分法相反.下面举例说明第二换元积分法的应用.

例 23 求 $\int \frac{1}{1+\sqrt{3-x}}\mathrm{d}x$.

解 设 $t=\sqrt{3-x}$,则

$$x = 3 - t^2, \mathrm{d}x = -2t\mathrm{d}t,$$

于是

$$\begin{aligned}\int \frac{1}{1+\sqrt{3-x}}\mathrm{d}x &= -\int \frac{2t}{1+t}\mathrm{d}t \\ &= -2\int\left(1-\frac{1}{1+t}\right)\mathrm{d}t = -2(t-\ln|1+t|)+C \\ &= -2\sqrt{3-x}+2\ln\left|1+\sqrt{3-x}\right|+C.\end{aligned}$$

例 24 求 $\int \frac{\mathrm{d}x}{\sqrt{x}+\sqrt[3]{x}}$.

解 设 $t=\sqrt[6]{x}$,则

$$x = t^6, \mathrm{d}x = 6t^5\mathrm{d}t,$$

于是

$$\begin{aligned}\int \frac{\mathrm{d}x}{\sqrt{x}+\sqrt[3]{x}} &= \int \frac{6t^5\mathrm{d}t}{t^3+t^2} \\ &= 6\left[\int\left(t^2-t+1-\frac{1}{t+1}\right)\mathrm{d}t\right] \\ &= 6\left(\frac{1}{3}t^3-\frac{1}{2}t^2+t-\ln|t+1|\right)+C \\ &= 2\sqrt{x}-3\sqrt[3]{x}+6\sqrt[6]{x}-6\ln\left|\sqrt[6]{x}+1\right|+C.\end{aligned}$$

例 25 求 $\int \frac{1}{x}\sqrt{\frac{1+x}{x}}\mathrm{d}x$.

解 令 $t=\sqrt{\frac{1+x}{x}}$,则

$$x = \frac{1}{t^2-1}, \mathrm{d}x = -\frac{2t\mathrm{d}t}{(t^2-1)^2},$$

从而

$$\begin{aligned}\int \frac{1}{x}\sqrt{\frac{1+x}{x}}\mathrm{d}x &= -2\int \frac{t^2}{t^2-1}\mathrm{d}t \\ &= -2\int\left(1+\frac{1}{t^2-1}\right)\mathrm{d}t \\ &= -2t-\ln\left|\frac{t-1}{t+1}\right|+C\end{aligned}$$

$$=-2\sqrt{\frac{1+x}{x}}-\ln\left|x\left(\sqrt{\frac{1+x}{x}}-1\right)^2\right|+C.$$

一般来说，如果被积函数中含有：

(1) $f(\sqrt[n]{ax+b})$，可令 $t=\sqrt[n]{ax+b}$；

(2) $f(\sqrt[n_1]{x},\sqrt[n_2]{x})$，可令 $t=\sqrt[n]{x}$，其中 n 为 n_1,n_2 的最小公倍数；

(3) $f\left(\sqrt[n]{\frac{ax+b}{cx+d}}\right)$，可令 $t=\sqrt[n]{\frac{ax+b}{cx+d}}$.

以上代换通常称为根式代换.

例 26　求$\int\sqrt{a^2-x^2}\,dx\,(a>0)$.

解　设 $x=a\sin t, t\in\left(-\frac{\pi}{2},\frac{\pi}{2}\right)$，则 $dx=a\cos t\,dt$，于是

$$\begin{aligned}\int\sqrt{a^2-x^2}\,dx&=\int a\cos t\cdot a\cos t\,dt\\&=\frac{a^2}{2}\int(1+\cos 2t)\,dt\\&=\frac{a^2}{2}\left(t+\frac{1}{2}\sin 2t\right)+C\\&=\frac{a^2}{2}(t+\sin t\cos t)+C.\end{aligned}$$

为了要把 $\cos t$ 换成 x 的函数，可以根据 $x=a\sin t$ 作辅助直角三角形(如图 5-2-1)，则

$$\cos t=\frac{\sqrt{a^2-x^2}}{a},$$

因此

$$\begin{aligned}\int\sqrt{a^2-x^2}\,dx&=\frac{a^2}{2}\left(\arcsin\frac{x}{a}+\frac{x}{a}\cdot\frac{\sqrt{a^2-x^2}}{a}\right)+C\\&=\frac{a^2}{2}\arcsin\frac{x}{a}+\frac{x}{2}\cdot\sqrt{a^2-x^2}+C.\end{aligned}$$

注：也可以作变量代换 $x=a\cos t$，不过为了保证该函数的单调性，需假定 $t\in(0,\pi)$

例 27　求$\int\frac{1}{\sqrt{x^2+a^2}}dx\,(a>0)$.

解　设 $x=a\tan t, t\in\left(-\frac{\pi}{2},\frac{\pi}{2}\right)$，则 $dx=a\sec^2 t\,dt$，于是

$$\begin{aligned}\int\frac{1}{\sqrt{x^2+a^2}}dx&=\int\frac{1}{a\sec t}\cdot a\sec^2 t\,dt\\&=\int\sec t\,dt=\ln|\sec t+\tan t|+C_1.\end{aligned}$$

根据 $x=a\tan t$ 作辅助直角三角形(如图 5-2-2)，

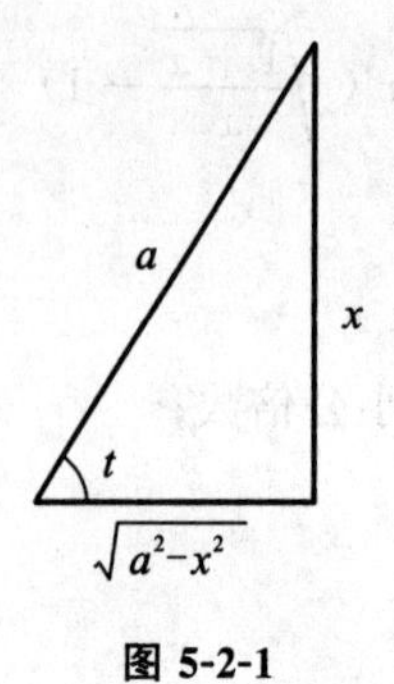

图 5-2-1

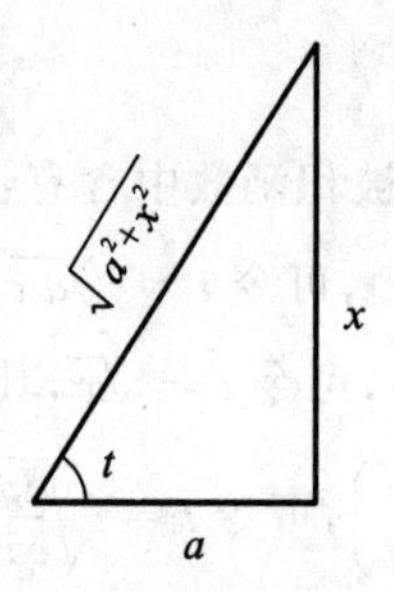

图 5-2-2

于是

$$\begin{aligned}\int \frac{1}{\sqrt{x^2+a^2}}\mathrm{d}x &= \ln|\sec t + \tan t| + C_1 \\ &= \ln\left|\frac{x}{a} + \frac{\sqrt{x^2+a^2}}{a}\right| + C_1 \\ &= \ln\left|x + \sqrt{x^2+a^2}\right| + C,\end{aligned}$$

其中 $C = C_1 - \ln a$.

例 28 $\int \frac{1}{\sqrt{x^2-a^2}}\mathrm{d}x (a > 0)$.

解 只需讨论 $x > a$ 的情形. 当 $x < -a$ 时,可通过变量代换 $x = -u$ 转化为前述情形. 设 $x = a\sec t, t \in \left(0, \frac{\pi}{2}\right)$,则 $\mathrm{d}x = a\sec t \cdot \tan t\mathrm{d}t$,于是

$$\begin{aligned}\int \frac{1}{\sqrt{x^2-a^2}}\mathrm{d}x &= \int \frac{1}{a\tan t} \cdot a\sec t \cdot \tan t\mathrm{d}t \\ &= \int \sec t\mathrm{d}t = \ln|\sec t + \tan t| + C_1,\end{aligned}$$

根据 $x = a\sec t$ 作辅助直角三角形(如图 5-2-3),于是

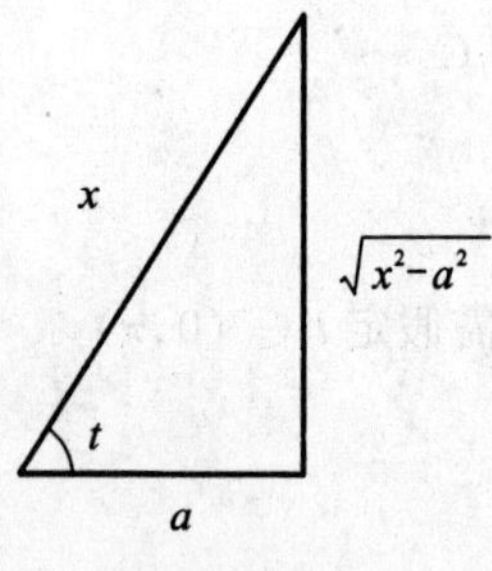

图 5-2-3

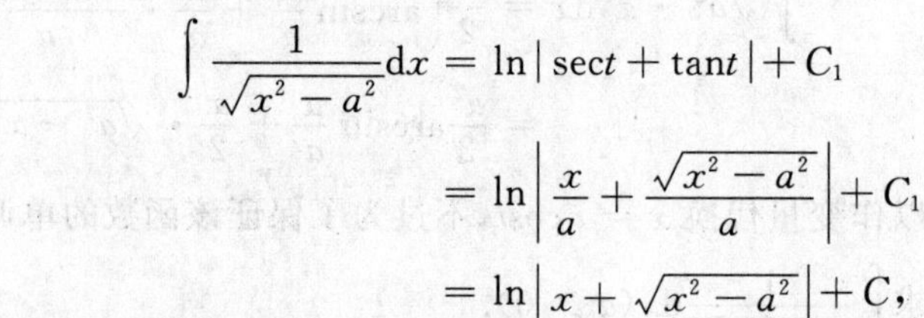

$$\begin{aligned}\int \frac{1}{\sqrt{x^2-a^2}}\mathrm{d}x &= \ln|\sec t + \tan t| + C_1 \\ &= \ln\left|\frac{x}{a} + \frac{\sqrt{x^2-a^2}}{a}\right| + C_1 \\ &= \ln\left|x + \sqrt{x^2-a^2}\right| + C,\end{aligned}$$

其中 $C = C_1 - \ln a$.

一般来说,

(1) 如果被积函数中含有 $\sqrt{a^2-x^2}$,则可令 $x = a\sin t$, $t \in \left(-\frac{\pi}{2}, \frac{\pi}{2}\right)$;

(2) 如果被积函数中含有 $\sqrt{x^2+a^2}$,则可令 $x = a\tan t, t \in \left(-\frac{\pi}{2}, \frac{\pi}{2}\right)$;

(3) 如果被积函数中含有 $\sqrt{x^2-a^2}$,则可令 $x = a\sec t, t \in \left(0, \frac{\pi}{2}\right)$.

以上代换通常称为三角代换. 根式代换与三角代换是第二换元积分法中的重要变换，有时还可以作代换 $x=\frac{1}{t}$. 在具体解题时，要视具体情况，选择合适的代换，否则会使不定积分的运算比较繁杂. 例如，求解不定积分 $\int x\sqrt{x^2-a^2}\mathrm{d}x$，就不必使用三角代换，直接利用凑微分法更为简单.

例 29　求 $\int\frac{1}{x\sqrt{1+x^2}}\mathrm{d}x$.

解　设 $x=\frac{1}{t}$，则 $\mathrm{d}x=-\frac{1}{t^2}\mathrm{d}t$，于是

$$\int\frac{1}{x\sqrt{1+x^2}}\mathrm{d}x=\int\frac{-1}{\sqrt{1+t^2}}\mathrm{d}t,$$

由例 27 可得

$$\begin{aligned}\int\frac{1}{x\sqrt{1+x^2}}\mathrm{d}x&=-\ln\left|t+\sqrt{1+t^2}\right|+C\\&=-\ln\left|\frac{1+\sqrt{1+x^2}}{x}\right|+C.\end{aligned}$$

本节例题中的一些积分，以后会常常遇到，可以作为公式使用，列出如下：

(15) $\int\tan x\mathrm{d}x=-\ln|\cos x|+C$；

(16) $\int\cot x\mathrm{d}x=\ln|\sin x|+C$；

(17) $\int\sec x\mathrm{d}x=\ln|\sec x+\tan x|+C$；

(18) $\int\csc x\mathrm{d}x=\ln|\csc x-\cot x|+C$；

(19) $\int\frac{\mathrm{d}x}{a^2+x^2}=\frac{1}{a}\arctan\frac{x}{a}+C$；

(20) $\int\frac{\mathrm{d}x}{a^2-x^2}=\frac{1}{2a}\ln\left|\frac{a+x}{a-x}\right|+C$；

(21) $\int\frac{\mathrm{d}x}{x^2-a^2}=\frac{1}{2a}\ln\left|\frac{x-a}{x+a}\right|+C$；

(22) $\int\frac{\mathrm{d}x}{\sqrt{x^2-a^2}}=\ln\left|x+\sqrt{x^2-a^2}\right|+C$；

(23) $\int\frac{\mathrm{d}x}{\sqrt{x^2+a^2}}=\ln\left|x+\sqrt{x^2+a^2}\right|+C$；

(24) $\int\frac{\mathrm{d}x}{\sqrt{a^2-x^2}}=\arcsin\frac{x}{a}+C$；

(25) $\int\sqrt{a^2-x^2}\mathrm{d}x=\frac{a^2}{2}\arcsin\frac{x}{a}+\frac{x}{2}\sqrt{a^2-x^2}+C$.

习　题　5.2

1. 计算下列不定积分.

(1) $\int \sqrt{2+3x}\mathrm{d}x$；　　(2) $\int \frac{1}{2x-1}\mathrm{d}x$；

(3) $\int \frac{\mathrm{e}^x}{1+\mathrm{e}^x}\mathrm{d}x$；　　(4) $\int \frac{\sin x}{(1+\cos x)^3}\mathrm{d}x$；

(5) $\int \frac{1}{3^x}\mathrm{d}x$；　　(6) $\int \frac{1}{9+4x^2}\mathrm{d}x$；

(7) $\int \frac{x}{\sqrt{a^2-x^2}}\mathrm{d}x$；　　(8) $\int \frac{x}{x+1}\mathrm{d}x$；

(9) $\int \cos 5x\cos x\mathrm{d}x$；　　(10) $\int \tan x\sec^5 x\mathrm{d}x$；

(11) $\int \frac{\mathrm{e}^{\sqrt{x}}}{\sqrt{x}}\mathrm{d}x$；　　(12) $\int \frac{1}{x^2\sqrt{1-x^2}}\mathrm{d}x$；

(13) $\int \frac{\sqrt{x^2-4}}{x}\mathrm{d}x$；　　(14) $\int \frac{\sin x\cos x}{1+\sin^4 x}\mathrm{d}x$；

(15) $\int \frac{2x-1}{\sqrt{1-x^2}}\mathrm{d}x$；　　(16) $\int \frac{1}{(x+1)(x-2)}\mathrm{d}x$；

(17) $\int \frac{1}{1+\sqrt[3]{x+1}}\mathrm{d}x$；　　(18) $\int \frac{\sin x+\cos x}{\sqrt[3]{\sin x-\cos x}}\mathrm{d}x$；

(19) $\int \sin 2x\cos 3x\mathrm{d}x$；　　(20) $\int \frac{\arctan\sqrt{x}}{\sqrt{x}(1+x)}\mathrm{d}x$；

(21) $\int \frac{\mathrm{d}x}{(\arctan x)^2\sqrt{1-x^2}}$；　　(22) $\int \frac{1+\ln x}{(x\ln x)^2}\mathrm{d}x$；

(23) $\int \frac{\ln\tan x}{\cos x\sin x}\mathrm{d}x$；　　(24) $\int \frac{1}{\cos x\sin x}\mathrm{d}x$；

(25) $\int \frac{1}{x\ln x\ln\ln x}\mathrm{d}x$；　　(26) $\int \frac{1}{x\sqrt{x^2-1}}\mathrm{d}x$；

(27) $\int \frac{1}{\sqrt{(x^2+1)^3}}\mathrm{d}x$；　　(28) $\int \sin 5x\sin 7x\mathrm{d}x$；

(29) $\int \frac{1}{1+\sqrt{1-x^2}}\mathrm{d}x$；　　(30) $\int \frac{1}{x+\sqrt{1-x^2}}\mathrm{d}x$.

2. 利用公式$\int f(\cos x)\sin x\mathrm{d}x=-\int f(\cos x)\mathrm{d}(\cos x)$计算不定积分$\int \sin^3 x\cos^2 x\mathrm{d}x$.

5.3　分部积分法

本节讨论另一种求不定积分的基本方法——分部积分法，它与微分法中乘积的求导法则相对应.

设函数 $u=u(x)$，$v=v(x)$ 具有连续导数，由

$$(uv)'=u'v+uv'$$

可得，

$$\int (uv)'\mathrm{d}x=\int u'v\mathrm{d}x+\int uv'\mathrm{d}x,$$

再将上式移项整理得，

$$\int uv'\mathrm{d}x=\int(uv)'\mathrm{d}x-\int u'v\mathrm{d}x,$$

由此可导出不定积分的**分部积分公式**

$$\int uv'\mathrm{d}x=uv-\int u'v\mathrm{d}x. \tag{1}$$

上式也可写成

$$\int u\mathrm{d}v=uv-\int v\mathrm{d}u. \tag{2}$$

上述公式表明，当不定积分$\int uv'\mathrm{d}x$不易计算，而不定积分$\int u'v\mathrm{d}x$容易计算时，可利用分部积分公式(1)，恰当地选择u和v'是很关键的.选取u和v'一般要考虑下面两点：

(1) v要容易求得；

(2) $\int u'v\mathrm{d}x$要比$\int uv'\mathrm{d}x$容易积出.

如果被积函数是两个函数的乘积，通常按“对数函数和反三角函数、幂函数、指数函数和三角函数”的顺序，将排在前面的函数设为u，排在后面的函数设为v'，再进行积分.对于初学者，一旦u和v'确定后，可按下面的顺序求不定积分，

$$\int uv'\mathrm{d}x=\int u\mathrm{d}v=uv-\int v\mathrm{d}u=uv-\int u'v\mathrm{d}x.$$

下面以几种常见类型为例进行说明.

1. 形如$\int x^n\mathrm{e}^{ax}\mathrm{d}x$($n$为正整数)的不定积分

对形如$\int x^n\mathrm{e}^{ax}\mathrm{d}x$的不定积分，为了得到不定积分的结果，我们总是设$u=x^n$，$v'=\mathrm{e}^{ax}$.

例 1　求$\int x\mathrm{e}^x\mathrm{d}x$.

解　设$u=x$，$v'=\mathrm{e}^x$，于是

$$\mathrm{d}v=\mathrm{e}^x\mathrm{d}x=\mathrm{d}\mathrm{e}^x,$$

所以

$$\begin{aligned}\int x\mathrm{e}^x\mathrm{d}x&=\int x\mathrm{d}\mathrm{e}^x=x\mathrm{e}^x-\int\mathrm{e}^x\mathrm{d}x\\&=x\mathrm{e}^x-\mathrm{e}^x+C.\end{aligned}$$

例 2　求$\int x^2\mathrm{e}^{-2x}\mathrm{d}x$.

解　设$u=x^2$，$v'=\mathrm{e}^{-2x}$，于是

$$\mathrm{d}v=\mathrm{e}^{-2x}\mathrm{d}x=-\frac{1}{2}\mathrm{d}\mathrm{e}^{-2x},$$

所以

$$\begin{aligned}\int x^2\mathrm{e}^{-2x}\mathrm{d}x&=-\frac{1}{2}\int x^2\mathrm{d}\mathrm{e}^{-2x}\\&=-\frac{1}{2}\left(x^2\mathrm{e}^{-2x}-2\int x\mathrm{e}^{-2x}\mathrm{d}x\right),\end{aligned}$$

此时被积函数 $x^2\mathrm{e}^{-2x}$ 变成了 $x\mathrm{e}^{-2x}$，x 的幂得到了降低，再次利用分部积分公式可得，

$$\begin{aligned}\int x^2\mathrm{e}^{-2x}\mathrm{d}x &= -\frac{1}{2}x^2\mathrm{e}^{-2x}+\int x\mathrm{e}^{-2x}\mathrm{d}x \\ &= -\frac{1}{2}x^2\mathrm{e}^{-2x}-\frac{1}{2}\int x\mathrm{d}\mathrm{e}^{-2x} \\ &= -\frac{1}{2}x^2\mathrm{e}^{-2x}-\frac{1}{2}\left(x\mathrm{e}^{-2x}-\int \mathrm{e}^{-2x}\mathrm{d}x\right) \\ &= -\frac{1}{2}x^2\mathrm{e}^{-2x}-\frac{1}{2}x\mathrm{e}^{-2x}-\frac{1}{4}x\mathrm{e}^{-2x}+C.\end{aligned}$$

2. 形如 $\int x^n\sin\alpha x\,\mathrm{d}x$ 或 $\int x^n\cos\alpha x\,\mathrm{d}x$（$n$ 为正整数）的不定积分

对形如 $\int x^n\sin\alpha x\,\mathrm{d}x$（或 $\int x^n\cos\alpha x\,\mathrm{d}x$）的不定积分，为了得到不定积分的结果，我们总是设 $u=x^n$，$v'=\sin\alpha x$（或 $v'=\cos\alpha x$）.

例 3 求不定积分 $\int x\cos x\mathrm{d}x$.

解 设 $u=x$，$v'=\cos x$，所以

$$\mathrm{d}v=\cos x\mathrm{d}x=\mathrm{d}\sin x,$$

于是

$$\begin{aligned}\int x\cos x\mathrm{d}x &= x\sin x-\int\sin x\mathrm{d}x \\ &= x\sin x+\cos x+C.\end{aligned}$$

例 4 求不定积分 $\int x^2\sin x\mathrm{d}x$.

解 设 $u=x^2$，$v'=\sin x$，所以

$$\mathrm{d}v=\sin x\mathrm{d}x=-\mathrm{d}\cos x,$$

于是

$$\begin{aligned}\int x^2\sin x\mathrm{d}x &= -\int x^2\mathrm{d}\cos x \\ &= -\left(x^2\cos x-2\int x\cos x\mathrm{d}x\right) \\ &= -x^2\cos x+2\int x\mathrm{d}\sin x \\ &= -x^2\cos x+2\left(x\sin x-\int\sin x\mathrm{d}x\right) \\ &= -x^2\cos x+2x\sin x+2\cos x+C.\end{aligned}$$

3. 形如 $\int x^\alpha\ln^n x\,\mathrm{d}x$（$n$ 为正整数）的不定积分

对形如 $\int x^\alpha\ln^n x\,\mathrm{d}x$ 的不定积分，为了得到不定积分的结果，我们总是设 $u=\ln^n x$，$v'=x^\alpha$.

例 5 求不定积分 $\int\ln x\mathrm{d}x$.

解 设 $u=\ln x$，$v'=1$，则 $\mathrm{d}v=\mathrm{d}x$，于是

$$\begin{aligned}\int \ln x \mathrm{d}x &= x\ln x - \int x \mathrm{d}\ln x \\ &= x\ln x - \int x \cdot \frac{1}{x}\mathrm{d}x \\ &= x\ln x - x + C.\end{aligned}$$

例 6　求不定积分$\int \frac{\ln^2 x}{\sqrt{x}}\mathrm{d}x$.

解　设 $u = \ln^2 x, v' = \frac{1}{\sqrt{x}}$,则

$$\mathrm{d}v = \frac{1}{\sqrt{x}}\mathrm{d}x = 2\mathrm{d}\sqrt{x},$$

于是

$$\begin{aligned}\int \frac{\ln^2 x}{\sqrt{x}}\mathrm{d}x &= 2\int \ln^2 x\mathrm{d}\sqrt{x} \\ &= 2\left(\sqrt{x}\ln^2 x - \int \sqrt{x}\mathrm{d}\ln^2 x\right) \\ &= 2\left(\sqrt{x}\ln^2 x - 2\int \frac{\ln x}{\sqrt{x}}\mathrm{d}x\right),\end{aligned}$$

由被积函数可知,$\ln x$ 的幂得到了降低,再利用分部积分公式得,

$$\begin{aligned}\int \frac{\ln^2 x}{\sqrt{x}}\mathrm{d}x &= 2\sqrt{x}\ln^2 x - 8\int \ln x\mathrm{d}\sqrt{x} \\ &= 2\sqrt{x}\ln^2 x - 8\left(\sqrt{x}\ln x - \int \sqrt{x}\mathrm{d}\ln x\right) \\ &= 2\sqrt{x}\ln^2 x - 8\sqrt{x}\ln x + 8\int \frac{1}{\sqrt{x}}\mathrm{d}x \\ &= 2\sqrt{x}\ln^2 x - 8\sqrt{x}\ln x + 16\sqrt{x} + C.\end{aligned}$$

4. 形如$\int x^n \arcsin x\mathrm{d}x$ 或$\int x^n \arctan x\mathrm{d}x$($n$ 为正整数)的不定积分

对形如$\int x^n \arcsin x\mathrm{d}x$ 或$\int x^n \arctan x\mathrm{d}x$ 的不定积分,为了得到不定积分的结果,我们总是设 $u = \arcsin x$(或 $u = \arctan x$),$v' = x^n$.

例 7　求不定积分$\int \arcsin x\mathrm{d}x$.

解　设 $u = \arcsin x, v' = 1$,则 $\mathrm{d}v = \mathrm{d}x$,于是

$$\begin{aligned}\int \arcsin x\mathrm{d}x &= x\arcsin x - \int \frac{x}{\sqrt{1-x^2}}\mathrm{d}x \\ &= x\arcsin x + \frac{1}{2}\int \frac{1}{\sqrt{1-x^2}}\mathrm{d}(1-x^2) \\ &= x\arcsin x + \sqrt{1-x^2} + C.\end{aligned}$$

例 8　求不定积分$\int \arctan\sqrt{x}\mathrm{d}x$.

解　先用换元法,设 $t = \sqrt{x}$,则 $x = t^2, \mathrm{d}x = 2t\mathrm{d}t$,所以

$$\int \arctan\sqrt{x}\,\mathrm{d}x = 2\int t\arctan t\,\mathrm{d}t = \int \arctan t\,\mathrm{d}(t^2)$$

$$= t^2\arctan t - \int t^2 \cdot \frac{1}{1+t^2}\mathrm{d}t$$

$$= t^2\arctan t - \int \frac{t^2+1-1}{1+t^2}\mathrm{d}t$$

$$= t^2\arctan t - \int\left(1-\frac{1}{1+t^2}\right)\mathrm{d}t$$

$$= t^2\arctan t - t + \arctan t + C$$

$$= x\arctan\sqrt{x} - \sqrt{x} + \arctan\sqrt{x} + C.$$

5. 其他

例 9 求不定积分$\int x\ln\frac{1+x}{1-x}\mathrm{d}x$.

解 设$u=\ln\frac{1+x}{1-x}, v'=x, \mathrm{d}u=\frac{2}{1-x^2}\mathrm{d}x, \mathrm{d}v=\frac{1}{2}\mathrm{d}x^2$,于是

$$\int x\ln\frac{1+x}{1-x}\mathrm{d}x = \frac{1}{2}x^2\ln\frac{1+x}{1-x} - \int\frac{1}{2}x^2\,\frac{2}{1-x^2}\mathrm{d}x$$

$$= \frac{1}{2}x^2\ln\frac{1+x}{1-x} + \int\left(1+\frac{1}{x^2-1}\right)\mathrm{d}x$$

$$= \frac{1}{2}x^2\ln\frac{1+x}{1-x} + x + \frac{1}{2}\ln\left|\frac{x-1}{x+1}\right| + C.$$

例 10 求不定积分$\int \ln(x+\sqrt{1+x^2})\mathrm{d}x$.

解 设$u=\ln(x+\sqrt{1+x^2}), v'=1, \mathrm{d}u=\frac{1}{\sqrt{1+x^2}}\mathrm{d}x, \mathrm{d}v=\mathrm{d}x$,于是

$$\int \ln(x+\sqrt{1+x^2})\mathrm{d}x = x\ln(x+\sqrt{1+x^2}) - \int x\,\frac{1}{\sqrt{1+x^2}}\mathrm{d}x$$

$$= x\ln(x+\sqrt{1+x^2}) - \frac{1}{2}\int\frac{1}{\sqrt{1+x^2}}\mathrm{d}(1+x^2)$$

$$= x\ln(x+\sqrt{1+x^2}) - \sqrt{1+x^2} + C.$$

例 11 求不定积分$\int \mathrm{e}^{\sqrt{x}}\mathrm{d}x$.

解 设$\sqrt{x}=t, x=t^2, \mathrm{d}x=2t\mathrm{d}t$,则

$$\int \mathrm{e}^{\sqrt{x}}\mathrm{d}x = 2\int \mathrm{e}^t t\,\mathrm{d}t = 2\int t\,\mathrm{d}\mathrm{e}^t$$

$$= 2\left(t\mathrm{e}^t - \int \mathrm{e}^t\mathrm{d}t\right)$$

$$= 2(t\mathrm{e}^t - \mathrm{e}^t) + C$$

$$= 2(t\mathrm{e}^{\sqrt{x}} - \mathrm{e}^{\sqrt{x}}) + C.$$

运用分部积分法求不定积分,当做题熟悉后,u 和 v' 可以省略不写,直接计算.下面再介绍几个典型例题.

例 12　求不定积分$\int e^x \sin x dx$.

解
$$\int e^x \sin x dx = \int \sin x de^x$$
$$= e^x \sin x - \int e^x \cos x dx,$$

对上式右端的积分再利用分部积分法,得
$$\int e^x \cos x dx = \int \cos x de^x$$
$$= e^x \cos x + \int e^x \sin x dx,$$

从而有
$$\int e^x \sin x dx = e^x \sin x - e^x \cos x - \int e^x \sin x dx,$$

移项,解得
$$\int e^x \sin x dx = \frac{1}{2} e^x (\sin x - \cos x) + C.$$

本题两次利用分部积分法,然后通过解方程得到(记住不定积分中的任意常数).下面的例题也属于这种类型.

例 13　求不定积分$\int \sin(\ln x) dx$.

解
$$\int \sin(\ln x) dx = x\sin(\ln x) - \int x d\sin(\ln x)$$
$$= x\sin(\ln x) - \int \cos(\ln x) dx,$$

而不定积分
$$\int \cos(\ln x) dx = x\cos(\ln x) + \int \sin(\ln x) dx,$$

所以代入上式可得
$$\int \sin(\ln x) dx = \frac{1}{2} x [\sin(\ln x) - \cos(\ln x)] + C.$$

例 14　求不定积分$\int \sec^3 x dx$.

解
$$\int \sec^3 x dx = \int \sec x \cdot \sec^2 x dx = \int \sec x d\tan x$$
$$= \sec x \tan x - \int \sec x \tan^2 x dx$$
$$= \sec x \tan x - \int \sec x (\sec^2 x - 1) dx$$
$$= \sec x \tan x - \int \sec^3 x dx + \int \sec x dx$$
$$= \sec x \tan x + \ln|\sec x + \tan x| - \int \sec^3 x dx$$

移项,解得

$$\int \sec^3 x\mathrm{d}x = \frac{1}{2}(\sec x\tan x + \ln|\sec x + \tan x|) + C.$$

例 15 求不定积分 $I_n = \int \frac{1}{(a^2+x^2)^n}\mathrm{d}x$,其中 n 为正整数.

解 当 $n=1$ 时,

$$I_1 = \int \frac{1}{a^2+x^2}\mathrm{d}x = \frac{1}{a}\arctan\frac{x}{a} + C.$$

如果能将 I_n 用 I_{n-1} 表示,则可通过 I_1 逐一将 $I_2,\cdots,I_{n-1},I_n$ 表示出来.下面求用 I_{n-1} 表示 I_n 的递推公式.由于

$$\begin{aligned} I_{n-1} &= \int \frac{1}{(a^2+x^2)^{n-1}}\mathrm{d}x = \frac{x}{(a^2+x^2)^{n-1}} - \int x\mathrm{d}\left(\frac{1}{(a^2+x^2)^{n-1}}\right) \\ &= \frac{x}{(a^2+x^2)^{n-1}} + 2(n-1)\int \frac{x^2}{(a^2+x^2)^n}\mathrm{d}x \\ &= \frac{x}{(a^2+x^2)^{n-1}} + 2(n-1)\int \frac{x^2+a^2-a^2}{(a^2+x^2)^n}\mathrm{d}x \\ &= \frac{x}{(a^2+x^2)^{n-1}} + 2(n-1)I_{n-1} - 2(n-1)a^2 I_n, \end{aligned}$$

解得

$$2(n-1)a^2 I_n = \frac{x}{(a^2+x^2)^{n-1}} + (2n-3)I_{n-1},$$

由此得递推公式

$$I_n = \frac{1}{2a^2(n-1)}\left[\frac{x}{(a^2+x^2)^{n-1}} + (2n-3)I_{n-1}\right].$$

习 题 5.3

1. 求下列不定积分:

(1) $\int \ln x\mathrm{d}x$;　　(2) $\int x^2\sin x\mathrm{d}x$;

(3) $\int x\mathrm{e}^{-x}\mathrm{d}x$;　　(4) $\int \mathrm{e}^{\sqrt{2x-1}}\mathrm{d}x$;

(5) $\int x\cos 3x\mathrm{d}x$;　　(6) $\int \mathrm{e}^{-x}\cos x\mathrm{d}x$;

(7) $\int \frac{x}{\cos^2 x}\mathrm{d}x$;　　(8) $\int \sqrt{x}\sin\sqrt{x}\mathrm{d}x$;

(9) $\int x\ln(1+x^2)\mathrm{d}x$;　　(10) $\int \cos(\ln x)\mathrm{d}x$.

2. 设函数 $f(x)$ 的一个原函数是 $\frac{\sin x}{x}$,求 $\int xf'(x)\mathrm{d}x$.

3. 求 $I_n = \int \tan^n x\mathrm{d}x$ 的递推公式.

5.4 * 几类特殊函数的积分法

前面介绍了求不定积分的几种方法,本节介绍有理函数以及可化为有理函数的不定积分.

5.4.1　有理函数的积分

形如

$$R(x)=\frac{P(x)}{Q(x)}=\frac{a_nx^n+a_{n-1}x^{n-1}+\cdots+a_1x+a_0}{b_mx^m+b_{m-1}x^{m-1}+\cdots+b_1x+b_0}\tag{1}$$

的函数称为有理函数,其中 $a_n\neq0,b_m\neq0$. (1) 式中通常假定分子多项式 $P(x)$ 与分母多项式 $Q(x)$ 之间没有公因式. 当 $n<m$ 时,称(1) 式为有理真分式;当 $n\geqslant m$ 时,称(1) 式为有理假分式. 利用多项式除法,总可以将一个有理假分式化成一个多项式与一个有理真分式之和. 如

$$\frac{x^3+x+1}{x^2+1}=x+\frac{1}{x^2+1}.$$

因为多项式的不定积分容易求得,所以有理函数的不定积分主要是有理真分式的不定积分,因此 $R(x)$ 中我们总是假定 $n<m$.

称下面四个有理真分式

(ⅰ) $\dfrac{A}{x-a}$;

(ⅱ) $\dfrac{A}{(x+a)^k}$;

(ⅲ) $\dfrac{Ax+B}{x^2+px+q}$;

(ⅳ) $\dfrac{Ax+B}{(x^2+px+q)^k}$

为最简分式,其中 k 为正整数,$p^2-4q<0$.

我们知道最简分式的不定积分可以求出,如果能将一个有理真分式分解成若干个最简分式之和,则有理真分式的不定积分问题就解决了,为此有下面的定理.

定理 1　若 $Q(x)$ 是 m 次多项式,即

$$Q(x)=b_mx^m+b_{m-1}x^{m-1}+\cdots+b_1x+b_0,$$

则

$$Q(x)=b_m(x-a)^\alpha\cdots(x-b)^\beta(x^2+px+q)^\lambda\cdots(x^2+rx+s)^\mu,\tag{2}$$

其中,$\alpha,\cdots,\beta,\lambda,\cdots,\mu$ 为正整数,$p^2-4q<0,\cdots,r^2-4s<0$,且

$$\alpha+\cdots+\beta+2(\lambda+\cdots+\mu)=m.$$

定理 2　设(1) 式中的 $R(x)$ 为有理真分式,分母 $Q(x)$ 有分解式(2),则

$$\begin{aligned}R(x)=\frac{1}{b_m}\Big[&\frac{A_1}{x-a}+\frac{A_2}{(x-a)^2}+\cdots+\frac{A_\alpha}{(x-a)^\alpha}+\cdots\\&+\frac{B_1}{x-b}+\frac{B_2}{(x-b)^2}+\cdots+\frac{B_\beta}{(x-b)^\beta}+\\&+\frac{P_1x+Q_1}{x^2+px+q}+\cdots+\frac{P_\lambda x+Q_\lambda}{(x^2+px+q)^\lambda}+\cdots\\&+\frac{K_1x+S_1}{x^2+rx+s}+\cdots+\frac{K_\mu x+S_\mu}{(x^2+rx+s)^\mu}\Big]\end{aligned}$$

其中,A_i,B_i,P_i,Q_i,K_i 及 S_i 都是实常数.

例 1　求 $\displaystyle\int\frac{x+3}{x^2-5x+6}\mathrm{d}x$.

解　因为

$$\frac{x+3}{x^2-5x+6}=\frac{x+3}{(x-2)(x-3)}=\frac{-5}{x-2}+\frac{6}{x-3},$$

所以

$$\int\frac{x+3}{x^2-5x+6}dx=\int\left(\frac{-5}{x-2}+\frac{6}{x-3}\right)dx$$
$$=-5\ln|x-2|+6\ln|x-3|+C.$$

例 2　求$\int\frac{x-2}{x^2+2x+3}dx$.

解　由于

$$(x^2+2x+3)'=2x+2,$$

则

$$\int\frac{x-2}{x^2+2x+3}dx=\int\frac{\frac{1}{2}(2x+2)-3}{x^2+2x+3}dx$$
$$=\frac{1}{2}\int\frac{2x+2}{x^2+2x+3}dx-3\int\frac{dx}{x^2+2x+3}$$
$$=\frac{1}{2}\int\frac{d(x^2+2x+3)}{x^2+2x+3}-3\int\frac{d(x+1)}{(x+1)^2+(\sqrt{2})^2}$$
$$=\frac{1}{2}\ln(x^2+2x+3)-\frac{3}{\sqrt{2}}\arctan\frac{x+1}{\sqrt{2}}+C.$$

例 3　求$\int\frac{1}{x(x-1)^2}dx$.

解　由定理 2 设

$$\frac{1}{x(x-1)^2}=\frac{A_1}{x}+\frac{A_2}{x-1}+\frac{A_3}{(x-1)^2},$$

其中 A_1,A_2,A_3 为待定系数. 由待定系数法可得

$$A_1=1,A_2=-1,A_3=1,$$

于是

$$\int\frac{1}{x(x-1)^2}dx=\int\left(\frac{1}{x}-\frac{1}{x-1}+\frac{1}{(x-1)^2}\right)dx$$
$$=\ln\left|\frac{x}{x-1}\right|-\frac{1}{x-1}+C.$$

例 4　求$\int\frac{x^2+1}{x^4+1}dx$.

解　因为

$$\left(x-\frac{1}{x}\right)'=1+\frac{1}{x^2},$$

则

$$\int\frac{x^2+1}{x^4+1}dx=\int\frac{1+\frac{1}{x^2}}{x^2+\frac{1}{x^2}}dx=\int\frac{d\left(x-\frac{1}{x}\right)}{\left(x-\frac{1}{x}\right)^2+2}$$

$$= \frac{1}{\sqrt{2}} \int \frac{\mathrm{d}\left(x - \frac{1}{x}\right)/\sqrt{2}}{1 + \left[\left(x - \frac{1}{x}\right)/\sqrt{2}\right]^2}$$

$$= \frac{1}{\sqrt{2}} \arctan \frac{x^2 - 1}{\sqrt{2}x} + C.$$

5.4.2　三角函数有理式的积分

所谓三角函数有理式是指由常数与三角函数通过有限次四则运算所构成的函数. 由于三角函数都可以用 $\sin x$ 和 $\cos x$ 的有理式表示,所以将三角函数有理式记作 $R(\sin x, \cos x)$. 下面介绍三角函数有理式的不定积分.

由于

$$\sin x = \frac{2\tan \frac{x}{2}}{1 + \tan^2 \frac{x}{2}}, \cos x = \frac{1 - \tan^2 \frac{x}{2}}{1 + \tan^2 \frac{x}{2}},$$

令 $\tan \frac{x}{2} = t$,则

$$\sin x = \frac{2t}{1+t^2}, \cos x = \frac{1-t^2}{1+t^2},$$

$x = 2\arctan t, \mathrm{d}x = \frac{2}{1+t^2}\mathrm{d}t$

于是

$$\int R(\sin x, \cos x)\mathrm{d}x = \int R\left(\frac{2t}{1+t^2}, \frac{1-t^2}{1+t^2}\right)\frac{2}{1+t^2}\mathrm{d}t,$$

由此可知,三角函数有理式通过上述变量代换总可以化为有理函数,变量代换 $t = \tan \frac{x}{2}$ 称为**半角代换或万能代换**.

例 5　求不定积分$\int \frac{\mathrm{d}x}{1 + 3\cos x}$.

解　利用万能代换,得

$$\int \frac{\mathrm{d}x}{1 + 3\cos x} = \int \left(1 + 3\,\frac{1-t^2}{1+t^2}\right)^{-1} \frac{2}{1+t^2}\mathrm{d}t$$

$$= \int \frac{1}{2 - t^2}\mathrm{d}t$$

$$= \frac{1}{2\sqrt{2}} \int \left(\frac{1}{\sqrt{2} + t} + \frac{1}{\sqrt{2} - t}\right)\mathrm{d}t$$

$$= \frac{\sqrt{2}}{4} \ln \left|\frac{t + \sqrt{2}}{t - \sqrt{2}}\right| + C$$

$$= \frac{\sqrt{2}}{4} \ln \left|\frac{\tan \frac{x}{2} + \sqrt{2}}{\tan \frac{x}{2} - \sqrt{2}}\right| + C.$$

利用万能代换求三角函数有理式的不定积分，计算量往往较大，所以遇到三角函数有理式的积分，我们首先考虑有没有更简便的方法.

例 6 求不定积分$\int \frac{\cos x}{1+2\sin x}\mathrm{d}x$.

解
$$\int \frac{\cos x}{1+2\sin x}\mathrm{d}x = \frac{1}{2}\int \frac{\mathrm{d}(1+2\sin x)}{1+2\sin x}$$
$$= \frac{1}{2}\ln|1+2\sin x| + C.$$

例 7 求 $I = \int \frac{\sin x}{\sin x + \cos x}\mathrm{d}x$.

解 引入一个积分，设
$$J = \int \frac{\cos x}{\sin x + \cos x}\mathrm{d}x,$$
将 I 与 J 相加，得
$$I + J = \int \frac{\sin x + \cos x}{\sin x + \cos x}\mathrm{d}x = \int \mathrm{d}x = x + C_1,$$
再将 I 与 J 相减，得
$$I - J = \int \frac{\sin x - \cos x}{\sin x + \cos x}\mathrm{d}x = -\int \frac{(\sin x + \cos x)'}{\sin x + \cos x}\mathrm{d}x$$
$$= -\ln|\sin x + \cos x| + C_2$$
由上面两式可得
$$I = \frac{1}{2}[x - \ln|\sin x + \cos x|] + C,$$
同理还可求得
$$J = \frac{1}{2}[x + \ln|\sin x + \cos x|] + C.$$

5.4.3 简单无理函数的积分

例 8 求不定积分$\int \frac{1}{1+\sqrt[3]{x+2}}\mathrm{d}x$.

解 设 $\sqrt[3]{x+2} = t$，则有
$$x = t^3 - 2, \mathrm{d}x = 3t^2\mathrm{d}t,$$
从而所求积分为
$$\int \frac{1}{1+\sqrt[3]{x+2}}\mathrm{d}x = \int \frac{3t^2}{1+t}\mathrm{d}t = 3\int \frac{t^2-1+1}{1+t}\mathrm{d}t$$
$$= 3\int\left(t - 1 + \frac{1}{1+t}\right)\mathrm{d}t = 3\left(\frac{t^2}{2} - t + \ln|1+t|\right) + C$$
$$= \frac{3}{2}\sqrt[3]{(x+2)^2} - 3\sqrt[3]{x+2} + 3\ln\left|1+\sqrt[3]{x+2}\right| + C.$$

例 9 求$\int \frac{1+\sqrt{x}}{\sqrt{1-x}}\mathrm{d}x$.

解 令$\sqrt{x} = t$，则

$$x = t^2, \mathrm{d}x = 2t\mathrm{d}t,$$

于是

$$\int \frac{1+\sqrt{x}}{\sqrt{1-x}}\mathrm{d}x = \int \frac{1+t}{\sqrt{1-t^2}}2t\mathrm{d}t = \int \frac{2t}{\sqrt{1-t^2}}\mathrm{d}t + \int \frac{2t^2}{\sqrt{1-t^2}}\mathrm{d}t,$$

对于上式右端第二个积分用三角变换 $t = \sin\theta$，则

$$\begin{aligned}\int \frac{2t^2}{\sqrt{1-t^2}}\mathrm{d}t &= 2\int \frac{\sin^2\theta}{\cos\theta}\cdot\cos\theta\mathrm{d}\theta = 2\int \sin^2\theta\mathrm{d}\theta \\ &= \int(1-\cos2\theta)\mathrm{d}\theta = \theta - \frac{1}{2}\sin2\theta + C_1 \\ &= \theta - \sin\theta\cos\theta + C_1 \\ &= \arcsin t - t\sqrt{1-t^2} + C_1\end{aligned}$$

又$\sqrt{x} = t$，所以

$$\int \frac{1+\sqrt{x}}{\sqrt{1-x}}\mathrm{d}x = -2\sqrt{1-x} + \arcsin\sqrt{x} - \sqrt{x-x^2} + C.$$

习 题 5.4

求下列不定积分.

1. $\int \frac{2x+3}{x^2+3x-10}\mathrm{d}x$；
2. $\int \frac{x^3}{x+3}\mathrm{d}x$；
3. $\int \frac{x^2+1}{(x+1)^2(x+1)}\mathrm{d}x$；
4. $\int \frac{1}{x(x^2+1)}\mathrm{d}x$；
5. $\int \frac{\cos x}{1+\cos x}\mathrm{d}x$；
6. $\int \frac{\sin^2 x+1}{\cos^4 x}\mathrm{d}x$；
7. $\int \sqrt[3]{\frac{2-x}{2+x}}\cdot\frac{1}{(2-x)^2}\mathrm{d}x$；
8. $\int \frac{1}{x}\sqrt{\frac{1+x}{1-x}}\mathrm{d}x$；
9. $\int \frac{x^2\arctan x}{1+x^2}\mathrm{d}x$；
10. $\int \frac{1}{\sin2x-2\sin x}\mathrm{d}x$.

小 结

一、基本要求

(1) 正确理解原函数与不定积分的概念.

(2) 牢记基本积分公式.

(3) 熟练掌握换元积分法(第一换元积分法、第二换元积分法)与分部积分法.

(4) 了解有理函数、三角函数有理式、简单无理函数的积分.

二、基本内容

1. 原函数与不定积分的概念

(1) 原函数的有关概念.

① 若 $F'(x)=f(x)$ 或 $\mathrm{d}F(x)=f(x)\mathrm{d}x$ 则称 $F(x)$ 是 $f(x)$ 的一个原函数；

② 若 $f(x)$ 有一个原函数 $F(x)$，则一定有无限多个原函数，其中的每一个都能表示为 $F(x)+C$；

③ $f(x)$ 在其连续区间上一定存在原函数.

(2) 不定积分的概念.

① $f(x)$ 的原函数的全体 $F(x)+C$，称为 $f(x)$ 的不定积分，记作

$$\int f(x)\mathrm{d}x=F(x)+C;$$

② 不定积分与求导是互逆运算的关系：

$$\left(\int f(x)\mathrm{d}x\right)'=f(x) \text{ 或 } \mathrm{d}\int f(x)\mathrm{d}x=f(x)\mathrm{d}x \text{—— 先积后导(微)，不积不导；}$$

$$\int F'(x)\mathrm{d}x=F(x)+C \text{ 或} \int \mathrm{d}F(x)=F(x)+C \text{—— 先导(微)后积，加上常数.}$$

2. 积分的基本公式和性质

(1) 互逆性质.

(2) 线性性质.

3. 求积分的基本方法

(1) 直接积分法.

$$\begin{aligned}\int f(x)\mathrm{d}x &\xlongequal{\text{代数或三角变换}} \int[f_1(x)\pm f_2(x)\pm\cdots\pm f_n(x)]\mathrm{d}x\\ &\xlongequal{\text{运算法则}} \int f_1(x)\mathrm{d}x\pm\int f_2(x)\mathrm{d}x\pm\cdots\pm\int f_n(x)\mathrm{d}x\\ &\xlongequal{\text{基本积分公式}} F_1(x)\pm F_2(x)\pm\cdots\pm F_n(x)+C.\end{aligned}$$

(2) 换元积分法.

① 第一类换元积分法(凑微分法).

$$\begin{aligned}\int f[\varphi(x)]\varphi'(x)\mathrm{d}x &= \int f[\varphi(x)]\mathrm{d}[\varphi(x)]\\ &\xlongequal{\text{令 } u=\varphi(x)} \int f(u)\mathrm{d}u=F(u)+C\\ &\xlongequal{u=\varphi(x)\text{ 回代}} F(\varphi(x))+C\end{aligned}$$

运用凑微分法时，新变量 u 可以不引入.

② 第二类换元积分法.

$$\int f(x)\mathrm{d}x \xlongequal{\text{令 } x=\varphi(t)} \int f[\varphi(t)]\varphi'(t)\mathrm{d}t$$

运用第二类换元积分法时，新变量 t 必须引入，且对应的回代过程也不能省. 被积函数中含有根式时，常用的代换有三角代换和有理代换.

(3) 分部积分法.

$$\int u(x)\mathrm{d}v(x)=u(x)v(x)-\int v(x)\mathrm{d}u(x)$$

即

$$\int uv'\mathrm{d}x=uv-\int vu'\mathrm{d}x$$

4. 某些特殊初等函数的积分

(1) 有理函数的积分.

(2) 三角函数有理式的积分.

(3) 简单无理函数的积分.

自　测　题

一、选择题

1. 下列等式成立的是(　　).

A. $\frac{d}{dx}\int f(x)dx = f(x)dx$　　B. $d\int f(x)dx = f(x)$

C. $\int f'(x)dx = f(x)dx$　　D. $\frac{d}{dx}\int f(x)dx = f(x)$

2. 函数 $f(x)$ 的不定积分是 $f(x)$ 的(　　).

A. 导数　　B. 微分　　C. 某个原函数　　D. 全部原函数

3. 设 $f(x)=\frac{1}{1-x^2}$,则 $f(x)$ 的一个原函数为(　　).

A. $\arcsin x$　　B. $\arctan x$　　C. $\frac{1}{2}\ln\left|\frac{1-x}{1+x}\right|$　　D. $\frac{1}{2}\ln\left|\frac{1+x}{1-x}\right|$

4. 设 $I=\int \arctan x dx$,则 $I=$(　　).

A. $x\arctan x-\ln\sqrt{x^2+1}+C$　　B. $x\arctan x-\ln|x^2+1|+C$

C. $x\arctan x+\frac{1}{2}(x^2+1)+C$　　D. $\frac{1}{1+x^2}+C$

5. 设 $I=\int\frac{\arctan\sqrt{x}}{\sqrt{x}(1+x)}dx$,则 $I=$(　　).

A. $-(\arctan\sqrt{x})^2+C$　　B. $\arctan\sqrt{x}+C$

C. $(\arctan\sqrt{x})^2+C$　　D. $-\sqrt{\arctan x}+C$

6. 设 $I=\int\frac{dx}{e^x+e^{-x}}$,则 $I=$(　　).

A. $e^x-e^{-x}+C$　　B. $\arctan e^x+C$

C. $\arctan e^{-x}+C$　　D. $e^x+e^{-x}+C$

二、填空题

1. 设有函数 $2\sin 2x$, $-\cos 2x$,则其中函数______是函数______的一个原函数.

2. 设 $\int f(x)dx = e^{-x^2}+C$,则 $f'(x)$ 为__________.

3. 若 $f'(e^x)=1+x$,则 $f(x)$ __________.

4. $\int\left(\sqrt{x}+\frac{1}{\sqrt{x}}\right)dx=$ __________.

5. $\int(\sec^2 x+\sin x)dx=$ __________.

6. 设 $f(x)$ 的一个原函数为$\dfrac{\sin x}{x}$,则$\int xf'(x)\mathrm{d}x =$ ________.

7. $\int \dfrac{3x^4+3x^2+1}{x^2+1}\mathrm{d}x =$ ________.

三、计算题

1. $\int x\sin x\cos x\mathrm{d}x$;

2. $\int \dfrac{x\mathrm{d}x}{\sin^2 x}$;

3. $\int \dfrac{x^4}{1+x^2}\mathrm{d}x$;

4. $\int \dfrac{1+\sin^2 x}{1-\cos 2x}\mathrm{d}x$;

5. $\int \dfrac{\sqrt{1+\ln x}}{x\ln x}\mathrm{d}x$;

6. $\int \dfrac{x^2}{\sqrt{2-x}}\mathrm{d}x$.

四、求解下列各题

1. 设 $f(x)=\begin{cases} x^2, & x\leqslant 0 \\ \sin x, & x>0 \end{cases}$. 求 $f(x)$ 的不定积分.

2. 设 $f''(x)$ 是连续函数,求$\int xf''(x)\mathrm{d}x$.

3. 求 $I_n = \int \tan^n x\,\mathrm{d}x$ 的递推公式.

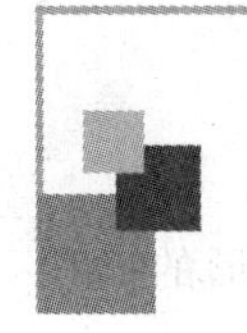

第六章　定积分及其应用

本章将讨论积分学的另一重要内容 —— 定积分，它和上一章讨论的不定积分有着密切的内在联系.我们将从具体实例出发引入定积分的概念，然后讨论它的性质与计算方法，最后介绍定积分在几何学和物理学中的应用.

6.1　定积分的概念和性质

6.1.1　两个引例

1. 曲边梯形的面积

设 $y = f(x)$ 是区间$[a,b]$上非负连续函数，求由直线 $x = a, x = b, y = 0$ 以及曲线 $y = f(x)$ 所围成的曲边梯形面积 A(如图 6-1-1(a) 所示).

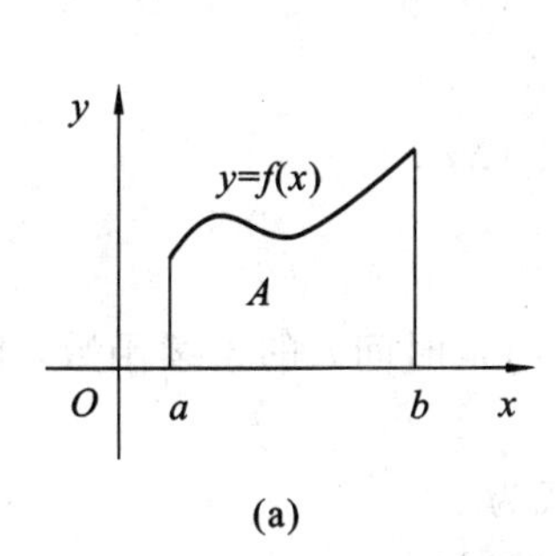

(a)

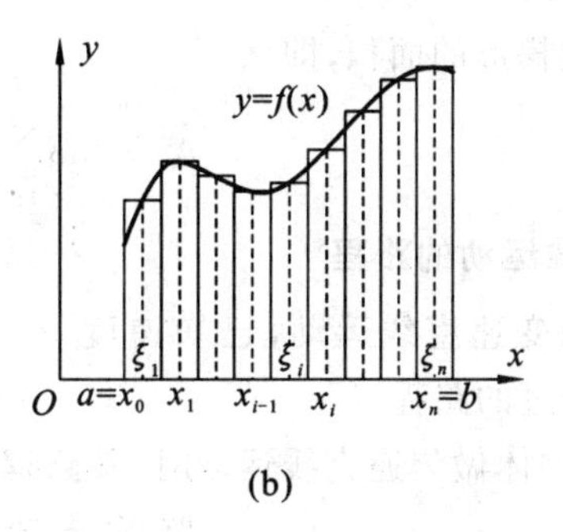

(b)

图 6-1-1

我们知道矩形面积公式为

$$矩形面积 = 高 \times 底,$$

由于曲边梯形在底边上各点处的高 $f(x)$ 在区间$[a,b]$上是变化的，因此它的面积就不能按矩形面积来计算.然而，曲边梯形高 $f(x)$ 在区间$[a,b]$上是连续的，当 x 变化很小时，$f(x)$ 的变化也很小，如果把 x 限制在一个很小的区间上，这样曲边梯形可以近似看作矩形.基于这样一个事实，我们设想把曲边梯形沿 y 方向切割成许多窄长条(如图 6-1-1(b) 所示)，每个窄长条按小矩形近似计算其面积，将小矩形面积的近似值求和得到曲边梯形面积的近似值.若分割越细，则误差越小，于是当窄长条宽度趋近于零时，就可得到曲边梯形面积精确值.

根据上述分析，我们按四个步骤计算曲边梯形的面积.

(1) 分割.在区间$[a,b]$内任意插入 $n-1$ 个分点，即用分点

$$a = x_0 < x_1 < x_2 < \cdots < x_{n-1} < x_n = b$$

把区间$[a,b]$分成n个小区间

$$[x_0,x_1],[x_1,x_2],\cdots,[x_{n-1},x_n],$$

第i个小区间的长度记为$\Delta x_i(i=1,2,\cdots,n)$,即

$$\Delta x_i=x_i-x_{i-1}(i=1,2,\cdots,n),$$

过各个分点作垂直于x轴的直线,把曲边梯形分成n个小曲边梯形,第i个小曲边梯形的面积记为$\Delta A_i(i=1,2,\cdots,n)$,则

$$A=\Delta A_1+\Delta A_2+\cdots+\Delta A_n=\sum_{i=1}^{n}\Delta A_i.$$

(2) 近似.在第i个小区间$[x_{i-1},x_i](i=1,2,\cdots,n)$上任取一点$\xi_i$,则第$i$个小曲边梯形的面积$\Delta A_i$的近似值为

$$\Delta A_i\approx f(\xi_i)\Delta x_i(i=1,2,\cdots,n);$$

(3) 求和.将n个小曲边梯形面积近似值加起来,就得到曲边梯形面积A的近似值

$$\begin{aligned}A&=\Delta A_1+\Delta A_2+\cdots+\Delta A_n\\&\approx f(\xi_1)\Delta x_1+f(\xi_2)\Delta x_2+\cdots+f(\xi_n)\Delta x_n\\&=\sum_{i=1}^{n}f(\xi_i)\Delta x_i;\end{aligned}$$

(4) 取极限.为了保证所有小区间的长度Δx_i都趋于零,我们要求小区间长度的最大值$\lambda=\max\{\Delta x_1,\Delta x_2,\cdots,\Delta x_n\}$趋近于零(这时分点数$n$无限增大,即$n\to\infty$),和式$\sum\limits_{i=1}^{n}f(\xi_i)\Delta x_i$的极限就是曲边梯形的面积,即

$$A=\lim_{\lambda\to 0}\sum_{i=1}^{n}f(\xi_i)\Delta x_i.$$

2. 变速直线运动的路程

设某物体做变速直线运动,已知速度$v=v(t)$是时间t的连续函数,求物体在时间段$[T_1,T_2]$内所经过的路程S.

我们知道,物体做匀速直线运动时,其路程公式为

$$\text{路程}=\text{速度}\times\text{时间},$$

由于物体做变速直线运动,因此不能用匀速运动的路程公式计算路程.然而,已知速度$v=v(t)$是连续变化的,在很短一段时间内,速度的变化很小,近似于匀速,其路程可用匀速直线运动的路程公式来计算.同样,可采用求曲边梯形面积的思路与步骤来求解路程问题.

(1) 分割.在时间段$[T_1,T_2]$内任意插入$n-1$个分点

$$T_1=t_0<t_1<t_2<\cdots<t_{n-1}<t_n=T_2,$$

把$[T_1,T_2]$分成n个小段

$$[t_0,t_1],[t_1,t_2],\cdots,[t_{n-1},t_n]$$

各小段的时间长依次是

$$\Delta t_i=t_i-t_{i-1}(i=1,2,\cdots,n),$$

相应地路程被分为n个小段.

(2) 近似.当每个时间段$[t_{i-1},t_i]$很小时,在该时间段内物体运动可近似看作匀速直线运动.在$[t_{i-1},t_i]$上任取一点ξ_i,相应的速度值为$v(\xi_i)$,那么物体在该时间段内经过的路程ΔS_i

的近似值为

$$\Delta S_i \approx v(\xi_i)\Delta t_i (i=1,2,\cdots,n).$$

(3) 求和.把 n 个小段路程 ΔS_i 的近似值加起来,就得到全部路程 S 的近似值

$$\begin{aligned} S &= \Delta S_1 + \Delta S_2 + \cdots + \Delta S_n \\ &\approx v(\xi_1)\Delta t_1 + v(\xi_2)\Delta t_2 + \cdots + v(\xi_n)\Delta t_n \\ &= \sum_{i=1}^{n} v(\xi_i)\Delta t_i \end{aligned}$$

(4) 取极限.为了保证所有的小时间段 Δt_i 都趋于零,我们要求小时间段的最大值 $\lambda = \max\{\Delta t_1, \Delta t_2, \cdots, \Delta t_n\}$ 趋近于零(这时分点数 n 无限增大,即 $n\to\infty$),和式 $\sum\limits_{i=1}^{n} v(\xi_i)\Delta t_i$ 的极限就是路程 S 的精确值,即

$$S = \lim_{\lambda\to 0}\sum_{i=1}^{n} v(\xi_i)\Delta t_i.$$

从以上两个引例可以看出,虽然研究的问题不同,但解决问题的思路和方法是相同的,都是"分割、近似、求和、取极限".在科学技术和工程应用中,许多问题撇开其具体意义,都可以用相同的方法处理,从而有定积分的概念.

6.1.2　定积分的定义

定义 1　设函数 $f(x)$ 在区间 $[a,b]$ 上有界,在 $[a,b]$ 中任意插入 $n-1$ 个分点

$$a = x_0 < x_1 < x_2 < \cdots < x_{n-1} < x_n = b,$$

把区间 $[a,b]$ 分成 n 个小区间

$$[x_0, x_1], [x_1, x_2], \cdots, [x_{n-1}, x_n],$$

第 i 个小区间的长度记为 $\Delta x_i (i=1,2,\cdots,n)$,即

$$\Delta x_i = x_i - x_{i-1} (i=1,2,\cdots,n),$$

在每个小区间 $[x_{i-1}, x_i] (i=1,2,\cdots,n)$ 上任取一点 ξ_i,作乘积 $f(\xi_i)\Delta x_i (i=1,2,\cdots,n)$,并作和式

$$\sum_{i=1}^{n} f(\xi_i)\Delta x_i.$$

令 $\lambda = \max\{\Delta x_1, \Delta x_2, \cdots, \Delta x_n\}$,若 $\lambda\to 0$ 时,上述和式极限

$$\lim_{\lambda\to 0}\sum_{i=1}^{n} f(\xi_i)\Delta x_i$$

存在,且极限值与区间 $[a,b]$ 的分法和点 ξ_i 在区间 $[x_{i-1}, x_i]$ 上的取法无关,则称函数 $f(x)$ 在区间 $[a,b]$ 上可积,并称此极限为函数 $f(x)$ 在区间 $[a,b]$ 上的定积分,记作 $\int_a^b f(x)\mathrm{d}x$,即

$$\int_a^b f(x)\mathrm{d}x = \lim_{\lambda\to 0}\sum_{i=1}^{n} f(\xi_i)\Delta x_i,$$

其中 $f(x)$ 称为被积函数,$f(x)\mathrm{d}x$ 称为被积表达式,x 称为积分变量,区间 $[a,b]$ 称为积分区间,a,b 分别称为积分下限和积分上限.

根据定积分的定义,前面两个实际问题可以用定积分来表述:

(1) 由连续曲线 $y=f(x)(f(x)\geqslant 0)$ 与直线 $x=a, x=b, y=0$ 所围成的曲边梯形的面积 A 等于函数 $f(x)$ 在区间 $[a,b]$ 上的定积分,即

$$A=\int_a^b f(x)\mathrm{d}x.$$

(2) 物体以 $v=v(t)$ 做变速直线运动，在时间段 $[T_1,T_2]$ 内所经过的路程 S 等于速度函数 $v=v(t)$ 在区间 $[T_1,T_2]$ 上的定积分，即

$$S=\int_{T_1}^{T_2} v(t)\mathrm{d}t.$$

注：(1) 定积分是一种特殊和式(称为**黎曼和**)的极限，极限的存在与区间 $[a,b]$ 的分法无关，与 ξ_i 在区间 $[x_{i-1},x_i]$ 上的取法无关.

(2) 定积分定义中的 $\lambda\to 0$ 时必有 $n\to\infty$，反之不一定成立.

(3) 定积分是一个常数，它只与被积函数 $f(x)$ 和积分区间 $[a,b]$ 有关，而与积分变量的记号无关，即

$$\int_a^b f(x)\mathrm{d}x=\int_a^b f(t)\mathrm{d}t=\int_a^b f(u)\mathrm{d}u.$$

(4) 在定积分的定义中，我们假定 $a<b$，即积分下限小于积分上限. 如果 $a>b$，规定

$$\int_a^b f(x)\mathrm{d}x=-\int_b^a f(t)\mathrm{d}t,$$

即定积分上下限互换时，积分值改变符号；当 $a=b$ 时，规定

$$\int_a^b f(x)\mathrm{d}x=0.$$

函数 $f(x)$ 在区间 $[a,b]$ 上满足什么条件，才可积呢？我们给出下面的定理：

定理 (1) 若函数 $f(x)$ 在区间 $[a,b]$ 上连续，则函数 $f(x)$ 在 $[a,b]$ 上可积；

(2) 若函数 $f(x)$ 在区间 $[a,b]$ 上只有有限个第一类间断点，则函数 $f(x)$ 在 $[a,b]$ 上可积；

(3) 若函数 $f(x)$ 在区间 $[a,b]$ 上单调有界，则函数 $f(x)$ 在 $[a,b]$ 上可积.

定理证明从略.

例 1 根据定积分的定义，求 $\int_0^1 x^2\mathrm{d}x$.

解 因为函数 $f(x)=x^2$ 在区间 $[0,1]$ 上连续，故可积. 又因为积分值与区间 $[0,1]$ 的分法及 ξ_i 点的取法无关，因此为方便计算，我们将区间 $[0,1]$ 分成 n 等份，分点 $x_i=\frac{i}{n}(i=1,2,\cdots,n-1)$，$\xi_i$ 取相应小区间的右端点，即 $\xi_i=\frac{i}{n}(i=1,2,\cdots,n)$，此时 $\Delta x_i=\frac{1}{n}(i=1,2,\cdots,n)$，于是积分和式为：

$$\begin{aligned}\sum_{i=1}^n f(\xi_i)\Delta x_i&=\sum_{i=1}^n \xi_i^2\Delta x_i\\&=\sum_{i=1}^n\left(\frac{i}{n}\right)^2\frac{1}{n}=\frac{1}{n^3}\sum_{i=1}^n i^2\\&=\frac{1}{n^3}\frac{1}{6}n(n+1)(2n+1)\\&=\frac{1}{6}\left(1+\frac{1}{n}\right)\left(2+\frac{1}{n}\right),\end{aligned}$$

因为 $\lambda=\max\{\frac{1}{n},\frac{1}{n},\cdots,\frac{1}{n}\}=\frac{1}{n}$，所以当 $n\to\infty$ 时 $\lambda\to 0$，于是得：

$$\int_0^1 x^2\mathrm{d}x=\lim_{\lambda\to 0}\sum_{i=1}^n f(\xi_i)\Delta x_i=\lim_{n\to\infty}\frac{1}{6}\left(1+\frac{1}{n}\right)\left(2+\frac{1}{n}\right)=\frac{1}{3}.$$

6.1.3 定积分的几何意义

由前面的讨论可知：

(1) 若 $f(x)$ 在 $[a,b]$ 上连续，且 $f(x)\geqslant 0$，则定积分 $\int_a^b f(x)\mathrm{d}x$ 表示由曲线 $y=f(x)$ 与直线 $x=a,x=b,y=0$ 所围成的曲边梯形的面积 A（如图 6-1-2 所示），即

$$\int_a^b f(x)\mathrm{d}x = A.$$

(2) 若 $f(x)$ 在 $[a,b]$ 上连续，且 $f(x)\leqslant 0$，则定积分 $\int_a^b f(x)\mathrm{d}x$ 表示由曲线 $y=f(x)$ 与直线 $x=a,x=b,y=0$ 所围成的曲边梯形的面积 A 的负值（如图 6-1-3 所示），即

$$\int_a^b f(x)\mathrm{d}x = -A.$$

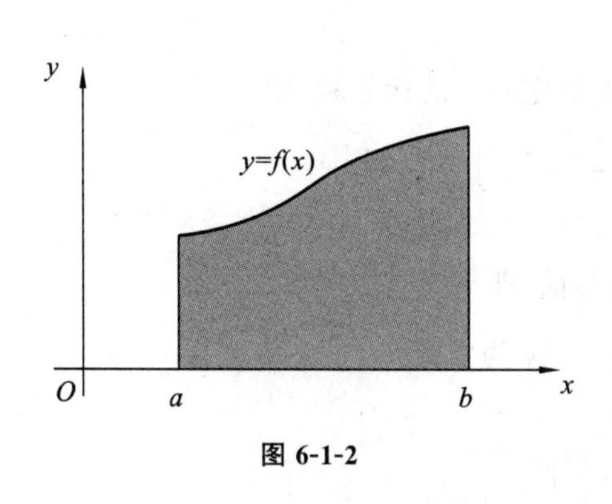

图 6-1-2

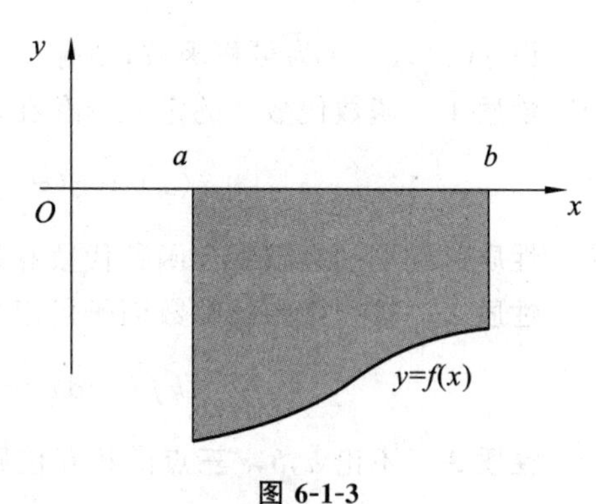

图 6-1-3

(3) 若 $f(x)$ 在区间 $[a,b]$ 上连续，且有时取正值，有时取负值，则积分 $\int_a^b f(x)\mathrm{d}x$ 表示介于 x 轴、曲线 $y=f(x)$ 及直线 $x=a$、$x=b$ 之间各部分面积的代数和（如图 6-1-4 所示），即

$$\int_a^b f(x)\mathrm{d}x = A_1 - A_2 + A_3.$$

例 2　利用定积分的几何意义求定积分 $\int_0^2 \sqrt{4-x^2}\,\mathrm{d}x$.

解　根据定积分的几何意义，该定积分是由曲线 $y=\sqrt{4-x^2}$，直线 $x=0,x=2$ 及 x 轴所围成的面积，即以 2 为半径的四分之一圆的面积，如图 6-1-5 所示. 所以

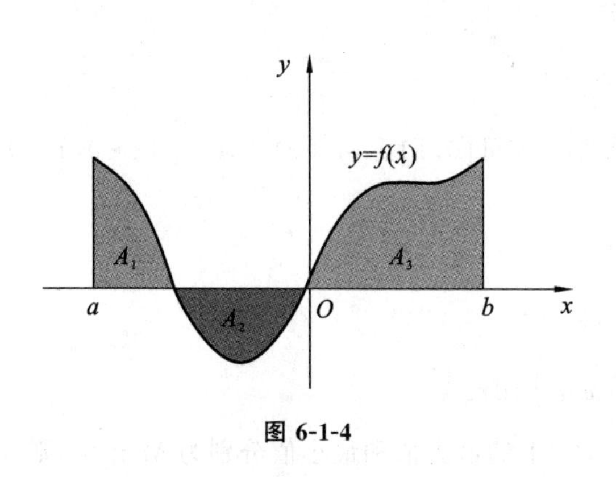

图 6-1-4

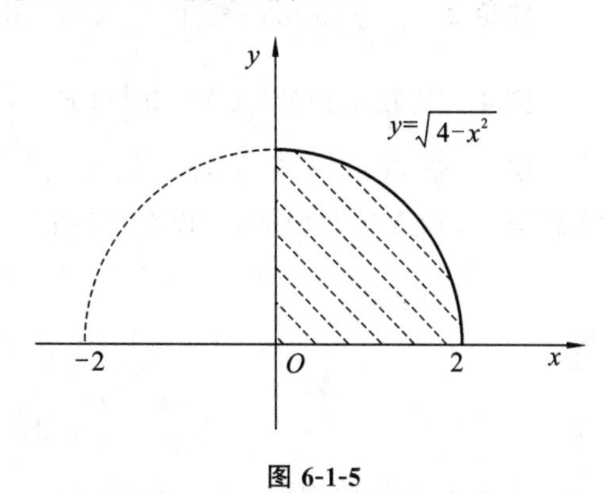

图 6-1-5

$$\int_0^2 \sqrt{4-x^2}\,\mathrm{d}x = \frac{1}{4}\pi \cdot 2^2 = \pi.$$

例 3 利用定积分的几何意义求定积分$\int_a^b k\,\mathrm{d}x$(k 为常数).

解 不妨设 $k \geqslant 0$,根据定积分的几何意义,该定积分是由直线 $y=k$ 和直线 $x=a$,$x=b$ 及 x 轴所围成的矩形面积,所以

$$\int_a^b k\,\mathrm{d}x = k(b-a).$$

若 $k<0$,由定积分的几何意义有相同的结果.于是对任意常数 k,都有

$$\int_a^b k\,\mathrm{d}x = k(b-a).$$

6.1.4 定积分的性质

设 $f(x)$,$g(x)$ 为可积函数,则有

性质 1 函数代数和的定积分存在,且等于它们的定积分的代数和.即

$$\int_a^b [f(x) \pm g(x)]\,\mathrm{d}x = \int_a^b f(x)\,\mathrm{d}x \pm \int_a^b g(x)\,\mathrm{d}x.$$

这个性质可推广到有限多个函数代数和的情形.

性质 2 被积函数的常数因子可以提到积分符号前.即

$$\int_a^b kf(x)\,\mathrm{d}x = k\int_a^b f(x)\,\mathrm{d}x \quad (k\ 为常数).$$

性质 3 不论 a,b,c 三点的相互位置如何,恒有

$$\int_a^b f(x)\,\mathrm{d}x = \int_a^c f(x)\,\mathrm{d}x + \int_c^b f(x)\,\mathrm{d}x.$$

性质 3 表明定积分对于积分区间具有可加性.

性质 4 若在区间$[a,b]$上 $f(x) \geqslant 0$,则

$$\int_a^b f(x)\,\mathrm{d}x \geqslant 0.$$

推论 1 若在区间$[a,b]$上,$f(x) \leqslant g(x)$,则

$$\int_a^b f(x)\,\mathrm{d}x \leqslant \int_a^b g(x)\,\mathrm{d}x.$$

推论 2 $\left|\int_a^b f(x)\,\mathrm{d}x\right| \leqslant \int_a^b |f(x)|\,\mathrm{d}x.$

例 4 比较定积分$\int_0^1 \mathrm{e}^x\,\mathrm{d}x$ 和$\int_0^1 (x+1)\,\mathrm{d}x$ 的大小.

解 令 $f(x)=\mathrm{e}^x - x - 1$,$x \in [0,1]$.因为在区间$[0,1]$上,$f'(x)=\mathrm{e}^x - 1 > 0$,$f(x)$ 在区间$[0,1]$上单调增加,所以在区间$[0,1]$上

$$f(x) \geqslant f(0) = 0,$$

故

$$\int_0^1 f(x)\,\mathrm{d}x \geqslant 0,$$

即

$$\int_0^1 \mathrm{e}^x\,\mathrm{d}x \geqslant \int_0^1 (x+1)\,\mathrm{d}x.$$

性质 5(估值定理) 设函数 $f(x)$ 在区间$[a,b]$上的最大值和最小值分别为 M 和 m,则

$$m(b-a) \leqslant \int_a^b f(x)\mathrm{d}x \leqslant M(b-a).$$

证　因为 $m \leqslant f(x) \leqslant M$，由性质 4 推论 1 得

$$\int_a^b m\,\mathrm{d}x \leqslant \int_a^b f(x)\mathrm{d}x \leqslant \int_a^b M\mathrm{d}x.$$

由例 3 可得

$$m(b-a) \leqslant \int_a^b f(x)\mathrm{d}x \leqslant M(b-a).$$

利用这个性质，可以估计出积分值的大致范围.

例 5　估计定积分 $\int_1^2 \mathrm{e}^{2x^3-x^4}\mathrm{d}x$ 的值.

解　设 $f(x)=2x^3-x^4, x\in[1,2], f'(x)=6x^2-4x^3$，令 $f'(x)=0$，得 $x=\frac{3}{2}$，又

$$f(1)=1, f\left(\frac{3}{2}\right)=\frac{27}{16}, f(2)=0,$$

所以 $f(x)$ 在区间 $[1,2]$ 内的最大值为 $\frac{27}{16}$，最小值为 0，于是

$$1=\mathrm{e}^0 \leqslant \mathrm{e}^{2x^3-x^4} \leqslant \mathrm{e}^{\frac{27}{16}},$$

由估值定理有

$$1 \leqslant \int_1^2 \mathrm{e}^{2x^3-x^4}\mathrm{d}x \leqslant \mathrm{e}^{\frac{27}{16}}.$$

性质 6(积分中值定理)　如果函数 $f(x)$ 在区间 $[a,b]$ 上连续，则在 $[a,b]$ 内至少存在一点 ξ，使得下式成立：

$$\int_a^b f(x)\mathrm{d}x = f(\xi)(b-a),$$

这个公式称为**积分中值公式**.

证　由于函数 $f(x)$ 在闭区间 $[a,b]$ 上连续，所以函数 $f(x)$ 在区间 $[a,b]$ 上存在最大值和最小值，不妨分别设为 M 和 m，则由性质 5 有，

$$m(b-a) \leqslant \int_a^b f(x)\mathrm{d}x \leqslant M(b-a),$$

不等式两边同除以 $b-a$，得

$$m \leqslant \frac{1}{b-a}\int_a^b f(x)\mathrm{d}x \leqslant M,$$

又由介值定理知，在区间 $[a,b]$ 上至少存在一点 ξ，使得

$$f(\xi) = \frac{1}{b-a}\int_a^b f(x)\mathrm{d}x,$$

即

$$\int_a^b f(x)\mathrm{d}x = f(\xi)(b-a).$$

显然，积分中值公式不论 $a<b$ 或 $a>b$ 都是成立的. 公式中，$f(\xi)=\frac{1}{b-a}\int_a^b f(x)\mathrm{d}x$ 称为函数 $f(x)$ 在区间 $[a,b]$ 上的**平均值**.

这个定理有明显的几何意义：对曲边连续的曲边梯形，总存在一个以 $b-a$ 为底，以 $[a,b]$

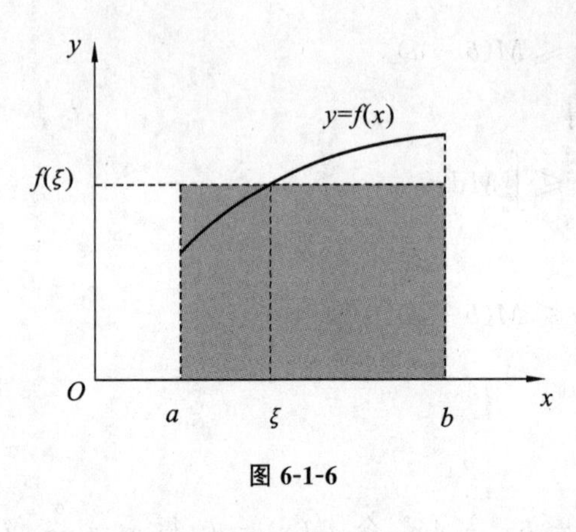

图 6-1-6

上某一点 ξ 的纵坐标 $f(\xi)$ 为高的矩形，其面积就等于曲边梯形的面积（如图 6-1-6 所示）.

习　题　6.1

1. 利用定积分的定义，计算下列定积分.

(1) $\int_a^b x\mathrm{d}x$；　　(2) $\int_0^1 \mathrm{e}^x\mathrm{d}x$.

2. 利用定积分的几何意义，画出下列积分所表示的面积，并求出各积分的值.

(1) $\int_0^2 2x\mathrm{d}x$；　　(2) $\int_{-2}^2 \sqrt{4-x^2}\mathrm{d}x$.

3. 利用定积分的性质，确定下列积分的符号.

(1) $\int_0^{\pi}\sin x\mathrm{d}x$；　　(2) $\int_{\frac{1}{4}}^1 \ln x\mathrm{d}x$.

4. 利用定积分的性质，比较各对积分值的大小.

(1) $\int_0^1 x^2\mathrm{d}x$ 与 $\int_0^1 x^3\mathrm{d}x$；　　(2) $\int_0^{\frac{\pi}{2}}\sin x\mathrm{d}x$ 与 $\int_0^{\frac{\pi}{2}} x\mathrm{d}x$；

(3) $\int_0^1(1+x)\mathrm{d}x$ 与 $\int_0^1 \mathrm{e}^x\mathrm{d}x$；　　(4) $\int_1^{\mathrm{e}}\ln x\mathrm{d}x$ 与 $\int_1^{\mathrm{e}}(\ln x)^2\mathrm{d}x$.

5. 估计下列积分值的范围.

(1) $\int_1^2(x^2+1)\mathrm{d}x$；　　(2) $\int_0^{\pi}\sin x\mathrm{d}x$；

(3) $\int_0^{\frac{3\pi}{2}}(1+\cos^2 x)\mathrm{d}x$；　　(4) $\int_{-1}^2 \mathrm{e}^{-x^2}\mathrm{d}x$.

6. 利用定积分的定义计算由抛物线 $y=x^2+1$，两直线 $x=a$，$x=b(b>a)$ 及横轴所围成的面积.

7. 利用定积分的几何意义，证明下列等式.

(1) $\int_0^1 2x\mathrm{d}x=1$；　　(2) $\int_0^a \sqrt{a^2-x^2}\mathrm{d}x=\frac{\pi}{4}a^2(a>0)$.

6.2　微积分基本公式

定积分是一种特殊的和式极限，用定义来直接计算有时是一件非常困难的事，因此我们必须寻求计算定积分的新的、有效的方法.

6.2.1　积分上限函数及其导数

设函数 $f(x)$ 在区间 $[a,b]$ 上连续，并且设 x 为 $[a,b]$ 上任一点，则 $f(x)$ 在区间 $[a,x]$ 上也连续，所以定积分

$$\int_a^x f(x)\mathrm{d}x$$

存在.

注意，这里积分上限是 x，积分的变量也是 x，但是意义不同. 由于定积分的值与积分变量无关，为了避免混淆，我们将积分变量改为 t，于是 $f(x)$ 在区间 $[a,x]$ 上的定积分改写为

$$\int_a^x f(t)\mathrm{d}t.$$

显然，当 x 在 $[a,b]$ 上变动时，对应每一个 x，定积分 $\int_a^x f(t)\mathrm{d}t$ 应有一个确定的值，因此定积分 $\int_a^x f(t)\mathrm{d}t$ 是上限 x 的一个函数，记作 $\Phi(x)$，即

$$\Phi(x)=\int_a^x f(t)\mathrm{d}t,$$

称 $\Phi(x)$ 为积分上限函数，也称为变上限的定积分.

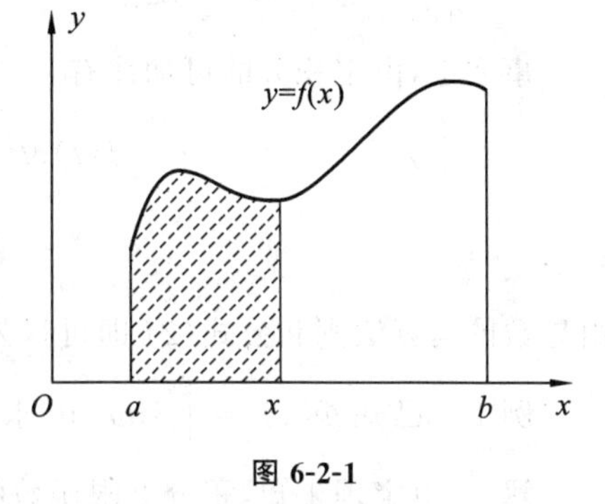

图 6-2-1

积分上限函数的几何意义如图 6-2-1 中阴影部分所示，它具有如下性质：

定理 1　设函数 $f(x)$ 在区间 $[a,b]$ 上连续，则积分上限函数

$$\Phi(x)=\int_a^x f(t)\mathrm{d}t$$

在区间 $[a,b]$ 上可导，且

$$\Phi'(x)=\frac{\mathrm{d}}{\mathrm{d}x}\int_a^x f(t)\mathrm{d}t=f(x).$$

证明　若 $x\in(a,b)$，在 x 处给一增量 Δx，且 $x+\Delta x\in(a,b)$，根据积分对区间的可加性，

$$\begin{aligned}\Delta\Phi&=\Phi(x+\Delta x)-\Phi(x)\\&=\int_a^{x+\Delta x}f(t)\mathrm{d}t-\int_a^x f(t)\mathrm{d}t=\int_x^{x+\Delta x}f(t)\mathrm{d}t.\end{aligned}$$

因为 $f(x)$ 在区间 $[a,b]$ 上连续，则 $f(x)$ 在 x 与 $x+\Delta x$ 之间也连续，由积分中值定理可知，存在介于 x 与 $x+\Delta x$ 之间的 ξ，使得

$$\Delta\Phi=\int_x^{x+\Delta x}f(t)\mathrm{d}t=f(\xi)\Delta x,$$

在上式两端同除以 Δx，得

$$\frac{\Delta\Phi}{\Delta x}=f(\xi),$$

由于 $f(x)$ 连续，所以当 $\Delta x\to 0$ 时，有 $\xi\to x$，因此

$$\Phi'(x)=\lim_{\Delta x\to 0}\frac{\Delta\Phi}{\Delta x}=\lim_{\xi\to x}f(\xi)=f(x).$$

若 $x=a$，取 $\Delta x>0$，则同理可证 $\Phi'_+(a)=f(a)$；若 $x=b$，取 $\Delta x<0$，则同理可证 $\Phi'_-(b)=f(b)$.所以定理结论成立.

由定理 1 可知，积分上限函数 $\Phi(x)$ 是连续函数 $f(x)$ 的一个原函数，也就证明了 5.1 节定理 1(原函数存在定理)，即连续函数一定有原函数. 另一方面也初步揭示了积分学中的定积分与原函数的联系，所以，我们就有可能通过原函数来计算定积分.

利用复合函数的求导法则，可推出下列求导公式：

(1) $\dfrac{\mathrm{d}}{\mathrm{d}x}\int_x^b f(t)\mathrm{d}t=-\dfrac{\mathrm{d}}{\mathrm{d}x}\int_b^x f(t)\mathrm{d}t=-f(x)$；

(2) $\frac{\mathrm{d}}{\mathrm{d}x}\int_a^{\varphi(x)} f(t)\mathrm{d}t = f[\varphi(x)]\varphi'(x)$;

将 x 的函数$\int_a^{\varphi(x)} f(t)\mathrm{d}t$ 看成由函数 $y=\int_a^u f(t)\mathrm{d}t$ 和函数 $u=\varphi(x)$ 复合而成,由复合函数的求导法则即可得公式(2).

(3) $\frac{\mathrm{d}}{\mathrm{d}x}\int_{\psi(x)}^{\varphi(x)} f(t)\mathrm{d}t = f[\varphi(x)]\varphi'(x) - f[\psi(x)]\psi'(x)$.

事实上,由定积分的可加性有

$$\begin{aligned}\int_{\psi(x)}^{\varphi(x)} f(t)\mathrm{d}t &= \int_{\psi(x)}^{a} f(t)\mathrm{d}t + \int_a^{\varphi(x)} f(t)\mathrm{d}t \\ &= -\int_a^{\psi(x)} f(t)\mathrm{d}t + \int_a^{\varphi(x)} f(t)\mathrm{d}t,\end{aligned}$$

由导数的运算法则和公式(2) 即可得公式(3).

例 1 已知 $\Phi(x)=\int_0^x \sin t^2\mathrm{d}t$,求 $\Phi'(x)$.

解 由定理 1 知,积分上限函数的导数等于被积函数在积分上限的函数值,故

$$\Phi'(x) = \frac{\mathrm{d}}{\mathrm{d}x}\int_0^x \sin t^2\mathrm{d}t = \sin x^2.$$

例 2 计算$\frac{\mathrm{d}}{\mathrm{d}x}\int_0^{x^2}\cos t^3\mathrm{d}t$.

解 由上面的公式(2) 可得

$$\frac{\mathrm{d}}{\mathrm{d}x}\int_0^{x^2}\cos t^3\mathrm{d}t = \cos x^6\cdot(x^2)' = 2x\cos x^6.$$

例 3 计算$\frac{\mathrm{d}}{\mathrm{d}x}\int_{x^2}^{x^3}\frac{1}{\sqrt{1+t^4}}\mathrm{d}t$.

解 由上面的公式(3) 可得

$$\begin{aligned}\frac{\mathrm{d}}{\mathrm{d}x}\int_{x^2}^{x^3}\frac{1}{\sqrt{1+t^4}}\mathrm{d}t &= \frac{1}{\sqrt{1+x^{12}}}\cdot(x^3)' - \frac{1}{\sqrt{1+x^8}}\cdot(x^2)' \\ &= \frac{3x^2}{\sqrt{1+x^{12}}} - \frac{2x}{\sqrt{1+x^8}}.\end{aligned}$$

例 4 计算$\lim\limits_{x\to 0}\frac{\int_0^x(\mathrm{e}^t-\mathrm{e}^{-t})\mathrm{d}t}{1-\cos x}$.

解 由洛必达法则,得

$$\lim_{x\to 0}\frac{\int_0^x(\mathrm{e}^t-\mathrm{e}^{-t})\mathrm{d}t}{1-\cos x} \overset{\frac{0}{0}}{=} \lim_{x\to 0}\frac{\mathrm{e}^x-\mathrm{e}^{-x}}{\sin x} \overset{\frac{0}{0}}{=} \lim_{x\to 0}\frac{\mathrm{e}^x+\mathrm{e}^{-x}}{\cos x} = 2.$$

6.2.2 牛顿-莱布尼茨公式

现在我们根据定理 1 给出计算定积分的重要公式 —— 牛顿-莱布尼茨公式.

定理 2 设函数 $f(x)$ 在区间 $[a,b]$ 上连续,且 $F(x)$ 是 $f(x)$ 在区间 $[a,b]$ 上的一个原函数,则有

$$\int_a^b f(x)\mathrm{d}x = F(b) - F(a) \triangleq F(x)\Big|_a^b,$$

称此公式为**牛顿-莱布尼茨公式**.

注:"$\triangleq$"表示"定义为"或"记为".

证明　已知函数 $F(x)$ 是函数 $f(x)$ 的原函数,而积分上限函数 $\Phi(x) = \int_a^x f(t)\mathrm{d}t$ 也是函数 $f(x)$ 的一个原函数,所以 $F(x)$ 和 $\Phi(x)$ 在区间 $[a,b]$ 上至多相差一个常数,即存在常数 C,使得

$$F(x) - \Phi(x) = C,$$

在上式中令 $x = a$,得 $F(a) - \Phi(a) = C$. 而 $\Phi(a) = \int_a^a f(t)\mathrm{d}t = 0$,所以 $F(a) = C$.

故

$$\int_a^x f(t)\mathrm{d}t = F(x) - F(a),$$

令 $x = b$,并将积分变量 t 改记为 x,则有

$$\int_a^b f(x)\mathrm{d}x = F(b) - F(a).$$

牛顿-莱布尼茨公式揭示了定积分与原函数之间的内在联系,它表明了定积分等于其原函数在上、下限处的函数值的差. 因此,此公式又称为**微积分基本公式**.

有了微积分基本公式,要计算定积分,其基本方法是:先用不定积分的方法求出原函数,然后计算原函数在上、下限处的函数值,求其差便得到定积分的值.

下面举几个用牛顿-莱布尼茨公式计算定积分的简单例子.

例 5　计算 $\int_1^2 x^3\mathrm{d}x$.

解　由于 $\frac{x^4}{4}$ 是 x^3 的一个原函数,所以由牛顿-莱布尼茨公式有

$$\int_1^2 x^3\mathrm{d}x = \frac{x^4}{4}\Big|_1^2 = \frac{2^4}{4} - \frac{1^4}{4} = \frac{15}{4}.$$

例 6　计算 $\int_1^2 \left(x + \frac{1}{x}\right)^2 \mathrm{d}x$.

解　将函数的平方式展开成多项式,由定积分的性质及牛顿-莱布尼茨公式有

$$\int_1^2 \left(x + \frac{1}{x}\right)^2 \mathrm{d}x = \int_1^2 \left(x^2 + 2 + \frac{1}{x^2}\right)\mathrm{d}x$$
$$= \left(\frac{1}{3}x^3 + 2x - \frac{1}{x}\right)\Big|_1^2 = \frac{29}{6}.$$

例 7　计算 $\int_{-2}^2 |x|\mathrm{d}x$.

解　被积函数 $f(x) = |x|$ 在积分区间 $[-2,2]$ 是分段函数,即

$$f(x) = \begin{cases} -x & -2 \leqslant x \leqslant 0 \\ x & 0 \leqslant x \leqslant 2 \end{cases}$$

所以有

$$\int_{-2}^{2}|x|\mathrm{d}x=\int_{-2}^{0}(-x)\mathrm{d}x+\int_{0}^{2}x\mathrm{d}x$$

$$=\left(-\frac{1}{2}x^2\right)\Big|_{-2}^{0}+\left(\frac{1}{2}x^2\right)\Big|_{0}^{2}=4.$$

例 8　计算正弦曲线 $y=\sin x$ 在 $[0,\pi]$ 上与 x 轴所围成的平面图形(如图 6-2-2 所示)的面积.

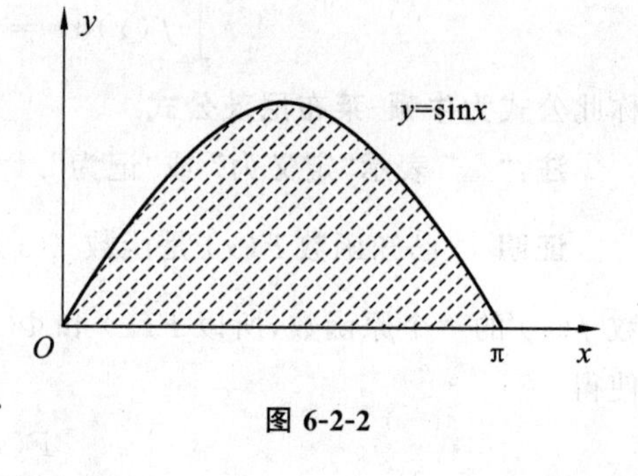

图 6-2-2

解　按曲边梯形面积的计算方法,它的面积为

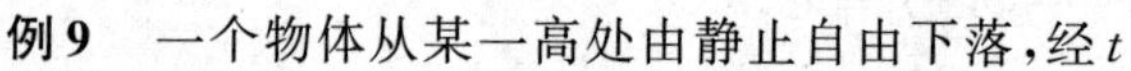

$$A=\int_{0}^{\pi}\sin x\mathrm{d}x=[-\cos x]\,\big|_{0}^{\pi}=-(-1)-(-1)=2.$$

例 9　一个物体从某一高处由静止自由下落,经 t 秒后它的速度为 $v=gt$,问经过 4 秒后,这个物体下落的距离是多少?(设 $g=10\ \mathrm{m/s^2}$,下落时物体离地面足够高)

解　物体自由下落是变速直线运动,故物体经过 4 秒后,下落的距离可用定积分计算

$$S(4)=\int_{0}^{4}v(t)\mathrm{d}t=\int_{0}^{4}gt\,\mathrm{d}t=\int_{0}^{4}10t\mathrm{d}t=5t^2\,\big|_{0}^{4}=80\ \mathrm{m}.$$

习　题　6.2

1. 计算下列各题的导数.

(1) $F(x)=\int_{1}^{x}\sin t^4\mathrm{d}t$;　　(2) $F(x)=\int_{x}^{3}\sqrt{1+t^2}\mathrm{d}t$;

(3) $F(x)=\int_{1}^{x^3}\ln t^2\mathrm{d}t$;　　(4) $F(x)=\int_{x^2}^{x^3}\mathrm{e}^{-t}\mathrm{d}t$.

2. 求由 $\int_{0}^{y}\mathrm{e}^t\mathrm{d}t+\int_{0}^{x}\cos t\mathrm{d}t=0$ 所确定的隐函数 $y=y(x)$ 的导数 $\frac{\mathrm{d}y}{\mathrm{d}x}$.

3. 求函数 $f(x)=\int_{0}^{x}t\mathrm{e}^{-t^2}\mathrm{d}t$ 的极值点和极值.

4. 计算下列各定积分.

(1) $\int_{1}^{2}x^2\mathrm{d}x$;　　(2) $\int_{0}^{1}\mathrm{e}^x\mathrm{d}x$;　　(3) $\int_{2}^{3}(x^2+\frac{1}{x}+4)\mathrm{d}x$;

(4) $\int_{0}^{\frac{\pi}{2}}\cos x\mathrm{d}x$;　　(5) $\int_{0}^{2\pi}|\sin x|\mathrm{d}x$;　　(6) $\int_{4}^{9}\sqrt{x}(1+\sqrt{x})\mathrm{d}x$;

(7) $\int_{0}^{2}\frac{1}{4+x^2}\mathrm{d}x$;　　(8) $\int_{0}^{\pi}\cos\left(\frac{x}{4}+\frac{\pi}{4}\right)\mathrm{d}x$;　　(9) $\int_{\frac{\pi}{6}}^{\frac{\pi}{4}}\sin^2 x\mathrm{d}x$;

(10) $\int_{1}^{\mathrm{e}}\frac{1+\ln x}{x}\mathrm{d}x$;　　(11) $\int_{-1}^{0}\frac{3x^4+3x^2+1}{x^2+1}\mathrm{d}x$;

(12) $\int_{0}^{2}f(x)\mathrm{d}x$,且 $f(x)=\begin{cases}x+1 & x\leqslant 1\\ \frac{1}{2}x^2 & x>1\end{cases}$.

5. 求极限.

(1) $\lim\limits_{x\to 0}\frac{\int_{0}^{x}\cos^2 t\mathrm{d}t}{x}$;　　(2) $\lim\limits_{x\to 0}\frac{\left(\int_{0}^{x}\mathrm{e}^{t^2}\mathrm{d}t\right)^2}{\int_{0}^{x}t\mathrm{e}^{2t^2}\mathrm{d}t}$.

6. 设 $f(x)=\begin{cases}x^2, x\in[0,1]\\ x, x\in[1,2]\end{cases}$，求 $\Phi(x)=\int_0^x f(t)\mathrm{d}t$ 在 $[0,2]$ 上的表达式，并讨论在 $(0,2)$ 内的连续性.

7. 设 $f(x)$ 在 $[a,b]$ 上连续，在 (a,b) 内可导且 $f'(x)<0$，

$$F(x)=\frac{1}{x-a}\int_a^x f(t)\mathrm{d}t,$$

试证在 (a,b) 内有 $F'(x)\leqslant 0$.

6.3　定积分的计算

上节我们介绍了牛顿-莱布尼茨公式，通过求函数的原函数便可得到定积分的结果. 而求函数的原函数就是求函数的不定积分，在第五章中，我们介绍了求不定积分的两种基本方法：换元积分法和分部积分法. 利用牛顿-莱布尼茨公式，将其"移植"到定积分的计算中，便得到了定积分的换元积分法和分部积分法. 下面我们分别予以介绍.

6.3.1　定积分的换元积分法

为介绍定积分的换元积分法，我们先看一个例子.

例 1　求 $\int_0^4 \frac{\mathrm{d}x}{1+\sqrt{x}}$.

解法 1　先求它的不定积分，用不定积分的换元积分法，令 $\sqrt{x}=t$，则

$$t^2=x, \mathrm{d}x=2t\mathrm{d}t,$$

于是

$$\begin{aligned}\int\frac{\mathrm{d}x}{1+\sqrt{x}}&=\int\frac{2t\mathrm{d}t}{1+t}=2\int\left(1-\frac{1}{1+t}\right)\mathrm{d}t\\&=2(t-\ln|1+t|)+C,\end{aligned}$$

再将变量还原为 x

$$\begin{aligned}\int\frac{\mathrm{d}x}{1+\sqrt{x}}&=2(t-\ln|1+t|)+C\\&=2\left(\sqrt{x}-\ln\left|1+\sqrt{x}\right|\right)+C,\end{aligned}$$

最后由牛顿-莱布尼茨公式得

$$\int_0^4\frac{\mathrm{d}x}{1+\sqrt{x}}=2\left(\sqrt{x}-\ln\left|1+\sqrt{x}\right|\right)\Big|_0^4=4-2\ln 3.$$

解法 2　设 $\sqrt{x}=t$，则

$$t^2=x, (t\geqslant 0), \mathrm{d}x=2t\mathrm{d}t,$$

当 $x=0$ 时，$t=0$；当 $x=4$ 时，$t=2$，于是

$$\begin{aligned}\int_0^4\frac{\mathrm{d}x}{1+\sqrt{x}}&=\int_0^2\frac{2t\mathrm{d}t}{1+t}=2\int_0^2\left(1-\frac{1}{1+t}\right)\mathrm{d}t\\&=2(t-\ln|1+t|)\big|_0^2=4-2\ln 3.\end{aligned}$$

比较上述两种方法，两者都使用了换元积分的方法，解法 2 显然比解法 1 简单，解法 2 以新

积分限进行计算,省去了将变量还原的工作.解法 2 就是我们要介绍的定积分的换元积分法.

定理 1 设函数 $f(x)$ 在区间 $[a,b]$ 上连续,函数 $x=\varphi(t)$ 满足下列条件

(1) $\varphi(\alpha)=a,\varphi(\beta)=b$;

(2) 当 t 在区间 $[\alpha,\beta]$(或 $[\beta,\alpha]$)上变化时,$x=\varphi(t)$ 的值在 $[a,b]$ 上变化;

(3) $x=\varphi(t)$ 的导函数连续,

则有

$$\int_a^b f(x)\mathrm{d}x=\int_\alpha^\beta f[\varphi(t)]\varphi'(t)\mathrm{d}t.$$

上式称为**定积分的换元积分公式**.

使用定积分的换元积分法应注意的问题:

(1) 在使用上面的公式时,"换元必换限",即积分变量改变,积分的上下限也要换成相应的新积分变量的上下限.

(2) 定积分的换元积分公式可以从左到右使用,也可以从右到左使用,前者是变量代换,后者是凑微分法.

下面举例说明定积分的换元积分法.

例 2 求定积分 $\int_0^1 x^2\sqrt{1-x^2}\mathrm{d}x$.

解 令 $x=\sin t$,则

$$\mathrm{d}x=\cos t\mathrm{d}t,\sqrt{1-x^2}=\sqrt{1-\sin^2 t}=\cos t,$$

当 $x=0$ 时,$t=0$;$x=1$ 时,$t=\frac{\pi}{2}$,所以

$$\begin{aligned}\int_0^1 x^2\sqrt{1-x^2}\mathrm{d}x&=\int_0^{\frac{\pi}{2}}\sin^2 t\cdot\cos t\cdot\cos t\mathrm{d}t\\&=\int_0^{\frac{\pi}{2}}\sin^2 t\cos^2 t\mathrm{d}t=\frac{1}{4}\int_0^{\frac{\pi}{2}}\sin^2 2t\mathrm{d}t.\\&=\frac{1}{4}\int_0^{\frac{\pi}{2}}\frac{1-\cos 4t}{2}\mathrm{d}t=\frac{1}{8}\int_0^{\frac{\pi}{2}}(1-\cos 4t)\mathrm{d}t\\&=\frac{1}{8}\left(t-\frac{\sin 4t}{4}\right)\Bigg|_0^{\frac{\pi}{2}}=\frac{\pi}{16}.\end{aligned}$$

思考:例 2 中,可否将"$x=0$ 时,$t=0$;$x=1$ 时,$t=\frac{\pi}{2}$"改为"$x=0$ 时,$t=\pi$;$x=1$ 时,$t=\frac{\pi}{2}$"?若可行,请计算说明是否有相同的结果.

例 3 计算 $\int_{\ln 3}^{\ln 8}\sqrt{1+\mathrm{e}^x}\mathrm{d}x$.

解 令 $\sqrt{1+\mathrm{e}^x}=t$,则

$$x=\ln(t^2-1),\mathrm{d}x=\frac{2t}{t^2-1}\mathrm{d}t,$$

当 $x=\ln 3$ 时,$t=2$;$x=\ln 8$ 时,$t=3$,所以

$$\int_{\ln 3}^{\ln 8}\sqrt{1+\mathrm{e}^x}\mathrm{d}x=\int_2^3\frac{2t^2}{t^2-1}\mathrm{d}t=2\int_2^3\left(1+\frac{1}{t^2-1}\right)\mathrm{d}t$$

$$=\left[2t+\ln\left|\frac{t-1}{t+1}\right|\right]\Bigg|_2^3=2+\ln\frac{3}{2}.$$

例 4　求$\int_0^{\frac{\pi}{2}}\cos^5x\sin x\mathrm{d}x$.

解　令 $t=\cos x$,则

$$\mathrm{d}t=-\sin x\mathrm{d}x,$$

当 $x=0$ 时,$t=1$;$x=\frac{\pi}{2}$ 时,$t=0$,所以

$$\int_0^{\frac{\pi}{2}}\cos^5x\sin x\mathrm{d}x=-\int_1^0t^5\mathrm{d}t=\frac{1}{6}t^6\Big|_0^1=\frac{1}{6}.$$

此题也可用凑微分法来求解,这种方法不用写出新变量,积分时也就不用更换定积分的上下限.

$$\int_0^{\frac{\pi}{2}}\cos^5x\sin x\mathrm{d}x=-\int_0^{\frac{\pi}{2}}\cos^5x(\mathrm{d}\cos x)$$

$$=-\left[\frac{\cos^6x}{6}\right]\Bigg|_0^{\frac{\pi}{2}}=\frac{1}{6}.$$

例 5　求$\int_0^{\frac{\pi}{2}}\sqrt{\cos x-\cos^3x}\mathrm{d}x$.

解　此题用凑微分法来求解.由于 $\sin x$ 在$\left[0,\frac{\pi}{2}\right]$上大于等于零,则有

$$\int_0^{\frac{\pi}{2}}\sqrt{\cos x-\cos^3x}\mathrm{d}x=\int_0^{\frac{\pi}{2}}\sqrt{\cos x(1-\cos^2x)}\mathrm{d}x$$

$$=\int_0^{\frac{\pi}{2}}\sqrt{\cos x\sin^2x}\mathrm{d}x$$

$$=\int_0^{\frac{\pi}{2}}\sqrt{\cos x}\sin x\mathrm{d}x$$

$$=-\int_0^{\frac{\pi}{2}}\sqrt{\cos x}\mathrm{d}(\cos x)$$

$$=-\frac{2}{3}(\cos x)^{\frac{3}{2}}\Big|_0^{\frac{\pi}{2}}=\frac{2}{3}.$$

例 6　设函数 $f(x)$ 在区间$[-a,a]$上连续($a>0$),证明:

$$\int_{-a}^af(x)\mathrm{d}x=\int_0^a[f(-x)+f(x)]\mathrm{d}x.$$

证　因为

$$\int_{-a}^af(x)\mathrm{d}x=\int_{-a}^0f(x)\mathrm{d}x+\int_0^af(x)\mathrm{d}x,$$

令 $x=-t$,则有

$$\int_{-a}^0f(x)\mathrm{d}x=-\int_a^0f(-t)\mathrm{d}t=\int_0^af(-t)\mathrm{d}t=\int_0^af(-x)\mathrm{d}x,$$

所以

$$\int_{-a}^{a} f(x)\mathrm{d}x = \int_{0}^{a} f(-x)\mathrm{d}x + \int_{0}^{a} f(x)\mathrm{d}x$$
$$= \int_{0}^{a} [f(-x) + f(x)]\mathrm{d}x.$$

由例 6 可得如下更简洁的结果：

(1) 若 $f(x)$ 在区间$[-a,a]$上为偶函数，则

$$\int_{-a}^{a} f(x)\mathrm{d}x = \int_{0}^{a} [f(-x) + f(x)]\mathrm{d}x = 2\int_{0}^{a} f(x)\mathrm{d}x;$$

(2) 若 $f(x)$ 在区间$[-a,a]$上为奇函数，则

$$\int_{-a}^{a} f(x)\mathrm{d}x = \int_{0}^{a} [f(-x) + f(x)]\mathrm{d}x = 0.$$

在计算对称区间上的积分时，如能判断被积函数的奇偶性，可使计算简化.

例 7 计算下列定积分.

(1) $\displaystyle\int_{-4}^{4} \frac{x\cos x}{3x^4 + x^2 + 1}\mathrm{d}x$；　　(2) $\displaystyle\int_{-1}^{1} \mathrm{e}^{|x|}\mathrm{d}x$.

解 (1) 因为被积函数 $f(x) = \dfrac{x\cos x}{3x^4 + x^2 + 1}$ 是奇函数，且积分区间$[-4,4]$关于原点对称. 所以

$$\int_{-4}^{4} \frac{x\cos x}{3x^4 + x^2 + 1}\mathrm{d}x = 0.$$

(2) 因为被积函数 $f(x) = \mathrm{e}^{|x|}$ 是偶函数，且积分区间$[-1,1]$关于原点对称. 所以

$$\int_{-1}^{1} \mathrm{e}^{|x|}\mathrm{d}x = 2\int_{0}^{1} \mathrm{e}^{|x|}\mathrm{d}x = 2\int_{0}^{1} \mathrm{e}^{x}\mathrm{d}x$$
$$= 2\,\mathrm{e}^{x}\Big|_{0}^{1} = 2(\mathrm{e} - 1).$$

6.3.2 定积分的分部积分法

由不定积分的分部积分法，我们有：

定理 2 设 $u(x)$，$v(x)$ 在区间$[a,b]$上有连续导数，则有

$$\int_{a}^{b} u(x)v'(x)\mathrm{d}x = [u(x)\cdot v(x)]\Big|_{a}^{b} - \int_{a}^{b} v(x)u'(x)\mathrm{d}x.$$

上式称为定积分的**分部积分公式**.

通常将分部积分公式简记为

$$\int_{a}^{b} uv'\mathrm{d}x = (u\cdot v)\Big|_{a}^{b} - \int_{a}^{b} vu'\mathrm{d}x,$$

或

$$\int_{a}^{b} u\mathrm{d}v = (u\cdot v)\Big|_{a}^{b} - \int_{a}^{b} v\mathrm{d}u.$$

注 一般地，如果不考虑定积分的上下限，即将其看作不定积分时，需要使用分部积分法，则该定积分也需使用分部积分法.

例 8 计算$\displaystyle\int_{0}^{1} x\mathrm{e}^{x}\mathrm{d}x$.

解
$$\int_0^1 xe^x dx = xe^x\Big|_0^1 - \int_0^1 e^x dx = e - e^x\Big|_0^1 = 1.$$

例 9　计算$\int_1^2 x\ln x dx$.

解
$$\int_1^2 x\ln x dx = \frac{1}{2}\int_1^2 \ln x d(x^2) = \frac{1}{2}x^2\ln x\Big|_1^2 - \frac{1}{2}\int_1^2 x dx$$
$$= 2\ln 2 - \frac{1}{4}x^2\Big|_1^2 = 2\ln 2 - \frac{3}{4}.$$

例 10　计算$\int_0^{\frac{\pi}{2}} x^2\cos x dx$.

解
$$\int_0^{\frac{\pi}{2}} x^2\cos x dx = \int_0^{\frac{\pi}{2}} x^2 d(\sin x) = (x^2\sin x)\Big|_0^{\frac{\pi}{2}} - \int_0^{\frac{\pi}{2}} 2x\sin x dx$$
$$= \frac{\pi^2}{4} + 2\int_0^{\frac{\pi}{2}} x d(\cos x) = \frac{\pi^2}{4} + 2\,(x\cos x)\Big|_0^{\frac{\pi}{2}} - 2\int_0^{\frac{\pi}{2}}\cos x dx$$
$$= \frac{\pi^2}{4} - 2\sin x\Big|_0^{\frac{\pi}{2}} = \frac{\pi^2}{4} - 2.$$

例 11　计算$\int_0^{\frac{1}{2}} \arcsin x dx$.

解
$$\int_0^{\frac{1}{2}} \arcsin x dx = (x\arcsin x)\Big|_0^{\frac{1}{2}} - \int_0^{\frac{1}{2}} \frac{x}{\sqrt{1-x^2}} dx$$
$$= \frac{1}{2}\cdot\frac{\pi}{6} + \sqrt{1-x^2}\Big|_0^{\frac{1}{2}} = \frac{\pi}{12} + \frac{\sqrt{3}}{2} - 1.$$

例 12　计算$\int_0^1 e^{\sqrt{x}} dx$.

解　解此题先用换元积分法，后用分部积分法. 令$\sqrt{x} = t$则
$$x = t^2,\ dx = 2t dt,$$
当$x = 0$时，$t = 0$；$x = 1$时，$t = 1$，于是
$$\int_0^1 e^{\sqrt{x}} dx = 2\int_0^1 te^t dt = 2\int_0^1 t de^t$$
$$= 2\,(te^t)\,|_0^1 - 2\int_0^1 e^t dt$$
$$= 2[e-(e-1)] = 2.$$

例 13　(1) 证明$\int_0^{\frac{\pi}{2}} \sin^n x dx = \int_0^{\frac{\pi}{2}} \cos^n x dx\ (x \in \mathbf{N}^+)$；

(2) 求$I_n = \int_0^{\frac{\pi}{2}} \sin^n x dx\left(= \int_0^{\frac{\pi}{2}} \cos^n x dx\right)$的值.

证：(1) 令$x = \frac{\pi}{2} - t$，则$dx = -dt$，当$x = 0$时，$t = \frac{\pi}{2}$；$x = \frac{\pi}{2}$时，$t = 0$，于是
$$\int_0^{\frac{\pi}{2}} \sin^n x dx = -\int_{\frac{\pi}{2}}^0 \sin^n\left(\frac{\pi}{2} - t\right) dt$$
$$= \int_0^{\frac{\pi}{2}} \cos^n t dt = \int_0^{\frac{\pi}{2}} \cos^n x dx.$$

(2) 当 $n \geqslant 3$ 时,

$$I_n = -\int_0^{\frac{\pi}{2}} \sin^{n-1} x \mathrm{d}\cos x = -\sin^{n-1} x \cos x \Big|_0^{\frac{\pi}{2}} + (n-1)\int_0^{\frac{\pi}{2}} \sin^{n-2} x \cos^2 x \mathrm{d}x$$

$$= (n-1)\int_0^{\frac{\pi}{2}} \sin^{n-2} x (1-\sin^2 x)\mathrm{d}x$$

$$= (n-1)I_{n-2} - (n-1)I_n,$$

所以

$$I_n = \frac{(n-1)}{n} I_{n-2}.$$

于是当 n 为奇数时,有

$$I_n = \frac{n-1}{n} \cdot \frac{n-3}{n-2} \cdot \cdots \cdot \frac{4}{5} \cdot \frac{2}{3} \cdot I_1;$$

当 n 为偶数时,有

$$I_n = \frac{n-1}{n} \cdot \frac{n-3}{n-2} \cdot \cdots \cdot \frac{3}{4} \cdot I_2.$$

容易得出

$$I_1 = \int_0^{\frac{\pi}{2}} \sin x \mathrm{d}x = 1,$$

$$I_2 = \int_0^{\frac{\pi}{2}} \sin^2 x \mathrm{d}x = \left[\frac{x}{2} - \frac{\sin 2x}{4}\right]_0^{\frac{\pi}{2}} = \frac{\pi}{4}.$$

所以

$$I_n = \begin{cases} \dfrac{n-1}{n} \cdot \dfrac{n-3}{n-2} \cdot \cdots \cdot \dfrac{4}{5} \cdot \dfrac{2}{3} \cdot 1, & n \text{ 为正奇数}; \\ \dfrac{n-1}{n} \cdot \dfrac{n-3}{n-2} \cdot \cdots \cdot \dfrac{3}{4} \cdot \dfrac{1}{2} \cdot \dfrac{\pi}{2}, & n \text{ 为正偶数}. \end{cases}$$

该公式称为沃利斯(Wallis)积分公式,它在定积分的计算中经常被应用.如

$$J_9 = \int_0^{\frac{\pi}{2}} \sin^9 x \mathrm{d}x = \frac{8}{9} \cdot \frac{6}{7} \cdot \frac{4}{5} \cdot \frac{2}{3} \cdot 1,$$

$$J_{10} = \int_0^{\frac{\pi}{2}} \sin^{10} x \mathrm{d}x = \frac{9}{10} \cdot \frac{7}{8} \cdot \frac{5}{6} \cdot \frac{3}{4} \cdot \frac{1}{2} \cdot \frac{\pi}{2}.$$

习　题　6.3

1. 用换元积分法计算下列定积分:

(1) $\int_0^{\frac{\pi}{2}} \sin x \cos^3 x \mathrm{d}x$.　　(2) $\int_0^{\sqrt{2}} x \mathrm{e}^{\frac{x^2}{2}} \mathrm{d}x$.

(3) $\int_0^{\pi} (1-\sin^3 x)\mathrm{d}x$.　　(4) $\int_1^{\mathrm{e}} \frac{1}{x\sqrt{1+\ln x}} \mathrm{d}x$.

(5) $\int_{-\frac{\pi}{2}}^{\frac{\pi}{2}} \sqrt{\cos x - \cos^3 x} \mathrm{d}x$.　　(6) $\int_0^1 \frac{\mathrm{d}x}{2+\sqrt[3]{x}}$.

(7) $\int_0^2 \sqrt{4-x^2} \mathrm{d}x$.　　(8) $\int_3^8 \frac{x-1}{\sqrt{1+x}} \mathrm{d}x$.

2. 利用函数的奇偶性计算下列定积分：

(1) $\int_{-\pi}^{\pi} x^4 \sin x \mathrm{d}x$.　　(2) $\int_{-\frac{\pi}{2}}^{\frac{\pi}{2}} 4\cos^4 x \mathrm{d}x$.

(3) $\int_{-\frac{1}{2}}^{\frac{1}{2}} \frac{(\arcsin x)^2}{\sqrt{1-x^2}} \mathrm{d}x$.　　(4) $\int_{-5}^{5} \frac{x\sin^2 x}{3x^4+3x^2+1} \mathrm{d}x$.

3. 设 $f(x)$ 在 $[a,b]$ 上连续，证明

$$\int_a^b f(x)\mathrm{d}x = \int_a^b f(a+b-x)\mathrm{d}x.$$

4. 用分部积分法计算下列定积分：

(1) $\int_1^{\sqrt{e}} \ln x \mathrm{d}x$.　　(2) $\int_0^{\frac{\pi}{2}} x\sin x \mathrm{d}x$.

(3) $\int_0^1 x\arctan x \mathrm{d}x$.　　(4) $\int_0^1 x\mathrm{e}^{-x} \mathrm{d}x$.

(5) $\int_0^{\pi} x^2 \cos x \mathrm{d}x$.　　(6) $\int_1^{e} x^2 \ln x \mathrm{d}x$,

(7) $\int_0^{2\pi} \mathrm{e}^x \cos x \mathrm{d}x$.　　(8) $\int_1^{e} \sin(\ln x) \mathrm{d}x$.

5. 设 $f(x)$ 在 $[-b,b]$ 上连续，证明

$$\int_{-b}^{b} f(x)\mathrm{d}x = \int_{-b}^{b} f(-x)\mathrm{d}x.$$

6. 证明 $\int_0^1 x^m (1-x)^n \mathrm{d}x = \int_0^1 x^n (1-x)^m \mathrm{d}x$.

6.4 广义积分

在定积分的定义中，积分区间是有限的，且要求被积函数是有界函数. 但是，在实际问题中，我们会遇到积分区间是无穷区间的情况，也会遇到被积函数是无界函数的情况（有无穷间断点）. 因此，需要把定积分的概念予以推广，由此得到广义积分.

6.4.1 无穷区间的广义积分

先看下面的例子：

求曲线 $y=\frac{1}{x^2}$ 与直线 $y=0, x=1$ 所围成的向右无限伸展的“开口曲边梯形”的面积（如图 6-4-1 所示）.

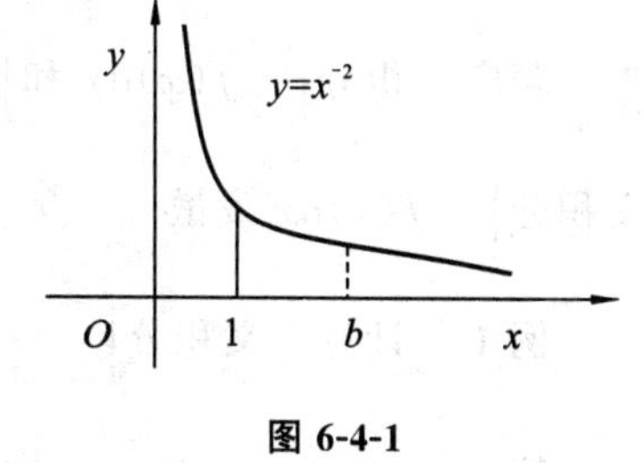

图 6-4-1

由于图形是“开口”的，积分区间为 $[1,+\infty)$，所以不能直接用定积分计算其面积. 如果任取 $b>1$，则在区间 $[1,b]$ 上，曲边梯形的面积为

$$\int_1^b \frac{1}{x^2}\mathrm{d}x = -\frac{1}{x}\Big|_1^b = 1-\frac{1}{b}.$$

显然，b 越大，这个曲边梯形的面积就越接近于所要求的“开口曲边梯形”的面积. 因此，当 $b\to+\infty$ 时，极限

$$\lim_{b\to+\infty}\int_1^b \frac{1}{x^2}\mathrm{d}x = \lim_{b\to+\infty}\left(1-\frac{1}{b}\right) = 1$$

就表示了所求的"开口曲边梯形"的面积.

一般地,对于积分区间是无限的情形,可以定义如下:

定义 1 设函数 $f(x)$ 在区间$[a,+\infty)$ 上连续,取 $b>a$,称极限

$$\lim_{b\to+\infty}\int_a^b f(x)\mathrm{d}x$$

为函数 $f(x)$ 在区间$[a,+\infty)$ 上的广义积分,记作$\int_a^{+\infty}f(x)\mathrm{d}x$,即

$$\int_a^{+\infty}f(x)\mathrm{d}x=\lim_{b\to+\infty}\int_a^b f(x)\mathrm{d}x.$$

若此极限存在,则称广义积分$\int_a^{+\infty}f(x)\mathrm{d}x$ 收敛;否则称广义积分$\int_a^{+\infty}f(x)\mathrm{d}x$ 发散.

类似地,设函数 $f(x)$ 在区间$(-\infty,b]$ 上连续,取 $a<b$,称极限

$$\lim_{a\to-\infty}\int_a^b f(x)\mathrm{d}x$$

为函数 $f(x)$ 在区间$(-\infty,b]$ 上的广义积分,记作$\int_{-\infty}^b f(x)\mathrm{d}x$,即

$$\int_{-\infty}^b f(x)\mathrm{d}x=\lim_{a\to-\infty}\int_a^b f(x)\mathrm{d}x.$$

若此极限存在,则称广义积分$\int_{-\infty}^b f(x)\mathrm{d}x$ 收敛;否则称广义积分$\int_{-\infty}^b f(x)\mathrm{d}x$ 发散.

设函数 $f(x)$ 在区间$(-\infty,+\infty)$ 上连续,称

$$\int_{-\infty}^c f(x)\mathrm{d}x+\int_c^{+\infty}f(x)\mathrm{d}x(c\in\mathbf{R})$$

为函数 $f(x)$ 在无穷区间$(-\infty,+\infty)$ 上的广义积分,记作$\int_{-\infty}^{+\infty}f(x)\mathrm{d}x$,即

$$\begin{aligned}\int_{-\infty}^{+\infty}f(x)\mathrm{d}x&=\int_{-\infty}^c f(x)\mathrm{d}x+\int_c^{+\infty}f(x)\mathrm{d}x\\&=\lim_{a\to-\infty}\int_a^c f(x)\mathrm{d}x+\lim_{b\to+\infty}\int_c^b f(x)\mathrm{d}x.\end{aligned}$$

若广义积分$\int_{-\infty}^c f(x)\mathrm{d}x$ 和$\int_c^{+\infty}f(x)\mathrm{d}x$ 均收敛,则称广义积分$\int_{-\infty}^{+\infty}f(x)\mathrm{d}x$ 收敛;否则,称广义积分$\int_{-\infty}^{+\infty}f(x)\mathrm{d}x$ 发散.

例 1 计算广义积分$\int_{\mathrm{e}}^{+\infty}\frac{1}{x\ln^2 x}\mathrm{d}x$.

解

$$\begin{aligned}\int_{\mathrm{e}}^{+\infty}\frac{1}{x\ln^2 x}\mathrm{d}x&=\lim_{b\to+\infty}\int_{\mathrm{e}}^b\frac{1}{x\ln^2 x}\mathrm{d}x\\&=-\lim_{b\to+\infty}\frac{1}{\ln x}\bigg|_{\mathrm{e}}^b=-\lim_{b\to+\infty}\left(\frac{1}{\ln b}-1\right)=1.\end{aligned}$$

为方便无穷区间广义积分的计算,引入下面的记号.

设 $F(x)$ 是 $f(x)$ 的一个原函数,记

$$\lim_{b\to+\infty}F(b)=F(+\infty),\ \lim_{a\to-\infty}F(a)=F(-\infty),$$

则有

$$\int_a^{+\infty} f(x)\mathrm{d}x = \lim_{b\to+\infty}\int_a^b f(x)\mathrm{d}x = \lim_{b\to+\infty}F(b) - F(a)$$
$$= F(+\infty) - F(a) \triangleq F(x)\Big|_a^{+\infty};$$

类似地,有

$$\int_{-\infty}^{b} f(x)\mathrm{d}x = F(b) - \lim_{a\to-\infty}F(a) = F(b) - F(-\infty) \triangleq F(x)\Big|_{-\infty}^{b};$$

$$\int_{-\infty}^{+\infty} f(x)\mathrm{d}x = \lim_{b\to+\infty}F(b) - \lim_{a\to-\infty}F(a) = F(+\infty) - F(-\infty) \triangleq F(x)\Big|_{-\infty}^{+\infty}.$$

例 2　计算广义积分$\int_{-\infty}^{+\infty}\frac{1}{1+x^2}\mathrm{d}x$.

解
$$\int_{-\infty}^{+\infty}\frac{1}{1+x^2}\mathrm{d}x = \arctan x\Big|_{-\infty}^{+\infty} = \frac{\pi}{2} - \left(-\frac{\pi}{2}\right) = \pi.$$

例 3　讨论广义积分$\int_a^{+\infty}\frac{1}{x^p}\mathrm{d}x\,(a>0)$的敛散性.

解　当 $p=1$ 时,

$$\int_a^{+\infty}\frac{1}{x^p}\mathrm{d}x = \int_a^{+\infty}\frac{1}{x}\mathrm{d}x = \ln x\Big|_a^{+\infty} = +\infty;$$

当 $p<1$ 时,

$$\int_a^{+\infty}\frac{1}{x^p}\mathrm{d}x = \frac{1}{1-p}x^{1-p}\Big|_a^{+\infty} = +\infty;$$

当 $p>1$ 时,

$$\int_a^{+\infty}\frac{1}{x^p}\mathrm{d}x = \frac{1}{1-p}x^{1-p}\Big|_a^{+\infty} = \frac{a^{1-p}}{p-1}.$$

因此,当 $p>1$ 时,此广义积分收敛,其值为$\frac{a^{1-p}}{p-1}$;当 $p\leqslant 1$ 时,此广义积分发散.

例 4　计算广义积分$\int_0^{+\infty} t\mathrm{e}^{-pt}\,\mathrm{d}t$($p$ 为常数,且 $p>0$).

解
$$\int_0^{+\infty} t\mathrm{e}^{-pt}\,\mathrm{d}t = -\frac{1}{p}t\mathrm{e}^{-pt}\Big|_0^{+\infty} + \frac{1}{p}\int_0^{+\infty}\mathrm{e}^{-pt}\,\mathrm{d}t$$
$$= -\frac{1}{p^2}\mathrm{e}^{-pt}\Big|_0^{+\infty} = \frac{1}{p^2}.$$

提示:$\lim\limits_{t\to+\infty} t\mathrm{e}^{-pt} = \lim\limits_{t\to+\infty}\frac{t}{\mathrm{e}^{pt}} = \lim\limits_{t\to+\infty}\frac{1}{p\mathrm{e}^{pt}} = 0$.

6.4.2　无界函数的广义积分(瑕积分)

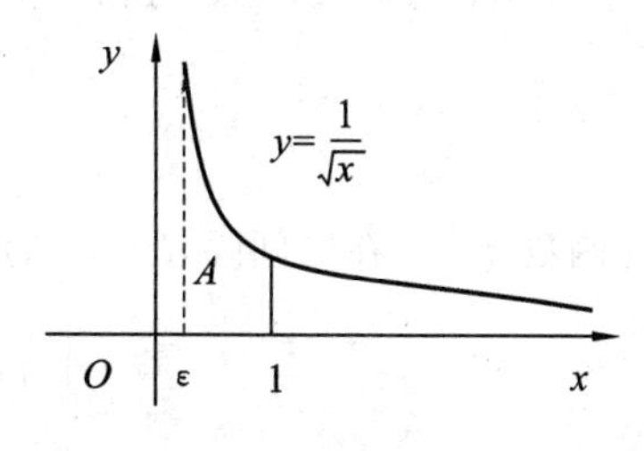

图 6-4-2

先看下面的例子:

求曲线 $y=\frac{1}{\sqrt{x}}$ 与直线 $x=0$, $x=1$, $y=0$ 所围成的“开口曲边梯形”的面积 A(如图 6-4-2 所示).

由于 $x\to 0^+$ 时,$\frac{1}{\sqrt{x}}\to+\infty$,所以函数 $y=\frac{1}{\sqrt{x}}$ 在区间$(0,1]$内无界. 为了计算这个“开口曲边梯形”的面积,我们任取整数 $\varepsilon\,(0<\varepsilon<1)$,先计算由曲

线 $y=\dfrac{1}{\sqrt{x}}$ 在区间$[\varepsilon,1]$上与 x 轴所围成的曲边梯形的面积

$$\int_{\varepsilon}^{1}\frac{1}{\sqrt{x}}\mathrm{d}x=\left[2\sqrt{x}\right]_{\varepsilon}^{1}=2(1-\sqrt{\varepsilon}),$$

显然,ε越小,这个曲边梯形的面积就越接近于所要求的"开口曲边梯形"的面积.因此,当$\varepsilon\to 0$时,极限

$$\lim_{\varepsilon\to 0}\int_{\varepsilon}^{1}\frac{1}{\sqrt{x}}\mathrm{d}x=\lim_{\varepsilon\to 0}2(1-\sqrt{\varepsilon})=2$$

就表示了所求的"开口曲边梯形"的面积.

一般地,对于无界函数的积分,可以定义如下:

定义 2 设函数 $f(x)$ 在区间$(a,b]$上连续,且$\lim\limits_{x\to a^+}f(x)=\infty$,取$\varepsilon>0$,称极限

$$\lim_{\varepsilon\to 0^+}\int_{a+\varepsilon}^{b}f(x)\mathrm{d}x$$

为函数 $f(x)$ 在$(a,b]$上的广义积分,记作$\int_a^b f(x)\mathrm{d}x$,即

$$\int_a^b f(x)\mathrm{d}x=\lim_{\varepsilon\to 0^+}\int_{a+\varepsilon}^{b}f(x)\mathrm{d}x.$$

(无界函数的广义积分也称为瑕积分,点 a 称为 $f(x)$ 的瑕点.)若此极限存在,则称广义积分$\int_a^b f(x)\mathrm{d}x$ 收敛;否则,称广义积分$\int_a^b f(x)\mathrm{d}x$ 发散.

类似地,设函数 $f(x)$ 在区间$[a,b)$上连续,且$\lim\limits_{x\to b^-}f(x)=\infty$,取$\varepsilon>0$,则称极限

$$\lim_{\varepsilon\to 0^+}\int_{a}^{b-\varepsilon}f(x)\mathrm{d}x$$

为函数 $f(x)$ 在$[a,b)$上的广义积分(b 称为瑕点),记作$\int_a^b f(x)\mathrm{d}x$.即

$$\int_a^b f(x)\mathrm{d}x=\lim_{\varepsilon\to 0^+}\int_{a}^{b-\varepsilon}f(x)\mathrm{d}x.$$

若此极限存在,则称广义积分$\int_a^b f(x)\mathrm{d}x$ 收敛;否则称广义积分$\int_a^b f(x)\mathrm{d}x$ 发散.

设函数 $f(x)$ 在区间$[a,b]$上除点 $c(a<c<b)$ 外连续,且$\lim\limits_{x\to c}f(x)=\infty$,则称广义积分$\int_a^c f(x)\mathrm{d}x$ 与$\int_c^b f(x)\mathrm{d}x$ 的和

$$\int_a^c f(x)\mathrm{d}x+\int_c^b f(x)\mathrm{d}x$$

为函数 $f(x)$ 在区间$[a,b]$上的广义积分(c 称为瑕点),记作$\int_a^b f(x)\mathrm{d}x$,即

$$\int_a^b f(x)\mathrm{d}x=\int_a^c f(x)\mathrm{d}x+\int_c^b f(x)\mathrm{d}x.$$

当广义积分$\int_a^c f(x)\mathrm{d}x$ 与$\int_c^b f(x)\mathrm{d}x$ 都收敛时,称广义积分$\int_a^b f(x)\mathrm{d}x$ 收敛;否则称广义积分$\int_a^b f(x)\mathrm{d}x$ 发散.

例 5　计算广义积分$\int_0^a \frac{1}{\sqrt{a^2-x^2}}dx$.

解　因为$\lim\limits_{x\to a^-}\frac{1}{\sqrt{a^2-x^2}}=+\infty$,所以点 a 为被积函数的瑕点.

$$\int_0^a \frac{1}{\sqrt{a^2-x^2}}dx = \arcsin\frac{x}{a}\Big|_0^a = \lim_{x\to a^-}\arcsin\frac{x}{a}-0=\frac{\pi}{2}.$$

例 6　讨论广义积分$\int_{-1}^1 \frac{1}{x^2}dx$ 的敛散性.

解　函数$\frac{1}{x^2}$ 在区间$[-1,1]$上除 $x=0$ 外连续,且$\lim\limits_{x\to 0}\frac{1}{x^2}=\infty$.由于

$$\int_{-1}^0 \frac{1}{x^2}dx=-\frac{1}{x}\Big|_{-1}^0=\lim_{x\to 0^-}\left(-\frac{1}{x}\right)-1=\infty,$$

即广义积分$\int_{-1}^0 \frac{1}{x^2}dx$ 发散,所以广义积分$\int_{-1}^1 \frac{1}{x^2}dx$ 发散.

例 7　讨论广义积分$\int_a^b \frac{dx}{(x-a)^q}$ 的敛散性.

解　当 $q=1$ 时,

$$\int_a^b \frac{dx}{(x-a)^q}=\int_a^b \frac{dx}{x-a}=\ln(x-a)\big|_a^b=\infty;$$

当 $q>1$ 时,

$$\int_a^b \frac{dx}{(x-a)^q}=\frac{1}{1-q}(x-a)^{1-q}\big|_a^b=+\infty;$$

当 $q<1$ 时,

$$\int_a^b \frac{dx}{(x-a)^q}=\left[\frac{1}{1-q}(x-a)^{1-q}\right]_a^b=\frac{1}{1-q}(b-a)^{1-q}.$$

因此,当 $q<1$ 时,此广义积分收敛,其值为$\frac{1}{1-q}(b-a)^{1-q}$;当 $q\geqslant 1$ 时,此广义积分发散.

注:广义积分的本质是先求定积分,再取极限.

习　题　6.4

1. 下列广义积分是否收敛?若收敛,计算广义积分的值.

(1) $\int_1^{+\infty}\frac{1}{x^4}dx$;　　(2) $\int_0^{+\infty}e^{-x}dx$;

(3) $\int_1^{+\infty}\frac{1}{\sqrt{x}}dx$;　　(4) $\int_{-\infty}^{+\infty}\frac{1}{x^2+2x+2}dx$;

(5) $\int_e^{+\infty}\frac{1}{x\ln x}dx$;　　(6) $\int_{-\infty}^0 xe^x dx$;

(7) $\int_0^1 \frac{x}{\sqrt{1-x^2}}dx$;　　(8) $\int_0^2 x\ln^2 x dx$;

(9) $\int_{\frac{\pi}{4}}^{\frac{\pi}{2}}\frac{1}{\cos^2 x}dx$;　　(10) $\int_1^e \frac{1}{x\sqrt{1-\ln^2 x}}dx$;

(11) $\int_{-1}^{1} \frac{1}{\sqrt{1-x^2}}\mathrm{d}x$；　　(12) $\int_{0}^{2} \frac{1}{(x-1)^2}\mathrm{d}x$.

2. 证明广义积分$\int_0^1 \frac{1}{x^q}\mathrm{d}x$ 当 $0<q<1$ 时收敛,当 $q\geqslant 1$ 时发散.

6.5　定积分的几何应用

本节将利用微元法来求平面图形的面积、空间立体的体积以及平面曲线的弧长.

前面我们讨论过曲边梯形的面积.在区间$[a,b]$上,若 $y=f(x)\geqslant 0$,则由直线 $x=a$,$x=b$,$y=0$ 和曲线 $y=f(x)$ 所围成的曲边梯形的面积为

$$A=\int_a^b f(x)\mathrm{d}x.$$

设 $x,x+\mathrm{d}x\in[a,b]$,那么在区间$[x,x+\mathrm{d}x]$上,小曲边梯形的面积近似地等于 $f(x)\mathrm{d}x$,称 $f(x)\mathrm{d}x$ 为曲边梯形的面积微元,记作 $\mathrm{d}A$,即

$$\mathrm{d}A=f(x)\mathrm{d}x,$$

则在区间$[a,b]$上,曲边梯形的面积为

$$A=\int_a^b f(x)\mathrm{d}x.$$

一般情况下,如果在某一实际问题中所求的量 U 满足下列条件:

(1) U 是与一个变量 x 的变化区间$[a,b]$有关的量;

(2) U 在区间$[a,b]$上具有可加性,即如果把区间$[a,b]$分成许多小区间,则 U 可以相应地分成许多部分量 ΔU,且 U 等于所有部分量的和;

(3) 任取区间$[a,b]$的某个小区间$[x,x+\mathrm{d}x]$,若其部分量 ΔU 可以近似地表示成 $f(x)\mathrm{d}x$,那么称 $f(x)\mathrm{d}x$ 为量 U 的微元,记作 $\mathrm{d}U$,即有

$$\mathrm{d}U=f(x)\mathrm{d}x,$$

则对于量 U,有

$$U=\int_a^b f(x)\mathrm{d}x.$$

求量 U 的方法称为微元法(或元素法).

6.5.1　平面图形的面积

1. 直角坐标的情形

求由曲线 $y=f(x)$,$y=g(x)$($f(x)\geqslant g(x)$)与直线 $x=a$,$x=b$ 所围成的平面图形(如图 6-5-1 所示)面积.求解分析如下:

以 x 为积分变量,任取一子区间$[x,x+\mathrm{d}x]$,可得一小曲边梯形,用高为 $f(x)-g(x)$,宽为 $\mathrm{d}x$ 的矩形代替小曲边梯形(如图 6-5-1 所示),则小曲边梯形的面积微元

$$\mathrm{d}A=[f(x)-g(x)]\mathrm{d}x,$$

所以所求面积为

$$A=\int_a^b[f(x)-g(x)]\mathrm{d}x.$$

类似地，由连续曲线 $x=\varphi(y)$，$x=\psi(y)$（$\varphi(y)\geqslant\psi(y)$）及直线 $y=c$，$y=d$ 所围成的平面图形（如图 6-5-2 所示）的面积

$$A=\int_c^d[\varphi(y)-\psi(y)]\mathrm{d}y.$$

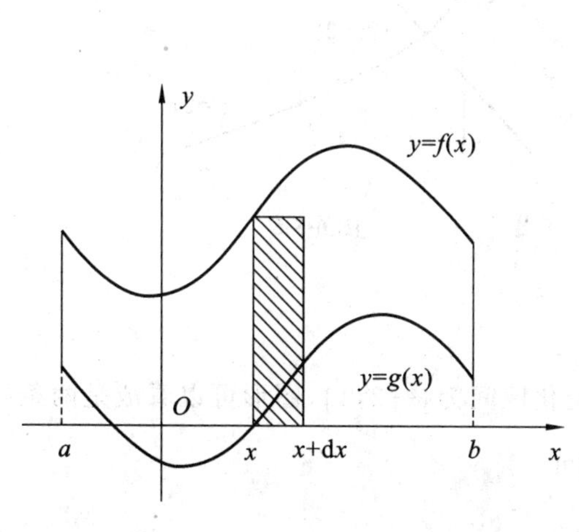

图 6-5-1

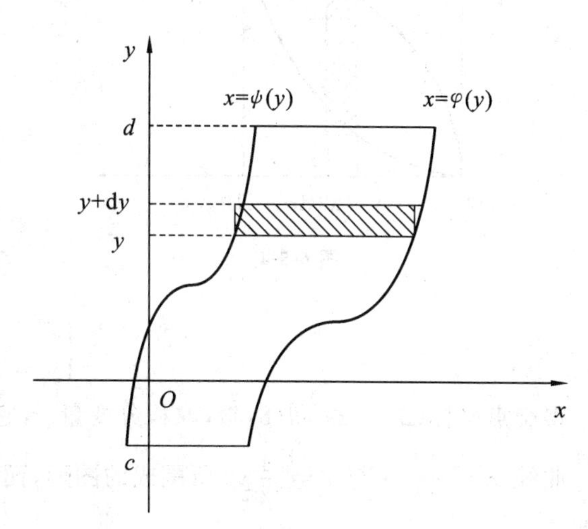

图 6-5-2

例 1　求曲线 $y=\mathrm{e}^x$，直线 $x=0$，$x=1$ 及 x 轴所围成的平面图形的面积.

解　画出所围平面图形（如图 6-5-3 所示），以 x 为变量，积分区间为 $[0,1]$，面积微元

$$\mathrm{d}A=\mathrm{e}^x\mathrm{d}x,$$

所求面积为

$$A=\int_0^1\mathrm{e}^x\mathrm{d}x=\mathrm{e}^x\Big|_0^1=\mathrm{e}-1.$$

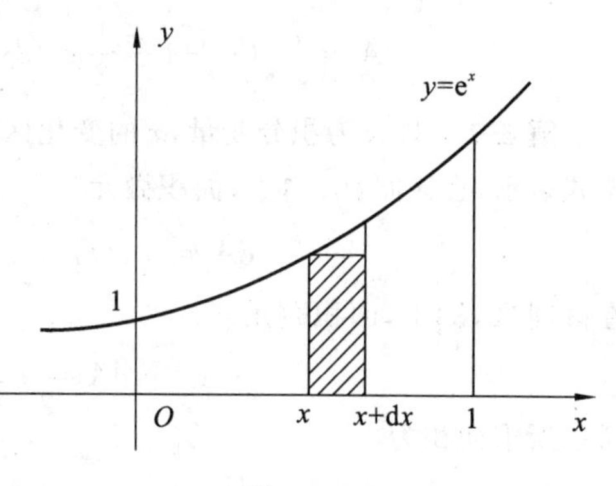

图 6-5-3

例 2　求两条抛物线 $y^2=x$，$y=x^2$ 所围成的平面图形的面积.

解　画出抛物线 $y^2=x$ 和 $y=x^2$ 所围成的平面图形（如图 6-5-4 所示），抛物线的交点坐标为 $(0,0)$ 和 $(1,1)$，图形可以看成是由曲线 $y=\sqrt{x}$ 和 $y=x^2$ 所围成. 积分变量 x 的变化区间为 $[0,1]$，面积微元

$$\mathrm{d}A=(\sqrt{x}-x^2)\mathrm{d}x,$$

所求面积为

$$A=\int_0^1(\sqrt{x}-x^2)\mathrm{d}x=\left[\frac{2}{3}x^{\frac{3}{2}}-\frac{1}{3}x^3\right]\Big|_0^1=\frac{2}{3}-\frac{1}{3}=\frac{1}{3}.$$

例 3　求由曲线 $y^2=2x$ 及直线 $y=x-4$ 所围成的平面图形的面积.

解法 1　作曲线 $y^2=2x$ 及直线 $y=x-4$ 所围成的平面图形（如图 6-5-5 所示），要确定图形所在范围，由

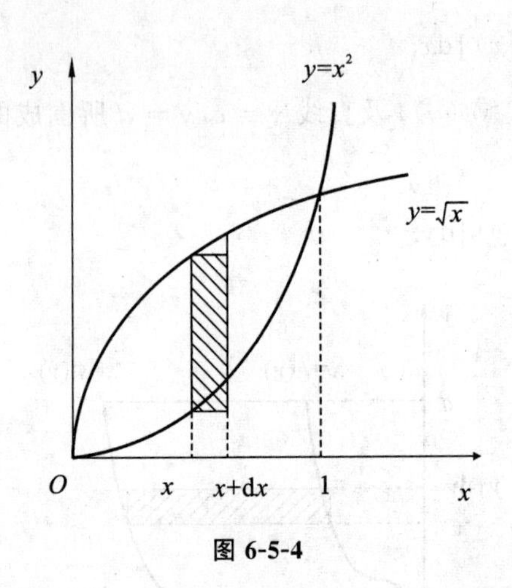

图 6-5-4

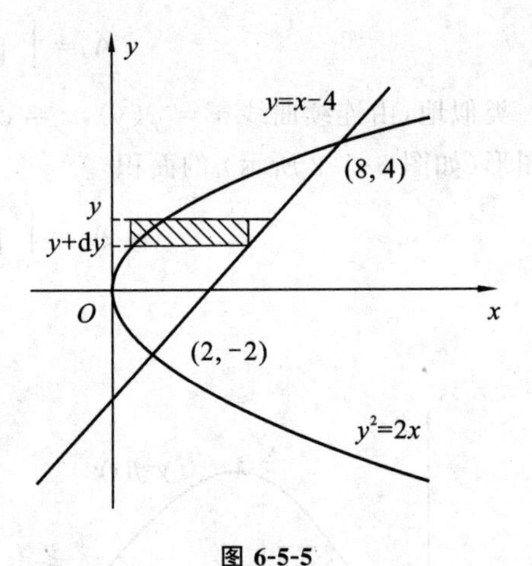

图 6-5-5

$$\begin{cases} y^2 = 2x, \\ y = x - 4, \end{cases}$$

得交点坐标$(2,-2)$和$(8,4)$,取积分变量y,它的变化区间为$[-2,4]$,图形可以看成是两条曲线$x=y+4$与$x=\frac{1}{2}y^2$所围成的图形,面积微元

$$dA=(y+4-\frac{1}{2}y^2)dy,$$

所求面积为

$$A=\int_{-2}^{4}(y+4-\frac{1}{2}y^2)dy=\left[\frac{1}{2}y^2+4y-\frac{1}{6}y^3\right]\Big|_{-2}^{4}=18.$$

解法 2 以x为积分变量,x的变化区间为$[0,8]$,在区间$[0,8]$上面积微元不能用一个关系式表示,在区间$[0,2]$上,面积微元

$$dA=[\sqrt{2x}-(-\sqrt{2x})]dx=2\sqrt{2x}dx,$$

在区间$[2,8]$上,面积微元

$$dA=(\sqrt{2x}-x+4)dx,$$

所以所求面积为

$$\begin{aligned} A&=\int_0^2 2\sqrt{2x}dx+\int_2^8(\sqrt{2x}-x+4)dx \\ &=\left[\frac{4\sqrt{2}}{3}x^{\frac{3}{2}}\right]\Big|_0^2+\left[\frac{2\sqrt{2}}{3}x^{\frac{3}{2}}-\frac{1}{2}x^2+4x\right]\Big|_2^8=18. \end{aligned}$$

比较两种解法,解法1比解法2简单,原因就在于积分变量的选取不同.由图6-5-5可以看到,当我们选取x为积分变量时,在x轴下方,以直线$x=2$为分界线,图形的边界曲线是由两段组成,这两段曲线的方程不一样,因此面积微元不能用一个关系式表示,求面积的积分就复杂一些;当我们选取y为积分变量时,图形左右的边界曲线都是由一条曲线组成,面积微元用一个关系式表示,求面积的积分就简单一些.

例 4 求抛物线$y^2=4x$和直线$y=\frac{1}{2}x+2$及x轴所围成图形的面积.

解　作抛物线 $y^2=4x$ 和直线 $y=\frac{1}{2}x+2$ 及 x 轴所围成的平面图形(如图 6-5-6 所示),求解

$$\begin{cases} y^2=4x, \\ y=\frac{1}{2}x+2 \end{cases}$$

得交点坐标(4,4).又由

$$\begin{cases} y=0, \\ y=\frac{1}{2}x+2 \end{cases}$$

得另一交点坐标(−4,0).

由图 6-5-6 可知,选取 x 为积分变量时,其变化区间为[−4,4],图形下部边界曲线由 $y^2=4x$ 和 $y=0$ 两条曲线组成;选取 y 为积分变量时,其变化区间为[0,4],左右边界曲线分别由一条曲线组成,故选取 y 为积分变量,且面积微元

$$\mathrm{d}A=\left[\frac{1}{4}y^2-(2y-4)\right]\mathrm{d}y=\left[\frac{1}{4}y^2-2y+4\right]\mathrm{d}y.$$

所求面积为

$$A=\int_0^4\left[\frac{1}{4}y^2-2y+4\right]\mathrm{d}y=\left[\frac{1}{12}y^3-y^2+4y\right]\Big|_0^4=\frac{16}{3}.$$

例 5　求椭圆 $\frac{x^2}{a^2}+\frac{y^2}{b^2}=1$ 所围成图形的面积.

解　作椭圆 $\frac{x^2}{a^2}+\frac{y^2}{b^2}=1$ 所围成的平面图形(如图 6-5-7 所示),由于椭圆关于两坐标轴对称,因此椭圆所围成的图形面积

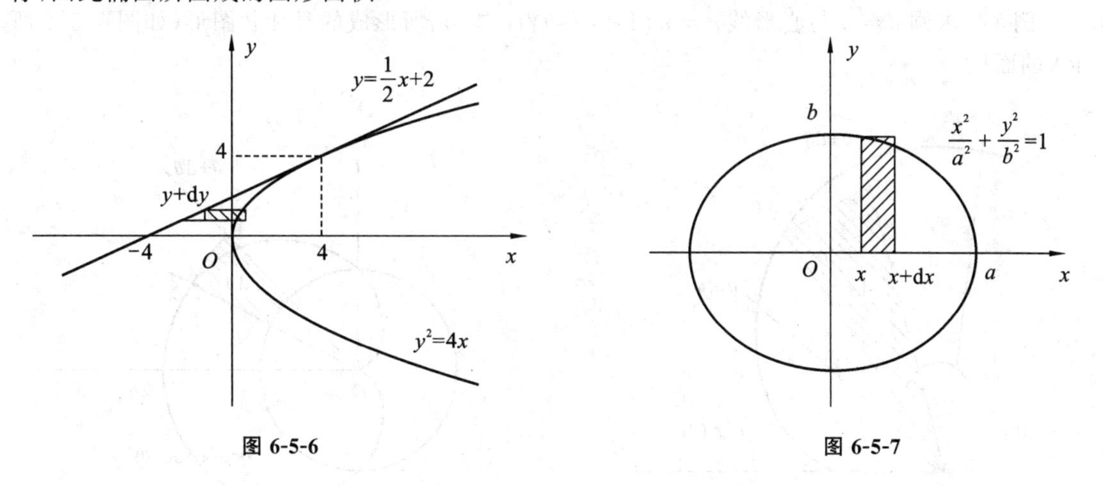

图 6-5-6　　　　图 6-5-7

$$A=4A_1,$$

其中 A_1 是椭圆在第一象限与两坐标轴所围成的图形面积,因此

$$A=4A_1=\int_0^a y\mathrm{d}x.$$

利用椭圆的参数方程

$$\begin{cases} x = a\cos t, \\ y = b\sin t \end{cases} \quad \left(0 \leqslant t \leqslant \frac{\pi}{2}\right)$$

进行换元积分,令 $x = a\cos t$,则

$$y = b\sin t, \mathrm{d}x = -a\sin t\mathrm{d}t,$$

且当 $x = 0$ 时,$t = \frac{\pi}{2}$;当 $x = a$ 时,$t = 0$,所以椭圆所围成图形的面积为

$$A = 4\int_0^a y\mathrm{d}x = 4\int_{\frac{\pi}{2}}^0 b\sin t(-a\sin t)\mathrm{d}t = 4ab\int_0^{\frac{\pi}{2}} \sin^2 t\mathrm{d}t$$

$$= 4ab \cdot \frac{1}{2} \cdot \frac{\pi}{2} = \pi ab.$$

2. 极坐标的情形

极坐标系下,求由连续曲线 $r = r_1(\theta)$,$r = r_2(\theta)$ $(r_1(\theta) \leqslant r_2(\theta))$及射线 $\theta = \alpha$,$\theta = \beta$ 所围成的平面图形(如图 6-5-8 所示)的面积.

下面我们用微元法来解决这个问题.

取极角 θ 为积分变量,它的变化范围为区间$[\alpha,\beta]$.在区间$[\alpha,\beta]$内的任一点 θ 处,给一增量 $\mathrm{d}\theta$,由扇形面积公式得面积微元

$$\mathrm{d}A = \frac{1}{2}r_2^{\ 2}(\theta)\mathrm{d}\theta - \frac{1}{2}r_1^{\ 2}(\theta)\mathrm{d}\theta$$

$$= \frac{1}{2}[r_2^{\ 2}(\theta) - r_1^{\ 2}(\theta)]\mathrm{d}\theta,$$

则极坐标系下平面图形的面积公式为

$$A = \frac{1}{2}\int_\alpha^\beta [r_2^{\ 2}(\theta) - r_1^{\ 2}(\theta)]\mathrm{d}\theta.$$

例 6　求圆 $r = a$ 与心形线 $r = a(1 + \cos\theta)$ $(a > 0)$所形成的月牙状图形(如图 6-5-9 所示)的面积.

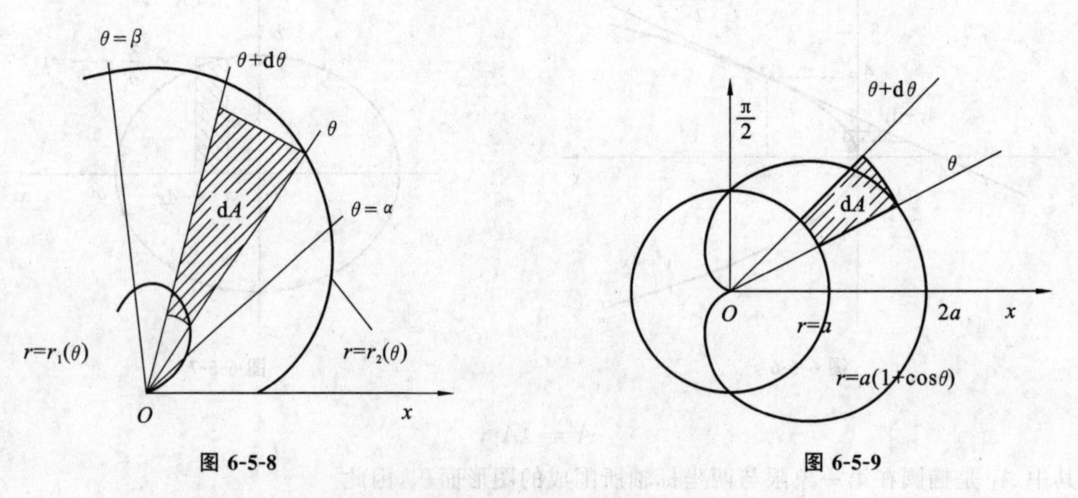

图 6-5-8　　　　图 6-5-9

解　根据极坐标系下平面图形的面积公式和图形的对称性,得

$$A = 2 \cdot \frac{1}{2}\int_0^{\frac{\pi}{2}} [a^2(1 + \cos\theta)^2 - a^2]\mathrm{d}\theta$$

$$= \int_0^{\frac{\pi}{2}} a^2 (2\cos\theta + \cos^2\theta) \mathrm{d}\theta$$

$$= \frac{a^2}{2} \int_0^{\frac{\pi}{2}} (4\cos\theta + 1 + \cos 2\theta) \mathrm{d}\theta$$

$$= \frac{a^2}{2} \left(4\sin\theta + \theta + \frac{1}{2}\sin 2\theta \right) \Bigg|_0^{\frac{\pi}{2}} = \left(2 + \frac{\pi}{4} \right) a^2.$$

极坐标系下平面图形的面积公式中,当 $r = r_1(\theta) = 0$ 时,记 $r_2(\theta)$ 为 $r(\theta)$,则面积公式为

$$A = \frac{1}{2} \int_\alpha^\beta r^2(\theta) \mathrm{d}\theta.$$

例 7　求心形线 $r = a(1 + \cos\theta)(a > 0)$(如图 6-5-10 所示)的面积.

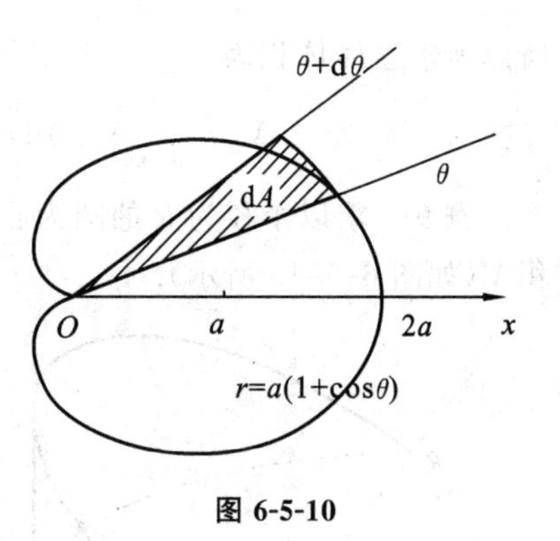

图 6-5-10

解　$$\mathrm{d}A = \frac{1}{2} r^2 \mathrm{d}\theta = \frac{a^2}{2} (1 + \cos\theta)^2 \mathrm{d}\theta$$

$$A = 2\int_0^\pi \frac{a^2}{2} (1 + \cos\theta)^2 \mathrm{d}\theta$$

$$= a^2 \int_0^\pi (1 + 2\cos\theta + \cos^2\theta) \mathrm{d}\theta$$

$$= \frac{a^2}{2} \int_0^\pi (3 + 4\cos\theta + \cos 2\theta) \mathrm{d}\theta$$

$$= \frac{a^2}{2} \left(3\theta + 4\sin\theta + \frac{1}{2}\sin 2\theta \right) \Bigg|_0^\pi = \frac{3}{2}\pi a^2.$$

6.5.2　空间立体的体积

1. 平行截面面积已知的立体体积

空间某立体夹在垂直于 x 轴的两平面 $x = a$ 和 $x = b(a < b)$之间(如图 6-5-11 所示),

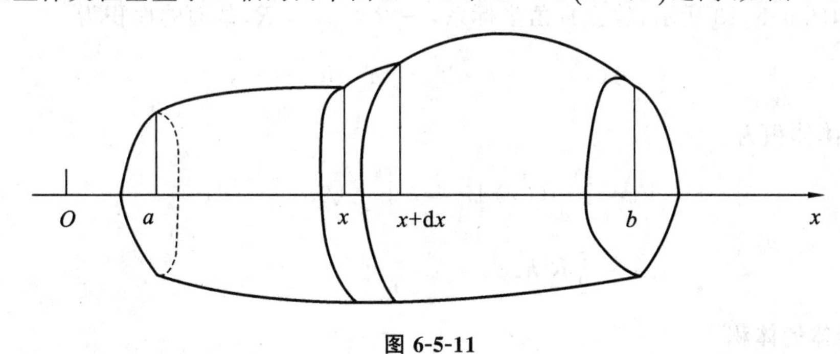

图 6-5-11

$A(x)$表示过点 $x(a \leqslant x \leqslant b)$且垂直于 x 轴的立体截面面积. 若 $A(x)$为区间$[a,b]$上的已知连续函数,求该立体的体积.

选取 x 为积分变量,x 的变化范围为区间$[a,b]$. 在区间$[a,b]$上任取一小区间$[x,x+\mathrm{d}x]$,与此小区间相对应的立体体积近似地等于底面积为 $A(x)$、高为 $\mathrm{d}x$ 的柱体体积,所以体积微元

$$\mathrm{d}V = A(x)\mathrm{d}x,$$

于是该立体的体积为

$$V=\int_a^b A(x)\mathrm{d}x.$$

例 8 一平面过半径为 R 的圆柱底圆中心,并与底面成角 α. 计算这平面截圆柱体所得立体(如图 6-5-12 所示)的体积 V.

解 如图 6-5-12 所示,建立直角坐标系,$x\in[-R,R]$,截面的面积为

$$A(x)=\frac{1}{2}\sqrt{R^2-x^2}\cdot\sqrt{R^2-x^2}\tan\alpha=\frac{1}{2}\tan\alpha\cdot(R^2-x^2),$$

所以所求立体体积为

$$V=\int_{-R}^{R}A(x)\mathrm{d}x=\frac{1}{2}\tan\alpha\int_{-R}^{R}(R^2-x^2)\mathrm{d}x=\frac{2}{3}R^3\tan\alpha.$$

例 9 求以半径为 R 的圆为底、平行且等于底圆直径的线段为顶、高为 h 的正劈锥体的体积 V(如图 6-5-13 所示).

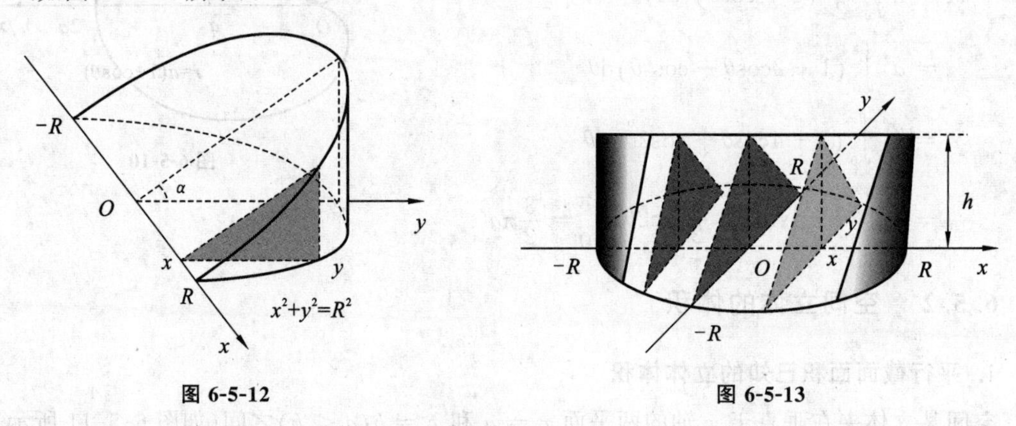

图 6-5-12　　　图 6-5-13

解 如图 6-5-13 所示,建立直角坐标系,$-R\leqslant x\leqslant R$,截面的面积为

$$A(x)=\frac{1}{2}h\cdot 2y=h\sqrt{R^2-x^2},$$

所以所求立体体积为

$$V=\int_{-R}^{R}A(x)\mathrm{d}x=h\int_{-R}^{R}\sqrt{R^2-x^2}\mathrm{d}x=\frac{\pi}{2}R^2h.$$

2. 旋转体的体积

平面内一个图形绕一条直线旋转一周而成的立体称为**旋转体**,这条直线称为**旋转轴**.

设 $f(x)$ 是区间$[a,b]$上的连续函数,由曲线 $f(x)$ 与直线 $x=a,x=b,y=0$ 围成的曲边梯形绕 x 轴旋转一周,得到一个旋转体(如图 6-5-14 所示),下面我们求这个旋转体的体积.

选取 x 为积分变量,x 的变化范围为$[a,b]$. 在区间$[a,b]$上任取一点 x,作垂直于 x 轴的平面,得旋转体的截面. 该截面是一个以 $|f(x)|$ 为半径的圆,其面积为

$$A(x)=\pi[f(x)]^2,$$

于是由平行截面面积已知的立体体积公式得该旋转体的体积为：

$$V=\int_a^b A(x)\,\mathrm{d}x=\int_a^b \pi\,[f(x)]^2\,\mathrm{d}x.$$

类似地，由曲线 $x=\varphi(y)$ 与直线 $y=c,y=d\,(c<d)$，$x=0$ 所围成的曲边梯形绕 y 轴旋转一周，得到的旋转体体积为

$$V=\int_c^d \pi\,[\varphi(y)]^2\,\mathrm{d}y.$$

例 10　求由直线 $y=\frac{r}{h}x$ 和 $x=h$ 以及 x 轴所围三角形绕 x 轴旋转一周所得的立体体积 V（如图 6-5-15 所示）.

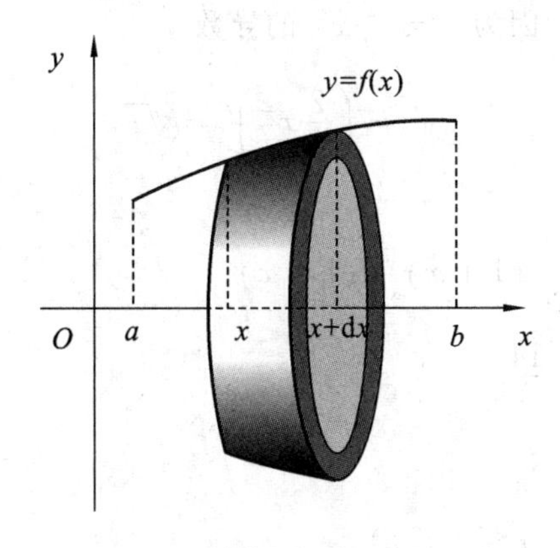

图 6-5-14

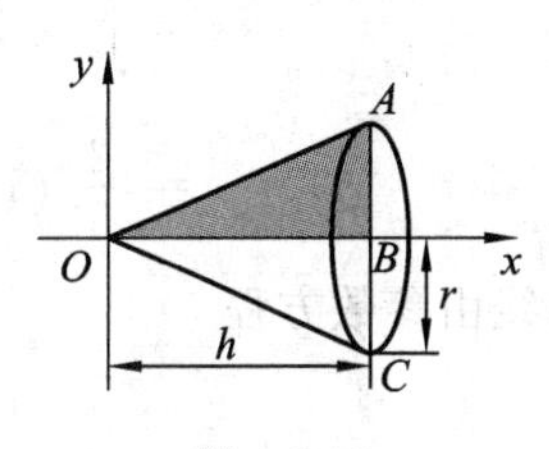

图 6-5-15

解　$f(x)=\frac{r}{h}x\,(0\leqslant x\leqslant h)$，则

$$V=\int_0^h \pi\,[f(x)]^2\,\mathrm{d}x=\int_0^h \pi\left(\frac{r}{h}x\right)^2\mathrm{d}x$$
$$=\frac{\pi r^2}{3h^2}x^3\Big|_0^h=\frac{\pi}{3}r^2h.$$

例 11　求椭圆 $\frac{x^2}{a^2}+\frac{y^2}{b^2}=1\,(a>0,b>0)$ 绕 x 轴旋转一周所得的旋转体（称为旋转椭球体）的体积 V（如图 6-5-16 所示）.

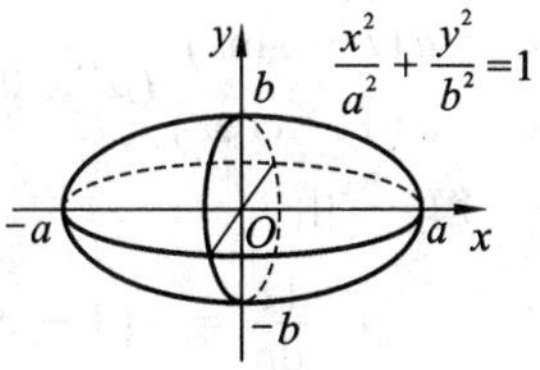

图 6-5-16

解　$f(x)=\frac{b}{a}\sqrt{a^2-x^2}$，$(-a\leqslant x\leqslant a)$，则

$$V=\int_{-a}^{a}\pi\,[f(x)]^2\,\mathrm{d}x=\frac{\pi b^2}{a^2}\int_{-a}^{a}(a^2-x^2)\,\mathrm{d}x=\frac{4}{3}\pi ab^2.$$

特别地，当 $a=b$ 时，旋转椭球体就变成了半径为 a 的球体，其体积为

$$V=\frac{4}{3}\pi a^3.$$

6.5.3　平面曲线的弧长

设函数 $y=f(x)$ 在区间 $[a,b]$ 上具有一阶连续导数，求曲线 $y=f(x)$ 在区间 $[a,b]$ 上的弧长 $\overset{\frown}{AB}$（如图 6-5-17 所示）.

任取 $x\in[a,b]$，曲线 $y=f(x)$ 上对应的点为 M，作点 M 处的切线 MT. 在 x 处给一增量

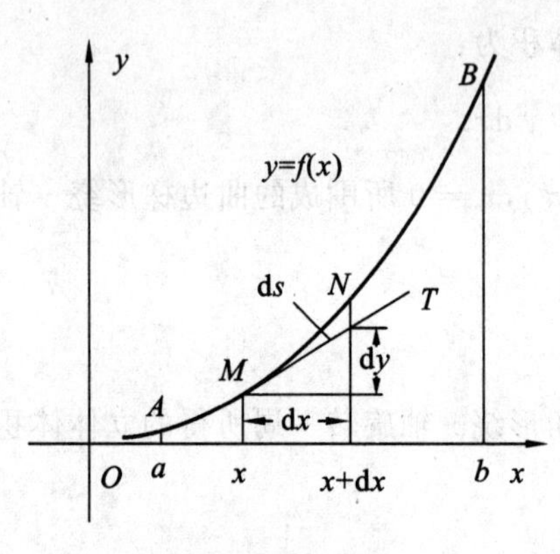

图 6-5-17

dx,曲线 $y=f(x)$ 上对应的弧为 $\overset{\frown}{MN}$,ds 作为曲线弧 $\overset{\frown}{MN}$ 的近似值("直代曲"),即弧 $ds \approx \overset{\frown}{MN}$,$ds$ 为弧长微元,由弧微分公式知

$$ds=\sqrt{1+(y')^2}dx,$$

所以所求弧长为

$$s=\int_a^b \sqrt{1+(y')^2}dx.$$

例 12 求曲线 $y=\frac{2}{3}x^{\frac{3}{2}}$ 在区间 $[0,3]$ 上的弧长.

解 因为 $y=\frac{2}{3}x^{\frac{3}{2}}$ 的导数

$$y'=\left(\frac{2}{3}x^{\frac{3}{2}}\right)'=\sqrt{x},$$

所以在区间 $[0,3]$ 上的弧长

$$s=\int_0^3 \sqrt{1+x}dx=\int_0^3 (1+x)^{\frac{1}{2}}d(1+x)$$

$$=\frac{2}{3}(1+x)^{\frac{3}{2}}\Big|_0^3=\frac{14}{3}.$$

如果曲线由参数方程

$$\begin{cases}x=\varphi(t)\\ y=\psi(t)\end{cases}\quad(\alpha\leqslant t\leqslant\beta)$$

给出,其中 $\varphi(t)$,$\psi(t)$ 在区间 $[\alpha,\beta]$ 上具有连续导数,由弧微分公式

$$ds=\sqrt{[\varphi'(t)]^2+[\psi'(t)]^2}dt$$

可得,弧长的计算公式为

$$s=\int_\alpha^\beta \sqrt{[\varphi'(t)]^2+[\psi'(t)]^2}dt.$$

例 13 求摆线(如图 6-5-18 所示)$\begin{cases}x=a(t-\sin t)\\ y=a(1-\cos t)\end{cases}$ $(a>0)$一拱($t\in[0,2\pi]$)的弧长.

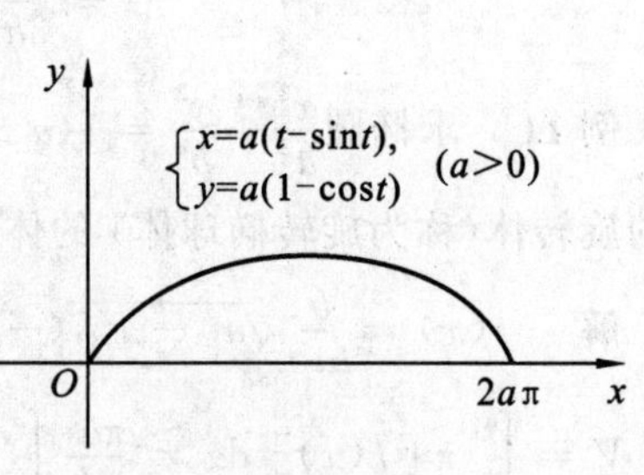

图 6-5-18

解 由

$$\frac{dx}{dt}=a(1-\cos t),\frac{dy}{dt}=a\sin t,$$

得弧长微元

$$ds=\sqrt{a^2(1-\cos t)^2+a^2\sin^2 t}dt$$

$$=a\sqrt{2-2\cos t}dt=2a\left|\sin\frac{t}{2}\right|dt,$$

所以所求弧长为

$$s=2a\int_0^{2\pi}\left|\sin\frac{t}{2}\right|dt=4a\int_0^{2\pi}\sin\frac{t}{2}d\frac{t}{2}$$

$$=-4a\cos\frac{t}{2}\Big|_0^{2\pi}=8a.$$

如果曲线由极坐标方程

$$r=r(\theta)\ (\alpha\leqslant\theta\leqslant\beta)$$

给出，其中 $r=r(\theta)$ 具有连续导数，由直角坐标与极坐标的关系，得

$$\begin{cases}x=r(\theta)\cos\theta\\ y=r(\theta)\sin\theta\end{cases}(\alpha\leqslant\theta\leqslant\beta)$$

于是，弧长微元

$$ds=\sqrt{(dx)^2+(dy)^2}d\theta=\int_\alpha^\beta\sqrt{[r(\theta)]^2+[r'(\theta)]^2}d\theta,$$

从而，得到极坐标系下弧长的计算公式为

$$s=\int_\alpha^\beta\sqrt{[r(\theta)]^2+[r'(\theta)]^2}d\theta.$$

例 14　求阿基米德螺线 $r=a\theta(a>0)$ 在 $[0,2\pi]$ 上的弧长（如图 6-5-19 所示）.

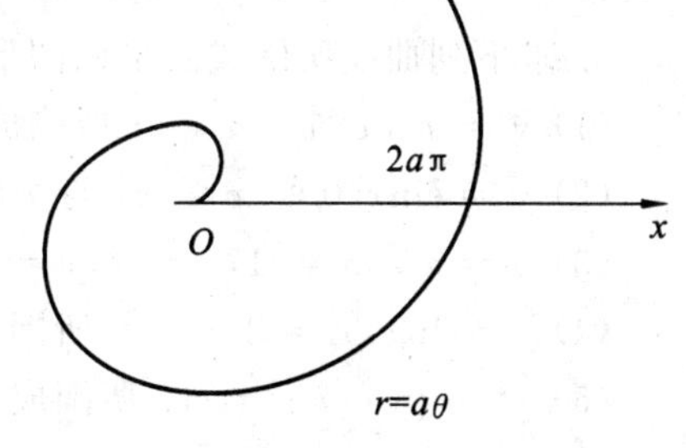

图 6-5-19

解　由

$$r=a\theta,r'=\frac{d}{d\theta}(a\theta)=a,$$

得弧长微元

$$ds=\sqrt{a^2\theta^2+a^2}d\theta=a\sqrt{\theta^2+1}d\theta,$$

所以所求弧长

$$s=a\int_0^{2\pi}\sqrt{\theta^2+1}d\theta=\frac{a}{2}\left[\theta\sqrt{\theta^2+1}+\ln\left(\theta+\sqrt{\theta^2+1}\right)\right]\Big|_0^{2\pi}$$

$$=\frac{a}{2}\left[2\pi\sqrt{4\pi^2+1}+\ln\left(2\pi+\sqrt{4\pi^2+1}\right)\right].$$

习　题　6.5

1. 求由下列各曲线所围成的图形的面积.

(1) $y^2=4-x$ 与 $y^2=3x$；

(2) $y=e^x$ 与直线 $x=0$ 及 $y=e$；

(3) $y=\dfrac{1}{x+1}$ 与直线 $y=1$ 及 $x=e$；

(4) $y=|\ln x|$ 与直线 $y=0,x=\dfrac{1}{e}$，及 $x=e$；

(5) $y=\cos x$ 与直线 $y=\dfrac{3\pi}{2}-x$ 及 $x=0$；

(6) $y=\dfrac{1}{1+x^2},x=\sqrt{2y}$ 与直线 $x=\sqrt{3}$ 及 $y=0$；

(7) $y=x^3$ 与 $y=(x-2)^2$ 及 x 轴；

(8) $y=\dfrac{1}{2}x^2$ 及 $y=\sqrt{8-x^2}$.

2. 求曲线 $y^2=x$ 与点 $\left(\dfrac{1}{2},1\right)$ 处的法线所围成的图形的面积.

3. 求由下列各曲线所围成的图形的面积.

(1) $r = 2a\cos\theta$;

(2) $r = 2a(2+\cos\theta)$;

(3) $r^2 = a^2\sin 2\theta$;

(4) $x = a\cos^3 t, y = a\sin^3 t$.

4. 求由摆线$\begin{cases} x = a(t-\sin t) \\ y = a(1-\cos t) \end{cases}$ $(a>0)$的一拱 $t\in[0,2\pi]$与横轴所围成的图形的面积.

5. 设(t,t^2+1)为曲线$y=x^2+1$上的点:(1) 试求出由该曲线与曲线在此点处的切线,以及直线$x=0,x=2$所围成的图形的面积$A(t)$;(2) 当t取何值时$A(t)$最小.

6. 求下列曲线所围成的平面图形按指定的轴旋转所形成的旋转体的体积.

(1) $y=x^2$,x轴及$x=1$所围成的图形,分别绕x轴、y轴旋转.

(2) $y=\sin x(0\leqslant x\leqslant\pi)$与$x$轴所围成的图形绕$x$轴旋转.

(3) $y=x^{-3}$,$x=1$,$x=2$,$y=0$所围成的图形,分别绕x轴、y轴旋转.

(4) $y=\ln x$,$x=2$,$y=0$所围成的图形绕y轴旋转.

(5) $x^2+(y-5)^2=16$所围成的图形,绕x轴旋转.

(6) 摆线$\begin{cases} x = a(t-\sin t) \\ y = a(1-\cos t) \end{cases}$ $(a>0)$的一拱 $t\in[0,2\pi]$,绕x轴旋转.

7. 用定积分方法证明球缺的体积公式:

$$V=\pi H^2\left(R-\frac{H}{3}\right),$$

其中R为球的半径,H为球缺的高.

8. 求曲线$y=\frac{\sqrt{x}}{3}(3-x)$在$1\leqslant x\leqslant 3$之间的一段弧长.

9. 求曲线$y=\ln\cos x$在$0\leqslant x\leqslant\frac{\pi}{4}$之间的一段弧长.

10. 计算星形线$x=a\cos^3 t, y=a\sin^3 t$的全长.

11. 求心形线$\rho=a(1+\cos\varphi)(a>0)$的全长.

12. 求曲线$\rho\varphi=1$相应于自$\varphi=\frac{3}{4}$至$\varphi=\frac{4}{3}$的一段弧长.

6.6 定积分在物理中的应用

本节介绍定积分在物理中应用的几个典型实例.

6.6.1 变力做功问题

由物理学知道,若恒力F作用在物体上,使物体作直线运动,如果力的方向与运动的方向一致,且运动的距离为S,则恒力F对物体所作的功为

$$W=F\cdot S.$$

如果物体在直线运动的过程中所受的力是变化的,如何求变力对物体所作的功呢?

如图6-6-1所示,设物体运动的直线为x轴,物体从$x=a$移动到$x=b$(不妨设$a<b$),

作用力 $F(x)$ 是区间 $[a,b]$ 上的连续函数，求力 $F(x)$ 在区间 $[a,b]$ 上所作的功.

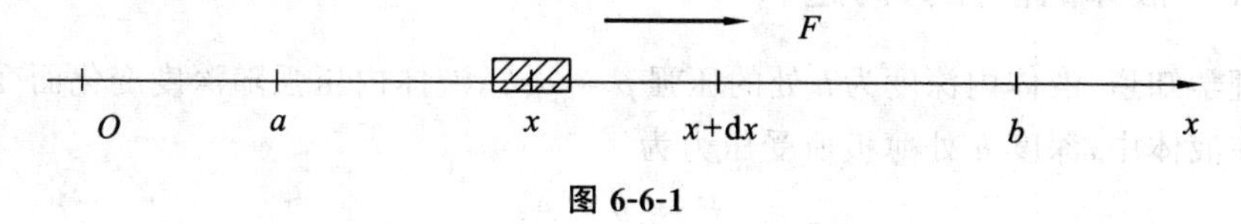

图 6-6-1

任取 $x\in[a,b]$，给一增量 $\mathrm{d}x$，物体在区间 $[x,x+\mathrm{d}x]$ 上所作的功可以认为是恒力 $F(x)$ 所作的功，则功的微元为

$$\mathrm{d}W=F(x)\mathrm{d}x,$$

于是变力对物体所作的功为

$$W=\int_a^b F(x)\mathrm{d}x.$$

例 1　弹簧压缩所受的力 F 与压缩的距离成正比，现在弹簧由原长压缩了 6 cm，求力 F 所作的功.

解　建立如图 6-6-2 所示坐标系，由题意可知

$$F=kx,$$

其中 k 是弹簧的劲度系数. 取 x 为积分变量，它的变化范围为 0 到 -0.06，功的微元为

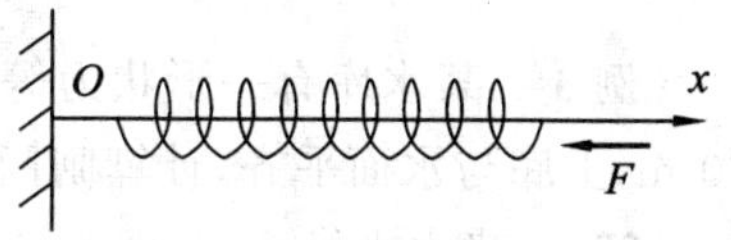

$$\mathrm{d}W=kx\mathrm{d}x,$$

图 6-6-2

于是力 F 所作的功为

$$W=\int_0^{-0.06}kx\mathrm{d}x=\frac{1}{2}kx^2\Big|_0^{-0.06}=0.0018k.$$

例 2　在原点 O 有一带电量为 $+q$ 的点电荷，它产生的电场对周围电荷有作用力. 现有一带电量为 q_0 的点电荷从距原点 a 处沿射线方向移动到离原点距离为 b 处 $(a<b)$，求电场力所作的功（如图 6-6-3 所示）.

解　由物理学知道，点电荷 q_0 在 q 所形成电场中受到的电场力为

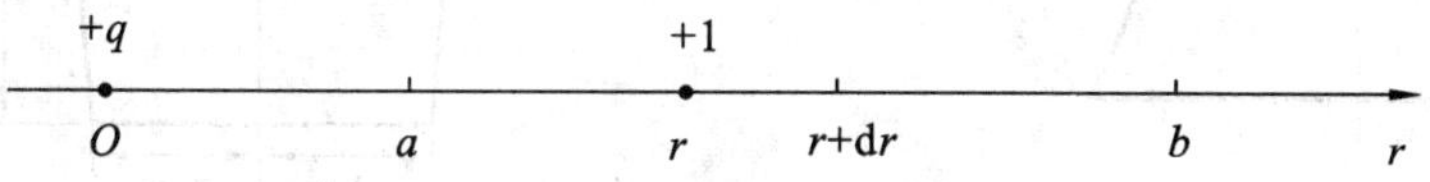

图 6-6-3

$$F=k\frac{qq_0}{r^2}.$$

以 r 为积分变量，在区间 $[r,r+\mathrm{d}r]$ 上，功的微元为

$$\mathrm{d}W=F\cdot\mathrm{d}r=k\frac{qq_0}{r^2}\mathrm{d}r,$$

于是所求的功为

$$\begin{aligned}W&=\int_a^b k\frac{qq_0}{r^2}\mathrm{d}r\\&=kqq_0\left[-\frac{1}{r}\right]\Big|_a^b=kqq_0\left(\frac{1}{a}-\frac{1}{b}\right).\end{aligned}$$

6.6.2 液体的静压力问题

由物理学知道,液体内深度为 h 处的压强 $p=\rho gh$,液体内压强随深度变化而变化.若一薄板水平放在液体中,深度 h 处薄板所受压力为

$$F=p\times A.$$

若薄板垂直放入液体中,由于深度不同,则薄板各处的压强不一样,那么如何求薄板一侧所受的压力呢?

建立坐标系,如图 6-6-4 所示,在 $[a,b]$ 内选取一微小区间 $[x,x+\mathrm{d}x]$,对应的小横条上各点离液面的深度近似等于 x,其压强为 ρgx.横条的长度为 $f(x)$,高为 $\mathrm{d}x$,则横条的面积为 $\mathrm{d}A=f(x)\mathrm{d}x$,横条处所受的压力为

$$\mathrm{d}F=\rho gx\cdot\mathrm{d}A=\rho gx\cdot f(x)\mathrm{d}x.$$

于是所求的压力为

$$F=\int_a^b\rho gx\cdot f(x)\mathrm{d}x.$$

例 3 某水库有一形状为等腰梯形的闸门,它的上底边长为 10 m,下底边长为 8 m,高为 20 m,上底与水面平齐,计算闸门一侧所受的水压力.

解 建立坐标系,如图 6-6-5 所示.等腰梯形闸门一侧的方程为

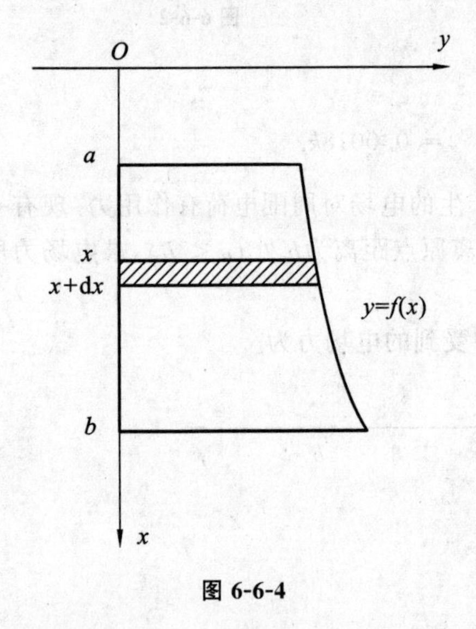

图 6-6-4

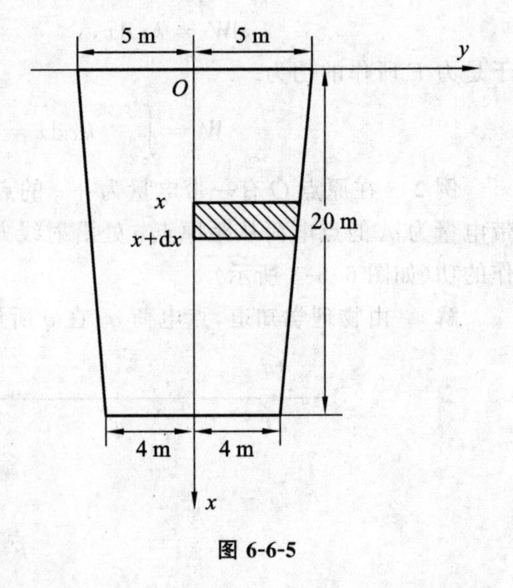

图 6-6-5

$$y=5-\frac{x}{20}.$$

取 x 为积分变量,它的变化区间为 $[0,20]$.在区间 $[x,x+\mathrm{d}x]$ 上,面积微元为

$$\mathrm{d}A=2y\cdot\mathrm{d}x=2\left(5-\frac{x}{20}\right)\mathrm{d}x=\left(10-\frac{x}{10}\right)\mathrm{d}x,$$

则闸门一侧的压力微元为

$$\begin{aligned}\mathrm{d}F&=p\times\mathrm{d}A=\rho gx\cdot\left(10-\frac{x}{10}\right)\mathrm{d}x\\&=(100\,000x-1000x^2)\mathrm{d}x,\end{aligned}$$

取 $\rho = 1000\ \text{kg/m}^3, g \approx 10\ \text{m/s}^2$. 于是闸门一侧所受的水压力

$$F = \int_0^{20} (100\ 000x - 1000x^2)\mathrm{d}x$$

$$= \left(50\ 000x^2 - \frac{1000}{3}x^3\right)\Big|_0^{20} = 17\ 333\ \text{kN}.$$

例 4　有一底面半径为 2 m,深为 5 m 的圆柱形水池(上部与场面平齐),里面盛满了水. 求水对池壁的压力.

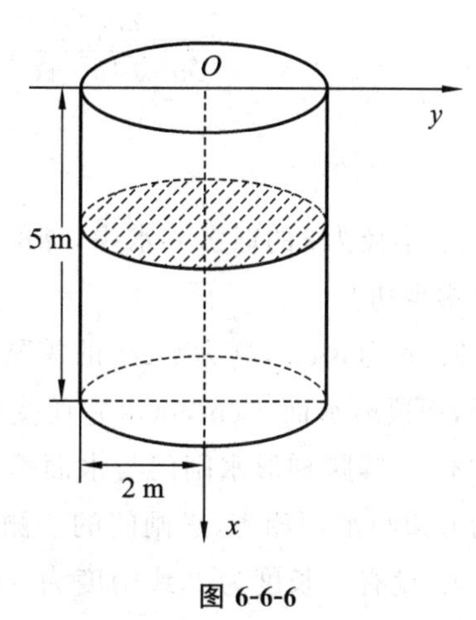

图 6-6-6

解　建立坐标系,如图 6-6-6 所示,取 x 为积分变量,它的变化区间为 $[0,5]$. 在区间 $[x, x+\mathrm{d}x]$ 上,高为 $\mathrm{d}x$ 的小圆柱面为压力微元

$$\mathrm{d}F = \rho g x \cdot 2\pi \cdot 1\mathrm{d}x = 2\pi\rho g x\mathrm{d}x,$$

于是所求压力为

$$F = \int_0^5 2\pi\rho g x\mathrm{d}x = 2\pi\rho g \left.\frac{x^2}{2}\right|_0^5 = 25\pi\rho g.$$

若取 $\rho = 1000\ \text{kg/m}^3, g \approx 10\ \text{m/s}^2$,则有

$$F = 25\pi \times 10^3 \times 10\ \text{N} = 785\ 398\ \text{N} = 785.4\ \text{kN}.$$

6.6.3　引力问题

从物理学知道,质量分别为 m_1, m_2,相距为 r 的两个质点,它们之间的引力为

$$F = G\frac{m_1 m_2}{r^2},$$

其中 G 为引力系数,引力方向沿着两质点的连线方向.

若要计算一根细棒与一个质点之间的引力,由于细棒上各质点相对于另一质点的距离是变化的,我们用"分割"细棒的办法,使得细棒的每一小部分可以用质点来近似,分别计算每一小部分与另一质点之间的引力,然后求其和. 下面我们举例说明它的计算方法.

例 5　设有一根长度为 l,线密度为 ρ 的均匀细棒,在中垂线上距棒为 a 处有一质量为 m 的质点 P,求细棒与质点间的引力.

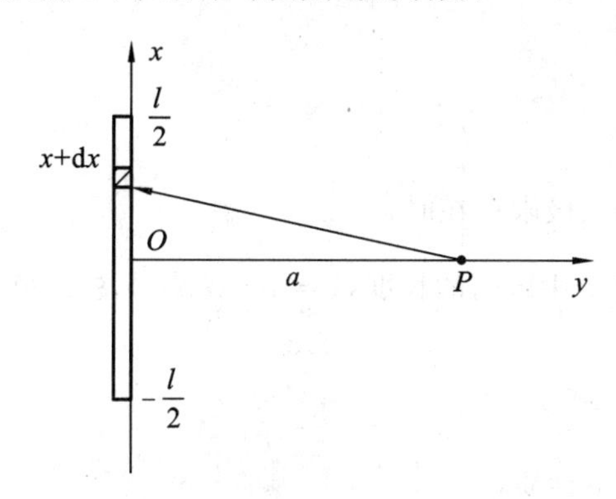

图 6-6-7

解　建立坐标系,如图 6-6-7 所示,取 x 为积分变量,它的变化区间为 $\left[-\frac{l}{2}, \frac{l}{2}\right]$,把细棒上相应于 $[x, x+\mathrm{d}x]$ 的一段近似地看成质点,则引力微元为

$$\mathrm{d}F = G\frac{m \cdot \rho}{x^2 + a^2}\mathrm{d}x.$$

由于细棒具有对称性,其合力沿 x 方向的分量相互抵消,只有沿 y 方向的分量. 于是细棒与质点间的引力为

$$F=\int_{-\frac{l}{2}}^{\frac{l}{2}}\mathrm{d}F\cos\alpha=\int_{-\frac{l}{2}}^{\frac{l}{2}}G\frac{am\rho}{(x^2+a^2)^{\frac{3}{2}}}\mathrm{d}x$$

$$=2m\rho aG\int_0^{\frac{l}{2}}\frac{1}{(x^2+a^2)^{\frac{3}{2}}}\mathrm{d}x=2ma\rho G\frac{x}{a^2\sqrt{x^2+a^2}}\Bigg|_0^{\frac{l}{2}}$$

$$=\frac{2m\rho Gl}{a\sqrt{4a^2+l^2}}.$$

习　题　6.6

1. 半径为 r 的球沉入水中，球的上部与水面相切，球与水的比重相同，现将球从水中取出，需作多少功？

2. 底为 8 cm，高为 6 cm 的等腰三角形铁片，垂直地沉没在水中，顶在上，底在下并与水面平行，而顶离水面 3 cm，试求它所受的水压力.

3. 一等腰梯形水闸门与水面垂直置于水中，它的两条底边长各为 10 m，6 m，高 20 m，较长的底边与水面相齐，求闸门的一侧所受到的压力.

4. 设有一长度为 l，线密度为 ρ 的均匀细直棒，在距棒的一端垂直距离为 a 处有一质量为 m 的质点，试计算细棒对质点的引力.

小　结

一、基本要求

(1) 正确理解定积分的概念及性质和几何意义，了解函数可积的充分必要条件，以及定积分与不定积分，微分与积分之间的内在联系.

(2) 理解变上限的积分作为其上限的函数及其求导，掌握牛顿-莱布尼茨公式.

(3) 掌握定积分的换元积分法和分步积分法.

(4) 了解广义积分的概念及广义积分的基本题的计算.

(5) 掌握用定积分表达一些几何量与物理量(如面积、体积、弧长、功、引力等)的方法.

二、基本内容

1. 定积分的概念

设 $f(x)$ 在 $[a,b]$ 上有界.

$$\int_a^b f(x)\mathrm{d}x=\lim_{\lambda\to 0}\sum_{i=1}^{n}f(\xi_i)\Delta x_i\text{(极限存在时)}$$

其中 Δx_i 是任意分割 $[a,b]$ 为 n 个小区间，所得的第 i 个小区间的长度，$\lambda=\max\limits_{1\leqslant i\leqslant n}\{\Delta x_i\}$，$\xi_i$ 是第 i 个小区间上的任意一点.

2. 定积分的性质

设函数 $f(x)$，$g(x)$ 在 $[a,b]$ 上可积，定积分有以下性质：

性质 1　$\int_a^b kf(x)\mathrm{d}x=k\int_a^b f(x)\mathrm{d}x$（$k$ 为常数）.

性质 2 $\int_a^b [f(x) \pm g(x)]\mathrm{d}x = \int_a^b f(x)\mathrm{d}x \pm \int_a^b g(x)\mathrm{d}x.$

性质 3 $\int_a^b f(x)\mathrm{d}x = -\int_b^a f(x)\mathrm{d}x$，规定$\int_a^a f(x)\mathrm{d}x = 0.$

性质 4 $\int_a^b f(x)\mathrm{d}x = \int_a^c f(x)\mathrm{d}x + \int_c^a f(x)\mathrm{d}x.$

性质 5 若在$[a,b]$上 $f(x) \leqslant g(x)$，则

$$\int_a^b f(x)\mathrm{d}x \leqslant \int_a^b g(x)\mathrm{d}x.$$

性质 6 $\left|\int_a^b f(x)\mathrm{d}x\right| \leqslant \int_a^b |f(x)|\mathrm{d}x.$

性质 7(估值定理)　若在$[a,b]$上 $f(x)$ 的最大值和最小值分别为 M 和 m，则

$$m(b-a) \leqslant \int_a^b f(x)\mathrm{d}x \leqslant M(b-a).$$

性质 8(定积分中值定理)　若 $f(x)$ 在$[a,b]$上连续，则在$[a,b]$上至少存在一点 ξ，使得

$$\int_a^b f(x)\mathrm{d}x = f(\xi)(b-a), \xi \in (a,b).$$

3. 定积分与不定积分的关系

(1) 若 $f(x)$ 在区间$[a,b]$上连续，则$\int_a^x f(t)\mathrm{d}t = G(x)$ 是 $f(x)$ 在该区间上的一个原函数，即 $G'(x) = f(x)$.

(2) 若 $f(x)$ 是连续函数，$F(x)$ 是 $f(x)$ 的一个原函数，则

$$\int_a^b f(x)\mathrm{d}x = F(x)\big|_a^b = F(b) - F(a),$$

这就是牛顿-莱布尼茨公式.

(3) 变上限定积分求导公式

$$\frac{\mathrm{d}}{\mathrm{d}x}\int_{\psi(x)}^{\varphi(x)} f(t)\mathrm{d}t = f[\varphi(x)] \cdot \varphi'(x) - f[\psi(x)] \cdot \psi'(x)$$

式中 $f(x)$ 是连续函数，$\varphi(x)$，$\psi(x)$ 在$[a,b]$上皆可导.

4. 定积分的计算

(1) 定积分的换元积分法

$$\int_a^b f(x)\mathrm{d}x = \int_\alpha^\beta f[\varphi(t)]\varphi'(t)\mathrm{d}t,$$

式中 $x = \varphi(t)$ 在$[\alpha,\beta]$上单调，有连续导数 $\varphi'(t)$，且 $\varphi(\alpha) = a$，$\varphi(\beta) = b$.

(2) 定积分的分部积分法

$$\int_a^b u(x)\mathrm{d}v(x) = u(x)v(x)\big|_a^b - \int_a^b v(x)\mathrm{d}u(x),$$

式中 $u(x)$，$v(x)$ 在$[a,b]$上具有连续导数.

5. 广义积分

(1) 无穷区间的广义积分　设 $f(x)$ 在$[a,+\infty)$(或$(-\infty,b]$)连续，

$$\int_a^{+\infty} f(x)\mathrm{d}x = \lim_{b\to+\infty}\int_a^b f(x)\mathrm{d}x, \int_{-\infty}^b f(x)\mathrm{d}x = \lim_{a\to-\infty}\int_a^b f(x)\mathrm{d}x,$$

$$\int_{-\infty}^{+\infty} f(x)\mathrm{d}x = \int_{-\infty}^{c} f(x)\mathrm{d}x + \int_{c}^{+\infty} f(x)\mathrm{d}x,$$

若右边极限存在,则称无穷限广义积分收敛,否则称其发散(不收敛).

(2) 无界函数的广义积分　设 $f(x)$ 在$(a,b]$($[a,b)$) 连续,

$$\int_{a}^{b} f(x)\mathrm{d}x = \lim_{\varepsilon\to 0^{+}} \int_{a+\varepsilon}^{b} f(x)\mathrm{d}x \left(\lim_{x\to a^{+}} f(x) = \infty\right)$$

$$\int_{a}^{b} f(x)\mathrm{d}x = \lim_{\varepsilon\to 0^{+}} \int_{a}^{b-\varepsilon} f(x)\mathrm{d}x \left(\lim_{x\to b^{-}} f(x) = \infty\right)$$

$$\int_{a}^{b} f(x)\mathrm{d}x = \int_{a}^{c} f(x)\mathrm{d}x + \int_{c}^{b} f(x)\mathrm{d}x \left(\lim_{x\to c} f(x) = \infty\right)$$

若右边极限存在,则称无界函数的广义积分收敛,否则称其发散(不收敛).

6. 定积分的几何应用

(1) 求平面图形的面积.

① 在直角坐标系中.

由曲线 $y = f(x), y = g(x) (f(x) \geqslant g(x))$ 与直线 $x = a, x = b$ 所围成的平面图形的面积

$$A = \int_{a}^{b} [f(x) - g(x)]\mathrm{d}x.$$

类似地,由连续曲线 $x = \varphi(y), x = \psi(y) (\varphi(y) \geqslant \psi(y))$ 及直线 $y = c, y = d$ 所围成的图形的面积

$$A = \int_{c}^{d} [\varphi(y) - \psi(y)]\mathrm{d}y.$$

② 在极坐标系中.

由连续曲线 $r = r_1(\theta), r = r_2(\theta), (r(\theta) > 0)$ 及射线 $\theta = \alpha, \theta = \beta$ 围成的平面图形的面积

$$A = \frac{1}{2}\int_{\alpha}^{\beta} [r_2{}^2(\theta) - r_1{}^2(\theta)]\mathrm{d}\theta.$$

(2) 空间立体的体积.

① 平行截面面积已知的立体体积.

设某立体位于平面与平面之间,且垂直于轴的平面截该立体所得截面之面积是 x 的连续函数. 因而称这样的立体为在$[a,b]$上每一点 x 处的截面积为平行截面面积已知的立体

$$V = \int_{a}^{b} S(x)\mathrm{d}x.$$

② 旋转体的体积.

设 $f(x)$ 是$[a,b]$上的连续函数,由曲线 $f(x)$ 与直线 $x = a, x = b, y = 0$ 围成的曲边梯形绕 x 轴旋转一周,得到一个旋转体,这个旋转体的体积

$$V = \int_{a}^{b} \pi [f(x)]^2 \mathrm{d}x.$$

类似地可以推出:由曲线与直线所围成的曲边梯形绕 y 轴旋转一周而得到的旋转体的体积为

$$V = \int_{c}^{d} \pi [\varphi(y)]^2 \mathrm{d}y.$$

(3) 平面曲线的弧长.

① 在直角坐标系下.

设函数 $f(x)$在$[a,b]$上具有一阶连续导数,求曲线上点$(a, f(a))$ 及点$(b, f(b))$ 之间的

一段弧长

$$s=\int_a^b \sqrt{1+(y')^2}\,dx.$$

② 参数方程所表示曲线的弧长.

如果曲线弧由参数方程

$$\begin{cases}x=\varphi(t)\\ y=\psi(t)\end{cases}(\alpha\leqslant t\leqslant\beta)$$

给出,其中 $\varphi(t)$,$\psi(t)$ 在区间$[\alpha,\beta]$上具有连续导数.则介于点$(x(\alpha),y(\alpha))$及点$(x(\beta),y(\beta))$之间的弧长

$$s=\int_\alpha^\beta \sqrt{\varphi'^2(t)+\psi'^2(t)}\,dt.$$

③ 在极坐标中.

曲线弧由极坐标方程

$$\rho=\rho(\theta)\ (\alpha\leqslant\theta\leqslant\beta)$$

给出,其中 $\rho=\rho(\theta)$在$[\alpha,\beta]$上具有连续导数.则介于点$(\alpha,\rho(\alpha))$及点$(\beta,\rho(\beta))$之间的弧长

$$s=\int_\alpha^\beta \sqrt{\rho^2(\theta)+r'^2(\theta)}\,d\theta.$$

7. 定积分的物理应用

(1) 求变力沿直线作功.

设物体在变力 $y=F(x)$ 作用下,沿直线将物体从 $x=a$ 移到 $x=b$,则力所作的功

$$W=\int_a^b F(x)\,dx.$$

(2) 求液体的静压力.

平面域由曲线 $y_1=f(x)$,$y_2=g(x)$ 及直线 $x=a$,$x=b(a\leqslant b)$ 所围,将其垂直置于液体中,顶部直线为 $x=a$,则平面一侧所受压力为

$$F=\int_a^b \rho g x\cdot f(x)\,dx.$$

自　测　题

一、选择题

1. 函数 $f(x)$ 在$[a,b]$上连续是$\int_a^b f(x)\,dx$存在的(　　).

A. 充分条件　　B. 必要条件

C. 充要条件　　D. 既非充分也非必要

2. 设函数 $f(x)$ 区间$[a,b]$上可导,$x\in[a,b]$,则下式中是 $f(x)$ 一个原函数的是(　　).

A. $\int f(x)\,dx$　　B. $\int_a^b f(x)\,dx$　　C. $\int_a^x f(t)\,dt$　　D. $\int_a^x f'(t)\,dt$

3. 下列积分中可用牛顿-莱布尼茨公式计算的是(　　).

A. $\int_0^1 e^x\,dx$　　B. $\int_{-1}^1 \sqrt{1-x^2}\,dx$　　C. $\int_0^4 \frac{1}{x-3}\,dx$　　D. $\int_0^e \frac{1}{x\ln x}\,dx$

4. 下列等式不正确的是(　　).

A. $\frac{d}{dx}[\int_a^b f(x)dx] = f(x)$　　B. $\frac{d}{dx}[\int_a^{b(x)} f(t)dt] = f[b(x)]b'(x)$

C. $\frac{d}{dx}[\int_a^x f(x)dx] = f(x)$　　D. $\frac{d}{dx}[\int_a^x F'(t)dt] = F'(x)$

5. $\lim\limits_{x\to0}\frac{\int_0^x \sin t dt}{\int_0^x t dt}$ 的值等于(　　).

A. -1　　B. 0　　C. 1　　D. 2

6. $\int_1^e \frac{\ln x}{\sqrt{x}}dx =$ (　　).

A. $2(\sqrt{e}+2)$　　B. $4-2\sqrt{e}$　　C. $\sqrt{e}+2$　　D. $\sqrt{e}-2$

7. 设 $f(x) = x^3 + x$,则 $\int_{-2}^2 f(x)dx$ 的值等于(　　).

A. 0　　B. 8　　C. $\int_0^2 f(x)dx$　　D. $2\int_0^2 f(x)dx$

8. $\int_1^0 f'(3x)dx =$ (　　).

A. $\frac{1}{3}[f(0)-f(3)]$　　B. $f(0)-f(3)$

C. $f(3)-f(0)$　　D. $\frac{1}{3}[f(3)-f(0)]$

9. 下列广义积分中收敛的是(　　).

A. $\int_e^{-\infty}\frac{1}{x\ln x}dx$　　B. $\int_e^{+\infty}\frac{\ln x}{x}dx$　　C. $\int_e^{+\infty}\frac{1}{x\ln^2 x}dx$　　D. $\int_e^{+\infty}\frac{\ln^2 x}{x}dx$

10. 设广义积分 $\int_1^{+\infty} x^\alpha dx$ 收敛,则必定有(　　).

A. $\alpha<-1$　　B. $\alpha>-1$　　C. $\alpha<1$　　D. $\alpha>1$

二、填空题

1. $\int_{-1}^1 \sqrt{x^2}dx =$ ________.

2. 已知 $\varphi(x) = \int_0^x \sin t^2 dt$,则 $\varphi'(x) =$ ________.

3. $\lim\limits_{x\to0}\frac{\int_0^{x^2}\arcsin 2\sqrt{t}dt}{x^3} =$ ________.

4. 若 $f(x) = \int_x^{x^2}\sin t^2 dt$,$f'(x) =$ ________.

5. $\int_0^2 |1-x|dx =$ ________.

三、计算下列各积分

1. $\int_0^{\sqrt{3}a}\frac{dx}{a^2+x^2}(a\neq0)$;　2. $\int_0^{\sqrt{2}}\sqrt{2-x^2}dx$;　3. $\int_1^{\sqrt{3}}\frac{dx}{x^2\sqrt{1+x^2}}$;

4. $\int_{1}^{e} \sin(\ln x)\mathrm{d}x$；　　5. $\int_{1}^{e} \frac{\mathrm{d}x}{x\sqrt{1-(\ln x)^2}}$.

四、应用题

1. 求曲线 $y=x^2$，$y=(x-2)^2$ 与 x 轴围成的平面图形的面积.

2. 抛物线 $y^2=2x$ 把图形 $x^2+y^2=8$ 分成两部分，求这两部分面积之比.

3. 一底为 8 cm，高为 6 cm 的等腰三角形，铅直沉入水中，顶在上，底在下且与水面平行，而顶离水面 3 cm，试求它侧面所受的压力.

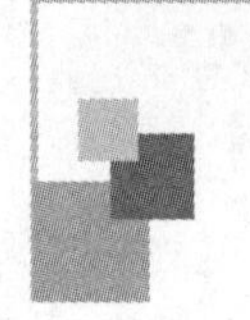

第七章　常微分方程

在自然科学和社会科学中，常会遇到这样的问题：某个函数是怎样的并不知道，但根据已知的规律，可得到这个未知函数及其导数与自变量之间的某个关系式，这个关系式就是微分方程. 本章主要介绍微分方程的一些基本概念和几类常见的微分方程的解法以及微分方程的应用.

7.1　基本概念

下面通过几个例题来说明微分方程的基本概念.

例 1　已知一条平面曲线通过点(1,2)，且在该曲线上任意一点 $M(x,y)$ 处的切线斜率为 $2x$，求此曲线方程.

解　设所求曲线的方程为 $y=y(x)$，根据导数的几何意义可知所求曲线应满足方程：

$$\frac{\mathrm{d}y}{\mathrm{d}x}=2x, \tag{1}$$

或

$$\mathrm{d}y=2x\mathrm{d}x.$$

由于曲线通过点(1,2)，所以 $y=y(x)$ 还满足条件

$$y|_{x=1}=2. \tag{2}$$

将式(1) 两端积分，得

$$y=\int 2x\mathrm{d}x=x^2+C, \tag{3}$$

其中 C 为任意常数. 将式(2) 代入式(3)，得 $C=1$. 所以所求曲线方程为

$$y=x^2+1. \tag{4}$$

例 2　设有一质量为 m 的物体受重力的作用由静止开始自由垂直下落(忽略空气阻力和其他外力的作用)，试求该物体的运动规律.

解　取物体降落的垂线为 s 轴，其正向朝下，物体下落的起点为原点，设开始下落的时间为 $t=0$，并设 t 时刻物体下落的距离 s 与时间 t 的函数关系为 $s=s(t)$，则由牛顿第二定律可得

$$mg=m\frac{\mathrm{d}^2s}{\mathrm{d}t^2},$$

即

$$\frac{\mathrm{d}^2s}{\mathrm{d}t^2}=g, \tag{5}$$

其中 g 为重力加速度.

此外，未知函数 $s=s(t)$ 还应满足下列条件

$$s\big|_{t=0}=0,\frac{\mathrm{d}s}{\mathrm{d}t}\bigg|_{t=0}=0. \tag{6}$$

在式(5) 两边对 t 积分,得

$$\frac{\mathrm{d}s}{\mathrm{d}t}=gt+C_1. \tag{7}$$

在式(7) 两边再对 t 积分,得

$$s=\frac{1}{2}gt^2+C_1t+C_2. \tag{8}$$

其中 C_1,C_2 都是待定常数.

将条件式(6) 分别代入式(7) 和式(8),得

$$C_1=0,C_2=0,$$

所以物体自由下落的运动规律为

$$s=\frac{1}{2}gt^2. \tag{9}$$

在以上两个例子中,方程式(1) 和式(5) 都含有未知函数的导数,它们都是本章研究的对象,即微分方程.

定义 1　含有未知函数的导数或微分的方程称为**微分方程**.

未知函数是一元函数的微分方程,称为**常微分方程**;未知函数是多元函数的微分方程,称为**偏微分方程**.本章只讨论常微分方程.以下将常微分方程简称为微分方程或方程.在微分方程中,未知函数与自变量可以不直接出现,但是未知函数的导数必须出现.

根据定义 1,方程(1) 和方程(5) 都是常微分方程.方程(1) 中未知函数的最高阶导数为一阶,方程(5) 中未知函数的最高阶导数为二阶,为此我们给出微分方程阶的概念.

定义 2　微分方程中未知函数导数或者微分的最高阶数称为**微分方程的阶**.

根据定义 2,方程(1) 是一阶微分方程,方程(5) 是二阶微分方程.方程

$$xy'+y=6x,$$

$$y''+3y'+2y=\mathrm{e}^{-x},$$

$$\frac{\mathrm{d}^3y}{\mathrm{d}x^3}+2\frac{\mathrm{d}y}{\mathrm{d}x}+y=0$$

分别为一阶、二阶、三阶常微分方程.

n 阶微分方程的一般形式为

$$F(x,y,y',\cdots,y^{(n)})=0, \tag{10}$$

其中 x 是自变量,y 是未知函数,$y',\cdots,y^{(n)}$ 是未知函数的一至 n 阶导数,n 阶微分方程中未知函数的 n 阶导数 $y^{(n)}$ 必须出现,而变量 x 和 $y,y',\cdots,y^{(n-1)}$ 中的某些项可以不出现.式(10) 称为 n 阶微分方程的隐式方程.如果能把式(10) 中的 $y^{(n)}$ 解出,得到方程

$$y^{(n)}=f(x,y,y',\cdots,y^{(n-1)}), \tag{11}$$

则式(11) 称为 n 阶微分方程的显式方程.以后我们讨论的微分方程都是能解出最高阶导数的微分方程,且式(11) 右端的函数 f 在所讨论的范围内是连续的.

特别地,一阶微分方程的隐式方程为

$$F(x,y,y')=0, \tag{12}$$

一阶微分方程的显式方程为

$$y' = f(x,y). \tag{13}$$

定义 3 如果函数 $y=\varphi(x)$ 及其导数代入微分方程后能使微分方程成为恒等式，则称函数 $y=\varphi(x)$ 为微分方程的解.

例如，函数 $y=x^2+C$ 和 $y=x^2+1$ 是微分方程(1) 的解；函数 $s=\frac{1}{2}gt^2+C_1t+C_2$ 和 $s=\frac{1}{2}gt^2$ 是微分方程(5) 的解.

可以看到，上述解中，有些含有任意常数，有些不含任意常数.

定义 4 微分方程的解中如果任意常数的个数与微分方程的阶数相同，且这些任意常数相互独立，称这样的解为微分方程的**通解**. 不含有任意常数的解，称为微分方程的**特解**. 为确定微分方程通解中的任意常数，必须给予附加条件，所给的附加条件称为微分方程的**初始条件**.

值得注意的是，这里所说的相互独立的任意常数，是指它们不能通过合并而使得通解中的任意常数的个数减少.

例如例 1 中微分方程(1) 是一阶微分方程，函数 $y=x^2+C$ 是其通解(含有一个任意常数)；而函数 $y=x^2+1$ 是其特解. 例 2 中微分方程(5) 是二阶微分方程，函数 $s=\frac{1}{2}gt^2+C_1t+C_2$ 是其通解(含有两个相互独立的任意常数)；而函数 $s=\frac{1}{2}gt^2$ 是其特解. 例 1 中的条件 $y\big|_{x=1}=2$ 和例 2 中的条件 $s\big|_{t=0}=0,\frac{\mathrm{d}s}{\mathrm{d}t}\bigg|_{t=0}=0$ 都是初始条件.

一般地，一阶微分方程 $y'=f(x,y)$ 的初始条件可表示为：

$$y\big|_{x=x_0}=y_0,$$

其中 x_0,y_0 已知.

二阶微分方程 $y''=f(x,y,y')$ 的初始条件可表示为：

$$y\big|_{x=x_0}=y_0,y'\big|_{x=x_0}=y'_0,$$

其中 x_0,y_0,y'_0 已知.

求微分方程满足初始条件的解的问题，称为**初值问题**.

一阶微分方程的初值问题为

$$\begin{cases} y'=f(x,y), \\ y\big|_{x=x_0}=y_0. \end{cases} \tag{14}$$

微分方程的解的图形是一条曲线，称为微分方程的积分曲线. 初值问题(14) 的几何意义是，求微分方程通过点(x_0,y_0)的积分曲线.

二阶微分方程的初值问题为

$$\begin{cases} y''=f(x,y,y'), \\ y\big|_{x=x_0}=y_0,y'\big|_{x=x_0}=y'_0, \end{cases}$$

其几何意义是，求微分方程通过点(x_0,y_0)且在该点处的切线斜率为 y'_0 的积分曲线.

一般地，为求微分方程的特解，先求出其通解，然后根据初始条件确定通解中的任意常数，得到所要求的特解.

求微分方程解的过程称为**解微分方程**.

注：如果没作特别声明，也没有给出初始条件，解微分方程就是求微分方程的通解.

例 3　验证函数 $y=Cx^2$（C 为任意常数）为一阶微分方程 $y'=\dfrac{2y}{x}$ 的通解，并求满足初始条件 $y(1)=2$ 的特解.

解　因为将

$$y=Cx^2, y'=2Cx$$

代入方程 $y'=\dfrac{2y}{x}$，使得方程恒成立，且 $y=Cx^2$ 中含有任意常数 C，所以函数 $y=Cx^2$ 是方程 $y'=\dfrac{2y}{x}$ 的通解.

将初始条件 $y(1)=2$ 代入通解，得 $C=2$，故所要求的特解为

$$y=2x^2.$$

例 4　验证函数 $y=C_1\mathrm{e}^x+C_2\mathrm{e}^{2x}$（$C_1,C_2$ 为任意常数）是二阶微分方程

$$y''-3y'+2y=0$$

的通解.

解　由 $y=C_1\mathrm{e}^x+C_2\mathrm{e}^{2x}$ 得，

$$y'=C_1\mathrm{e}^x+2C_2\mathrm{e}^{2x}, y''=C_1\mathrm{e}^x+4C_2\mathrm{e}^{2x},$$

将 y,y',y'' 代入方程的左边得

$$\begin{aligned}&(C_1\mathrm{e}^x+4C_2\mathrm{e}^{2x})-3(C_1\mathrm{e}^x+2C_2\mathrm{e}^{2x})+2(C_1\mathrm{e}^x+C_2\mathrm{e}^{2x})\\=&(C_1-3C_1+2C_1)\mathrm{e}^x+(4C_2-6C_2+2C_2)\mathrm{e}^{2x}=0,\end{aligned}$$

因此函数 $y=C_1\mathrm{e}^x+C_2\mathrm{e}^{2x}$ 是微分方程 $y''-3y'+2y=0$ 的解，又因为解中有两个相互独立的任意常数 C_1 与 C_2，所以它是方程的通解.

习　题　7.1

1. 指出下列微分方程的阶数.

(1) $y'=2xy$；　(2) $(5x-3y)\mathrm{d}x+(x+y)\mathrm{d}y=0$；

(3) $xy''-2y'=8x^2+\cos x$；　(4) $x(y')^2-2yy'+x=0$；

(5) $y^{(5)}-4x=0$；　(6) $\left(\dfrac{\mathrm{d}s}{\mathrm{d}t}\right)^4+\left(\dfrac{\mathrm{d}s}{\mathrm{d}t}\right)^2+1=0$.

2. 验证下列各题中的函数是否为所给微分方程的解?是通解还是特解?

(1) $y=Cx^3, 3y-xy'=0$；

(2) $y^2(1+x^2)=C, xy\mathrm{d}x+(1+x^2)\mathrm{d}y=0$；

(3) $y=x\mathrm{e}^x, y''-2y'+y=0$　（初始条件为 $y(0)=0, y'(0)=1$）；

(4) $y=A\sin 3x-B\cos 3x, y''+9y=0$（其中 A 与 B 是两个任意的常数）.

3. $y=(C_1+C_2x)\mathrm{e}^{-x}$（$C_1,C_2$ 为任意常数）是方程 $y''+2y'+y=0$ 的通解，求满足初始条件 $y|_{x=0}=4, y'|_{x=0}=2$ 的特解.

4. 写出由下列条件确定的曲线所满足的微分方程.

(1) 曲线在点 $P(x,y)$ 处的切线斜率等于该点横坐标的 2 倍；

(2) 曲线在点 $P(x,y)$ 处的切线斜率与该点的横坐标成反比.

5. 一质量为 m 的物体仅受重力的作用而下落，如果其初始位置和初始速度都为 0，试写出物体下落的距离 s 与时间 t 所满足的微分方程.

7.2 可分离变量的微分方程

本节我们主要介绍可分离变量的微分方程和齐次微分方程的求解方法.

7.2.1 分离变量法

在上一节的例 1 中,对一阶微分方程

$$\frac{dy}{dx}=2x,$$

两边直接积分,得出它的解

$$y=x^2+C.$$

由此可见,对微分方程

$$\frac{dy}{dx}=f(x),$$

可以通过对方程两边直接积分求出它的解

$$y=\int f(x)dx.$$

但是这种方法不能求解所有的一阶微分方程,例如对于一阶微分方程

$$\frac{dy}{dx}=4xy^2, \tag{1}$$

就不能用直接对方程两边积分的方法求其通解.这是因为 $y=y(x)$ 是未知函数,无法求出不定积分

$$\int 4xy^2dx.$$

如果我们将方程(1) 的变量 x,y"**分离**" 成下面的形式

$$\frac{dy}{y^2}=4xdx,$$

然后再两端积分

$$\int\frac{dy}{y^2}=\int 4xdx,$$

于是

$$y=-\frac{1}{2x^2+C},$$

其中 C 为任意常数.可以验证,$y=-\dfrac{1}{2x^2+C}$ 确实是方程(1) 的通解.上述求解微分方程的方法称为**分离变量法**.

形如

$$\frac{dy}{dx}=f(x)g(y) \tag{2}$$

的一阶微分方程,称为**可分离变量的微分方程**,其中 $f(x)$ 和 $g(y)$ 是连续函数.

可分离变量的微分方程(2) 的求解步骤:

第一步　分离变量,得

$$\frac{1}{g(y)}\mathrm{d}y = f(x)\mathrm{d}x,$$

其中 $g(y) \neq 0$,即把 y 的函数及 $\mathrm{d}y$ 与 x 的函数及 $\mathrm{d}x$ 分开,这是求解的关键一步.

第二步　两边积分,有

$$\int \frac{1}{g(y)}\mathrm{d}y = \int f(x)\mathrm{d}x,$$

等式左边是对 y 积分,等式右边是对 x 积分.

第三步　求出不定积分,得方程的通解为

$$G(y) = F(x) + C,$$

其中 $G(y)$,$F(x)$ 分别为 $\frac{1}{g(y)}$ 和 $f(x)$ 的原函数,C 为任意常数.

上述求解可分离变量微分方程的方法称为**分离变量法**.通解 $G(y) = F(x) + C$ 为隐函数形式,不要求求出解的显式表达式.

例 1　求方程 $\frac{\mathrm{d}y}{\mathrm{d}x} = -\frac{x}{y}$ 的通解.

解　第一步　将方程分离变量,得

$$y\mathrm{d}y = -x\mathrm{d}x.$$

第二步　两边积分,有

$$\int y\mathrm{d}y = -\int x\mathrm{d}x.$$

第三步　求出积分,得

$$\frac{1}{2}y^2 = -\frac{1}{2}x^2 + C_1,$$

故微分方程的通解为

$$x^2 + y^2 = C,$$

其中 $C = 2C_1$ 为任意常数.

例 2　求方程 $\frac{\mathrm{d}y}{\mathrm{d}x} = x^2 y$ 的通解.

解　第一步　将方程分离变量,得

$$\frac{\mathrm{d}y}{y} = x^2\mathrm{d}x(y \neq 0).$$

第二步　两边积分,有

$$\int \frac{\mathrm{d}y}{y} = \int x^2\mathrm{d}x.$$

第三步　求出积分,得

$$\ln|y| = \frac{1}{3}x^3 + C_1,$$

从而有

$$|y| = \mathrm{e}^{\ln|y|} = \mathrm{e}^{\frac{1}{3}x^3 + C_1} = \mathrm{e}^{C_1}\mathrm{e}^{\frac{1}{3}x^3},$$

所以

$$y = C\mathrm{e}^{\frac{1}{3}x^3},$$

其中 $C=\pm e^{C_1}$. 由于 $y=0$ 也是该微分方程的解,故方程的通解为

$$y=Ce^{\frac{1}{3}x^3},$$

其中 C 为任意常数.

在例 2 的求解过程中,通解形式的简化以后还会经常用到. 一般地,若微分方程的求解具有以下形式

$$\int\frac{dy}{y}=\int F'(x)dx,$$

则其解有下面的简化写法,

$$\ln y=F(x)+\ln C,$$

于是微分方程的通解为

$$y=Ce^{F(x)},$$

其中 C 为任意常数.

例 3 求微分方程 $xydx+(1+x^2)dy=0$ 满足初始条件 $y|_{x=0}=1$ 的特解.

解 将方程分离变量,得

$$\frac{dy}{y}=-\frac{xdx}{1+x^2},$$

两端积分

$$\int\frac{dy}{y}=-\int\frac{xdx}{1+x^2},$$

所以

$$\ln y=-\frac{1}{2}\ln(1+x^2)+\ln C.$$

故方程的通解为

$$y=\frac{C}{\sqrt{1+x^2}}.$$

将 $y|_{x=0}=1$ 代入上式得 $C=1$,从而得方程的特解为

$$y=\frac{1}{\sqrt{1+x^2}}.$$

例 4 求解微分方程 $3x^2y\frac{dy}{dx}=\sqrt{1-y^2}$.

解 将方程分离变量,得

$$\frac{y}{\sqrt{1-y^2}}dy=\frac{dx}{3x^2},$$

两端积分

$$\int\frac{y}{\sqrt{1-y^2}}dy=\int\frac{dx}{3x^2},$$

所以

$$-\sqrt{1-y^2}=\frac{-1}{3x}+C,$$

故方程的通解为

$$\sqrt{1-y^2}-\frac{1}{3x}+C=0,$$

其中 C 为任意常数.

注:微分方程的通解并不一定是微分方程的全部解.例如 $y=\pm 1$ 显然是上述方程的解,但它不能由通解表示出来,这种解称为微分方程的**奇解**.一般情况下,我们不讨论奇解.

例 5　已知放射性元素铀的衰变速度与当时未衰变原子的质量 M 成正比,已知 $t=0$ 时,铀的质量为 M_0,求在衰变过程中铀的质量 $M(t)$ 随时间 t 的变化规律.

解　根据题意,有

$$\begin{cases}\dfrac{\mathrm{d}M}{\mathrm{d}t}=-\lambda M\\ M|_{t=0}=M_0\end{cases},$$

其中 $\lambda>0$.对方程分离变量,积分

$$\int\frac{\mathrm{d}M}{M}=\int-\lambda\mathrm{d}t,$$

得

$$\ln M=-\lambda t+\ln C,$$

即

$$M=C\mathrm{e}^{-\lambda t},$$

由 $M|_{t=0}=M_0$,得 $C=M_0$,故所求铀的质量变化规律为

$$M=M_0\mathrm{e}^{-\lambda t}.$$

由此可见,铀的质量随时间的增加而按指数规律衰减.

7.2.2　齐次方程

如果一阶微分方程

$$\frac{\mathrm{d}y}{\mathrm{d}x}=f(x,y)$$

中的函数 $f(x,y)$ 能写成 $\frac{y}{x}$ 的函数,即一阶微分方程可以表示成

$$\frac{\mathrm{d}y}{\mathrm{d}x}=\varphi\left(\frac{y}{x}\right) \tag{3}$$

的形式,则称此一阶微分方程为**齐次微分方程**,简称**齐次方程**.

例如方程

$$(xy-y^2)\mathrm{d}x-(x^2-2xy)\mathrm{d}y=0$$

是齐次方程,因为

$$\frac{\mathrm{d}y}{\mathrm{d}x}=\frac{xy-y^2}{x^2-2xy}=\frac{\dfrac{y}{x}-\left(\dfrac{y}{x}\right)^2}{1-2\left(\dfrac{y}{x}\right)}=\varphi\left(\frac{y}{x}\right).$$

设 $u=\frac{y}{x}$,则

$$y=u\cdot x,\frac{\mathrm{d}y}{\mathrm{d}x}=u+x\frac{\mathrm{d}u}{\mathrm{d}x},$$

将它们代入齐次方程(3),得

$$u+x\frac{\mathrm{d}u}{\mathrm{d}x}=\varphi(u),$$

于是齐次方程(3)化为可分离变量的微分方程

$$\frac{\mathrm{d}u}{\varphi(u)-u}=\frac{\mathrm{d}x}{x}.$$

例 6 求齐次微分方程 $y'=\frac{y}{x}+\tan\frac{y}{x}$ 的通解.

解 第一步 变量代换,设 $u=\frac{y}{x}$,则

$$y=u\cdot x,\frac{\mathrm{d}y}{\mathrm{d}x}=u+x\frac{\mathrm{d}u}{\mathrm{d}x},$$

代入原方程,得

$$x\frac{\mathrm{d}u}{\mathrm{d}x}=\tan u;$$

第二步 分离变量、两端积分,得

$$\int\frac{\mathrm{d}u}{\tan u}=\int\frac{\mathrm{d}x}{x},$$

所以

$$\ln|\sin u|=\ln|x|+C_1,$$

于是

$$\sin u=Cx;$$

第三步 以 $u=\frac{y}{x}$ 换回原变量,即得方程的通解:

$$\sin\frac{y}{x}=Cx.$$

例 7 求齐次微分方程 $y^2+x^2\frac{\mathrm{d}y}{\mathrm{d}x}=xy\frac{\mathrm{d}y}{\mathrm{d}x}$ 满足 $y|_{x=1}=1$ 的特解.

解 将齐次方程变形为

$$\frac{\mathrm{d}y}{\mathrm{d}x}=\frac{y^2}{xy-x^2}=\frac{\left(\frac{y}{x}\right)^2}{\frac{y}{x}-1}.$$

令 $\frac{y}{x}=u$,则

$$y=xu,\frac{\mathrm{d}y}{\mathrm{d}x}=u+x\frac{\mathrm{d}u}{\mathrm{d}x},$$

代入上式,得

$$u+x\frac{\mathrm{d}u}{\mathrm{d}x}=\frac{u^2}{u-1},$$

分离变量,得

$$\frac{u-1}{u}\mathrm{d}u=\frac{\mathrm{d}x}{x},$$

两端积分,得

$$u-\ln u=\ln x+\ln C_1,$$

即

$$C_1ux=\mathrm{e}^u.$$

将 $u=\dfrac{y}{x}$ 回代,得方程的通解为

$$y=C\mathrm{e}^{\frac{y}{x}},$$

其中 C 为任意常数.

将初始条件 $y\big|_{x=1}=1$ 代入,得

$$C=\mathrm{e}^{-1}.$$

所以满足初始条件的特解为

$$y=\mathrm{e}^{-1}\mathrm{e}^{\frac{y}{x}}.$$

例 8 在制造探照灯反射镜面时,要求点光源的光线反射出去有良好的方向性,试求反射镜面的形状.

解 设光源在坐标原点,取 x 轴平行于光线反射方向,反射镜面由曲线 $y=f(x)$ 绕 x 轴旋转而成(如图 7-2-1 所示).

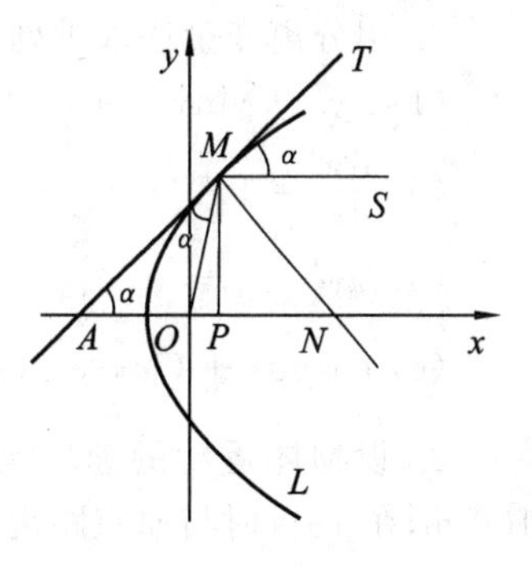

图 7-2-1

过曲线上任意点 $M(x,y)$ 作切线 MT,由光的反射定律知,入射角等于反射角,所以 $\angle OMA=\angle OAM=\alpha$,从而 $AO=OM$,而

$$AO=AP-OP=y\cot\alpha-x=\frac{y}{y'}-x,$$

$$OM=\sqrt{x^2+y^2},$$

于是得微分方程

$$\frac{y}{y'}-x=\sqrt{x^2+y^2}.$$

由曲线的对称性,不妨设 $y>0$,于是方程化为

$$\frac{\mathrm{d}x}{\mathrm{d}y}=\sqrt{\left(\frac{x}{y}\right)^2+1}+\frac{x}{y}.$$

令 $\dfrac{x}{y}=v$,则

$$x=yv,\frac{\mathrm{d}x}{\mathrm{d}y}=v+y\frac{\mathrm{d}v}{\mathrm{d}y},$$

代入上面的方程,得

$$y\frac{\mathrm{d}v}{\mathrm{d}y}=\sqrt{v^2+1},$$

分离变量,得

$$\frac{\mathrm{d}v}{\sqrt{v^2+1}}=\frac{\mathrm{d}y}{y},$$

上式两端积分,得

$$\ln(v+\sqrt{v^2+1})=\ln y-\ln C,$$

于是

$$v+\sqrt{v^2+1}=\frac{y}{C},$$

故有

$$\frac{y^2}{C^2}-\frac{2yv}{C}=1.$$

以$\frac{x}{y}=v$代入上式,得

$$y^2=2C\left(x+\frac{C}{2}\right).$$

这是一条以 x 轴为轴、焦点在原点的抛物线,它绕 x 轴旋转一周得旋转抛物面,即反射镜面的方程为

$$y^2+z^2=2C\left(x+\frac{C}{2}\right).$$

习　题　7.2

1. 用分离变量法求下列微分方程的通解或特解:

(1) $xy'-y\ln y=0$;　　(2) $(1+y)\mathrm{d}x-(1-x)\mathrm{d}y=0$;

(3) $\frac{\mathrm{d}y}{\mathrm{d}x}=10^{x+y}$;　　(4) $(1+x^2)y'-y\ln y=0$;

(5) $xy'-y=0,y|_{x=1}=2$;

(6) $\cos y\mathrm{d}x+(1+\mathrm{e}^{-x})\sin y\mathrm{d}y=0,y|_{x=0}=\frac{\pi}{4}$.

2. 设物体运动的速度与物体到原点的距离成正比,已知物体在 10 s 时与原点距离为 100 m,在 15 s 时与原点距离为 200 m,求物体的运动规律.

3. 求下列齐次微分方程的通解:

(1) $x\frac{\mathrm{d}y}{\mathrm{d}x}=y\ln\frac{y}{x}$;　　(2) $(x^2+y^2)\mathrm{d}x-xy\mathrm{d}y=0$;

(3) $xy'-y-\sqrt{y^2-x^2}=0$;　　(4) $\left(2x\sin\frac{y}{x}+3y\cos\frac{y}{x}\right)\mathrm{d}x-3x\cos\frac{y}{x}\mathrm{d}y=0$;

(5) $\frac{\mathrm{d}y}{\mathrm{d}x}=\frac{x}{y}+\frac{y}{x},y|_{x=1}=2$;

(6) $(y^2-3x^2)\mathrm{d}y+2xy\mathrm{d}x=0,y|_{x=0}=1$.

4. 设有连接点 $O(0,0)$ 和 $A(1,1)$ 的一段向上凸的曲线弧 OA,对于 OA 上任一点 $P(x,y)$,曲线弧 OP 与直线段 OP 所围图形的面积为 x^2,求曲线弧 OA 的方程.

7.3　一阶线性微分方程

形如

$$\frac{\mathrm{d}y}{\mathrm{d}x}+P(x)y=Q(x) \tag{1}$$

的微分方程称为**一阶线性微分方程**,其中 $P(x),Q(x)$ 都是 x 的连续函数. 如果方程(1)中 $Q(x)\equiv 0$,则称方程

$$\frac{\mathrm{d}y}{\mathrm{d}x}+P(x)y=0 \tag{2}$$

为**一阶线性齐次微分方程**，否则称方程(1)为**一阶线性非齐次微分方程**.

注：上述方程之所以称为线性，是因为方程中未知函数 y 及其导数$\frac{\mathrm{d}y}{\mathrm{d}x}$是一次的.

例如，方程

$$\frac{\mathrm{d}y}{\mathrm{d}x}+\frac{1}{x}y=\sin x,$$

是一阶线性非齐次微分方程，与它对应的一阶线性齐次微分方程是

$$\frac{\mathrm{d}y}{\mathrm{d}x}+\frac{1}{x}y=0.$$

我们先讨论一阶线性齐次微分方程(2)的解法.

方程(2)是可分离变量的方程，分离变量得

$$\frac{\mathrm{d}y}{y}=-P(x)\mathrm{d}x,$$

两边积分，有

$$\ln y=-\int P(x)\mathrm{d}x+\ln C,$$

于是一阶线性齐次方程(2)的通解为

$$y=Ce^{-\int P(x)\mathrm{d}x}, \tag{3}$$

其中 C 为任意常数.

注：　这里$\int P(x)\mathrm{d}x$ 表示 $P(x)$ 的某个确定的原函数，积分中不再含有任意常数.

下面再来求一阶线性非齐次方程(1)的解，采用的方法就是所谓的**常数变易法**. 把方程(2)的通解(3)中的任意常数 C 换成 x 的待定函数 $u(x)$，即

$$y=u(x)e^{-\int P(x)\mathrm{d}x}, \tag{4}$$

于是

$$y'=u'(x)e^{-\int P(x)\mathrm{d}x}-u(x)P(x)e^{-\int P(x)\mathrm{d}x},$$

将 y 和 y' 代入方程(1)得

$$u'(x)e^{-\int P(x)\mathrm{d}x}=Q(x),$$

则有

$$u(x)=\int Q(x)e^{\int P(x)\mathrm{d}x}\mathrm{d}x+C,$$

于是一阶线性非齐次方程(1)的通解为

$$y=e^{-\int P(x)\mathrm{d}x}\left[\int Q(x)e^{\int P(x)\mathrm{d}x}\mathrm{d}x+C\right]. \tag{5}$$

其中 C 为任意常数.

在具体求解方程时，可不必记忆通解公式，而是利用常数变易法求解. 用常数变易法求解一阶线性非齐次微分方程(1)，具体步骤如下：

第一步　先求出其对应的一阶线性齐次微分方程(2)的通解

$$y = C\mathrm{e}^{-\int P(x)\mathrm{d}x};$$

第二步　将通解中的常数 C 换成待定函数 $u(x)$，即

$$y = u(x)\mathrm{e}^{-\int P(x)\mathrm{d}x}, \tag{6}$$

将 y 和 y' 代入方程，得

$$u'(x) = Q(x)\mathrm{e}^{\int P(x)\mathrm{d}x};$$

第三步　求出 $u(x)$，

$$u(x) = \int Q(x)\mathrm{e}^{\int P(x)\mathrm{d}x}\mathrm{d}x + C;$$

第四步　将上式代入式(6)，得一阶线性非齐次微分方程(1) 的通解

$$y = \mathrm{e}^{-\int P(x)\mathrm{d}x}\left[\int Q(x)\mathrm{e}^{\int P(x)\mathrm{d}x}\mathrm{d}x + C\right].$$

因此，一阶线性非齐次微分方程(1) 的求解方法有两种：一、用常数变易法求解；二、直接用公式(5) 求解.

下面我们分析一阶线性非齐次微分方程的通解结构. 将通解(5) 写成

$$y = C\mathrm{e}^{-\int P(x)\mathrm{d}x} + \mathrm{e}^{-\int P(x)\mathrm{d}x}\int Q(x)\mathrm{e}^{\int P(x)\mathrm{d}x}\mathrm{d}x$$

的形式，上式右边第一项是非齐次方程(1) 所对应的齐次方程(2) 的通解，而第二项是非齐次方程(1) 的一个特解(取 $C = 0$ 得到)，于是有下面的定理.

定理 1　一阶线性非齐次微分方程(1) 的通解，是由其对应的齐次方程(2) 的通解加上非齐次方程(1) 的一个特解所构成.

这是一个很重要的结论. 以后还将看到，凡是**线性**的方程或方程组，都有类似的结论.

例 1　求微分方程 $\dfrac{\mathrm{d}y}{\mathrm{d}x} - \dfrac{2y}{x+1} = (x+1)^{\frac{5}{2}}$ 的通解.

解法一　先求对应齐次方程 $\dfrac{\mathrm{d}y}{\mathrm{d}x} - \dfrac{2y}{x+1} = 0$ 的通解. 利用分离变量法，得

$$\frac{\mathrm{d}y}{y} = \frac{2\mathrm{d}x}{x+1},$$

两端积分，得该齐次方程的通解为

$$y = C_1(x+1)^2,$$

其中 C_1 为任意常数.

下面用常数变易法求非齐次微分方程的通解. 设通解为

$$y = u(x)(x+1)^2,$$

上面方程两端求导，得

$$\frac{\mathrm{d}y}{\mathrm{d}x} = u'(x)(x+1)^2 + 2u(x)(x+1),$$

将上式代入非齐次微分方程，得

$$u'(x) = (x+1)^{\frac{1}{2}},$$

积分得

$$u(x) = \frac{2}{3}(x+1)^{\frac{3}{2}} + C,$$

由此得非齐次微分方程的通解

$$y=(x+1)^2\left[\frac{2}{3}(x+1)^{\frac{3}{2}}+C\right].$$

解法二　这里

$$P(x)=-\frac{2}{x+1},Q(x)=(x+1)^{\frac{5}{2}},$$

代入通解公式(5),得非齐次微分方程的通解

$$\begin{aligned}y&=e^{-\int-\frac{2}{x+1}dx}\left(\int(x+1)^{\frac{5}{2}}e^{\int-\frac{2}{x+1}dx}dx+C\right)\\&=e^{\ln(x+1)^2}\left(\int(x+1)^{\frac{5}{2}}e^{\ln(x+1)^{-2}}dx+C\right)\\&=(x+1)^2\left(\int(x+1)^{\frac{1}{2}}dx+C\right)\\&=(x+1)^2\left(\frac{2}{3}(x+1)^{\frac{3}{2}}+C\right).\end{aligned}$$

例 2　求微分方程$(y^2-6x)\frac{dy}{dx}+2y=0$满足初始条件$y|_{x=1}=1$的特解.

解　将方程写成

$$\frac{dy}{dx}=\frac{2y}{6x-y^2},$$

此方程不是一阶线性微分方程,但如果把y看作自变量,x看作因变量,把方程改写成

$$\frac{dx}{dy}-\frac{3}{y}x=-\frac{y}{2},$$

则它是关于未知函数x的一阶非齐次线性微分方程,这里

$$P(y)=-\frac{3}{y},Q(y)=-\frac{y}{2},$$

代入通解公式(5),得

$$\begin{aligned}x&=e^{-\int-\frac{3}{y}dy}\left(\int\left(-\frac{y}{2}\right)e^{\int-\frac{3}{y}dy}dy+C\right)\\&=e^{3\ln y}\left(\int\left(-\frac{y}{2}\right)e^{-3\ln y}dy+C\right)\\&=y^3\left(\int\left(-\frac{y}{2}\right)y^{-3}dy+C\right)\\&=\frac{1}{2}y^2+Cy^3.\end{aligned}$$

将条件$y|_{x=1}=1$代入通解,得$C=\frac{1}{2}$,于是所求方程的特解为

$$x=\frac{1}{2}y^2(y+1).$$

例 3　试将伯努利方程

$$\frac{dy}{dx}+P(x)y=Q(x)y^n,(n\neq0,1)$$

化为一阶线性方程,并求方程

$$\frac{\mathrm{d}y}{\mathrm{d}x}+\frac{y}{x}=2y^2\ln x$$

的通解.

解 伯努利方程是一阶非线性方程,利用适当的变量代换可以把它化为一阶线性方程.在方程两端同除以 y^n,得

$$y^{-n}\frac{\mathrm{d}y}{\mathrm{d}x}+P(x)y^{1-n}=Q(x),$$

由

$$\frac{\mathrm{d}(y^{1-n})}{\mathrm{d}x}=(1-n)y^{-n}\frac{\mathrm{d}y}{\mathrm{d}x},$$

可得

$$\frac{1}{1-n}\frac{\mathrm{d}(y^{1-n})}{\mathrm{d}x}+P(x)y^{1-n}=Q(x).$$

令 $z=y^{1-n}$,则得到关于变量 z 的一阶线性微分方程

$$\frac{\mathrm{d}z}{\mathrm{d}x}+(1-n)P(x)z=(1-n)Q(x),$$

求其通解,再以 $z=y^{1-n}$ 代入,可得伯努利方程的通解.

现求解方程

$$\frac{\mathrm{d}y}{\mathrm{d}x}+\frac{y}{x}=2y^2\ln x.$$

方程的两端除以 y^2,得

$$y^{-2}\frac{\mathrm{d}y}{\mathrm{d}x}+\frac{1}{x}y^{-1}=2\ln x,$$

由

$$\frac{\mathrm{d}(y^{-1})}{\mathrm{d}x}=-y^{-2}\frac{\mathrm{d}y}{\mathrm{d}x},$$

可得

$$-\frac{\mathrm{d}(y^{-1})}{\mathrm{d}x}+\frac{1}{x}y^{-1}=2\ln x.$$

令 $z=y^{-1}$,则得到关于变量 z 的一阶线性微分方程

$$\frac{\mathrm{d}z}{\mathrm{d}x}-\frac{1}{x}z=-2\ln x.$$

利用公式(5)得其通解为

$$\begin{aligned}z&=\mathrm{e}^{\int\frac{1}{x}\mathrm{d}x}\left(\int(-2\ln x)\mathrm{e}^{-\int\frac{1}{x}\mathrm{d}x}\mathrm{d}x+C\right)\\&=x[C-(\ln x)^2],\end{aligned}$$

将 $z=y^{-1}$ 代入上式,变形得原方程的通解为

$$xy[C-(\ln x)^2]=1,$$

其中 C 为任意常数.

现将一阶微分方程的几种常见类型及解法归纳如下(如表 7-3-1 所示).

表 7-3-1　一阶微分方程的几种常见类型及解法

方程类型		方　程	解　法
可分离变量的微分方程		$\frac{\mathrm{d}y}{\mathrm{d}x}=f(x)g(y)$	先分离变量,后两边积分(即分离变量法)
齐次微分方程		$\frac{\mathrm{d}y}{\mathrm{d}x}=\varphi\left(\frac{y}{x}\right)$	先变量代换 $u=\frac{y}{x}$,把原方程化为可分离变量的方程,然后用分离变量法解出方程,最后换回原变量
一阶线性微分方程	齐次的方程	$\frac{\mathrm{d}y}{\mathrm{d}x}+P(x)y=0$	分离变量法或直接用公式 $y=C\mathrm{e}^{-\int P(x)\mathrm{d}x}$
	非齐次的方程	$\frac{\mathrm{d}y}{\mathrm{d}x}+P(x)y=Q(x)$	常数变易法或直接用公式 $y=\mathrm{e}^{-\int P(x)\mathrm{d}x}\left[\int Q(x)\mathrm{e}^{\int P(x)\mathrm{d}x}\mathrm{d}x+C\right]$

习　题　7.3

1. 求解下列微分方程:

(1) $\frac{\mathrm{d}y}{\mathrm{d}x}+y=\mathrm{e}^{-x}$;　　(2) $y'-\frac{2y}{x}=x^2\sin x$;

(3) $xy'+y=x^2+3x+2$;　　(4) $(y^2-6x)y'+2y=0$;

(5) $\frac{\mathrm{d}y}{\mathrm{d}x}+\frac{2-3x^2}{x^3}y=1,y\big|_{x=1}=0$;　　(6) $\frac{\mathrm{d}y}{\mathrm{d}x}+\frac{y}{x}=\frac{\sin x}{x},y\big|_{x=\pi}=1$.

2. 设一条曲线通过原点,且该曲线上任一点 $P(x,y)$ 的切线的斜率为 $2x-y$,求该曲线方程.

3. 设连续函数 $y(x)$ 满足方程 $y(x)=\int_0^x y(t)\mathrm{d}t+\mathrm{e}^x$,求 $y(x)$.

4. 某林区现有木材 $1\times10^5\ \mathrm{m}^3$,如果在每一瞬时木材的变化率与当时木材数成正比,假设10年内该林区能有木材 $2\times10^5\ \mathrm{m}^3$,试确定木材数 p 与时间 t 的关系.

5. 求解下述伯努利方程的通解:

(1) $\frac{\mathrm{d}y}{\mathrm{d}x}-3xy=xy^2$;　　(2) $y'+y=y^2(\cos x-\sin x)$.

7.4　可降阶的微分方程

二阶及二阶以上的微分方程称为高阶微分方程.本节介绍三种容易降阶的微分方程的求解方法.

7.4.1　$y^{(n)}=f(x)$ 型的微分方程

对微分方程

$$y^{(n)}=f(x),$$

令 $z=y^{(n-1)}$,则 $\frac{\mathrm{d}z}{\mathrm{d}x}=y^{(n)}=f(x)$,因此

$$z=\int f(x)\mathrm{d}x+C_1,$$

即

$$y^{(n-1)}=\int f(x)\mathrm{d}x+C_1,$$

同理可得

$$y^{(n-2)}=\int\left[\int f(x)\mathrm{d}x+C_1\right]\mathrm{d}x+C_2,$$

依次通过 n 次积分,可得微分方程含 n 个任意常数的通解.

例 1 求方程 $y''=\cos x$ 的通解.

解 方程两端积分得

$$y'=\int\cos x\mathrm{d}x=\sin x+C_1,$$

再次积分,得微分方程的通解为

$$y=-\cos x+C_1x+C_2,$$

其中 C_1,C_2 为任意常数.

7.4.2 $y''=f(y',x)$ 型的微分方程

微分方程

$$y''=f(x,y')$$

的右端不显含未知函数 y,令 $y'=p(x)$,则 $y''=p'(x)$,原方程化为以 $p(x)$ 为未知函数的一阶微分方程

$$p'=f(p,x).$$

设其通解为

$$p=\varphi(x,C_1),$$

即

$$\frac{\mathrm{d}y}{\mathrm{d}x}=\varphi(x,C_1),$$

积分得微分方程的通解为

$$y=\int\varphi(x,C_1)\mathrm{d}x+C_2,$$

其中 C_1,C_2 为任意常数.

例 2 求方程 $y''=\frac{2xy'}{x^2+1}$ 满足初始条件 $y|_{x=0}=1,y'|_{x=0}=3$ 的特解.

解 令 $y'=p(x)$,则 $y''=p'(x)$,代入方程并分离变量得

$$\frac{\mathrm{d}p}{p}=\frac{2x}{x^2+1}\mathrm{d}x,$$

两端积分,得

$$\ln p=\ln(x^2+1)+\ln C_1,$$

故

$$p=C_1(x^2+1),$$

即

$$y' = C_1(x^2+1),$$

代入初始条件$y'|_{x=0}=3$，得 $C_1=3$. 再由 $y'=3(x^2+1)$，得

$$y = x^3+3x+C_2,$$

代入初始条件$y|_{x=0}=1$，得 $C_2=1$，故原方程的特解为

$$y = x^3+3x+1.$$

7.4.3　$y''=f(y',y)$ 型的微分方程

微分方程

$$y''=f(y',y)$$

的右端不显含自变量 x，令 $y'=p(y)$，利用复合函数求导法则有

$$y''=\frac{\mathrm{d}p}{\mathrm{d}x}=\frac{\mathrm{d}p}{\mathrm{d}y}\cdot\frac{\mathrm{d}y}{\mathrm{d}x}=p\frac{\mathrm{d}p}{\mathrm{d}y},$$

则方程化为关于变量 y 和 p 的一阶微分方程

$$p\frac{\mathrm{d}p}{\mathrm{d}y}=f(p,y),$$

设其通解为

$$p=\varphi(y,C_1),$$

即得

$$\frac{\mathrm{d}y}{\mathrm{d}x}=\varphi(y,C_1),$$

分离变量，积分得原方程的通解为

$$\int\frac{\mathrm{d}y}{\varphi(y,C_1)}=x+C_2,$$

其中 C_1,C_2 为任意常数.

例 3　解初值问题

$$\begin{cases} y''-\mathrm{e}^{2y}=0 \\ y|_{x=0}=0, y'|_{x=0}=1 \end{cases}.$$

解　方程不含自变量 x，令 $y'=p(y)$，则 $y''=p\frac{\mathrm{d}p}{\mathrm{d}y}$，代入方程并分离变量，得

$$p\mathrm{d}p=\mathrm{e}^{2y}\mathrm{d}y,$$

积分得

$$\frac{1}{2}p^2=\frac{1}{2}\mathrm{e}^{2y}+C_1,$$

由初始条件$y|_{x=0}=0, y'|_{x=0}=1$，得 $C_1=0$. 又根据$p|_{y=0}=y'|_{x=0}=1>0$，得

$$\frac{\mathrm{d}y}{\mathrm{d}x}=p=\mathrm{e}^{y},$$

解得

$$-\mathrm{e}^{-y}=x+C_2,$$

再由$y|_{x=0}=0$，得 $C_2=-1$，故所求特解为

$$1-\mathrm{e}^{-y}=x.$$

习　题　7.4

1. 求下列各微分方程的通解：

(1) $y''=x+\sin x$；　　(2) $y''=\dfrac{1}{1+x^2}$；

(3) $y''-y'^2=1$；　　(4) $yy''+y'^2=0$；

(5) $y''=y'+y'^3$；　　(6) $y^3y''-1=0$.

2. 求下列各微分方程满足所给初始条件的特解：

(1) $y^3y''+1=0, y|_{x=1}, y'|_{x=1}=0$；

(2) $y''+y'^2=1, y|_{x=0}=0, y'|_{x=0}=0$；

(3) $y''=e^{2y}, y|_{x=0}=y'|_{x=0}=0$；

(4) $y''-ay'^2=0, y|_{x=0}=0, y'|_{x=0}=-1$；

(5) $y''=3\sqrt{y}, y|_{x=0}=1, y'|_{x=0}=2$；

(6) $y''=\dfrac{3x^2}{1+x^3}y', y|_{x=0}=1, y'|_{x=0}=4$.

7.5　二阶线性微分方程解的结构

形如

$$y''+P(x)y'+Q(x)y=f(x) \tag{1}$$

的微分方程称为**二阶线性微分方程**(其中函数 $P(x)$,$Q(x)$ 和 $f(x)$ 已知)，$f(x)$ 称为方程的**自由项**.

方程(1)中，若 $f(x)\neq 0$，则称方程为**二阶线性非齐次微分方程**；若 $f(x)\equiv 0$，则称方程

$$y''+P(x)y'+Q(x)y=0 \tag{2}$$

为**二阶线性齐次微分方程**.

为了求得二阶线性微分方程的解，我们先讨论二阶线性微分方程解的结构.

定义1　设 $y_1(x)$，$y_2(x)$ 是定义在区间 (a,b) 内的两个函数，若它们的比 $\dfrac{y_1(x)}{y_2(x)}$ 为常数，则称它们是**线性相关**的，否则称它们是**线性无关**的.

例如，函数 $y_1=e^x$ 与 $y_2=2e^x$ 是线性相关的，因为

$$\frac{y_1}{y_2}=\frac{e^x}{2e^x}=\frac{1}{2};$$

而函数 $y_1=e^x$ 与 $y_2=e^{-x}$ 是线性无关的，因为

$$\frac{y_1}{y_2}=\frac{e^x}{e^{-x}}=e^{-2x}\neq C.$$

定理1　如果函数 $y_1(x)$ 和 $y_2(x)$ 是二阶线性齐次微分方程(2)的两个解，则它们的线性组合

$$y=C_1y_1(x)+C_2y_2(x) \tag{3}$$

也是二阶线性齐次微分方程(2)的解，其中 C_1，C_2 为任意常数；若 $y_1(x)$ 与 $y_2(x)$ 线性无关，则式(3)是二阶线性齐次微分方程(2)的通解.

对于方程

$$y'' - y = 0,$$

容易验证 $y_1 = e^x$ 与 $y_2 = e^{-x}$ 是该方程的两个解，由于它们线性无关，因此

$$y = C_1 e^x + C_2 e^{-x}$$

就是该方程的通解，其中 C_1, C_2 为任意常数.

对定理 1 的证明，利用导数的运算性质容易验证，请读者自行完成.

例 1　证明 $y = C_1 \cos x + C_2 \sin x$ 是方程 $y'' + y = 0$ 的通解，其中 C_1, C_2 为任意常数.

证明　容易验证 $y_1 = \cos x$ 与 $y_2 = \sin x$ 是方程的两个解，且线性无关，因此

$$y = C_1 \cos x + C_2 \sin x$$

是方程 $y'' + y = 0$ 的通解，其中 C_1, C_2 为任意常数.

下面我们讨论二阶线性非齐次方程(1) 解的结构. 我们把方程(2) 称为与线性非齐次方程(1) 对应的齐次方程.

对于一阶线性非齐次微分方程，我们知道一阶线性非齐次微分方程的通解等于它的一个特解与对应的齐次方程通解之和. 这个结论对二阶线性非齐次方程也成立，为此我们有下面的定理.

定理 2　设函数 y^* 是二阶线性非齐次方程(1) 的一个特解，函数 Y 是对应的二阶线性齐次方程(2) 的通解，则 $y = Y + y^*$ 是线性非齐次方程(1) 的通解.

证明　因为 y^* 是二阶线性非齐次方程(1) 的一个特解，函数 Y 是对应的二阶线性齐次方程(2) 的通解，所以有

$$y^{*''} + P(x) y^{*'} + Q(x) y^* = f(x),$$

以及

$$Y'' + P(x) Y' + Q(x) Y = 0.$$

再将 $y = Y + y^*$ 代入方程(1)，得

$$\begin{aligned} & (Y + y^*)'' + P(x)(Y + y^*)' + Q(x)(Y + y^*) \\ = & (Y'' + y^{*''}) + P(x)(Y' + y^{*'}) + Q(x)(Y + y^*) \\ = & [Y'' + P(x)Y' + Q(x)Y] + [y^{*''} + P(x)y^{*'} + Q(x)y^*] \\ = & 0 + f(x) = f(x), \end{aligned}$$

即 $y = Y + y^*$ 是方程(1) 的解，又因为 Y 是方程(2) 的通解，其中含有两个独立的任意常数，所以 $y = Y + y^*$ 是方程(1) 的通解.

由例 1 知，

$$y = C_1 \cos x + C_2 \sin x$$

是方程 $y'' + y = 0$ 的通解，又易验证

$$y = x^2 - 2$$

是二阶线性非齐次微分方程 $y'' + y = x^2$ 的一个特解，故

$$y = C_1 \cos x + C_2 \sin x + x^2 - 2$$

是 $y'' + y = x^2$ 的通解，其中 C_1, C_2 为任意常数.

为了方便以后求解二阶线性非齐次方程(1) 的特解，我们给出下面的定理.

定理 3(叠加原理)　如果函数 y_1^* 与 y_2^* 分别是非齐次方程

$$y'' + P(x) y' + Q(x) y = f_1(x)$$

与

$$y''+P(x)y'+Q(x)y=f_2(x)$$

的一个特解,那么 $y_1^*+y_2^*$ 是非齐次方程

$$y''+P(x)y'+Q(x)y=f_1(x)+f_2(x)$$

的一个特解.

定理 3 的正确性,可由方程解的定义而直接验证,读者可自行完成.

习　题　7.5

1. 下列各组函数在其定义区间内,哪些是线性相关的,哪些是线性无关的?

(1) $x,2x$; (2) $x,3x^3$; (3) $\sin x,\cos x$; (4) $e^x,2e^x$;

(5) $\ln x,x\ln x$; (6) $e^x\sin 2x,e^x\sin x\cos x$.

2. 验证 $y_1=\sin 2x$ 及 $y_2=\cos 2x$ 都是微分方程 $y''+4y=0$ 的解,并写出该微分方程的通解.

3. 验证 $y=C_1x^2+C_2x^2\ln x$(C_1、C_2 为任意常数)是微分方程 $x^2y''-3xy'+4y=0$ 的通解.

4. 已知 $y_1=3,y_2=3+x^2,y_3=3+x^2+e^x$ 都是微分方程

$$(x^2-2x)y''-(x^2-2)y'+(2x-2)y=6x-6$$

的解,求该微分方程的通解.

7.6　二阶常系数线性微分方程

前面我们介绍了二阶线性微分方程解的结构,一般情况下,二阶线性微分方程的求解仍是十分困难的,本节介绍一类特殊的二阶线性微分方程——二阶常系数线性微分方程的求解.

形如

$$y''+py'+qy=f(x) \tag{1}$$

的微分方程称为**二阶常系数线性微分方程**,其中 p、q 为常数.

方程(1)中,若 $f(x)\neq 0$,则称方程为**二阶常系数线性非齐次微分方程**;若 $f(x)\equiv 0$,则称方程

$$y''+py'+qy=0 \tag{2}$$

为**二阶常系数线性齐次微分方程**.

例如,方程

$$y''+2y'+3y=x$$

是二阶常系数线性非齐次微分方程;方程

$$y''+y'+y=0$$

是二阶常系数线性齐次微分方程.

7.6.1　二阶常系数线性齐次微分方程

由上节定理 1 知道,若 y_1、y_2 是二阶常系数线性齐次微分方程(2)的两个线性无关的解,那么 $y=C_1y_1+C_2y_2$(C_1,C_2 为任意常数)是二阶常系数线性齐次方程(2)的通解. 又从二阶常

系数线性齐次方程(2)的结构来看，它的解 y 必须与其一阶导数、二阶导数只差一个常数因子，而具有此特征的基本初等函数只有指数函数 e^{rx}（其中 r 为常数）. 因此，可设 $y = e^{rx}$ 为线性齐次方程(2)的解（r 待定），则

$$y' = re^{rx}, y'' = r^2 e^{rx},$$

代入二阶常系数线性齐次方程(2)得

$$e^{rx}(r^2 + pr + q) = 0,$$

由于 $e^{rx} \neq 0$，所以有

$$r^2 + pr + q = 0. \tag{3}$$

由此可见，只要 r 是二次方程(3)的根，则 $y = e^{rx}$ 就是方程(2)的解. 这样，二阶常系数线性齐次方程(2)的求解问题就转化为代数方程(3)的求根问题. 称方程(3)为二阶常系数线性齐次方程(2)的**特征方程**，称特征方程(3)的根为**特征根**.

由于特征方程(3)是一个一元二次方程，它的两个根 r_1 与 r_2 可用公式

$$r_{1,2} = \frac{-p \pm \sqrt{p^2 - 4q}}{2}$$

求出，它们有三种不同的情况，分别对应着线性齐次方程(2)通解的三种不同情形，下面分别予以讨论.

（ⅰ）特征方程(3)有两个不相等的实根 r_1, r_2.

此时 $y_1 = e^{r_1 x}, y_2 = e^{r_2 x}$ 是二阶常系数线性齐次方程(2)的两个解，因为

$$\frac{y_1}{y_2} = e^{(r_1 - r_2)x} \neq 常数,$$

所以它们线性无关，于是二阶常系数线性齐次方程(2)的通解为

$$y = C_1 e^{r_1 x} + C_2 e^{r_2 x},$$

其中 C_1, C_2 为任意常数.

（ⅱ）特征方程(3)有两个相等的实根 $r_1 = r_2$.

此时只能得到二阶常系数线性齐次方程(2)的一个特解 $y_1 = e^{r_1 x}$，因此，我们还要设法找出另一个与 $y_1 = e^{r_1 x}$ 线性无关的特解 y_2，由于要求 $\frac{y_2}{y_1} \neq$ 常数，所以可设 $y_2 = u(x)e^{r_1 x}$，其中 $u(x)$ 为待定函数，下面来求 $u(x)$.

将 y_2, y_2', y''_2 的表达式代入二阶常系数线性齐次方程(2)，得

$$(r_1^2 u + 2r_1 u' + u'')e^{r_1 x} + p(u' + r_1 u)e^{r_1 x} + que^{r_1 x} = 0,$$

上式两端消去非零因子 $e^{r_1 x}$，整理得

$$u'' + (2r_1 + p)u' + (r_1^2 + pr_1 + q)u = 0.$$

由于 r_1 是特征方程的重根，于是

$$r_1^2 + pr_1 + q = 0, 2r_1 + p = 0,$$

上式化为 $u'' = 0$，取这个方程最简单的一个解 $u(x) = x$，便得到二阶常系数线性齐次方程(2)的另一个解 $y_2 = xe^{r_1 x}$，且 y_1 与 y_2 线性无关，所以二阶常系数线性齐次方程(2)的通解为

$$y = (C_1 + C_2 x)e^{r_1 x},$$

其中 C_1, C_2 为任意常数.

（ⅲ）特征方程(3)有一对共轭复根 $r_1 = \alpha + i\beta, r_2 = \alpha - i\beta$

此时齐次线性方程(2)有两个复数形式的解 $y_1 = e^{(\alpha+i\beta)x}$,$y_2 = e^{(\alpha-i\beta)x}$,为了得到实数形式的解,利用欧拉公式

$$e^{i\theta} = \cos\theta + i\sin\theta,$$

将 y_1 与 y_2 改写成

$$y_1 = e^{\alpha x}(\cos\beta x + i\sin\beta x),$$
$$y_2 = e^{\alpha x}(\cos\beta x - i\sin\beta x).$$

令

$$\overline{y_1} = \frac{1}{2}(y_1 + y_2) = e^{\alpha x}\cos\beta x,$$
$$\overline{y_2} = \frac{1}{2i}(y_1 - y_2) = e^{\alpha x}\sin\beta x,$$

则由上节定理1可知,$\overline{y_1}$,$\overline{y_2}$ 也是二阶常系数线性齐次方程(2)的两个解,且它们线性无关,从而二阶常系数线性齐次方程(2)的通解为

$$y = e^{\alpha x}(C_1\cos\beta x + C_2\sin\beta x),$$

其中 C_1,C_2 为任意常数.

综上所述,求二阶常系数线性齐次方程 $y'' + py' + qy = 0$ 的通解步骤为:

第一步　写出二阶常系数线性齐次方程的特征方程 $r^2 + pr + q = 0$,

第二步　求出特征根 r_1 与 r_2,

第三步　根据特征根的不同情形,按照表7-6-1写出其通解.

表7-6-1　二阶常系数线性齐次微分方程 $y'' + py' + qy = 0$ 的通解

特征方程 $r^2 + pr + q = 0$ 的两个特征根 r_1,r_2	齐次方程 $y'' + py' + qy = 0$ 的通解
两个不相等的实根 r_1 与 r_2	$y = C_1 e^{r_1 x} + C_2 e^{r_2 x}$
两个相等的实根 $r_1 = r_2 = r$	$y = (C_1 + C_2 x)e^{rx}$
一对共轭复根 $r_1 = \alpha + i\beta$ 与 $r_2 = \alpha - i\beta$	$y = e^{\alpha x}(C_1\cos\beta x + C_2\sin\beta x)$

例1　求方程 $y'' - 2y' - 3y = 0$ 的通解.

解　所给方程的特征方程为

$$r^2 - 2r - 3 = 0,$$

它有两个不相等的实根 $r_1 = -1$,$r_2 = 3$,故所求通解为

$$y = C_1 e^{-x} + C_2 e^{3x},$$

其中 C_1,C_2 为任意常数.

例2　求方程 $y'' + 2y' + y = 0$ 满足初始条件 $y|_{x=0} = 4$,$y'|_{x=0} = -2$ 的特解.

解　所给方程的特征方程为

$$r^2 + 2r + 1 = 0,$$

它有两个相等的实根 $r_1 = r_2 = -1$,故所给方程的通解为

$$y = (C_1 + C_2 x)e^{-x},$$

其中 C_1,C_2 为任意常数.对上面的函数求导,得

$$y' = (C_2 - C_1 - C_2 x)e^{-x},$$

将初始条件代入以上两式,得

$$\begin{cases}4 = C_1, \\ -2 = C_2 - C_1.\end{cases}$$

解得 $C_1 = 4, C_2 = 2$. 于是所求特解为

$$y = (4 + 2x)e^{-x}.$$

例 3　求微分方程 $\frac{d^2y}{dx^2} + 2\frac{dy}{dx} + 3y = 0$ 的通解.

解　所给方程的特征方程为

$$r^2 + 2r + 3 = 0,$$

求得它有一对共轭复根为

$$r_{1,2} = -1 \pm \sqrt{2}i,$$

故所给方程的通解为

$$y = e^{-x}(C_1\cos\sqrt{2}x + C_2\sin\sqrt{2}x),$$

其中 C_1, C_2 为任意常数.

7.6.2　二阶常系数线性非齐次微分方程

现在我们来讨论二阶常系数线性非齐次方程的求解方法. 我们知道二阶常系数线性非齐次方程的通解,等于它的任一特解与其所对应的线性齐次方程的通解之和. 对应的线性齐次方程的通解解法,我们已经熟悉,现在关键的是怎样求得其特解. 对此我们不加证明地直接给出,当 $f(x)$ 具有下列特殊情形时,其特解的求解公式.

(ⅰ) $f(x) = P_m(x)e^{\lambda x}$

其中 $P_m(x)$ 是一个已知的关于 x 的 m 次多项式,λ 为已知常数. 此时特解的形式为

$$y^* = x^k Q_m(x)e^{\lambda x},$$

其中 $Q_m(x)$ 是与 $P_m(x)$ 有相同次数的待定多项式,k 的取值分以下三种情形讨论.

① 如果 λ 不是特征方程 $r^2 + pr + q = 0$ 的根,则取 $k = 0$;

② 如果 λ 是特征方程 $r^2 + pr + q = 0$ 的根,但不是重根,则取 $k = 1$;

③ 如果 λ 是特征方程 $r^2 + pr + q = 0$ 的根,且为重根,则取 $k = 2$.

例 4　确定下列方程的特解形式:

(1) $y'' + 5y' + 6y = e^{3x}$;

(2) $y'' - 3y' + 2y = xe^{2x}$;

(3) $y'' + 2y' + y = -(3x^2 + 1)e^{-x}$.

解　(1) 方程中 $m = 0, \lambda = 3$. $\lambda = 3$ 不是特征方程

$$r^2 + 5r + 6 = 0$$

的根,所以取

$$k = 0, Q_m(x) = A,$$

于是方程的特解形式为

$$y^* = Ae^{3x}.$$

(2) 方程中 $m = 1, \lambda = 2$. $\lambda = 2$ 是特征方程

$$r^2 - 3r + 2 = 0$$

的根,但不是重根,所以取

$$k = 1, Q_m(x) = Ax + B,$$

于是方程的特解形式为

$$y^* = x(Ax + B)e^{2x}.$$

(3) 方程中 $m = 2, \lambda = -1$. $\lambda = -1$ 是特征方程

$$r^2 + 2r + 1 = 0$$

的根,且为重根,所以取

$$k = 2, Q_m(x) = Ax^2 + Bx + C,$$

于是方程的特解形式为

$$y^* = x^2(Ax^2 + Bx + C)e^{-x}.$$

例 5 求方程 $y'' - 2y' - 3y = xe^{2x}$ 的一个特解.

解 方程中自由项 $f(x) = xe^{2x}, m = 1, \lambda = 2$. 因为 $\lambda = 2$ 不是特征方程

$$r^2 - 2r - 3 = 0$$

的根,所以方程的特解形式为

$$y^* = (Ax + B)e^{2x}.$$

将

$$y^* = (Ax + B)e^{2x},$$

$$y^{*\prime} = (2Ax + A + 2B)e^{2x},$$

$$y^{*\prime\prime} = (4Ax + 4A + 4B)e^{2x}$$

代入方程,整理后得

$$-3Ax + 2A - 3B = x,$$

比较上式两端同次幂的系数,得

$$\begin{cases} -3A = 1, \\ 2A - 3B = 0, \end{cases}$$

解 方程组,得

$$A = -\frac{1}{3}, B = -\frac{2}{9},$$

故所给方程的特解为

$$y^* = \left(-\frac{1}{3}x - \frac{2}{9}\right)e^{2x}.$$

例 6 求方程 $y'' + y' = 2x^2 - 3$ 的通解.

解 第一步,先求所给方程对应的齐次方程的通解.

特征方程为

$$r^2 + r = 0,$$

特征根 $r_1 = 0, r_2 = -1$,得齐次方程的通解为

$$Y = C_1 + C_2e^{-x},$$

其中 C_1, C_2 为任意常数.

第二步,求原方程的一个特解.

方程的自由项 $f(x) = 2x^2 - 3, m = 2, \lambda = 0$. 因为 $\lambda = 0$ 是特征方程的根,但不是重根,所以特解形式为

$$y^* = x(Ax^2 + Bx + C),$$

求 y^* 的一阶、二阶导数，得

$$y^{*\prime} = 3Ax^2 + 2Bx + C,$$
$$y^{*\prime\prime} = 6Ax + 2B,$$

将以上各式代入非齐次方程，整理得

$$3Ax^2 + (6A + 2B)x + 2B + C = 2x^2 - 3,$$

比较上式两端同次幂的系数，得

$$\begin{cases} 3A = 2, \\ 6A + 2B = 0, \\ 2B + C = -3, \end{cases}$$

解方程组，得

$$A = \frac{2}{3}, B = -2, C = 1,$$

于是所给方程的一个特解为

$$y^* = \frac{2}{3}x^3 - 2x^2 + x.$$

第三步，原方程的通解为

$$y = C_1 + C_2 e^{-x} + \frac{2}{3}x^3 - 2x^2 + x,$$

其中 C_1, C_2 为任意常数.

例 7　求微分方程 $y'' - 6y' + 9y = e^{3x}$ 的通解.

解　第一步，先求所给方程对应的齐次方程的通解.

特征方程为

$$r^2 - 6r + 9 = 0,$$

所以特征根为 $r_1 = r_2 = 3$(重根)，故对应齐次方程的通解为：

$$Y = (C_1 + C_2 x)e^{3x}.$$

其中 C_1, C_2 为任意常数.

第二步，求原方程的一个特解.

所给方程的自由项 $f(x) = e^{3x}, m = 0, \lambda = 3$，因为 $\lambda = 3$ 是特征方程的重根，故原方程的特解形式为

$$y^* = Ax^2 e^{3x},$$

其中 A 为待定系数. 又

$$y^{*\prime} = (2Ax + 3Ax^2)e^{3x},$$
$$y^{*\prime\prime} = (2A + 12Ax + 9Ax^2)e^{3x},$$

代入原方程，解得

$$A = \frac{1}{2},$$

故原方程的一个特解为

$$y^* = \frac{1}{2}x^2 e^{3x}.$$

第三步,原方程的通解为

$$y=(C_1+C_2x)\mathrm{e}^{3x}+\frac{1}{2}x^2\mathrm{e}^{3x},$$

其中 C_1,C_2 为任意常数.

(ⅱ) $f(x)=\mathrm{e}^{\lambda x}(P_l(x)\cos\omega x+P_n(x)\sin\omega x)$,$P_l(x)$,$P_n(x)$ 是已知的关于 x 的 l 次和 n 次多项式,λ,ω 为已知常数.

此时方程的特解形式为

$$y^*=x^k\mathrm{e}^{\lambda x}[Q_m^{(1)}(x)\cos\omega x+Q_m^{(2)}(x)\sin\omega x],$$

其中 $Q_m^{(1)}(x)$、$Q_m^{(2)}(x)$ 均是 m 次待定多项式,且 $m=\max\{l,n\}$,k 的取值分以下两种情形讨论.

① 如果 $\lambda\pm\omega\mathrm{i}$ 不是特征方程 $r^2+pr+q=0$ 的根,则取 $k=0$;

② 如果 $\lambda\pm\omega\mathrm{i}$ 是特征方程 $r^2+pr+q=0$ 的根,则取 $k=1$.

例 8 求方程 $y''+2y'+3y=2x\cos x$ 的一个特解.

解 由方程的自由项 $f(x)=2x\cos x$ 可知,

$$\lambda=0,\omega=1,P_l(x)=2x,P_n(x)=0.$$

因为 $\lambda+\omega\mathrm{i}=\mathrm{i}$ 不是特征方程 $r^2+2r+3=0$ 的根,所以特解的形式为

$$y^*=(Ax+B)\cos x+(Cx+D)\sin x,$$

求 y^* 的一阶、二阶导数,得

$$y^{*\prime}=(-Ax-B+C)\sin x+(Cx+D+A)\cos x,$$
$$y^{*\prime\prime}=(-Cx-D-2A)\sin x+(-Ax-B+2C)\cos x,$$

将以上各式代入方程,并比较上式两端 $\cos x,\sin x$ 系数,得

$$\begin{cases}(2A+2C)x+2A+2B+2C+2D=2x,\\(-2A+2C)x-2A-2B+2C+2D=0.\end{cases}$$

再比较上面方程组两端同次幂的系数,得

$$\begin{cases}2A+2C=2,\\2A+2B+2C+2D=0,\\-2A+2C=0,\\-2A-2B+2C+2D=0,\end{cases}$$

解方程组,得

$$A=\frac{1}{2},B=-\frac{1}{2},C=\frac{1}{2},D=-\frac{1}{2},$$

于是方程的特解为

$$y^*=\left(\frac{1}{2}x-\frac{1}{2}\right)\cos x+\left(\frac{1}{2}x-\frac{1}{2}\right)\sin x$$
$$=\frac{x-1}{2}(\cos x+\sin x).$$

例 9 写出方程

$$y''-y=x\mathrm{e}^x+\sin 2x$$

的特解形式.

解 由线性微分方程解的结构可知,该方程的特解可由下面两个方程

$$y''-y=x\mathrm{e}^x, \tag{4}$$
$$y''-y=\sin 2x \tag{5}$$

的两特解相加得到.

方程(4)、(5) 的特征方程都为

$$r^2 - 1 = 0,$$

特征根为 $r = \pm 1$,因此方程(4)、(5) 的特解形式分别为

$$y_1^* = x(Ax + B)e^x,$$

$$y_2^* = C\sin 2x + D\cos 2x,$$

故原方程的特解可设为

$$y^* = x(Ax + B)e^x + C\sin 2x + D\cos 2x.$$

习　题　7.6

1. 求下列微分方程的通解:

(1) $y'' - 5y' + 6y = 0$;　(2) $y'' - 7y' + 12y = 0$;

(3) $y'' + 6y' + 9y = 0$;　(4) $4y'' - 4y' + y = 0$;

(5) $y'' + 2y' + 2y = 0$;　(6) $y'' + 4y = 0$.

2. 求下列微分方程满足初始条件的特解:

(1) $4y'' + 4y' + y = 0, y|_{x=0} = 2, y'|_{x=0} = 0$;

(2) $y'' - 4y' + 3y = 0, y|_{x=0} = 6, y'|_{x=0} = 10$.

3. 求下列微分方程的通解:

(1) $y'' + 3y' + 2y = 3xe^{-x}$;　(2) $2y'' + 5y' = 5x^2 - 2x - 1$;

(3) $y'' - 2y' + 5y = e^x \sin 2x$;　(4) $y'' - 2y' + 5y = \sin x$.

4. 求微分方程 $y'' - y = 4xe^x$ 满足初始条件 $y(0) = 0, y'(0) = 1$ 的特解.

5. 设连续函数 $f(x)$ 满足方程 $f(x) = e^x - x\int_0^x f(t)\mathrm{d}t + \int_0^x tf(t)\mathrm{d}t$,求 $f(x)$.

7.7　微分方程的应用

利用微分方程研究自然现象和社会现象,或解决工程技术问题,一般需要先对问题建立数学模型,再对它进行分析求解或近似计算,然后按实际的要求对所得结果做出分析和探讨.

利用微分方程求解实际问题中的未知函数的一般步骤是:

(1) 分析问题,建立微分方程,确定初始条件;

(2) 求出微分方程的通解;

(3) 根据初始条件确定通解中的任意常数,求出微分方程相应的特解.

本节将通过一些实例说明微分方程的简单应用.

7.7.1　几何应用

例 1　设曲线过点 $(2,3)$,且曲线上任一点 $P(x,y)$ 处的法线与 x 轴的交点为 Q,线段 PQ 恰被 y 轴平分,试求此曲线的方程.

解　(i) 列方程:设所求曲线方程为 $y = y(x)$,则它在 $P(x,y)$ 处的法线方程为

$$Y - y = -\frac{1}{y'}(X - x),$$

令 $Y=0$,得法线在 x 轴上的截距为

$$X=yy'+x,$$

由题设条件得

$$\frac{x+yy'+x}{2}=0,$$

所以曲线满足微分方程

$$yy'+2x=0, \tag{1}$$

由于曲线过点(2,3),故得初始条件为

$$y|_{x=2}=3. \tag{2}$$

(ⅱ) 求通解:将方程(1) 分离变量,得

$$y\mathrm{d}y=-2x\mathrm{d}x,$$

将上式两端积分,得通解

$$\frac{y^2}{2}+x^2=C,$$

其中 C 为任意常数.

(ⅲ) 求特解:将初始条件(2) 代入通解,得 $C=\frac{17}{2}$,则所求曲线方程为

$$\frac{y^2}{2}+x^2=\frac{17}{2}.$$

例 2 设曲线过点(3,4),且曲线上任一点 (x,y) 处的切线在 y 轴上的截距等于原点到该点的距离,试求此曲线的方程.

解 (ⅰ) 列方程:设所求曲线为 $y=y(x)$,则它在任一点 (x,y) 处的切线方程为

$$Y-y=y'(X-x),$$

令 $X=0$,得切线在 y 轴上的截距为

$$Y=y-y'x,$$

由题设条件得

$$y-y'x=\sqrt{x^2+y^2},$$

即

$$y'=\frac{y-\sqrt{x^2+y^2}}{x}, \tag{3}$$

由于曲线过点(3,4),故得初始条件

$$y|_{x=3}=4. \tag{4}$$

(ⅱ) 求通解:方程(3) 是齐次方程,令 $u=\frac{y}{x}$,则

$$\frac{\mathrm{d}y}{\mathrm{d}x}=u+x\frac{\mathrm{d}u}{\mathrm{d}x},$$

于是

$$u+x\frac{\mathrm{d}u}{\mathrm{d}x}=u-\sqrt{1+u^2},$$

即

$$\frac{\mathrm{d}u}{\sqrt{1+u^2}}=-\frac{1}{x}\mathrm{d}x,$$

两端积分得

$$\ln(u+\sqrt{1+u^2})=-\ln x+C_1,$$

故通解为

$$y+\sqrt{x^2+y^2}=C,$$

其中 C 为任意常数.

（ⅲ）求特解:将初始条件(4) 代入通解,解得 $C=9$,则所求曲线方程为

$$y+\sqrt{x^2+y^2}=9.$$

例 3　试求由微分方程 $y''-y=0$ 所确定的曲线 $y=y(x)$,使它在点$(0,1)$处与直线 $y-3x=1$ 相切.

解　由题意知,所求曲线 $y=y(x)$ 满足二阶常系数齐次线性微分方程 $y''-y=0$,且初始条件为

$$y|_{x=0}=1,y'|_{x=0}=3.$$

微分方程 $y''-y=0$ 的通解为

$$y=C_1\mathrm{e}^{-x}+C_2\mathrm{e}^{x},$$

其中 C_1,C_2 为任意常数.将初始条件$y|_{x=0}=1,y'|_{x=0}=3$ 代入通解得

$$C_1=-1,C_2=2,$$

故所求积分曲线方程为

$$y=-\mathrm{e}^{-x}+2\mathrm{e}^{x}.$$

7.7.2　物理应用

例 4　设降落伞从跳伞塔下落后,所受空气阻力与速度成正比,并设降落伞离开跳伞塔时$(t=0)$速度为零,求降落伞下落速度 v 与时间 t 的函数关系.

解　设降落伞下落速度为 $v=v(t)$,降落伞在空中下落时,同时受到重力与阻力的作用,重力大小为mg,方向与速度 v 一致;阻力大小为 kv(k 为比例系数),方向与速度 v 相反,从而降落伞所受外力为

$$F=mg-kv,$$

根据牛顿第二运动定律 $F=ma$(其中 a 为加速度),得函数 $v=v(t)$的微分方程为

$$m\frac{\mathrm{d}v}{\mathrm{d}t}=mg-kv, \tag{5}$$

由题意,初始条件为

$$v|_{t=0}=0,$$

因为方程(5) 是可分离变量的,分离变量后得

$$\frac{\mathrm{d}v}{mg-kv}=\frac{\mathrm{d}t}{m},$$

两边积分得

$$-\frac{1}{k}\ln(mg-kv)=\frac{t}{m}+C_1,$$

解得

$$v=\frac{mg}{k}+C\mathrm{e}^{-\frac{k}{m}t},$$

其中 $C=-\dfrac{e^{-kC_1}}{k}$,将初始条件$v|_{t=0}=0$代入上式得

$$C=-\frac{mg}{k},$$

于是降落伞下落速度与时间的函数关系为

$$v=\frac{mg}{k}(1-e^{-\frac{k}{m}t}).$$

由此可以看出,随着时间的增大,速度逐渐接近于常数$\dfrac{mg}{k}$,且不会超过$\dfrac{mg}{k}$,也就是说,跳伞后开始阶段是加速运动,但以后逐渐接近于匀速运动.

例 5 某厂房容积为 $45\times15\times6\ \mathrm{m}^3$. 经测定,空气中含有 0.2% 的$CO_2$. 开动通风设备,以 $360\ \mathrm{m}^3/\mathrm{s}$ 的速度输入含有 0.05% CO_2 的新鲜空气,同时又排出同等数量的室内空气. 问 30 分钟后室内所含CO_2 的百分比.

解 设 t 时刻厂房内CO_2 的百分比为 $x(t)\%$. 当经过 $\mathrm{d}t$ 时间之后,室内CO_2 的改变量为

$$45\times15\times6\times\mathrm{d}x\%=360\times0.05\%\times\mathrm{d}t-360\times x\%\times\mathrm{d}t,$$

即

$$4050\mathrm{d}x=360(0.05-x)\mathrm{d}t,$$

或

$$\mathrm{d}x=\frac{4}{45}(0.05-x)\mathrm{d}t,$$

由题意,初始条件为

$$x|_{t=0}=0.2$$

将方程分离变量并积分,满足初始条件的解满足

$$\int_{0.2}^{x}\frac{\mathrm{d}x}{0.05-x}=\int_{0}^{t}\frac{4}{45}\mathrm{d}t$$

求出 x,得

$$x=0.05+0.15e^{-\frac{4}{45}t}$$

以 $t=30$ 分 $=1800$ 秒代入,得 $x\approx0.05$. 即开动通风设备 30 分钟后,室内的CO_2 的含量接近 0.05%,基本上已是新鲜空气了.

习 题 7.7

1. 求曲线方程 $y=f(x)$,已知 $y''=x$,曲线过 $M(0,1)$ 且在此点与直线 $y=\dfrac{x}{2}+1$ 相切.

2. 设曲线 $y=f(x)$ 上点(0,1)处的切线方程为 $y=1$,且 $y=f(x)$ 满足微分方程:$y''+4y-\sin x=0$. 求曲线的方程.

3. 链条挂在一钉子上,启动时一端离钉子 8 m,另一端离钉子 12 m,如不计钉子对链条所产生的摩擦力,求链条滑下来所需的时间.

4. 有一个底半径为 25 cm,质量分布均匀的圆柱形浮筒浮在水面上,它的轴与水面垂直,今沿轴的方向把浮筒轻轻地按一下再放开,浮筒便开始作以 2 s 为周期的上下振动(浮筒始终有一部分露在水面上),设水的密度 $\rho=10^3\ \mathrm{kg/m^3}$,试求浮筒的质量.

5. 已知物体在空气中冷却的速率与该物体及空气两者温度的差成正比. 设有一瓶热水，水温原来是100 ℃，空气的温度是20 ℃，经过20小时以后，瓶内水温降到60 ℃，求瓶内水温的变化规律.

小　结

一、基本要求

(1) 了解微分方程、方程的阶、微分方程的解、通解、特解、初始条件的概念.

(2) 掌握可分离变量的微分方程、一阶线性微分方程(齐次与非齐次)的解法.

(3) 会求解可降阶的高阶微分方程：$y^{(n)}=f(x)$、$y''=f(y',x)$、$y''=f(y',y)$.

(4) 知道线性微分方程解的结构.

(5) 掌握二阶常系数齐次线性微分方程的解法.

(6) 会求自由项 $f(x)=P_m(x)e^{\lambda x}$(其中 $P_m(x)$ 是一个已知的 m 次多项式)，$f(x)=e^{\lambda x}(P_l(x)\cos\omega x+P_n(x)\sin\omega x)$(其中 λ、ω 为常数，$P_l(x)$、$P_n(x)$ 分别为已知的 l 次和 n 次多项式)的二阶常系数非齐次线性微分方程的解.

(7) 会用微分方程解决一些简单的几何和物理问题.

二、基本内容

1. 几类微分方程解的结构定理

定理 1　一阶线性非齐次微分方程 $\frac{dy}{dx}+P(x)y=Q(x)$ 的通解，是由其对应的齐次方程 $\frac{dy}{dx}+P(x)y=0$ 的通解加上非齐次方程自己的一个特解所构成.

定理 2　如果 $y_1(x)$ 和 $y_2(x)$ 是二阶常系数线性齐次微分方程 $y''+py'+qy=0$ 的两个线性无关的解，则 $y=C_1y_1(x)+C_2y_2(x)$ 就是齐次方程 $y''+py'+qy=0$ 的通解，其中 C_1，C_2 为任意常数.

定理 3　如果 y^* 是非齐次方程 $y''+py'+qy=f(x)$ 的一个特解，$\bar{y}$ 是对应的齐次方程 $y''+py'+qy=0$ 的通解，那么 $y=\bar{y}+y^*$ 就是非齐次方程 $y''+py'+qy=f(x)$ 的通解.

定理 4　如果 y_1^* 与 y_2^* 分别是非齐次方程 $y''+py'+qy=f_1(x)$ 与 $y''+py'+qy=f_2(x)$ 的一个特解，那么 $y_1^*+y_2^*$ 就是非齐次方程 $y''+py'+qy=f_1(x)+f_2(x)$ 的一个特解.

2. 几类微分方程的解法

(1) 可分离变量微分方程 $\frac{dy}{dx}=f(x)g(y)$：先分离变量，后两边积分，最后写出方程的通解(即分离变量法).

(2) 齐次微分方程 $\frac{dy}{dx}=\varphi\left(\frac{y}{x}\right)$：用变量代换 $u=\frac{y}{x}$ 化原方程为可分离变量的方程，然后用分离变量法解出方程，最后换回原变量，写出原方程的通解.

(3) 一阶线性齐次微分方程 $\frac{dy}{dx}+P(x)y=0$：方法一，用分离变量法求得原方程的通解；方法二，用公式法 $y=Ce^{-\int P(x)dx}$ 写出原方程的通解.

(4) 一阶线性非齐次微分方程$\frac{dy}{dx}+P(x)y=Q(x)$:方法一,先求出其对应的齐次方程的通解$y=Ce^{-\int P(x)dx}$,然后把常数C换成待定函数$u(x)$,求出$u(x)$,最后写出原方程的通解(即常数变易法);方法二,用公式法$y=e^{-\int P(x)dx}\left[\int Q(x)e^{\int P(x)dx}dx+C\right]$写出原方程的通解.

(5) 二阶常系数线性齐次微分方程$y''+py'+qy=0$:先写出齐次方程的特征方程$r^2+pr+q=0$,然后求出特征根r_1与r_2,最后根据特征根的三种情形写出方程的通解.

当特征方程有两个不相等的实根$r_1\neq r_2$时,通解$y=C_1e^{r_1x}+C_2e^{r_2x}$;

当特征方程有两个相等的实根$r_1=r_2$时,通解$y=(C_1+C_2x)e^{r_1x}$;

当特征方程有一对共轭复根$\alpha\pm i\beta$时,通解$y=e^{\alpha x}(C_1\cos\beta x+C_2\sin\beta x)$.

(6) 二阶常系数线性非齐次微分方程$y''+py'+qy=f(x)$:先求出对应齐次方程$y''+py'+qy=0$的通解$\overline{y}$,然后求出非齐次方程$y''+py'+qy=f(x)$的一个特解y^*,最后写出非齐次方程的通解$y=\overline{y}+y^*$.

对$f(x)$的两种常见的情形给出其特解的形式:

当$f(x)=P_m(x)e^{\lambda x}$时,特解的形式是$y^*=x^kQ_m(x)e^{\lambda x}$;

当$f(x)=e^{\lambda x}(P_l(x)\cos\omega x+P_n(x)\sin\omega x)$时,特解的形式是

$$y^*=x^ke^{\lambda x}[Q_m^{(1)}(x)\cos\omega x+Q_m^{(2)}(x)\sin\omega x].$$

3. 微分方程的应用

几何上的应用主要是在一定的已知条件下通过建立微分方程来求曲线方程;物理上的应用主要是利用牛顿第二定律等物理定律建立微分方程来求解物理问题.

自 测 题

一、选择题

1. 微分方程$y'=2xy+x^3$是( ).

A. 齐次微分方程　　B. 可分离变量方程

C. 线性齐次方程　　D. 线性非齐次方程

2. 微分方程$y'''=\sin x$的通解为( ).

A. $y=\cos x+\frac{1}{2}C_1x^2+C_2x+C_3$　　B. $y=\sin x+\frac{1}{2}C_1x^2+C_2x+C_3$

C. $y=\cos x+C_1$　　D. $y=2\sin 2x$

3. 某二阶常微分方程下列解中为其通解的是( ).

A. $y=C\sin x$　　B. $y=C_1\sin x+C_2\cos x$

C. $y=\sin x+\cos x$　　D. $y=(C_1+C_2)\cos x$

4. 微分方程$y''+2y'+y=0$的通解为( ).

A. $y=C_1\cos x+C_2\sin x$　　B. $y=C_1e^x+C_2e^{2x}$

C. $y=(C_1+C_2x)e^{-x}$　　D. $y=C_1e^x+C_2e^{-x}$

5. 某种气体的气压P对于温度T的变化率与气压成正比,与温度的平方成反比,将此问

题用微分方程可表示为(　　).

A. $\frac{\mathrm{d}P}{\mathrm{d}T}=PT^2$　　　　B. $\frac{\mathrm{d}P}{\mathrm{d}T}=\frac{P}{T^2}$

C. $\frac{\mathrm{d}P}{\mathrm{d}T}=k\frac{P}{T^2}$　　　　D. $\frac{\mathrm{d}P}{\mathrm{d}T}=-\frac{P}{T^2}$

二、填空题

1. 微分方程 $x\mathrm{d}y=(2-x)\mathrm{d}x$ 满足 $y|_{x=1}=1$特解为________.

2. 微分方程 $xy^2\mathrm{d}x+(1+x^2)\mathrm{d}y=0$ 的通解为________.

3. 微分方程 $y'=\frac{x}{y}+\frac{y}{x}$ 的通解为________.

4. 微分方程 $xy'-y=1+x^3$ 的通解为________.

5. 微分方程 $y''-2y'-3y=3x+1$ 的特解形式为________.

三、曲线上任一点 $P(x,y)$ 处的切线在纵轴上的截距等于切点的横坐标，且它通过点(1，1)，求该曲线的方程.

四、求下列微分方程满足所给初始条件的特解：

(1) $y''-3y'-4y=0,y|_{x=0}=0,y'|_{x=0}=-5$；

(2) $y''-4y'+13y=0,y|_{x=0}=2,y'|_{x=0}=3$.

五、设微分方程 $y''+P(x)y'+Q(x)y=f(x)$ 的三个解为

$$y_1=x,y_2=\mathrm{e}^x,y_3=\mathrm{e}^{2x},$$

求此方程满足初始条件 $y(0)=1,y'(0)=3$ 的解.

六、求下列微分方程的通解：

(1) $y''+2y'=4x\mathrm{e}^{-2x}$；　　　　(2) $y''-y=4\cos x$.

七、设 $f(x)$ 为可导函数，且满足

$$f(x)\cos x+2\int_0^x f(t)\sin t\mathrm{d}t=(x+1),$$

试求出该函数.

八、一单位质量的质点在 Ox 轴上运动，开始时质点在原点 O 处且速度为 v_0，在运动过程中受到一个力的作用，该力的方向与速度 v_0 一致，大小与质点到原点的距离成正比(比例系数为 $k_1,k_1>0$)，介质阻力与速度成正比(比例系数为 $k_2,k_2>0$)，求质点运动规律 $x(t)$.

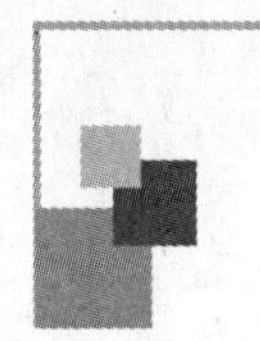

参考答案

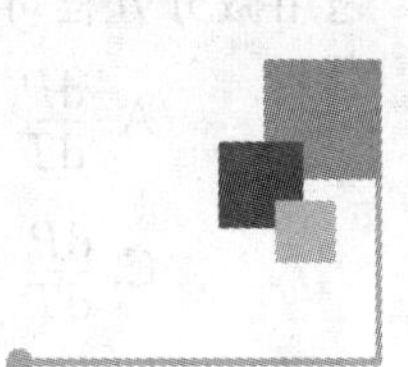

第一章

习题 1.1

1. (1)$v=\begin{cases} v_0+at, & 0\leqslant t\leqslant \dfrac{v_1-v_0}{a} \\ v_1, & \dfrac{v_1-v_0}{a}<t\leqslant T \\ v_1-2at, & T<t\leqslant T+\dfrac{v_1}{2a} \end{cases}$； (2) 略.

2. (1)$(-\infty,1)\cup(2,+\infty)$； (2)$[-1,0)\cup(0,1]$； (3)$[-1,1]$； (4)$[-1,1)$.

3. (1) 不相同,定义域不同； (2) 不相同,定义域不同； (3) 相同； (4) 不相同,对应法则不同.

4. (1) 单调增加； (2) 单调增加.

5. (1) 非奇非偶函数； (2) 偶函数； (3) 偶函数； (4) 奇函数； (5) 奇函数； (6) 奇函数.

6. 提示：$|y|=\dfrac{|x|}{x^2+1}\leqslant\dfrac{|x|}{|2x|}=\dfrac{1}{2}$.

习题 1.2

1. (1)$y=\dfrac{1-x}{1+x}$； (2)$y=\log_2\dfrac{x}{1-x}$； (3)$y=\begin{cases} x+1, x<-1 \\ x-1, x\geqslant 1 \end{cases}$.

2. (1) $\dfrac{\pi}{2}$； (2) $\dfrac{\pi}{2}$； (3) $-\dfrac{\pi}{4}$； (4)0.

3. (1)$f(\mathrm{e}^{-x})=\mathrm{e}^{-2x}\ln(1+\mathrm{e}^{-x})$； (2)$f(x)=x^2-5x+6$；
(3)$f[f(x)]=\dfrac{x-1}{x}, f\left[\dfrac{1}{f(x)}\right]=\dfrac{1}{x}$.

4. (1)$[1,\mathrm{e}]$； (2)$(-\infty,0]$； (3)$\left[0,\dfrac{\pi}{2}\right]$； (4)$\left[0,\dfrac{\pi}{2}\right]$.

5. $f[g(x)]=\begin{cases} 2+x, & x\geqslant 0 \\ 2+x^2, & x<0 \end{cases}$.

6. (1) 由函数 $y=\sqrt{u}, u=5x-1$ 复合而成； (2) 由函数 $y=u^5, u=1+\ln x$ 复合而成；
(3) 由函数 $y=\mathrm{e}^u, u=-x^2$ 复合而成； (4) 由函数 $y=\sqrt{u}, u=\ln v, v=\sqrt{x}$ 复合而成.

7. 根据函数奇偶性的定义证明,略.

8. (1)$p=\begin{cases} 90, 0\leqslant x\leqslant 100 \\ 90-(x-100)\times 0.01, 100<x<1600 \\ 75, x\geqslant 1600 \end{cases}$；

$$(2)L=(p-60)x=\begin{cases}30x,0\leqslant x\leqslant 100\\31x-0.01x^2,100<x<1600\\15x,x\geqslant 1600\end{cases};\quad (3)L=21\,000\text{ 元}.$$

习题 1.3

1. $A\left(\frac{5\sqrt{3}}{2},\frac{5}{2}\right)$；$B\left(\frac{3\sqrt{2}}{2},-\frac{3\sqrt{2}}{2}\right)$.

2. $M\left(2,\frac{7\pi}{6}\right)$；$N\left(3,-\frac{\pi}{2}\right)$；$P(\sqrt{2},0)$.（极角不唯一，故答案不唯一）

3. $C(1,\pi)$.（极角不唯一，故答案不唯一）

4. $r=2a\sin\theta$.

5. $2\sqrt{x^2+y^2}=2+x$.

6. $c^2b^2+2ac=1$. 提示：化为直角坐标系下的问题考虑.

第一章　自测题

一、1. A；2. C；3. B；4. D；5. C；6. D.

二、1. $(-2,3]$；　2. $\left[-\frac{1}{2},0\right]$；　3. $\ln(1-x)$；　4. $-\frac{\pi}{3},\frac{5\pi}{6}$；　5. $(4,0)$.

三、$f\circ g(x)=\begin{cases}1, & |x|=1\\0, & |x|\neq 1\end{cases}$；$g\circ f(x)=\begin{cases}1, & |x|\leqslant 1\\2, & |x|>1\end{cases}$.

四、$f(x)=x^3+3x^2+3x$.

五、提示：由 $af(x)+bf\left(\frac{1}{x}\right)=2x+\frac{3}{x}$ 可得 $af\left(\frac{1}{x}\right)+bf(x)=\frac{2}{x}+3x$，再由以上两式可解得 $f(x)$ 的表达式.

六、$\varphi(x)=\begin{cases}\sqrt{-x-1}, -2<x\leqslant -1\\ \arcsin x, -1<x<1\\ \ln x+1, 1\leqslant x<e\end{cases}$.

七、$mx^2+3y^2-6x=0$. 当 $m=0$ 时，该曲线是抛物线；若 $m\neq 0$，则配方后得，$m\left(x-\frac{3}{m}\right)^2+3y^2=\frac{9}{m}$，故当 $m=3$ 时，该曲线是圆；当 $m<0$ 时，该曲线是双曲线；当 $0<m<3$ 或 $m>3$ 时，该曲线是椭圆.

第二章

习题 2.1

1. (1)1；　(2)1；　(3) 不存在；　(4) 不存在；　(5)1.

2. 根据极限的定义，$\forall\varepsilon>0$，找相应的 N，使得当 $n>N$ 时都有 $|x_n-a|<\varepsilon$，略.

3. (1) 根据极限的定义证明，略，反例：$u_n=(-1)^n$.　(2) 根据极限的定义证明，略.

4. 根据极限的定义证明，略.

习题 2.2

1. $f(x-0)=-1$；$f(x+0)=0$，可见它在 $x\to 0$ 的极限不存在.

2. 直接根据定义证明，略.

3. (1)$f(x-0)=-1,f(x+0)=1$；

(2) 由(1) 知函数 $f(x)$在$x=0$处的极限不存在；

(3) 函数 $f(x)$在$x=1$处有极限,极限为 1.

4. $\lim\limits_{x\to-\infty}f(x)=\lim\limits_{x\to+\infty}f(x)=0$,故$\lim\limits_{x\to\infty}f(x)=0$.

5. $\lim\limits_{x\to0}f(x)=0,\lim\limits_{x\to1^-}f(x)=1,\lim\limits_{x\to1^+}f(x)=2$.

6. 根据定义证明,略.

习题 2.3

1. 略.

2. (1)0； (2)$\frac{1}{2}$； (3)$-\frac{1}{2}$； (4)$3x^2$； (5)$\frac{n}{2}$； (6)0； (7)$+\infty$；

(8)$\frac{2^{10}\cdot3^{20}}{5^{30}}$； (9)$\frac{1}{4}$； (10)2； (11)1； (12)$-1$； (13)$\frac{1}{5}$； (14)$\frac{3}{2}$.

3. (1)$a=2,b=-8$； (2)$a=-4,b=-2$.

习题 2.4

1. (1)$\frac{3}{5}$； (2)2； (3)x； (4)$\frac{1}{2}$； (5)$\frac{1}{3}$； (6)$-\frac{1}{2}$； (7)$\frac{1}{3}$； (8)$\sqrt{2}$.

2. (1)e^2； (2)e^{-2}； (3)e^4； (4)e^2； (5)e^{-1}； (6)e^2； (7)e^{-2}； (8)e^{2a}.

3. $c=\ln2$.

4. (1)$\lim\limits_{n\to\infty}\sqrt[n]{a_1{}^n+a_2{}^n+\cdots+a_m{}^n}=\max\{a_1,a_2,\cdots,a_m\}$；

(2) 由(1) 有$\lim\limits_{n\to\infty}\sqrt[n]{x^n+x^{2n}}=\begin{cases}x & 0<x<1\\ x^2 & x\geqslant1\end{cases}$；

(3)$0<\frac{n!}{n^n}=\frac{1}{n}\frac{2}{n}\cdots\frac{n-1}{n}<\frac{1}{n}$,故$\lim\limits_{n\to\infty}\frac{n!}{n^n}=0$；

存在 $N\in\mathbf{N}$,使得 $a\leqslant N$,则 $0<\frac{a^n}{n!}=\frac{a}{1}\frac{a}{2}\cdots\frac{a}{n}<\frac{a^N}{N!}\frac{a}{n}\to0(n\to\infty)$,故$\lim\limits_{n\to\infty}\frac{a^n}{n!}=0$.

5. 提示:应用单调有界准则. 可用不等式

$$1+\frac{1}{2^2}+\frac{1}{3^2}+\cdots+\frac{1}{n^2}<1+\frac{1}{1\cdot2}+\frac{1}{2\cdot3}+\cdots+\frac{1}{(n-1)n}$$

证明有界性.

6. 提示:先应用单调有界准则证明$\lim\limits_{n\to\infty}x_n$存在,再求得$\lim\limits_{n\to\infty}x_n=2$.

习题 2.5

1. (1) 同阶无穷小； (2) 等价无穷小.

2. $a=\frac{3}{2}$.

3. $n=2$.

4. (1)$\frac{3}{2}$； (2)$\frac{1}{2}$； (3)$\frac{1}{2}$； (4)$-\frac{2}{5}$； (5)$\frac{1}{2}$； (6)4； (7)e； (8)$\frac{1}{4}$； (9)$-\frac{\pi}{4}$；

(10)$\frac{m}{n}$.

习题 2.6

1. 函数在 $x=0,1$ 处不连续，在 $x=2$ 处连续.

2. (1) $x=-2$，为第二类无穷间断点；

(2) $x=2$ 为其第二类无穷间断点，$x=1$ 为其第一类可去间断点；

(3) $x=1$ 为其第一类跳跃间断点；

(4) $x=0$ 为其第一类跳跃间断点.

3. (1) $a=1$； (2) $a=2, b=-1$.

4. (1)0； (2) $\sqrt{2}$； (3)0； (4) $\cos a$； (5)1； (6)e.

5. (1) $f(x)=\begin{cases} x & |x|<1 \\ 0 & |x|=1 \\ -x & |x|>1 \end{cases}$； (2) $x=\pm 1$ 为函数 $f(x)$ 的第一类跳跃间断点.

6. 应用零点定理证明，略.

7. 提示：构造函数 $F(x)=f(x)-f(x+a)$，在 $[0,a]$ 上对 $F(x)$ 应用零点定理.

8. 提示：记 $f(x_i)=\max\{f(x_1),f(x_2),\cdots,f(x_n)\}$，$f(x_j)=\min\{f(x_1),f(x_2),\cdots,f(x_n)\}$，则 $f(x_j)\leqslant\frac{1}{n}[f(x_1)+f(x_2)+\cdots+f(x_n)]\leqslant f(x_i)$，不妨设 $x_j<x_i$，在 $[x_j,x_i]$ 上应用介值定理即得.

第二章　自测题

一、1. D； 2. B； 3. C； 4. D； 5. A； 6. B.

二、1. $-\frac{\sqrt{2}}{6}$； 2. 1； 3. e^2； 4. 1； 5. -4.

三、1. $\lim\limits_{x\to 0}\frac{|x|}{x}$ 不存在； 2. $\lim\limits_{x\to\infty}e^{-x}$ 不存在.

四、1. e^{-6}； 2. 4； 3. 1； 4. 1.

五、$a=9, b=12$.

六、1. 由夹逼准则可得 $\lim\limits_{n\to\infty}x_n=2004$；

2. 应用单调有界准则证明其极限存在性，$\lim\limits_{n\to\infty}x_n=\frac{3}{2}$.

七、提示：由 $\lim\limits_{x\to+\infty}f(x)=A$，则存在 $X>a$，当 $x>X$ 时有 $|f(x)-A|<1$，即 $|f(x)|<1+|A|$，而在 $[a,X]$ 上函数 $f(x)$ 连续，从而 $f(x)$ 在 $[a,X]$ 上有界，综上可得 $f(x)$ 在 $[a,+\infty)$ 上有界.

八、提示：构造函数 $F(x)=f(x)-x$，在 $[a,b]$ 上应用零点定理.

第三章

习题 3.1

1. (1) $-f'(x_0)$； (2) $f'(0)$.

2. (1) $3x^2$； (2) $-\sin x$.

3. 切线方程 $y-\frac{1}{2}=-\frac{\sqrt{3}}{2}\left(x-\frac{\pi}{3}\right)$； 法线方程 $y-\frac{1}{2}=\frac{2\sqrt{3}}{3}\left(x-\frac{\pi}{3}\right)$.

4. 不可导，连续.

5. $a=2, b=-1$.

习题 3.2

1. (1)$\cos x\ln x+\frac{1}{x}\sin x$； (2)$2x\sin e$； (3)$2^x\ln 2$；

(4)$2^x\ln 2e^x\pi^x+2^xe^x\pi^x+2^xe^x\pi^x\ln\pi$； (5)$\frac{2c}{a+b}x$；(6)$\frac{1}{x\sin x}-\frac{\cos x}{\sin^2 x}\ln x$；

(7)$\frac{1}{2\sqrt{x-x^2}}$； (8)$\frac{1-\ln x}{x^2}$； (9)$\frac{e^x(x-2)}{x^3}$； (10)$4x^3+6x^2+6x$.

2. (1)$2(\ln\ln\ln x)\frac{1}{\ln\ln x}\frac{1}{\ln x}\frac{1}{x}$； (2)$3\left(\arctan\sqrt{x}\right)^2\frac{1}{2(\sqrt{x}+x\sqrt{x})}$；

(3)$\frac{1}{x^2}\tan\frac{1}{x}$； (4)$-2x^{-\frac{1}{2}}e^{\cos\sqrt{x}}\sin\sqrt{x}$； (5)$\frac{1}{x^2}\tan\frac{1}{x}$；

(6)$2x^{-2}\frac{x^{\frac{3}{2}}\cos\sqrt{x}-\sin\sqrt{x}\sin\frac{1}{x}}{\cos^2\frac{1}{x}}$； (7)$-\frac{1}{(1+x)\sqrt{2x-2x^2}}$；

(8)$\sec x$； (9)$\frac{e^{\arctan\sqrt{x}}}{2\sqrt{x}(1+x)}$； (10)$\frac{1}{x\ln x\ln(\ln x)}$； (11)$\frac{\ln x}{x\sqrt{1+\ln^2 x}}$；

(12)$\frac{1}{\sqrt{1-x^2}+1-x^2}$； (13)$\frac{2\sqrt{x}+1}{4\sqrt{x}\sqrt{x+\sqrt{x}}}$； (14)$\frac{1}{x^2}\tan\frac{1}{x}$；

(15)$-e^{-\sin(x+1)}\cos(x+1)$； (16)$y'=\begin{cases}\frac{2}{1+t^2} & t^2<1\\ -\frac{2}{1+t^2} & t^2>1\end{cases}$

(17)$\arcsin\frac{x}{2}$； (18)$\frac{1}{\mathrm{ch}^2 t}$.

习题 3.3

1. (1)$y''=30(10+x)^4$； (2)$y''=6x\ln x+5x$；

(3)$y''=\frac{15}{4}\pi x^{\frac{1}{2}}+\frac{2x\cos x+2x^2\sin x-x^5\cos x}{x^4}$

(4)$y''=-\sin x\ln x+\frac{\cos x}{x}+\cos x-\frac{\sin x}{x^2}$； (5)$y''=2\sin e$； (6)$y''=2^x\ln^2 2$；

(7)$-\frac{a^2}{(a^2-x^2)^{3/2}}$； (8)$\frac{e^x(x^2-2x+2)}{x^3}$； (9)$2xe^{x^2}(3+2x^2)$.

2. (1)$n!$； (2)ne^x+xe^x.

3. 120×12^3.

4. 0； $n!$； $n(n-1)\cdots(n-k+1)x^{n-k}$； $n(n-1)\cdots 3x^2$.

5. (1)$2f'(x^2)+4x^2f''(x^2)$； (2)$\frac{f''(x)f(x)-[f'(x)]}{[f'(x)]^2}$.

习题 3.4

1. (1)$-\frac{\sqrt{y}}{\sqrt{x}}$； (2)$-\frac{x^2}{y^2}$； (3)$-\frac{y^2}{xy+1}$； (4)$\frac{x+y}{x-y}$.

2. (1)1；(2)e^2.

3. (1)$\left(\frac{x}{1+x}\right)^x\left(\ln\frac{x}{1+x}+\frac{1}{1+x}\right)$；(2)$\frac{\sqrt{x+2}(3-x)^4}{(x+1)^5}\left[\frac{1}{2(x+2)}-\frac{4}{3-x}-\frac{5}{x+1}\right]$.

4. (1)$\frac{3bt}{2a}$；(2)$\frac{\cos\theta-\theta\sin\theta}{1-\sin\theta-\theta\cos\theta}$.

5. $\frac{1}{t^3}$.

习题 3.5

1. (1)$\left(-\frac{1}{x^2}+\frac{\sqrt{x}}{x}\right)dx$；(2)$(\sin 2x+2x\cos 2x)dx$；

(3)$(x^2+1)^{-\frac{3}{2}}dx$；(4)$\frac{2\ln(1-x)}{x-1}dx$.

2. (1)x^2；(2)$\sin x$；(3)$\ln(1+x)$；(4)$-\frac{1}{2}e^{-2x}$.

3. (1)0.874 76；(2)−0.965 09；(3)1.004.

4. 略.

第三章 自测题

一、1. C；2. B；3. B；4. D；5. D.

二、1. $\cos x^2$；2. $\frac{1}{\sin^2(\sin 1)}$；3. $10e^x+xe^x$；4. 2；5. −1.

三、(1)$\frac{1}{\sqrt{1-(\arcsin x)^2}\sqrt{1-x^2}}$；(2)$\frac{1}{e^x+\sqrt{1+e^x}}\left[e^x+\frac{1}{2}(1+e^{2x})^{-\frac{1}{2}}+2e^{2x}\right]$；

(3)$(1-x\ln x)x^{\frac{1}{x}-2}$；(4)$\frac{x\cos x-\sin x}{x}$.

四、$y'=\frac{-y}{e^y+x}$；$y''(0)=-\frac{1}{e^2}$.

五、$a=2, b=0$.

六、$y-1=-\frac{1}{2}(x-2)$，$y-1=2(x-2)$.

七、$dy=[f'(e^x)e^{f(x)}e^x+f(e^x)e^{f(x)}f'(x)]dx$.

八、−2.8 km/h.

第四章

习题 4.1

1. 略.

2. 略.

3. 略.

4. 直接计算可得，略.

5. 提示：先应用零点定理证明根的存在性，再应用罗尔中值定理反证根的唯一性.

6. 提示：应用拉格朗日中值定理证明，略.

7. 提示：先应用零点定理证明 $f(x)$ 在 (a,c) 和 (c,b) 内各有一个零点，再在两零点构成的闭区间上应用罗尔中值定理即可.

习题 4.2

1. (1)1； (2)2； (3)$\cos a$； (4)$-\frac{3}{5}$； (5)$-\frac{1}{8}$； (6)$\frac{m}{n}a^{m-n}$； (7)1；

(8)3； (9)1； (10)$\frac{1}{6}$； (11)$\frac{1}{2}$； (12)∞； (13)$-\frac{1}{2}$； (14)e^a； (15)1；

(16)e； (17)1； (18)1.

2. 略.

习题 4.3

1. $f(x)=(x-1)^4+4(x-1)^3+9(x-1)^2+10(x-1)+8$.

2. 提示:由莱布尼茨公式有 $f^{(n)}(x)=x^2e^x+2nxe^x+n(n-1)e^x$,$\Rightarrow f^{(n)}(0)=n(n-1)$,故 $f(x)$ 的 n 阶麦克劳林展开式为 $f(x)=x^2+x^3+\frac{1}{2!}x^4+\cdots+\frac{1}{(n-2)!}x^n+o(x^n)$.

3. $p(x)=1+x\ln 2+\frac{x}{2}(\ln 2)^2$.

4. 提示:$\ln x=\ln(2+x-2)=\ln 2+\ln\left(1+\frac{x-2}{2}\right)$

$$=\ln 2+\sum_{k=1}^{n}\frac{(-1)^{k-1}}{k}\left(\frac{x-2}{2}\right)^k+o((x-2)^n)\quad(0<x<4).$$

5. 提示:$f(x)=\frac{1}{x}=-\frac{1}{1-(x+1)}=-\sum_{k=1}^{n}(x+1)^k-(-1)^{n+1}\frac{(x+1)^{n+1}}{\xi^{n+2}}$,$-2<x<0$,$\xi$ 介于 -1 与 x 之间.

6. $\frac{1}{2}$.

7. 提示:由 $\lim\limits_{x\to 0}\frac{f(x)}{x^2}=0$ 可得 $f(0)=f'(0)=f''(0)=0$,则 $f(x)$ 的 2 阶麦克劳林展开式为 $f(x)=f(0)+f'(0)x+\frac{f''(0)}{2!}x^2+\frac{f'''(\eta)}{3!}=\frac{f'''(\eta)}{3!}$($\eta$ 介于 0 与 x 之间),则 $\exists\xi\in(0,1)$,使得 $0=f(1)=\frac{f'''(\xi)}{3!}$,即 $f'''(\xi)=0$.

习题 4.4

1. (1) 增区间为$(-\infty,-1)$和$(3,+\infty)$,减区间为$[-1,3]$,极大值 $f(-1)=\frac{10}{3}$,极小值 $f(3)=-8$；

(2) 增区间为$(2,+\infty)$,减区间为$(0,2]$,无极大值,极小值 $f(2)=8$；

(3) 增区间为$(-\infty,0)$和$(1,+\infty)$,减区间为$[0,1]$,极大值 $f(0)=0$,极小值 $f(1)=-\frac{1}{3}$；

(4) 增区间为$(-\infty,+\infty)$,无极大值与极小值.

2. (1)(2) 直接应用函数的单调性证明,略；

(3) 提示:构造函数 $f(x)=\frac{x}{1+x}$,证明当 $x>0$ 时 $f(x)$ 单调增加,由 $0\leqslant|a+b|\leqslant|a|+|b|$,故有 $f(|a+b|)\leqslant f(|a|+|b|)$,即$\frac{|a+b|}{1+|a+b|}\leqslant\frac{|a|+|b|}{1+|a|+|b|}$,又

$\frac{|a|+|b|}{1+|a|+|b|}=\frac{|a|}{1+|a|+|b|}+\frac{|b|}{1+|a|+|b|}\leqslant\frac{|a|}{1+|a|}+\frac{|b|}{1+|b|}$,得证.

3. $a=2,f\left(\frac{\pi}{3}\right)=\sqrt{3}$ 为极大值.

4. (1) 最大值 $y(4)=80$,最小值 $y(-1)=-5$;

(2) 最大值 $y(3)=11$,最小值 $y(2)=-14$;

(3) 最大值 $y\left(\frac{3}{4}\right)=1.25$,最小值 $y(-5)=-5+\sqrt{6}$.

5. 当 $x=-3$ 时函数有最小值 27.

6. 最大面积为 4;矩形的长为 $2\sqrt{2}$,宽为$\sqrt{2}$.

7. $r=\sqrt[3]{\frac{V}{2\pi}},h=2\sqrt[3]{\frac{V}{2\pi}}$;$d:h=1:1$.

8. $\theta=\frac{\pi}{2}$ 时,三角形面积最大.

9. D 点选在 B,C 之间且与 A 相距 15 km 时,运费最省.

习题 4.5

1. (1) 曲线在$\left(-\infty,\frac{1}{3}\right)$内是凹的,在$\left(\frac{1}{3},+\infty\right)$内是凸的,拐点为$\left(\frac{1}{3},\frac{2}{27}\right)$;

(2) 曲线在$\left(-\infty,-\frac{\sqrt{2}}{2}\right)$及$\left(0,\frac{\sqrt{2}}{2}\right)$内是凸的,在$\left(-\frac{\sqrt{2}}{2},0\right)$及$\left(\frac{\sqrt{2}}{2},+\infty\right)$内是凹的,拐点为$\left(-\frac{\sqrt{2}}{2},\frac{7\sqrt{2}}{8}\right)$,$(0,0)$ 和$\left(\frac{\sqrt{2}}{2},-\frac{7\sqrt{2}}{8}\right)$;

(3) 曲线在$(-\infty,-1)$ 和$(1,+\infty)$ 内是凸的,在$(-1,1)$ 内是凹的,拐点为$(-1,\ln 2)$,$(1,\ln 2)$;

(4) 曲线在$(-\infty,-\sqrt{3})$ 及$(0,\sqrt{3})$ 内是凸的,在$(-\sqrt{3},0)$ 及$(\sqrt{3},+\infty)$ 内是凹的,拐点为$\left(-\sqrt{3},-\frac{\sqrt{3}}{2}\right)$,$(0,0)$ 和$\left(\sqrt{3},-\frac{\sqrt{3}}{2}\right)$.

2. $a=-\frac{3}{2},b=\frac{9}{2}$.

3. (1)$y=1,x=0$; (2)$y=0,x=-1$; (3)$y=x$; (4)$y=x-2$.

4. 略.

5. 提示:先证函数 $f(x)=\sin\frac{x}{2}$ 在区间$[0,\pi]$上是凸的,再利用定义 1 可得结论.

6. $(x_0,f(x_0))$ 是拐点.提示:参照本章第 4 节定理 3 的证明.

习题 4.6

1. (1)$ds=\sqrt{\frac{2+x^2}{1+x^2}}dx$; (2)$ds=\sqrt{16x^2-8x+2}dx$; (3)$ds=2\left|\sin\frac{t}{2}\right|dt$;

(4)$ds=\sqrt{a^2\sin^2 t+b^2\cos^2 t}dt$.

2. (1) 曲率为 2,曲率半径为$\frac{1}{2}$; (2) 曲率为 2,曲率半径为$\frac{1}{2}$;

(3) 曲率为$\frac{1}{2\sqrt{2}}$,曲率半径为$2\sqrt{2}$； (4) 曲率为$\frac{3}{2\sqrt{2a}}$,曲率半径为$\frac{2\sqrt{2a}}{3}$.

3. 当$x=1$时,曲率半径最小,为$\frac{1}{4}$.

第四章　自测题

一、1. B；

2. B,提示:考虑函数$g(x)=\ln x-\frac{x}{e}$的单调性与极值；

3. C,提示:由$\lim\limits_{x\to 0}\frac{\sin 6x+xf(x)}{x^3}=0$得$xf(x)=-\sin 6x+o(x^3)=-6x+\frac{(6x)^3}{3!}+o(x^3)$,故$f(x)=-6+36x^2+o(x^2)$；

4. A,提示:考查函数$F(x)=\frac{f(x)}{g(x)}$的单调性；

5. B,提示:考查函数$f(x)$的带有拉格朗日型余项的二阶麦克劳林展开式；

6. A.

二、1. 1； 2. $f(x)=(x-1)^3+6(x-1)^2+9(x-1)+5$； 3. $y=0$;$\left(\frac{2}{3},\frac{2}{3}e^{-2}\right)$;

4. $1,-\frac{5}{2}$； 5. $\frac{\pi}{6}+\sqrt{3}$.

三、1. $-\frac{1}{4}$； 2. 1； 3. 1； 4. $e^{\frac{1}{3}}$； 5. $\frac{1}{2}$； 6. $-\frac{1}{2}$.

四、1. (1) 函数的单增区间为$(-\infty,1)$和$(3,+\infty)$,函数的单减区间为$(1,3)$,极小值为$y|_{x=3}=\frac{27}{4}$；

(2) 函数图形在$(-\infty,0)$上是凸的,在$(0,+\infty)$上是凹的,拐点为$(0,0)$；

(3) $x=1$是函数图形的铅直渐近线,$y=x+2$是函数图形的斜渐近线.

2. $f^{6}(0)=-120$.

五、$x=\frac{a}{\sqrt{2}},y=\frac{b}{\sqrt{2}}$.

六、略.

第五章

习题 5.1

1. $f(x)=\arctan x$.

2. (1) $\frac{2}{7}x^{\frac{7}{2}}+C$； (2) $-x^{-\frac{1}{3}}+C$； (3) $\frac{3}{5}x^5-2x^2+2x+C$；

(4) $\ln|x|+\frac{2}{x}+\cot x+C$； (5) $\frac{x}{2}-\frac{\sin x}{2}+C$； (6) $-\frac{1}{x}-\arctan x+C$；

(7) $e^x-2\sqrt{x}+C$； (8) $\frac{3^x e^x}{1+\ln 3}+C$； (9) $3\tan x+x+C$； (10) $-\cot x-x+C$；

(11) $\frac{\tan x}{2}+C$； (12) $-\frac{1}{x}+\arctan x+C$； (13) $\cot x-\tan x+C$； (14) $\sin x-\cos x+C$.

3. $y=\ln x+C$.

4. $f(x)=\dfrac{1}{x\sqrt{1-x^2}}$.

习题 5.2

1. (1) $\dfrac{2}{9}(2+3x)^{\frac{3}{2}}+C$； (2) $\dfrac{1}{2}\ln|2x-1|+C$； (3) $\ln(1+e^x)+C$；

(4) $\dfrac{1}{2(1+\cos x)^3}+C$； (5) $-\dfrac{3^{-x}}{\ln 3}+C$； (6) $\dfrac{1}{6}\arctan\dfrac{2x}{3}+C$；

(7) $-\sqrt{a^2-x^2}+C$； (8) $x-\ln(x+1)+C$； (9) $\dfrac{1}{12}\sin 6x+\dfrac{1}{8}\sin 4x+C$；

(10) $\dfrac{1}{5}\sec^5 x+C$； (11) $\dfrac{2}{3}e^{\sqrt[3]{x}}+C$； (12) $-\dfrac{\sqrt{1-x^2}}{x}+C$；

(13) $\sqrt{x^2-4}-2\arccos\dfrac{2}{x}+C$； (14) $\dfrac{1}{2}\arctan(\sin^2 x)+C$；

(15) $-2\sqrt{1-x^2}-\arcsin x+C$； (16) $\dfrac{1}{3}\ln\dfrac{x-2}{x+1}+C$；

(17) $\dfrac{3}{2}\sqrt[3]{(1+x)^2}-3\sqrt[3]{1+x}+3\ln(1+\sqrt[3]{1+x})+C$； (18) $\dfrac{3}{2}\sqrt[3]{(\sin x-\cos x)^2}+C$；

(19) $\dfrac{\cos x}{2}-\dfrac{\cos 5x}{10}+C$； (20) $(\arctan\sqrt{x})^2+C$； (21) $-\dfrac{1}{\arcsin x}+C$；

(22) $-\dfrac{1}{x\ln x}+C$； (23) $\dfrac{(\ln\tan x)^2}{2}+C$； (24) $\ln|\tan x|+C$；

(25) $\ln|\ln\ln x|+C$； (26) $\arccos\dfrac{1}{|x|}+C$； (27) $\dfrac{x}{\sqrt{1+x^2}}+C$；

(28) $\dfrac{\sin 2x}{4}-\dfrac{\sin 12x}{24}+C$； (29) $\arcsin x-\dfrac{1}{1+\sqrt{1-x^2}}+C$；

(30) $\dfrac{1}{2}(\arcsin x+\ln\left|x+\sqrt{1-x^2}\right|)+C$.

2. $\dfrac{1}{5}\cos^5 x-\dfrac{1}{3}\cos^3 x+C$.

习题 5.3

1. (1) $x\ln x-x+C$； (2) $-x^2\cos x-2x\cos x+2\sin x+C$； (3) $-xe^{-x}-e^{-x}+C$；

(4) $2(\sqrt{2x-1}e^{\sqrt{2x-1}}-e^{\sqrt{2x-1}})+C$； (5) $\dfrac{1}{3}x\sin 3x+\dfrac{1}{9}\cos 3x+C$；

(6) $\dfrac{e^{-x}}{2}(\sin x-\cos x)+C$； (7) $x\tan x+\ln|\cos x|+C$；

(8) $-2(\sqrt{x})^3\cos\sqrt{x}+4x\sin\sqrt{x}+8\sqrt{x}\cos\sqrt{x}-8\sin\sqrt{x}+C$；

(9) $\dfrac{1}{2}(1+x^2)\ln(1+x^2)-\dfrac{1}{2}(1+x^2)+C$； (10) $\dfrac{x}{2}(\cos\ln x+\sin\ln x)+C$.

2. $\cos x-\dfrac{2\sin x}{x}+C$.

3. $I_n=\dfrac{1}{n-1}\tan^{n-1}x-I_{n-2}, n\geqslant 2$.

习题 5.4

1. $\ln(x-2)+\ln(x+5)+C$;

2. $\frac{1}{3}x^3-\frac{3}{2}x^2+9x-27\ln(x+3)+C$;

3. $\frac{1}{x+1}+\frac{1}{2}\ln(x^2-1)+C$;

4. $\ln\frac{x}{\sqrt{1+x^2}}+C$;

5. $x-\tan\frac{x}{2}+C$;

6. $\frac{2}{3}\tan^3x+\tan x+C$;

7. $\frac{3}{8}\left(\frac{2+x}{2-x}\right)^{\frac{2}{3}}+C$;

8. $\ln\frac{|x|}{1+\sqrt{1-x^2}}+2\arctan\sqrt{\frac{1+x}{1-x}}+C$;

9. $x\arctan x-\frac{(\arctan x)^2}{2}-\ln\sqrt{1+x^2}+C$;

10. $-\frac{1}{4}\ln\left|\tan\frac{x}{2}\right|+\frac{1}{8}\cos^2\frac{x}{2}+C.$

第五章　自测题

一、1. D； 2. D； 3. D； 4. A； 5. C； 6. B.

二、1. $-\cos 2x, 2\sin 2x$； 2. $e^{-x^2}(4x^2-2)$； 3. $x\ln x+C$； 4. $\frac{2}{3}x^{\frac{3}{2}}+2\sqrt{x}+C$；

5. $\tan x-\cos x+C$； 6. $\cos x-\frac{2\sin x}{x}+C$； 7. $x^3+\arctan x+C.$

三、1. $-\frac{x}{4}\cos 2x+\frac{1}{8}\sin 2x+C$； 2. $-x\cot x+\ln|\sin x|+C$；

3. $\frac{x^3}{3}-x+\arctan x+C$； 4. $-\frac{1}{2}\cot x+\frac{1}{2}x+C$；

5. $2\sqrt{1+\ln x}+2\ln\left|\sqrt{1+\ln x}-1\right|-\ln\ln x+C$；

6. $-8\sqrt{2-x}-\frac{2}{5}(2-x)+\frac{8}{3}(\sqrt{2-x})^2+C.$

四、1. $F(x)=\begin{cases}\frac{x^3}{3}+C, & x\leqslant 0\\ 1-\cos x+C, & x>0\end{cases}.$

2. $xf'(x)-f(x)+C.$

3. $I_n=\frac{1}{n-1}\tan^{n-1}x-I_{n-2}, n\geqslant 2.$

第六章

习题 6.1

1. (1) $\frac{1}{2}(b^2-a^2)$； (2) $e-1.$

2. (1)4； (2)2π.

3. (1) 正； (2) 负.

4. (1) $>$； (2) $<$； (3) $<$； (4) $>$.

5. (1)$2 \leqslant \int_1^2 (x^2+1)\mathrm{d}x \leqslant 5$； (2)$0 \leqslant \int_0^{\pi} \sin x \mathrm{d}x \leqslant \pi$；

(3) $\frac{3\pi}{2} \leqslant \int_0^{\frac{3\pi}{2}} (1+\cos^2 x)\mathrm{d}x \leqslant 3\pi$； (4)$3\mathrm{e}^{-4} \leqslant \int_{-1}^{2} \mathrm{e}^{-x^2}\mathrm{d}x \leqslant 3\mathrm{e}^{-1}$.

6. $\frac{1}{3}(b^3-a^3)+(b-a)$.

7. 略.

习题 6.2

1. (1)$\sin x^4$； (2)$-\sqrt{1+x^2}$； (3)$3x^2\ln x^6$； (4)$3x^2\mathrm{e}^{-x^3}-2x\mathrm{e}^{-x^2}$.

2. $\frac{\mathrm{d}y}{\mathrm{d}x}=\frac{\cos x}{\sin x-1}$.

3. 极小值点为 0,极小值为 0.

4. (1) $\frac{7}{3}$； (2)$\mathrm{e}-1$； (3)$\ln\frac{3}{2}+\frac{31}{3}$； (4)$-1$；

(5)4； (6) $\frac{103}{3}$； (7) $\frac{\pi}{8}$； (8)$4-2\sqrt{2}$；

(9) $\frac{\pi}{24}-\frac{1}{4}+\frac{\sqrt{3}}{8}$； (10) $\frac{3}{2}$； (11) $\frac{\pi}{4}-\frac{3}{2}$； (12) $\frac{11}{6}$.

5. (1)1； (2)2.

6. $\Phi(x)=\begin{cases}\frac{1}{3}x^3, & x\in[0,1)\\ \frac{1}{2}x^2-\frac{1}{6}, & x\in[1,2]\end{cases}$,$\Phi(x)$在$(0,2)$内连续.

7. 略.

习题 6.3

1. (1) $\frac{1}{4}$； (2)$\mathrm{e}-1$； (3)$\pi-\frac{4}{3}$； (4)$2(\sqrt{2}-1)$；

(5) $\frac{4}{3}$； (6)$-\frac{9}{2}+12\ln\frac{3}{2}$； (7)$\pi$； (8) $\frac{26}{3}$.

2. (1)0； (2) $\frac{3}{2}\pi$； (3) $\frac{\pi^3}{324}$； (4)0.

3. 略.

4. (1)$1-\frac{\sqrt{\mathrm{e}}}{2}$； (2)1； (3) $\frac{\pi}{4}-\frac{1}{2}$； (4)$1-2\mathrm{e}^{-1}$； (5)$-2\pi$； (6)$1+\frac{2\mathrm{e}^3}{9}$；

(7) $\frac{1}{2}(\mathrm{e}^{2\pi}-1)$； (8) $\frac{\mathrm{e}(\sin 1-\cos 1)+1}{2}$.

5. 略.

6. 略.

习题 6.4

1. (1) $\frac{1}{3}$；(2)1；(3) 发散；(4)π；(5) 发散；(6)-1；

(7)1；(8)$2\ln^2 2-2\ln 2+1$；(9) 发散；(10) $\frac{\pi}{2}$；(11)π；(12)-2.

2. 略.

习题 6.5

1. (1) $\frac{16\sqrt{3}}{3}$；(2)1；(3)$\mathrm{e}-\ln(\mathrm{e}+1)$；(4)$2-\frac{2}{\mathrm{e}}$；

(5)$1+\frac{9\pi}{8}$；(6) $\frac{1}{6}+\frac{\pi}{12}$；(7) $\frac{7}{12}$；(8)$2\pi-\frac{4}{3}$.

2. $\frac{16}{3}$.

3. (1) $\frac{\pi}{6}$；(2) $\frac{\pi}{6}+\frac{1-\sqrt{3}}{2}$；(3) $\frac{5\pi}{4}-2$；(4) $\frac{5\pi}{4}$.

4. $3\pi a^2$.

5. (1)$A(t)=\frac{8}{3}-4t+2t^2$；(2) 当 $t=1$ 时,$A(t)$ 取最小,$A(1)=\frac{2}{3}$.

6. (1) $\frac{\pi}{5},\frac{\pi}{2}$；(2) $\frac{\pi^2}{2}$；(3) $\frac{31\pi}{160},\pi$；(4) $\frac{\pi}{2}(8\ln 2+1-\mathrm{e}^4)$；(5)$16\pi^2$；(6)$5\pi^2 a^3$.

7. 略.

8. $2\sqrt{3}-\frac{4}{3}$.

9. $\ln(\sqrt{2}+1)$.

10. $6a$.

11. $8a$.

12. $\ln\frac{3}{2}+\frac{5}{12}$.

习题 6.6

1. $\frac{4}{3}\pi g r^4$ ($g=9.8\ \mathrm{m/s^2}$).

2. 1.65 N($g=9.8\ \mathrm{m/s^2}$).

3. 14 373 kN($g=9.8\ \mathrm{m/s^2}$).

4. 取 y 轴通过细直棒,$F_y=Gm\rho\left(\frac{1}{a}-\frac{1}{\sqrt{a^2+l^2}}\right)$,$F_x=-\frac{Gm\rho l}{a\sqrt{a^2+l^2}}$.

第六章　自测题

一、1. A；2. C；3. A；4. A；5. C；6. B；7. A；8. A；9. C；10. A.

二、1. 1；2. $\sin x^2$；3. 不存在；4. $2x\sin x^4-\sin x^2$；5. 1.

三、1. $\frac{\pi}{3a}$；2. $\frac{\pi}{2}$；3. $\frac{3\sqrt{2}-2\sqrt{3}}{3}$；4. $\frac{\mathrm{e}}{2}(\sin 1-\cos 1)+\frac{1}{2}$；5. $\frac{\pi}{2}$.

四、1. $a=\frac{2}{3}$.

2. $\dfrac{3\pi+2}{9\pi-2}$.

3. 1.65 N.

第七章

习题 7.1

1. (1) 一； (2) 一； (3) 二； (4) 一； (5) 五； (6) 四.

2. (1) 通解； (2) 通解； (3) 特解； (4) 通解.

3. $y=(4+6x)e^{-x}$. 4. (1) $y'=2x$； (2) $y'x=1$. 5. $\dfrac{d^2s}{dt^2}=g, s|_{t=0}=0, s'|_{t=0}=0$.

习题 7.2

1. (1) $y=e^{Cx}$； (2) $y=C(1-x)^{-1}-1$； (3) $y=-\lg(-10^x+C)$； (4) $\ln y=Ce^{\arctan x}$；

(5) $y=2x$； (6) $\cos y=\dfrac{\sqrt{2}}{4}(1+e^x)$.

2. $s=25\times 2^{\frac{t}{5}}$. 3. (1) $y=xe^{1+Cx}$； (2) $y^2=x^2(2\ln|x|+C)$； (3) $y+\sqrt{y^2-x^2}=Cx^2$；

(4) $\sin^3\dfrac{y}{x}=C_1x^2$； (5) $y^2=x^2(\ln x^2+4)$； (6) $y^3=y^2-x^2$.

4. $y=x(1-4\ln x), 0<x\leqslant 1$；当 $x=0$ 时，$y=0$.

习题 7.3

1. (1) $y=e^{-x}(x+C)$； (2) $y=-x^2\cos x+Cx^2$； (3) $y=\dfrac{1}{3}x^2+\dfrac{3}{2}x+2+\dfrac{C}{x}$；

(4) $x=\dfrac{1}{2}y^2+Cy^3$； (5) $2y=x^3-x^3e^{\frac{1}{x^2}-1}$； (6) $y=\dfrac{1}{x}(\pi-1-\cos x)$.

2. $y=2x-2+2e^{-x}$. 3. $y=xe^x+C$. 4. $p=e^{\frac{\ln 10}{10}t}+10$. 5. (1) $\left(1+\dfrac{3}{y}\right)e^{\frac{3}{2}x^2}=C$；

(2) $\dfrac{1}{y}=Ce^x-\sin x$.

习题 7.4

1. (1) $y=\dfrac{x^3}{6}-\sin x+C_1x+C_2$； (2) $y=x\cdot\arctan x-\ln\sqrt{1+x^2}+C_1x+C_2$；

(3) $y=-\ln|(\cos(x+C_1))|+C_2$； (4) $\dfrac{1}{2}y^2=C_1x+C_2$； (5) $y=\arcsin(C_1x)+C_2$；

(6) $C_1y^2-1=(C_1x+C_2)^2$.

2. (1) $y=\sqrt{2x-x^2}$； (2) $x=\pm\ln(e^y+\sqrt{e^{2y}-1})$； (3) $y=-\ln\cos x$；

(4) $y=-\dfrac{1}{a}\ln(ax+1)$； (5) $y=\left(\dfrac{1}{2}x+1\right)^4$； (6) $y=x^4+4x+1$.

习题 7.5

1. (1)、(4)、(6) 是线性相关的；(2)、(3)、(5) 是线性无关的.

2. 通解为：$y=C_1\sin 2x+C_2\cos 2x$.

3. 略.

4. $y=C_1e^x+C_2x^2+3$.

习题 7.6

1. (1)$y=C_1e^{2x}+C_2e^{3x}$；(2)$y=C_1e^{3x}+C_2e^{4x}$；(3)$y=(C_1+C_2x)e^{-3x}$；(4)$(C_1+C_2x)e^{\frac{1}{2}x}$；(5)$y=e^{-x}(C_1\cos x+C_2\sin x)$；(6)$y=C_1\cos 2x+C_2\sin 2x$.

2. (1)$y=e^{-\frac{x}{2}}(2+x)$；(2)$y=4e^{x}+2e^{3x}$.

3. (1)$y=C_1e^{-x}+C_2e^{-2x}+\left(\frac{3}{2}x^2-3x\right)e^{-x}$；

(2)$y=C_1+C_2e^{-\frac{5}{2}x}+\frac{1}{3}x^3-\frac{3}{5}x^2+\frac{7}{25}x$；

(3)$y=e^{x}(C_1\cos 2x+C_2\sin 2x)-\frac{1}{4}xe^{x}\cos 2x$；

(4)$y=e^{x}(C_1\cos 2x+C_2\sin 2x)+\frac{1}{10}\cos x+\frac{1}{5}\sin x$.

4. $y=(x^2-x+1)e^{x}-e^{-x}$.

5. $f(x)=\frac{1}{2}(\cos x+\sin x+e^{x})$.

习题 7.7

1. $y=\frac{1}{6}x^3+\frac{1}{2}x+1$.　2. $y=\cos 2x-\frac{1}{6}\sin 2x+\frac{1}{3}\sin x$.　3. $t=\sqrt{\frac{g}{10}}\ln(5+2\sqrt{6})$.

4. 195 kg.　5. $T=20+80e^{\frac{\ln 0.5}{20}t}$.

第七章　自测题

一、1. D；2. A；3. B；4. C；5. C.

二、1. $y=\ln x^2-x+2$；2. $\frac{1}{y}=\frac{1}{2}\ln(1+x^2)+C$；3. $y^2=2x^2\ln Cx$；

4. $y=\frac{1}{2}x^3+Cx-1$；5. $y^*=ax+b$.

三、$y=x(-\ln x+1)$.

四、(1)$y=e^{-x}-e^{4x}$；(2)$y=e^{2x}(2\cos 3x-\frac{1}{3}\sin 3x)$.

五、$y=2e^{2x}-e^{x}$.

六、(1)$y=C_1+C_2e^{-2x}-x(x+1)e^{-2x}$；(2)$y=C_1e^{x}+C_2e^{-x}-2\cos x$.

七、$f(x)=\cos x+\sin x$.

八、$x(t)=\frac{v_0}{\sqrt{k_2^{\ 2}+4k_1}}(1-e^{-\sqrt{k_2^{\ 2}+4k_1}\,t})e^{\frac{k_2-\sqrt{k_2^{\ 2}+4k_1}}{2}t}$.

附录 A　常用三角函数公式

1. $L_{弧长}=|\alpha|R=\frac{n\pi R}{180}$　$S_{扇}=\frac{1}{2}LR=\frac{1}{2}R^2|\alpha|=\frac{n\pi\cdot R^2}{360}$

2. 正弦定理：$\frac{a}{\sin A}=\frac{b}{\sin B}=\frac{c}{\sin C}=2R$（$R$ 为三角形外接圆半径）

3. 余弦定理：$a^2=b^2+c^2-2bc\cos A$　$b^2=a^2+c^2-2ac\cos B$

$c^2=a^2+b^2-2ab\cos C$

4. $S_{\Delta}=\frac{1}{2}a\cdot h_a=\frac{1}{2}ab\sin C=\frac{1}{2}bc\sin A=\frac{1}{2}ac\sin B=\frac{abc}{4R}=2R^2\sin A\sin B\sin C$

$=\frac{a^2\sin B\sin C}{2\sin A}=\frac{b^2\sin A\sin C}{2\sin B}=\frac{c^2\sin A\sin B}{2\sin C}=pr=\sqrt{p(p-a)(p-b)(p-c)}$

（其中 $p=\frac{1}{2}(a+b+c)$，r 为三角形内切圆半径）

5. 同角关系：

(1) 商的关系：① $\tan\theta=\frac{y}{x}=\frac{\sin\theta}{\cos\theta}=\sin\theta\cdot\sec\theta$　② $\cot\theta=\frac{x}{y}=\frac{\cos\theta}{\sin\theta}=\cos\theta\cdot\csc\theta$

③ $\sin\theta=\frac{y}{r}=\cos\theta\cdot\tan\theta$　④ $\sec\theta=\frac{r}{x}=\frac{1}{\cos\theta}=\tan\theta\cdot\csc\theta$

⑤ $\cos\theta=\frac{x}{r}=\sin\theta\cdot\cot\theta$　⑥ $\csc\theta=\frac{r}{y}=\frac{1}{\sin\theta}=\cot\theta\cdot\sec\theta$

(2) 倒数关系：$\sin\theta\cdot\csc\theta=\cos\theta\cdot\sec\theta=\tan\theta\cdot\cot\theta=1$

(3) 平方关系：$\sin^2\theta+\cos^2\theta=\sec^2\theta-\tan^2\theta=\csc^2\theta-\cot^2\theta=1$

(4) $a\sin\theta+b\cos\theta=\sqrt{a^2+b^2}\sin(\theta+\varphi)$（其中辅助角 φ 与点 (a,b) 在同一象限，且 $\tan\varphi=\frac{b}{a}$）

6. 函数 $y=A\sin(\omega\cdot x+\varphi)+k$ 的图像及性质（$\omega>0,A>0$）：

振幅 A，周期 $T=\frac{2\pi}{\omega}$，频率 $f=\frac{1}{T}$，相位 $\omega\cdot x+\varphi$，初相 φ

7. 五点作图法：令 $\omega x+\varphi$ 依次为 $0,\frac{\pi}{2},\pi,\frac{3\pi}{2},2\pi$ 求出 x 与 y，依点 (x,y) 作图

8. 诱导公式：

	sin	cos	tan	cot
$-\alpha$	$-\sin\alpha$	$+\cos\alpha$	$-\tan\alpha$	$-\cot\alpha$
$\pi-\alpha$	$+\sin\alpha$	$-\cos\alpha$	$-\tan\alpha$	$-\cot\alpha$

续表

	sin	cos	tan	cot
$\pi+\alpha$	$-\sin\alpha$	$-\cos\alpha$	$+\tan\alpha$	$+\cot\alpha$
$2\pi-\alpha$	$-\sin\alpha$	$+\cos\alpha$	$-\tan\alpha$	$-\cot\alpha$
$2k\pi+\alpha$	$+\sin\alpha$	$+\cos\alpha$	$+\tan\alpha$	$+\cot\alpha$

三角函数值等于α的同名三角函数值,前面加上一个把α看作锐角时原三角函数值的符号;即:函数名不变,符号看象限

	sin	cos	tan	cot
$\frac{\pi}{2}-\alpha$	$+\cos\alpha$	$+\sin\alpha$	$+\cot\alpha$	$+\tan\alpha$
$\frac{\pi}{2}+\alpha$	$+\cos\alpha$	$-\sin\alpha$	$-\cot\alpha$	$-\tan\alpha$
$\frac{3\pi}{2}-\alpha$	$-\cos\alpha$	$-\sin\alpha$	$+\cot\alpha$	$+\tan\alpha$
$\frac{3\pi}{2}+\alpha$	$-\cos\alpha$	$+\sin\alpha$	$-\cot\alpha$	$-\tan\alpha$

三角函数值等于α的异名三角函数值,前面加上一个把α看作锐角时原三角函数值的符号;即:函数名改变,符号看象限

9. 和差角公式:

① $\sin(\alpha\pm\beta)=\sin\alpha\cos\beta\pm\cos\alpha\sin\beta$　　② $\cos(\alpha\pm\beta)=\cos\alpha\cos\beta\mp\sin\alpha\sin\beta$

③ $\tan(\alpha\pm\beta)=\dfrac{\tan\alpha\pm\tan\beta}{1\mp\tan\alpha\cdot\tan\beta}$　　④ $\tan\alpha\pm\tan\beta=\tan(\alpha\pm\beta)(1\mp\tan\alpha\cdot\tan\beta)$

⑤ $\tan(\alpha+\beta+\gamma)=\dfrac{\tan\alpha+\tan\beta+\tan\gamma-\tan\alpha\cdot\tan\beta\cdot\tan\gamma}{\tan\alpha\cdot\tan\beta-\tan\alpha\cdot\tan\gamma-\tan\beta\cdot\tan\gamma}$,其中当$A+B+C=\pi$时,有:

(ⅰ) $\tan A+\tan B+\tan C=\tan A\cdot\tan B\cdot\tan C$

(ⅱ) $\tan\dfrac{A}{2}\tan\dfrac{B}{2}+\tan\dfrac{A}{2}\tan\dfrac{C}{2}+\tan\dfrac{B}{2}\tan\dfrac{C}{2}=1$

10. 二倍角公式(含万能公式):

① $\sin2\theta=2\sin\theta\cos\theta=\dfrac{2\tan\theta}{1+\tan^2\theta}$

② $\cos2\theta=\cos^2\theta-\sin^2\theta=2\cos^2\theta-1=1-2\sin^2\theta=\dfrac{1-\tan^2\theta}{1+\tan^2\theta}$

③ $\tan2\theta=\dfrac{2\tan\theta}{1-\tan^2\theta}$　　④ $\sin^2\theta=\dfrac{\tan^2\theta}{1+\tan^2\theta}=\dfrac{1-\cos2\theta}{2}$　　⑤ $\cos^2\theta=\dfrac{1+\cos2\theta}{2}$

11. 三倍角公式:

① $\sin3\theta=3\sin\theta-4\sin^3\theta=4\sin\theta\sin(60°-\theta)\sin(60°+\theta)$

② $\cos3\theta=-3\cos\theta+4\cos^3\theta=4\cos\theta\cos(60°-\theta)\cos(60°+\theta)$

③ $\tan3\theta=\dfrac{3\tan\theta-\tan^3\theta}{1-3\tan^2\theta}=\tan\theta\cdot\tan(60-\theta)\cdot\tan(60+\theta)$

12. 半角公式(符号的选择由$\dfrac{\theta}{2}$所在的象限确定):

① $\sin\frac{\theta}{2}=\pm\sqrt{\frac{1-\cos\theta}{2}}$　② $\sin^2\frac{\theta}{2}=\frac{1-\cos\theta}{2}$　③ $\cos\frac{\theta}{2}=\pm\sqrt{\frac{1+\cos\theta}{2}}$

④ $\cos^2\frac{\theta}{2}=\frac{1+\cos\theta}{2}$　⑤ $1-\cos\theta=2\sin^2\frac{\theta}{2}$　⑥ $1+\cos\theta=2\cos^2\frac{\theta}{2}$

⑦ $\sqrt{1\pm\sin\theta}=\sqrt{\left(\cos\frac{\theta}{2}\pm\sin\frac{\theta}{2}\right)^2}=\left|\cos\frac{\theta}{2}\pm\sin\frac{\theta}{2}\right|$

⑧ $\tan\frac{\theta}{2}=\pm\sqrt{\frac{1-\cos\theta}{1+\cos\theta}}=\frac{\sin\theta}{1+\cos\theta}=\frac{1-\cos\theta}{\sin\theta}$

13. 积化和差公式：

① $\sin\alpha\cos\beta=\frac{1}{2}[\sin(\alpha+\beta)+\sin(\alpha-\beta)]$　② $\cos\alpha\sin\beta=\frac{1}{2}[\sin(\alpha+\beta)-\sin(\alpha-\beta)]$

③ $\cos\alpha\cos\beta=\frac{1}{2}[\cos(\alpha+\beta)+\cos(\alpha-\beta)]$　④ $\sin\alpha\sin\beta=-\frac{1}{2}[\cos(\alpha+\beta)-\cos(\alpha-\beta)]$

14. 和差化积公式：

① $\sin\alpha+\sin\beta=2\sin\frac{\alpha+\beta}{2}\cos\frac{\alpha-\beta}{2}$　② $\sin\alpha-\sin\beta=2\cos\frac{\alpha+\beta}{2}\sin\frac{\alpha-\beta}{2}$

③ $\cos\alpha+\cos\beta=2\cos\frac{\alpha+\beta}{2}\cos\frac{\alpha-\beta}{2}$　④ $\cos\alpha-\cos\beta=-2\sin\frac{\alpha+\beta}{2}\sin\frac{\alpha-\beta}{2}$

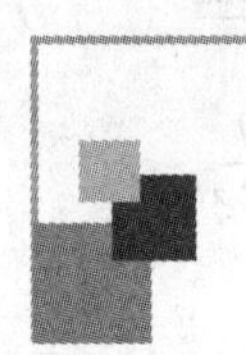

附录B 不定积分公式表

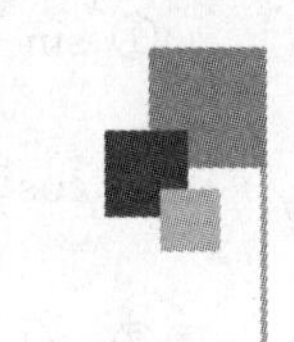

一、含有 x^n 的积分

1. $\int x^n \mathrm{d}x = \frac{x^{n+1}}{n+1} + C, n \neq -1$

2. $\int \frac{1}{x} \mathrm{d}x = \ln|x| + C$

二、含有 $a+bx$ 的积分

3. $\int \frac{1}{a+bx} \mathrm{d}x = \frac{1}{b} \ln|a+bx| + C$

4. $\int \frac{x}{a+bx} \mathrm{d}x = \frac{1}{b^2}(bx - a\ln|a+bx|) + C$

5. $\int \frac{x}{(a+bx)^2} \mathrm{d}x = \frac{1}{b^2}(\frac{a}{a+bx} + \ln|a+bx|) + C$

6. $\int \frac{x}{(a+bx)^n} \mathrm{d}x = \frac{1}{b^2}\left[-\frac{1}{(n-2)(a+bx)^{n-2}} + \frac{a}{(n-1)(a+bx)^{n-1}}\right] + C$

7. $\int \frac{x^2}{a+bx} \mathrm{d}x = \frac{1}{b^3}\left[\frac{1}{2}(a+bx)^2 - 2a(a+bx) + a^2\ln|a+bx|\right] + C$

8. $\int \frac{x^2}{(a+bx)^2} \mathrm{d}x = \frac{1}{b^3}(a+bx - \frac{a^2}{a+bx} - 2a\ln|a+bx|) + C$

9. $\int \frac{x^2}{(a+bx)^3} \mathrm{d}x = \frac{1}{b^3}\left[\frac{2a}{a+bx} - \frac{a^2}{2(a+bx)^2} + \ln|a+bx|\right] + C$

10. $\int \frac{1}{x(a+bx)} \mathrm{d}x = -\frac{1}{a}\ln\left|\frac{a+bx}{x}\right| + C$

11. $\int \frac{1}{x(a+bx)^2} \mathrm{d}x = \frac{1}{a}\left(\frac{1}{a+bx} - \frac{1}{a}\ln\left|\frac{a+bx}{x}\right|\right) + C$

三、含有 $a^2 \pm x^2 (a>0)$ 的积分

12. $\int \frac{1}{a^2+x^2} \mathrm{d}x = \frac{1}{a}\arctan\frac{x}{a} + C$

13. $\int \frac{1}{x^2-a^2} \mathrm{d}x = -\int \frac{1}{a^2-x^2} \mathrm{d}x = \frac{1}{2a}\ln\left|\frac{x-a}{x+a}\right| + C$

四、含有 $\sqrt{a+bx}$ 的积分

14. $\int x^n \sqrt{a+bx} \mathrm{d}x = \frac{2}{b(2n+3)}[x^n (a+bx)^{\frac{3}{2}} - na\int x^{n-1} \sqrt{a+bx} \mathrm{d}x]$

15. $\int \frac{1}{x^n \sqrt{a+bx}} \mathrm{d}x = \frac{-1}{a(n-1)}\left[\frac{\sqrt{a+bx}}{x^{n-1}} + \frac{b(2n-3)}{2}\int \frac{1}{x^{n-1}\sqrt{a+bx}} \mathrm{d}x\right], n \neq 1$

16. $\int \frac{\sqrt{a+bx}}{x}\mathrm{d}x = 2\sqrt{a+bx} + a\int \frac{1}{x\sqrt{a+bx}}\mathrm{d}x$

17. $\int \frac{x}{\sqrt{a+bx}}\mathrm{d}x = \frac{-2(2a-bx)}{3b^2}\sqrt{a+bx} + C$

五、含有 $\sqrt{a^2-x^2}(a>0)$ 的积分

18. $\int \sqrt{a^2-x^2}\mathrm{d}x = \frac{1}{2}\left(x\sqrt{a^2-x^2} + a^2\arcsin\frac{x}{a}\right) + C$

19. $\int \frac{1}{x}\sqrt{a^2-x^2}\mathrm{d}x = \sqrt{a^2-x^2} + a\ln\left|\frac{a-\sqrt{a^2-x^2}}{x}\right| + C$

20. $\int \frac{1}{x^2}\sqrt{a^2-x^2}\mathrm{d}x = \frac{-1}{x}\sqrt{a^2-x^2} - \arcsin\frac{x}{a} + C$

21. $\int \frac{1}{\sqrt{a^2-x^2}}\mathrm{d}x = \arcsin\frac{x}{a} + C$

22. $\int \frac{1}{x^2\sqrt{a^2-x^2}}\mathrm{d}x = \frac{-\sqrt{a^2-x^2}}{a^2x} + C$

23. $\int \frac{1}{(a^2-x^2)^{3/2}}\mathrm{d}x = \frac{x}{a^2\sqrt{a^2-x^2}} + C$

六、含有 $\sin x$ 或 $\cos x$ 的积分

24. $\int \sin x\mathrm{d}x = -\cos x + C$

25. $\int \cos x\mathrm{d}x = \sin x + C$

26. $\int x\sin x\mathrm{d}x = \sin x - x\cos x + C$

27. $\int x\cos x\mathrm{d}x = \cos x + x\sin x + C$

28. $\int \frac{1}{1\pm\sin x}\mathrm{d}x = \tan x \mp \sec x + C$

29. $\int \frac{1}{1\pm\cos x}\mathrm{d}x = -\cot x \pm \csc x + C$

30. $\int \frac{1}{\sin x\cos x}\mathrm{d}x = \ln|\tan x| + C$

七、含有 $\tan x, \cot x, \sec x, \csc x$ 的积分

31. $\int \tan x\mathrm{d}x = -\ln|\cos x| + C$

32. $\int \cot x\mathrm{d}x = \ln|\sin x| + C$

33. $\int \sec x\mathrm{d}x = \ln|\sec x + \tan x| + C$

34. $\int \csc x\mathrm{d}x = \ln|\csc x - \cot x| + C$

35. $\int \tan^2 x\mathrm{d}x = -x + \tan x + C$

36. $\int \cot^2 x\mathrm{d}x = -x - \cot x + C$

37. $\int \sec^2 x\mathrm{d}x = \tan x + C$

38. $\int \csc^2 x\mathrm{d}x = -\cot x + C$

39. $\int \tan^n x\mathrm{d}x = \dfrac{\tan^{n-1}x}{n-1} - \int \tan^{n-2}x\mathrm{d}x$，$n \neq 1$

40. $\int \cot^n x\mathrm{d}x = -\dfrac{\cot^{n-1}x}{n-1} - \int \cot^{n-2}x\mathrm{d}x$，$n \neq 1$

41. $\int \sec^n x\mathrm{d}x = \dfrac{\sec^{n-2}x\tan x}{n-1} + \dfrac{n-2}{n-1}\int \sec^{n-2}x\mathrm{d}x, n \neq 1$

42. $\int \csc^n x\mathrm{d}x = -\dfrac{\csc^{n-2}x\cot x}{n-1} + \dfrac{n-2}{n-1}\int \csc^{n-2}x\mathrm{d}x$，$n \neq 1$

八、含有反三角函数的积分

43. $\int \arcsin x\mathrm{d}x = x\arcsin x + \sqrt{1-x^2} + C$

44. $\int \arccos x\mathrm{d}x = x\arccos x - \sqrt{1-x^2} + C$

45. $\int \arctan x\mathrm{d}x = x\arctan x - \dfrac{1}{2}\ln(1+x^2) + C$

46. $\int \mathrm{arccot}\, x\mathrm{d}x = x\,\mathrm{arccot}\, x + \dfrac{1}{2}\ln(1+x^2) + C$

47. $\int x\arcsin x\mathrm{d}x = \dfrac{1}{4}[x\sqrt{1-x^2} + (2x^2-1)\arcsin x] + C$

48. $\int x\arccos x\mathrm{d}x = \dfrac{1}{4}[-x\sqrt{1-x^2} + (2x^2-1)\arccos x] + C$

49. $\int x\arctan x\mathrm{d}x = \dfrac{1}{2}[(1+x^2)\arctan x - x] + C$

50. $\int x\,\mathrm{arccot}\, x\mathrm{d}x = \dfrac{1}{2}[(1+x^2)\mathrm{arccot}\, x + x] + C$

九、含有指数函数的积分

51. $\int a^x\mathrm{d}x = \dfrac{a^x}{\ln a} + C$

52. $\int \mathrm{e}^x\mathrm{d}x = \mathrm{e}^x + C$

53. $\int x\mathrm{e}^x\mathrm{d}x = (x-1)\mathrm{e}^x + C$

54. $\int x^n\mathrm{e}^x\mathrm{d}x = x^n\mathrm{e}^x - n\int x^{n-1}\mathrm{e}^x\mathrm{d}x$

55. $\int \dfrac{1}{1+\mathrm{e}^x}\mathrm{d}x = x - \ln(1+\mathrm{e}^x) + C$

56. $\int \mathrm{e}^{ax}\sin bx\mathrm{d}x = \dfrac{1}{a^2+b^2}\mathrm{e}^{ax}(a\sin bx - b\cos bx) + C$

57. $\int e^{ax}\cos bx\,dx = \frac{e^{ax}}{a^2+b^2}(a\cos bx + b\sin bx) + C$

十、含有 $\ln x$ 的积分

58. $\int \ln x\,dx = x(\ln x - 1) + C$

59. $\int \frac{\ln x}{\sqrt{x}}dx = 4\sqrt{x}(\ln\sqrt{x} - 1) + C$

60. $\int x\ln x\,dx = \frac{x^2}{4}(2\ln x - 1) + C$

61. $\int (\ln x)^2\,dx = x[(\ln x)^2 - 2\ln x + 2] + C$

62. $\int (\ln x)^n\,dx = x\,(\ln x)^n - n\int (\ln x)^{n-1}\,dx$

63. $\int \sin(\ln x)\,dx = \frac{x}{2}[\sin(\ln x) - \cos(\ln x)] + C$

64. $\int \cos(\ln x)\,dx = \frac{x}{2}[\sin(\ln x) + \cos(\ln x)] + C$

65. $\int \ln(x + \sqrt{1+x^2})\,dx = x\ln(x + \sqrt{1+x^2}) - \sqrt{1-x^2} + C$

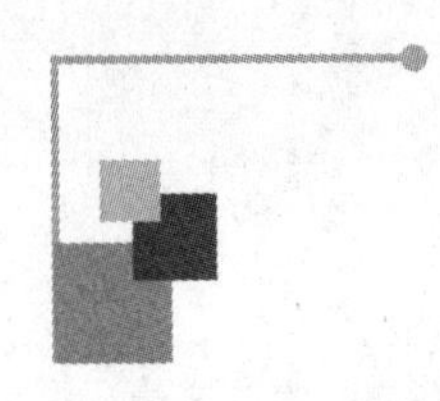

参 考 文 献

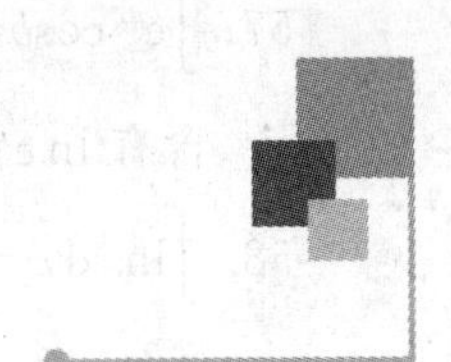

[1] 同济大学数学系.高等数学(上册)[M].6版.北京:高等教育出版社,2007.

[2] 菲赫金哥尔茨.微积分学教程[M].8版.徐献瑜,冷生明,梁文骐,译.北京:高等教育出版社,2005.

[3] 华东师范大学数学系.数学分析[M].4版.北京:高等教育出版社,2012.

[4] 李忠,周建莹.高等数学(上册)[M].2版.北京:北京大学出版社,2009.

[5] 刘早清,毕志伟.高等数学[M].武汉:华中科技大学出版社,2008.

[6] 华中科技大学高等数学课题组.微积分[M].2版.武汉:华中科技大学出版社,2011.

[7] 张宇.高等数学18讲.北京:北京理工大学出版社,2017.

[8] 杨爱珍,殷承元,叶玉全,王琪.高等数学习题及习题集精解[M].上海:复旦大学出版社,2014.